Scrum精髓

Essential Scrum: A Practical Guide to the Most Popular Agile Process

敏捷转型指南

Kenneth S. Rubin 著
姜信宝 米全喜 左洪斌 译

清华大学出版社
北 京

内容简介

短短几年时间，Scrum 跃升为敏捷首选方法，在全球各地得以普遍应用。针对如何用好、用巧这个看似简单的框架，本书以通俗易懂的语言、条理清晰的脉络阐述和提炼出 Scrum 的精髓。全书共 4 部分 23 章，阐述了七大核心概念：Scrum 框架，敏捷原则，冲刺，需求和用户故事，产品列表，估算与速率，技术债；五大角色：产品负责人，ScrumMaster，开发团队，Scrum 团队构成：Scrum 规划原则及四大规划活动：多层级规划、产品组合规划、产品规划和长期规划；冲刺四大活动：规划、执行、评审和回顾。

本书取自作者十多年的实践经验，对员工个体和管理层都具有重要的指导和参考意义，可以帮助企业顺利导入 Scrum，在动态的商业环境中以积极心态拥抱变化，做出优秀、卓越的产品，走上创业、守业、常青基业的成功之路。

图书在版编目(CIP)数据

Scrum 精髓：敏捷转型指南/(美)鲁宾(Rubin, K)著；姜信宝，米全喜，左洪斌译. —北京：清华大学出版社，2014（2023.6 重印）

书名原文：Essential scrum: a practical guide to the most popular agile process
ISBN 978-7-302-36385-9

Ⅰ. ①S…　Ⅱ. ①鲁…　②姜…　③米…　④左…　Ⅲ. ①软件开发—项目管理　Ⅳ. ①TP311.52

中国版本图书馆 CIP 数据核字(2014) 第 098930 号

责任编辑： 文开琪
封面设计： 杨玉兰
责任校对： 周剑云
责任印制： 杨　艳

出版发行： 清华大学出版社
网　　址： http: //www.tup.com.cn，http://www.wqbook.com
地　　址： 北京清华大学学研大厦 A 座　　**邮　　编：** 100084
社 总 机： 010-83470000　　**邮　　购：** 010-62786544
投稿与读者服务： 010-62776969，c-service@tup.tsinghua.edu.cn
质 量 反 馈： 010-62772015，zhiliang@tup.tsinghua.edu.cn
印 装 者： 三河市铭诚印务有限公司
经　　销： 全国新华书店
开　　本： 185mm ×230mm　　**印　　张：** 34　　**字　　数：** 457 千字
版　　次： 2014 年 6 月第 1 版　　**印　　次：** 2023 年 6 月第 13 次印刷
定　　价： 79.00 元

产品编号：047800-01

本书赞誉

“敏捷教练们，你们会喜欢这本书的。Kenny Rubin 为我们创作了一个不可或缺的资源。你们的经理还不理解敏捷吗？把这本书给他们，让他们翻到第 3 章，这一章全面解释了为什么 Scrum 的风险比计划驱动管理方式的风险小。这本书正是写给他们看的，而且是以管理人员的套辞来写的。你想帮助团队取得对 Scrum 的一致理解吗？贯穿全书的可视化图标语言可以帮助你。本书在很多方面都可以帮助你培训 Scrum 团队，我在这里只是说了其中两方面。好好使用这本书吧。”

——Lyssa Adkins，敏捷教练总教练，Agile Coaching Institute，《如何构建敏捷项目管理团队》合著者

“又一本最好、最全面描述核心 Scrum 框架的书！任何人，不论是否有 Scrum 经验，只要对过程中最重要的内容感兴趣，都能用得上《Scrum 精髓》。Kenny 的工作非常出色，用简单的形式和引人入胜的可视化语言提炼出了 Scrum 框架的关键原则。我在很多团队担任过 Scrum 教练，我总是能在书中发现新的东西，为学习和应用这个框架的团队带来帮助。在过去的十多年里，我经常看到一些大公司和工具开发商对 Scrum 有误解，实施效果也不尽如人意。阅读本书将帮助你回归本质，关注重要的内容。”

——Joe Balistrieri，流程开发经理，罗克韦尔自动化公司

“在采用敏捷方法时总是慢一拍的公司 IT 领导，应该把这本书发给他们的项目经理和交付经理，人手一册，好让公司受益无穷。Kenny Rubin 在本书中展示了公司 IT 部门成功实施 Scrum 所需的所有实用案例和过程。”

——John F. Bauer III，在大型公司 IT 部门从事技术方案交付工作的一名老兵

“这本书鲜明地体现了 Kenny 作为顾问、教练和 Scrum 联盟首任常务董事所积累的广泛经验。书中不但提供了 Scrum 的基本知识和

概述，还论述了大量的问题——那些发生在项目经理身上的事情。《Scrum 精髓》帮助我们掌握全局并指导一个组织的领导如何帮助 Scrum 团队成功实现敏捷转型。”

——Sameer S. Bendre，CSM，PMP，高级顾问，3i Infotech 公司

“如果你是敏捷开发或 Scrum 新手，这本书能够让你快速入门。书中的示例和描述清晰、生动，你常常会发现自己想问的问题在本书中都已经讲到了。”

——Johannes Brodwall，解决方案总架构师，Steria Norway 公司

“Kenny 阐述的内容很有条理，对 Smalltalk 充满感情的人会感到很清晰——Smalltalk 是他们使用多年的开发环境，也是 Scrum 和极限编程诞生的地方。本书把一套完整的、确信能够成功的敏捷原则组织在一起，肯定能为你你带来更有效的敏捷方法。”

——Rowan Bunning，Scrum WithStyle 公司创始人

“介绍 Scrum 的书已经很多了，但本书采取了一个新的视角：软件实践者能够对照现实情况进行检查。Kenny 使用真实世界的例子和清晰的描述，强调了成功实施敏捷开发的坚实基础。读者将理解内建质量的重要性，理性面对现实：我们无法从一开始就把每件事情都做对。我们必须在这个过程中以方式工作并从中学习。书名中虽然有个 Scrum，但本书从范围更广的敏捷领域中吸取有效的实践，帮助经理及其团队取得成功。”

——Lisa Crispin，《敏捷测试》合著者

“Kenny Rubin 写了一本这么好的书，我真希望每个从事 Scrum 开发的人都好好读一读！书中包含 Scrum 精髓和其他内容的！”

——Martine Devos，欧洲 Scrum 先驱，认证 Scrum 培训师

“我在过去几年间审读过很多有关敏捷的书，所以总是在想一个问题：我们真的需要另外一本吗？就 Kenny 的书而言，我确信答案是“需要”。从另一个经验丰富的视角来审视常见到问题及我们需要的材料，这是很有价值的。Kenny 就具备这样的视角。本书的独特之处是有趣的图标——Kenny 首创的一种新的、用于表达 Scrum

和敏捷的图标语言。我相信你会发现书中这种插图会扩展你的思维，帮助你理解如何使用 Scrum。”

——Scott Duncan，敏捷 / Scrum 教练兼培训师

“任何一个接受过 Scrum 培训或参加过 Scrum 团队工作的人都会发现《Scrum 精髓》是一本非常好的进阶读物。本书深入探讨了如何通过实施 Scrum 过程，力求得更敏捷，恰到好处地解释了如何把复杂项目分解为可管理的项目（或冲刺）。对于在各种组织中有效或无效的做法，Kenny Rubin 都给出大量相关的案例学习。布局简单、商用风格的图标使得本书更易于快速浏览和查找特定主题。任何一个寻求从传统瀑布方法提升到敏捷方法论的组织都会发现《Scrum 精髓》是这个旅程必不可少的行动指南。”

——Julia Frazier，产品经理

“开发软件的难度很大。一边做项目，一边采取一种新的工作方法，难度更大。这本书让大家能避免很多陷阱，加速产生商业价值的能力，加快成功使用 Scrum 的过程。我真希望我在开始使用 Scrum 时能够看到这本书。”

——Geir Hedemark，开发经理，Basefarm AS 公司

我确信《Scrum 精髓》将成为下一代 Scrum 实践者的基础参考书。它不仅是今天能够得到最全面的 Scrum 的读本，而且写得非常棒，通过新引入的 Scrum 可视化语言，让读者能够一目了然。本书的优点还不止这些，Kenny 还分享了大量可供我们学习的有价值的个人观点和经验。”

——Ilan Goldstein，敏捷方案经理，励德爱思唯尔公司（Reed Elsevier）

“Scrum 看起来简单，但实际上很复杂。在《Scrum 精髓》中，Kenny Rubin 向我们提供了解决这些复杂问题的行动指南，而且很重要的是，书中的内容非常简洁。实战经验加上发人深思的描述，让 Scrum 更接近真实世界。高级经理及相关的团队成员，如果你们正在考虑是否实施 Scrum，那么这是一本必读书。这本书我肯定会推荐给我的学生。”

——John Hebley，Hebley & Associates 公司

“Kenny 在《Scrum 精髓》中提供了大量的真知灼见与知识，为敏捷 / Scrum 实际应用提供了有价值、广泛的见解。不论你是敏捷新手还是希望持续改进以获得更高的成熟度，本书都是工具箱中必不可少的午要参考。”

——David Luzquiños，敏捷推广主管，敏捷教练，Betfair 公司

“Kenny Rubin 再一次清晰地介绍如何以注重实效的方式实施敏捷。一方面，他重视正式的或者说典型的 Scrum 定义，另一方面，他重视从务实的角度使用这个定义。在这本新书中，他把他们公司多年积累的知识和他多年的经验带给读者。如果你准备开始敏捷之旅或在旅途中需要帮助，这本就够。”

——Cuan Mulligan，独立共创式敏捷教练

“在第一本关于 Scrum 的书出版十年之后，是时候把 Scrum 框架的基本内容与过去十年间的实际经验和方法结合在一起了。Kenny Rubin 以令人欣慰和非教条的方式做到了这一点。对于何时以什么方式实施 Scrum 以取得商业利益，本书提供了实用的概述和知识。”

——Yves Stalgies 博士，IT 主管，www.etracker.com 公司

“采用 Scrum 的最成功的方式是每个参与者——甚至是一些外围参与者——都能很好地理解其基本内容。《Scrum 精髓》以通俗易懂的方式完美展示了概貌和细节。本书是当之无愧的标准参考书。”

——Kevin Tureski，Kevin Tureski 咨询公司总裁

推荐序 1

Mike Cohn

著作有《Scrum 敏捷软件开发》、《敏捷估算与规划》与

《用户故事与敏捷方法》，*www.mountaingoatsoftware.com*

我今天的午餐是在汉堡王餐厅吃的。墙上贴着一幅“皇堡之家”的海报，告诉人们皇堡可以有很多种点法。泡菜、番茄、生菜和奶酪可以多要一点，也可以不要，各种各样的组合，能做出很多种汉堡包。实施 Scrum 的可行方式也必然有很多很多种。不过，虽然条条道路通罗马，但不同的方式还是有好坏之分的。

在《Scrum 精髓》中，Kenny Rubin 帮助读者找到了更好的方式。他的书讲述的不是规范——他不会说 “你必须得这样做。”相反，他传授的是帮助 Scrum 取得成功的基本原理。比如，在做冲刺规划时没有一个普遍适用于所有团队的套路。适用于某个公司或项目的方法在另一个公司或项目中却行不通。Kenny 给我们提供了一些选择。但是最终的决定权在于每个团队。幸运的是，这些团队现在可以求助于这本书。

《Scrum 精髓》我们带来的一个意外好处是 Kenny 引入的、用于表达 Scrum 的视觉语言。书中这些视觉图标图对理解文字内容非常有帮助，我估计今后人们在讨论 Scrum 时会常常使用这些图。

我们早就该有这样一本书了。Scrum 最初是一个小概念。第一本讨论它的书——DeGrace 和 Stahl 写的 *Wicked Problems, Righteous Solutions* 只有 6 页。但在那本书面世 20 多年后，Scrum 得到了扩充，引入并细化了新的角色、会议和工件。每增加一个内容，我们

都面临着丢掉Scrum核心内容的风险——部分核心内容阐述的是团队如何规划，如何先做一小部分，然后反思团队的工作完成情况，看看有哪些值得肯定（改进）的地方。

在《Scrum 精髓》一书中，Kenny 把我们带回 Scrum 核心。在这个基础上，Scrum 团队可以开始做实施 Scrum 的必要决策，做出适合自己的决策。本书是一个不可或缺的指南，可以帮助团队在林林总总的 Scrum 实施方式中选择并找到适合自己的成功之路。

推荐序 2

Ron Jeffries

当 Kenny 邀请我为他的《Scrum 精髓》写一篇序的时候，我就在想："这事儿做起来快，简单，它肯定是一本很直白的、简单描述 Scrum 的书。"我对 Ken 简洁明快的工作风格非常了解，所以知道他的作品肯定也是这样的，甚至肯定比我想象的还好！

所以呢，当我看到这本书几乎涵括 Scrum"处女航"的全部精髓时，你完全可以想像我的感受，简直是又惊又喜！而且，Kenny 还更进一步。他从核心的理念入手，包括所有敏捷方法底层的敏捷原则，概览了 Scrum 框架。他还深入到细节进一步探究。这本书可读性强，而且内容丰富，耐读。Kenny 对规划的详细描述恰到好处，他还谈到需求、故事和 PBI 估算、速率。随后还带我们深入敏捷原则，帮助我们处理所有级别的规划和所有时间范围。他描述了如何规划、执行、回顾和改进冲刺过程。贯穿全书，他在介绍基础知识之外，还重点强调了我们在 Scrum 导入初期可能会遇到的重要问题。

对于 Scrum 和敏捷，我个人关注的是必要的开发技能，这些技能可以确保团队能够通过一个接一个的冲刺交付真正的、可运行的、以业务为中心的软件。Kenny 帮助我们理解了如何以安全、合适的方式使用速率和技术债等概念。速率和技术债这两个主题都非常关键，我建议大家重点关注。

速率向我们表明团队随着时间的推移要交付多少价值。我们可以借助于它来感觉我们要完成多少任务以及我们的工作方式是否比原来有所改善。然而，Kenny 警告我们，把速率作为绩效考核指标会对业务造成伤害，而且他还有理有据帮助我们认识到个中缘由。

技术债这个说法现在已经非常普遍，泛指会导致代码出问题的所有东西。Kenny 帮助我们捋清个中含义，并帮助我们认识到为什么要关注这些偏技术性的细节。我特别看中他对这方面的详细描述：如果团队一直在压力下工作，肯定无法如期交付优质产品。

就像所有敏捷方法一样，Scrum 依赖于快速反馈来进行探索。Kenny 给我们讲了他当年用穿孔卡的故事，这让我想起自己早期的计算机生涯，比 Kenney 看到他平生第一张穿孔卡久远得多。作为一名大学生，我当时非常幸运，得到了美国战略空军司令部奥马哈总部（SAC HQ）的实习机会。在那些日子里，所有计算都是通过穿孔卡来做的。我的卡片只能发到 SAC HQ 地下好几层那台能发起战争的计算机上（如果要发起战争的话）。我很幸运，一天有一两次跑程序的机会。

只要一通过安检，我就会大半夜跑下楼来到计算机面前。我还对 Sergeant Whittaker 说好话，让他准许我坐在计算机终端面前跑我自己写的程序（是的，那台主要发动核攻击的机器）。不过，放心，那个房间里没有红色按钮。

在计算机面前忙活儿，我可以做十倍的工作（相较于我不得不等着我的索引卡被传下来，然后我的代码清单被回传到楼上）。反馈来得快，我就学得快，我的程序也能早些跑起来。这就是 Scrum 的本事。用不着等上好几个月甚至好几年才知道程序员都在干什么，通过 Scrum，我们每隔两周就可以了解他们的动态。Scrum 产品负责人在优秀团队的支持下，每隔几天就能看到实际的产品特性被打磨成形！

这也是 Kenny 这本书的主旨。如果是 Scrum 新手，就从头到尾仔细阅读，然后把它放在案头随时接着看。如果做 Scrum 已经有了一些时日，就全书浏览一遍，把它留在手边随时参考。如果发现自己开始认真思索团队的事儿或者寻思着搞点儿创新，不妨拿起这本书，从字里行间寻找突破点。你肯定能够从中找到金子（有价值的东西）。

中文版序

李国彪（Bill）
Scrum 联盟认证培训师（CST）
UPerform 优普丰顾问机构

这是一本非常不错的介绍 Scrum 核心及其相关实践、有助于培养敏捷交付能力的参考书！

自 2007 年我有幸引入和翻译第一本 Scrum 书籍《Scrum 敏捷项目管理》（Ken Schaber 著）之后，见证着敏捷和 Scrum 在中国软件及产品研发行业的应用和演进，业界人士和许多团队的不断深入实践及锲而不舍的多样化尝试，也目睹许多组织和团队的迂回之路和成功发展敏捷能力的成就感，但同时也对他们的困惑和挣扎感同身受。Scrum 框架有强大力量，其生命力来在于其简约，但要想获得成效，何其容易！

感谢业界同行的热情与努力，此数年间陆续有新的 Scrum 相关书籍进入市场。每一本书都有其独到之处。这本《Scrum 精髓》也给我们带来惊喜，在业界需要的时候来到中国。

条条大路通罗马。Scrum 框架不变，彰显其精髓和价值观的实践和形式确实是在不断探索和演进中。有许多的实践和招式是基于具体上下文、有针对性地以落地试验的方式得出的。这些何尝不是敏捷精神和本质的体现呢？

若是 Scrum 新手，你会从本书中收获扎实的 Scrum 基础和本质；若已有相当的实操经验，你会从中发现丰富且有参考价值的实例。我相信其中一些能为你指点迷津；若你的工作环境非常关注规划，则可以参考本书针对不同层面的敏捷规划和多种商业情景介绍的应对方式、相关推荐以及详细的分析。

另外，若是管理者，对通过自己的影响力推动 Scrum 和敏捷，则可以从第 13 章和第 17 章获得新的思路和方向，这在同类文献中可能是写得最好的。因为作者 Ken 本人曾经有过同样的中高层领导力经历，所以他对经理角色在 Scrum 环境中的转型有切身感受。而且，Ken 也亲历过早期面向对象技术的发展，具有深厚的敏捷工程实践背景。本书里的分享都是源自 Ken 的亲身经历和反思。毫无疑问，对大多数人而言，这是一本值得收藏的 Scrum 最佳参考。

另外，令人眼前一亮的是书中使用的敏捷视觉化图标语言，这是 Ken 原创的，相信会使大家的阅读体验和 Scrum 应用体验更上一层楼。

通过这本书，让我们一起帮助自己、团队与组织继续发扬和发展频密交付和持续改进的的能力。

译者序

姜信宝

《Scrum 精髓》名副其实，从方方面面诠释了 Scrum 的精髓。在本书中，不仅有敏捷宣言和原则的解读，更有敏捷适用性的探索。Ken 首先介绍 Scrum 的框架和核心概念（Scrum 活动、角色以及工件），接下来专门介绍如何解决技术债问题，经理在 Scrum 中的角色，Scrum 的规划应该如何做，包括组合规划、产品规划、版本规划以及迭代计划。

Ken 在第 3 章中从经济学的角度结合精益软件开发对敏捷原则重新进行梳理。分别从可变性和不确定性、预测和适应、经验认知、WIP、进度和执行几个方面进行阐述。

Ken 还喜欢将敏捷联系到生活中。在第 14 章，Ken 提到他的朋友 John 滑雪之前不会预先进行详尽规划，但会提前研究地形，先了解大概路线。这个例子生动说明了在 Scrum 组织中，规划有必要，但不宜过于完美、详细。计划需要随时间和变化而变。

在本书的翻译过程中，我非常有幸能够和两位伙伴合作，他们是米全喜和左洪斌。全喜之前翻译过（《不平凡的一年：项目管理故事 50 则》和《团队之美》），在翻译初期也为我和洪斌提供了有效的指导，为翻译协作模式提供宝贵的经验，比如使用 Google Doc 保存译稿，使用 Google 讨论组交流翻译过程中存在的疑问，使用 Excel 记录翻译记录，等等。在翻译过程中，全喜的专注精神让我非常感动。在合作翻译过程中，洪斌的钻研精神和严谨的工作态度，也让我十分佩服。为了能够准确揣摩作者原意，他可能会查阅三四种字典和五六个翻译网站。我还要感谢徐毅，为保证本书的如期出版，他在最后的关键时刻施以援手，做了很多重要的工作。最后还要感谢敏捷社区的朋友们，他们都为本书的校对付出了宝贵的时间。他们分别是（排名不分先后）：许晓斌、王立杰、林伟丹、侯伯薇、杨志昂、王洪刚、陈泽平、申健、程嘉利和王洪亮。

最后，非常感谢我的太太谢冰和我的儿子对我的支持。

最后，期望这本最厚的 Scrum 参考全书能帮助大家顺利走向敏捷！

前言

本书讨论的是 Scrum 精髓，在使用 Scrum 来开发创新产品和服务的过程中，这些必知必会的东西可以帮助你取得成功。

什么是 Scrum 精髓？

Scrum 的基石是一套轻量级的核心价值观、原则和实践（统称为 Scrum 框架）。使用 Scrum 的组织需要全身心拥抱 Scrum 框架，不过也许并不是一次性在整个组织全面展开，但打算采用 Scrum 的最初（几个）团队在内部一定要做到这一点。然而，全面拥抱 Scrum 并不意味着组织在实施 Scrum 的时候必须得照着某个一刀切、放之四海皆准的公式生搬硬套。它实际意味着组织在为 Scrum 实施过程选择合适自己的方式时，应该一直不折不扣地坚守 Scrum 框架。

《Scrum 精髓》综合介绍了 Scrum 价值观、原则和实践以及一套实践证明有效的方法体系，这些方法与 Scrum 框架一致但又不受制于 Scrum。其中有些方法对具体的组织环境很适用，有一些则不然。任何方法都需要根据独特的组织现状进行检视和调整。

本书的缘起

作为敏捷/Scrum 教练和培训师，经常有人请我推荐 Scrum 参考书，最好是既有 Scrum 框架综述，又有 Scrum 主流用法的介绍。因为我找不到任何一本书能够同时把这两个主题讲得足够深刻，能够为时下的实践者提供实际的帮助，我发现自己推荐的书大致有几种情况：有少数几本书讨论 Scrum 框架但内容已经过时或不完整；有几本书主要讲敏捷，但没有单独关注 Scrum；还有几本书重点关注

Scrum 某个特定方面或具体方法但没有深入覆盖整个 Scrum 框架；如果就想通过一本书了解 Scrum 精髓，选择余地就比较多了，市面上这样的书很多!

Scrum 之父(Jeff Sutherland 和 Ken Schwaber)写过一本书《Scrum 指南》（The Scrum Guide）。这个简短的文档（大约只有 15 页）被作者描述为“Scrum 金科玉律，Scrum 专有文档”(Schwaber and Sutherland 2011)。他们把它比作象棋游戏的游戏规则说明：“描述棋子（各个部件）的行走规则，顺序，输赢如何定义，等等。”尽管它的用途是 Scrum 综述或 Scrum 规则手册，但在《Scrum 指南》设计之初，并不想成为供大家全面了解 Scrum 相关基础的知识宝库。延伸两位作者的比喻，它的目的只是充当新建 Scrum 团队的“Scrum 指南”，期望能为不熟悉象棋规则的新人提供一个 15 页的象棋规则说明并期望他们能够在读完这个指南之后更好地玩好象棋游戏。它真的不是“一个就够”的资源。

《Scrum 精髓》这本书尝试补全 Scrum 基础知识体系缺失的资源。它对 Scrum 原则、价值和实践进行深入的讨论（大多与其他敏捷思想领袖和《Scrum 指南》的看法一致），但这本书另辟蹊径，提供了一个独特的视角，我把相关的观点提出来并解释了具体原因。本书还描述了其他实施方法，这些方法与 Scrum 框架一致，也和我及我辅导过的团队成功应用的方法一致。我无意于用这本书替代其他深入探讨特定 Scrum 实践或方法的书。这些书与本书相辅相成。可以从《Scrum 精髓》开始，善用 Scrum 来取悦用户。

读者对象

对于我的数千名学员（Scrum 团队、认证 ScrumMaster 和认证 Scrum 产品负责人等培训课程）和我辅导过的许多团队，这本书有助于大家重新认识和澄清我们此前课程中讨论过的主题。对于更多我还没有开始愉快合作的读者，这本书可以作为你的第一本 Scrum / 敏捷入门书，帮助你从不同的角度认识 Scrum，说不定它还能帮助你更好地提升 Scrum 实施效果。

写这本书的时候，我并没有针对任何一个具体的角色，它并不是专门为产品负责人、ScrumMasters 或开发团队写的。相反，它的目的是让 Scrum 所牵涉的每个人，从所有 Scrum 团队成员到组织中与他们互动的任何人，都能够基于一套核心的概念体系与（便于讨论的）清楚的词汇表，共同认识和理解 Scrum。有了这样的共同基础，我希望每个组织都能够有一个更好的起点，成功运用 Scrum 交付商业价值。

我想象着，每个 Scrum 团队成员的案头都有这本书，正好翻到与她手边工作相关的内容。我还憧憬着，组织机构中每个层级的经理都在读这本书，因为他们想知道 Scrum 是如何帮助他们高效管理工作的，想了解哪些类型的组织变更才是保证 Scrum 取得成功的必要前提。正在用或者打算使用其他非 Scrum 敏捷方法的组织也能从中认识到很多信息与其特定的敏捷导入是有关联和帮助的。

本书的结构

本书首先对 Scrum 进行简要的介绍（第 1 章），最后讨论成功导入 Scrum 之后的下一步行动（第 23 章）。其余各章分为四个部分进行描述。

- 第 I 部分“核心概念”(第 2～8 章)，涉及的主题有：Scrum 框架，敏捷原则，冲刺，需求与用户故事，产品列表，估算与速率，技术债。
- 第 II 部分“角色”(第 9～13 章)，涉及的主题包括：产品负责人、ScrumMaster、开发团队、Scrum 团队构成和经理。
- 第 III 部分“规划”(第 14～18 章)，主题包括：Scrum 规划原则、多层级规划、产品组合规划、构想/产品规划和版本规划。
- 第 IV 部分“冲刺”(第 19～22 章)，主题包括：冲刺规划、冲刺执行、冲刺评审和冲刺回顾。

如何使用本书？

正如大家期待的一样，我写这本书时假设大多数读者都会从头到尾顺序阅读。所以，如果你是 Scrum 新手，建议采用这种方法，因为各章之间本来就是承上启下，前后连贯的。也就是说，如果想找到一个合适的起点从头到尾了解 Scrum 框架（一个非常清楚的 Scrum 扫盲读本），请阅读和参考第 2 章。

熟悉 Scrum 的人，则可以把这本书用作 Scrum 参考指南。如果对冲刺回顾感兴趣，可以直接翻到第 22 章开始阅读。如果想探究产品列表的细枝末节，可以直接阅读第 6 章。不过，我强烈建议每个人都完整读一读第 3 章，即使是熟悉 Scrum 的人。这一章所介绍的原则是 Scrum 框架和本书其余内容的基础，其他大多数文献都只是简单而泛泛地重复敏捷宣言中提到的价值观和原则(Beck et al. 2001)，这一章却不是。

视觉图标语言

我很自豪，我在书中采用一种新的视觉语言来描述 Scrum。这种语言由一系列图标构成，这些图标体现了基本的 Scrum 角色、工件和活动。我这个 Scrum 视觉语言是一种有效的沟通工具，有利于团队成员之间交流想法并增强对 Scrum 的共识。如果你很想得到和使用这些让人耳目一新的彩色版 Scrum 插图，请访问 www.innolution.com 了解更多信息。这个网站还有各种资源和本书相关讨论。

心动不如行动

好吧，不管什么角色，处于什么状况，你已经因为某种原因而拿起了这本书。在字里行间找到适合自己的强大框架，以可持续的步调改善开发方式（方法和流程），交付让客户欣欣然点赞的产品和服务吧！

致谢

如果没有很多人的提供的素材，包括我的上万名学员（参加过我的敏捷课程和辅导班），这本书是不可能完成的。我可能没有提到所有人，我想说，尽管有这种可能，但对我而言，我和大家的所有讨论以及邮件往来弥足珍贵，也毫无疑问对本书产生了影响！

有三个人我要特别感谢：Mike Cohn、Rebecca Traeger 和 Jeff Schaich。如果没有他们每个人的参与，这本书不可能成形。

早在 2000 年，我和 Mike Cohn 在 Genomica 公司一起工作时就成为朋友、同事。承蒙他的好意，我的书列入他的 Mike Cohn 签名系列，让我能够与 Mike 及这一系列中其他声望卓著的作者站在一起。正如我父母常说：“看看谁和你在一起，就知道你也很不错。”我每次想谈论一些想法或讨论本书的写作策略时，都能找到 Mike 这个值得信赖的人。他从异常繁忙的日程中抽出时间审读每一章并给出富有创见的反馈。这些年和 Mike 一起工作对我来说受益匪浅——我希望这种体验今后能够长期持续。

Rebecca Traeger 是我这本书的私人编辑。早在 2007 年我还在 Scrum 联盟担任执行总裁时，我们就一起共事。那时 Rebecca 是 Scrum 联盟网站的编辑，并通过这份工作（以及后来其他更多的工作）成为业内杰出的敏捷编辑。在刚开始写本书时我找到 Rebecca，问她是否愿意再次与我合作，让我感到欣慰的是，她同意了。每一章拿给别人之前，都是 Rebecca 先过目。她的反馈时不时让我感到羞愧，因为她常常“雕琢”我的说辞，使其更容易理解，读起来更亲切。如果你喜欢书中的某个章节，那肯定是 Rebecca 润色过的。如果你不喜欢书的某个章节，那可能是因为我愚蠢地忽略了她的建议。

Jeff Schaich 是一个才能非凡的艺术家兼设计师。我和他合作的插图项目多得数不清。早在构想本书时我就想创造一种敏捷 / Scrum 图标语言作为我的培训材料以及本书 200 多幅插图的基础。我知道自己需要一个优秀的设计师来完成这一壮举。Jeff 接受了这个挑战。这本书一度看上去像是两个不同的项目——一方面是码字儿，一方面进行艺术创作。说实在，我不知道哪部分工作花的时间更长一些。不过可以肯定，没有 Jeff 的艺术点缀，本书将大为失色。

我非常荣幸地请到敏捷社区的两位名人 Mike Cohn 和 Ron Jeffries 为本书作序！他们用各自独特的方式写了很棒的序言，把这本书放到合适的语境中，开启讨论《Scrum 精髓》的大门。我想说："Mike，不要再吃汉堡王了。""Ron，多谢你没有按下那个红色按钮！"

我还想感谢很多其他在百忙之中抽出时间评审并把反馈意见告诉我的人。首先感谢反馈最多的人：Joe Balistrieri，Johannes Brodwall，Leyna Cotran，Martine Devos，Scott Duncan，Ilan Goldstein，John Hebley，Geir Hedemark，James Kovacs，Lauri Mackinnon，Robert Maksimchuk 及 Kevin Tureski。

此外，我想感谢其他给出很好反馈意见的人：Lyssa Adkins，John Bauer，Sameer Bendre，Susan Briscoe，Pawel Brodzinski，Rowan Bunning，Josh Chappell，Lisa Crispin，Ward Cunningham，Cornelius Engelbrecht，Julia Frazier，Brindusa Gabur，Caroline Gordon，Drew Jemilo，Mike Klimkosky，Tom Langerhorst，Bjarne Larsen，Dean Leffingwell，Maurice le Rutte，David Luzquiños，吕毅，Shay McAulay，Armond Mehrabian，Sheriff Mohamed，Cuan Mulligan，Greg Pease，Roman Pichler，Jacopo Romei，Jens Schauder，Bill Schroeder，Yves Stalgies，Branko Stojaković，Howard Sublett，Julie Sylvain，Kevin Tambascio，Stephen Wolfram 及 Michael Wollin。

我还想感谢培生（Pearson）的工作人员，他们是这个项目优秀的搭档。他们耐住性子容忍我的拖延并始终鼓励我。特别感谢 Chris Guzikowski，他自始至终全力负责这个项目。从我和他在麻省莱克星顿一间酒吧的第一次会面开始，直到本书最终出版，都有他的身影。我也要感谢 Olivia Basegio 熟练负责后勤工作，感谢 Julie Nahil 在项目管理上的出色表现。此外我还要感谢 Barbara Wood 帮助我润色书稿，工作做得棒极了。感谢 Gail Cocker 把所有的艺术元素整理成一个统一、漂亮的体系。

我还要感谢我的助理 Lindsey Kalicki，她让我能够把很多重要的任务交给她，让我专注于本书的写作。能够与能力这么强的专业人士共事真是幸运。

最应该感谢我的家庭——Jenine、Jonah 和 Asher——感谢他们以及他们发挥的重要作用。在本书漫长的写作过程中，他们为我付出太多。我给家庭带来的压力以及我们错过的彼此陪伴时间，千言万语也不足以弥补我的歉意。

Jenine，我挚爱的知己，本书写作过程中的起起伏伏她都挺过来了。如果能在书中把她做出的牺牲都列出来，这本书还要再厚上一倍。如果没有她，我无法完成这本书！

有趣的是，在我们结婚的第二年，也就是 1994 年，我出版了我的第一本书 *Succeeding with Objects*。那时 Jenine 要我保证今后再也不写书了。幸运的是，那个保证在 15 年后慢慢被淡忘，超负荷的工作量现在看来也没有那么可怕，所以当她鼓励我再写一本书时，我的感觉写书这件事儿何足惧哉！她现在还没有要求我不能再写第三本书，不过我估计这段记忆至少会持续 15 年，然后我们两人中的一个会要求我再写一本！

我还要深深地感谢我的两个儿子 Jonah 和 Asher 的爱心支持。他们放弃了父亲的陪伴，让我能够安心写作。他们总是谈论一些想法，提出一些建议。他们在内容和艺术方面的一些建议被纳入书中——因为他们，这本书变得更好！我希望他们理解坚持不懈的价值，一次一步，不轻言放弃，即使是最令人生畏的工作，也能做好。

最后，我要感谢我的妈妈 Joyce Rubin（Genesha Esther bat Avrahm），谢谢她对我的全身心的爱和支持。在她的影响下，才有这本书的问世。令人伤感的是，她在生前没有看到本书的出版。她于 2012 年 1 月离开人世，给她的家庭和我留下永远无法弥补的遗憾。在所有认识她的人心目之中，她是一个特别的存在。妈妈，千言万语也无法表达我对你的思念之情。

著译者简介

作者

Kenneth S. Rubin

提供 Scrum 和敏捷方面的培训、辅导，帮助公司以富有成效、经济合理的方式开发产品。Kenny 是一名认证的 Scrum 培训师，为 18 000 多人做过敏捷和 Scrum、Smalltalk 开发、面向对象项目的管理以及转型管理方面的培训。他辅导过的公司超过 200 家，有初创企业，也有《财富》榜排名前十的公司。

Kenny 是 Scrum 联盟的第一任执行总裁，Scrum 联盟是全球性的非盈利组织，致力力推广 Scrum 的成功应用。除了本书，Kenny 还是 1995 年出版的 *Succeeding with Objects: Decision Frameworks for Project Management* 的合著者之一。他拥有了乔治亚理工学院的计算机科学学士学位和斯坦福大学的计算机科学硕士学位。

Kenny 的技术背景源于面向对象技术社区。他最初是一名 Smalltalk 开发人员，在 1985 年参加了 NASA 资助的一个项目，开发了第一个非 LISP 语音写的黑板专家系统。他在 1988 年幸运地加入 ParcPlace Systems 公司，施乐帕克新成立的一个分公司，该公司的宗旨是让面向对象技术走出实验室，走向世界。Kenny 在 20 世纪 80 年代末和整个 90 年代为很多不同的组织做过咨询，他是敏捷实践方法早期的采用者。他第一次使用 Scrum 是在 2000 年，用于开发生物信息学软件。

Kenny 在职业生涯中从事过很多岗位的工作，包括成功地担任过

Scrum 产品负责人、ScrumMaster 和开发团队成员。此外，他还担任过很多管理角色：CEO、COO、工程部副总裁、产品管理副总裁、专业服务副总裁。他还管理过 5 个商业软件产品套件的开发工作，产生的总收入超过 2 亿美元。此外，他还直接参与风险投资融资项目，融资金额超过 1.5 亿美元，还帮助两家公司在纳斯达克（NASDAQ）上市。

Kenny 丰富的背景使他能够从开发团队和管理层等多个角度深入、透彻地理解（并解释）Scrum 及其含义。

译者

姜信宝

喜欢新鲜事物，喜欢读书，喜欢分享，愿意和大家共同进步。Agile1001 公开课联合发起人之一。CSP，CSM，PMP。热衷于敏捷，是国内敏捷社区的主要推动者之一。

米全喜

IT 行业的一名老兵，敏捷爱好者，在软件开发、测试、项目管理和运行方面都有一定的工作经验，目前从事金融行业 IT 流程管理工作。翻译作品有《团队之美》和《编程人生》等。

左洪斌

供职于爱立信中国研发中心，十年以上 IT 从业经验，三年 ScrumMaster 经验，CSM。爱读书，爱音乐，也爱程序设计。

目　录

第 I 部分　核 心 概 念

第Ⅱ部分　Scrum 的角色

第Ⅲ部分　规　　划

第 17 章　构想（产品规划） 325

第 18 章　版本规划（长期规划） 347

第IV部分 冲 刺

第 1 章

引子

2000 年 6 月 21 日，我受雇成为 Genomica 公司的执行副总裁。这是一家生物信息技术公司，位于科罗拉多州博耳德市。我之所以记得那一天，是因为我的儿子 Asher 正好是在那天凌晨 1 点出生的。

孩子的出生开启了美好的一天。Asher 在预产期那天准时出生（在美国，这样的比例是 5%），也就是说我们（实际上是我妻子 Jenine）如期完成了一个为期 9 个月的“项目”。而且“项目”最后还有一个完美的结局，Asher 在阿普伽新生儿评测[①]中得分非常高，这说明我们的孩子是健康、优生的！我们最大的利益干系人、大儿子 Jonah 因为弟弟的到来而兴奋不已。准时，优生，满心欢喜的利益干系人——真是美好的一天！

我小睡片刻后就检查了一下电子邮件，看到 Genomica 的 CEO 发来一个紧急消息，要我那天早上 8 点参加董事会的会议。我恋恋不舍地离开医院去参加会议。

来到会议室之后，他们告诉我，主管工程的副总裁在前一天晚上被解雇了，现在由我来接管 90 人的工程团队。我并不感到意外。这几个月以来，管理层和董事会一直在讨论 Genomica 为什么无法按

---

① 译注：阿普伽新生儿评测是美国医生维珍尼亚•阿普伽（Virginia Apgar）在 1952 年发明的一种对刚出生的婴儿快速评定健康状况的方法，是对新生儿的肤色、心率、反射应激性、肌张力及呼吸力五项的评分。

时交付质量让人满意的、有价值的产品，工程副总裁也是讨论的焦点。

产品开发团队在工作成效上需要做出重大改进，这个工作现在交由我负责。这件事情给我留下了深刻的印象，没想到我的孩子刚刚顺利出生，我就开始承担这个新职责。

销售和市场营销方面的管理工作已经让我忙得不可开交，所以他们告诉我，可以新招一个工程副总裁向我汇报工作。我招的是 Mike Cohn（Cohn 2004；Cohn 2006；Cohn 2010），我们决定采用 Scrum。

什么是 Scrum？

Scrum 是一种用于开发创新产品和服务的敏捷方式。图 1.1 显示了一个简单、通用、敏捷的开发方式。

图 1.1　敏捷开发概述

在敏捷方式中，首先要建立产品列表——一个按优先级排列的、成功开发产品所需的特性及其他功能的列表。在产品列表的指导下，我们总是先做最重要或优先级最高的条目。在资源（例如时间）耗尽时，所有未完成工作的优先级都比已完成工作的优先级低。

工作本身是在一些短期的、时长固定的迭代中完成的，每个迭代一般是从 1 周到 1 个月。在每个迭代中，自组织、跨职能的团队完成所有必需的工作——例如设计、构建和测试——产生完整的、可工作的、可以放入产品的特性。

一般情况下，产品列表中的工作量远远不是团队在一个短期迭代内能够完成的。所以，在每个迭代开始时，团队需要制定计划，说明在下一个迭代中要创建产品列表中哪一个高优先级子集。比如说在图 1.1 中，团队同意创建特性 A、B 和 C。

在迭代结束时，团队与利益干系人一起评审已经完成的特性，获取他们的反馈。根据反馈，产品负责人和团队既可以对下一步工作内容进行修改，也可能修改以前的工作方式。例如，如果利益干系人在看到一个完成的特性时，意识到自己没有考虑到另一个必须包含在产品中的特性，此时，产品负责人只需建立一个代表该特性的新条目并把它以适当的优先顺序插入产品列表，留到后面的迭代中迭代完成。

在每个迭代结束时，团队应当得到一个潜在可发布产品（或产品增量），如果业务上适合，就可以发布。如果不适宜在每次迭代后发布，可以把多个迭代的一组特性合并在一起发布。

在每个迭代结束后，从规划下一个迭代开始，重新开始整个过程。

Scrum 的起源

Scrum 悠久的历史可以追溯到 1986 年《哈佛商业评论》中的一篇文章，题为"新型新产品开发策略"①。这篇文章描述了像本田、佳能、富士施乐这样的公司是如何通过可伸缩、基于团队的"蜂涌式"②开发世界一流的产品。文章同时强调了授权、自组织团队的

---

① 编注：The New New Product Development Game，竹内弘高、野中郁次郎，1986。

② 编注：all-at-once product development，也称"一起上"，指齐心协力一起完成某项工作的集体行为。

重要性，并概要描述了管理在开发过程中发挥的作用。

这篇发表于 1986 年的文章产生了很大的影响，文章中提出的很多概念都促成了我们今天称为 Scrum 的方法。Scrum 不是缩写，它借用的是橄榄球运动的术语。在橄榄球运动中，这个术语指的是在意外犯规或球出界后重新开始比赛。就算你不是球迷，也该见过争球，两个队的前锋在球前面围成一圈，彼此的胳膊架在一起，低头争夺球权。

竹内弘高和野中郁次郎使用橄榄球和争球的隐喻描述产品开发：

> 产品开发的“接力赛”方式……可能和要求最快、最灵活的目标有冲突。一种整体方法或“橄榄球”方法（即团队作为一个整体打完比赛，来回传球），也许能够更好地迎合当下的竞争需求。

1993 年，Jeff Sutherland 和他在 Easel 公司的团队把 1986 年那篇文章中的概念与面向对象开发、基于经验的过程控制、迭代和增量开发、软件过程和生产率研究、复杂适应系统中的概念结合起来，创立了用于指导软件开发工作的 Scrum 过程。1995 年，Ken Schwaber 在 OOPSLA 1995（Schwaber 1995）上发表第一篇关于 Scrum 的论文。此后，Schwaber 和 Sutherland 一起或单独完成了下面几本关于 Scrum 的出版物。

- 《Scrum 敏捷软件开发》（Schwaberand Beedle，2001）。
- 《Scrum 敏捷项目管理》（Schwaber 2004），中文版，译者李国彪，这是第一本 Scrum 中文参考书。
- 《Scrum 指南》（Schwaber and Sutherland，2011）。

虽然 Scrum 主要用于开发软件产品，但其核心价值和原则也可以用来开发其他类型的产品或用来组织各种类型的工作流程。例如，在我合作过的组织中，有些成功使用 Scrum 来组织和管理硬件开发、市场营销计划和销售方案的相关工作。

为什么要用 Scrum？

Scrum 这样的敏捷方法为什么会成为 Genomica 的首选呢？首先，Genomica 此前采用的开发方式显然行不通。好消息是，几乎每个人都同意这个观点。

Genomica 所处的领域很复杂，未知的东西比已知的多。我们构建的是开创性的产品。工作重点是构建一个处于技术前沿、持续成长、最先进的信息科学研究平台，帮助从事科研工作的科学家发现下一个能够引起轰动效应的分子。我们需要一种开发方式，能够让我们快速探索新想法和新方法，快速了解哪些解决方案可行、哪些不可行。我们有一个战略合作公司，产品必须和其 DNA 顺序分析仪的芯线集成，所以我们大约每隔几周就要向他们展示一次工作成果并获得他们的反馈。这需要快速探索和反馈，之前采用的详细的、预先规划的方式很不适应这个特点。

我们还想避免事先进行大量架构设计。以前在创建 Genomica 新一代核心产品时，我们几乎花了一年的时间来做架构，目的是创建一个大型、统一的生物信息科学平台。在基于这个架构开发出第一个真正面对科学家的应用程序后，我们终于有机会验证很多个月前的设计决策，结果却发现从屏幕上的一个字段切换到另一个字段要花 42 秒钟。如果一个普通用户都觉得慢，可以想像让一个有博士学位的分子生物学家等上 42 秒钟是何等情形！真是一场灾难。我们需要采取另外一种更均衡的设计方法，开始时做一些设计，再结合进行适量、适时的设计。

团队也需要采取进一步跨职能。在过去，Genomica 的运作方式和大多数组织一样，开发人员只有在工作全部完成后才交给测试团队。我们现在希望所有团队成员都能不断协调、步调一致——我们的目标是每天都能做到协调一致。过去，在开发工作中，重要的问题往往拖到很晚才讨论，导致错误越来越严重。不同领域的人沟通不畅、不频繁。

因为这些以及其他原因，我们确定 Scrum 更适合 Genomica。

Genomica 取得的成果

我们在决定使用 Scrum 时，了解这种方法的人还不多。第一本关于 Scrum 的书是第二年才出现的（Schwaber and Beedle，2001）。不过，我们把能找到的信息都整合到一起，然后竭尽所能，取得很大的成效（参见表 1.1）。

表 1.1 Genomica 取得的成果

测量	瀑布	Scrum
工作量	10 倍	1 倍
速率	1 倍	7 倍
客户满意度	差	非常好

从工作量的角度看，与以前采取计划驱动的瀑布方法相比，开发同样多的产品功能，如果采用 Scrum 开发，需要的工作量是十分之一（以人月计）。同样重要的是，Scrum 的进展速率是瀑布的 7 倍，也就是说，在单位时间内，Scrum 开发方式产出的有价值特性大约是瀑布的 7 倍。更有说服力的是，我们向合作伙伴交付软件的时间范围符合他们预期的新硬件平台发布时间。不仅如此，我们还强化了长期合作关系，从而大大增加了 Genomica 公司股东的利益。

Scrum 能给你带来帮助吗？

Genomica 公司在采用 Scrum 之前，构建出来的特性都没人要，不仅延期交付，质量还很差。类似 Genomica 这样的情况并不少见。像很多其他公司一样，Genomica 之所以能够生存下来，仅仅只是因为竞争对手比我们做得还要烂。20 世纪 80 年代中期，我刚刚开始涉足商业软件开发时，看到的也是这个问题。30 年过去了，很多公司的状况并没有得到改善。

今天，如果把业务人员和开发人员找到一起，问：“你们对软件开发工作的结果感到满意吗？”或者“你们认为我们是否及时、经济、高质量地交付了良好的客户价值？”他们会怎样回答呢？

通常，我在世界各地提供培训和指导时，人们对这两个问题都给出一个响亮的回答：“否。”接下来大家的说法如同一辙：“项目失败率高得让人无法接受”；“交付日期延迟了”；“投资带来的回报常常达不到预期”；“软件质量很差”；“生产率低得让人羞愧”；“没有人对结果负责”；“员工士气低落”；“员工离职率太高”。一阵低声窃笑之后又会假惺惺地说：“肯定有更好的方法。”

虽然有诸多不满意的地方，但大多数人都普遍接受这样的事实：“不满意”是软件开发现状的组成部分之一。但实际上未必如此。

认真踏实地使用 Scrum 的团队和组织，却是另一番不一样的现实（参见图 1.2）。

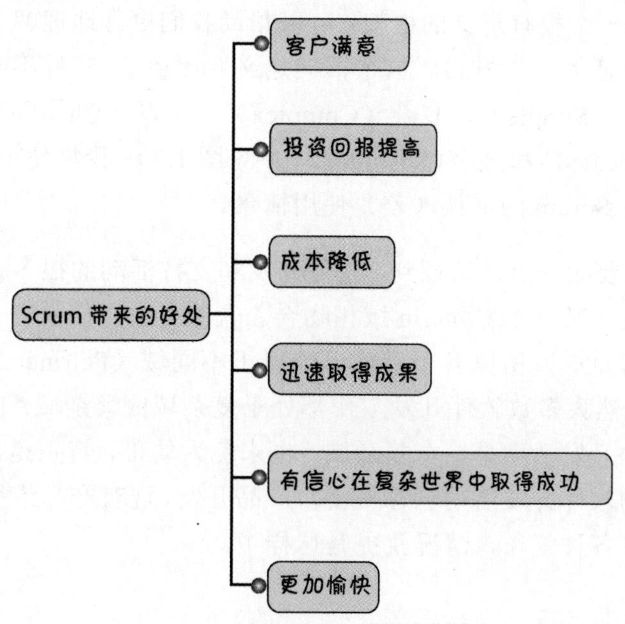

图 1.2　Scrum 带来的好处

这些组织总是让客户感到满意，他们不仅交付了客户第一天在对真正需求知之甚少的情况下提出的功能，而且交付了客户真正想要的功能。他们还更频繁地发布了较小的版本并由此提升了投资回报。而且，毫不留情地暴露组织功能失调和浪费的地方，还为他们降低成本。

Scrum 关注在每个迭代交付可以工作、集成好的、经过测试的、具有业务价值的特性，力争更快交付成果。处于复杂域的组织必须根据竞争对手、客户、用户、监管部门和其他利益干系人之间的互动快速做出调整，Scrum 能很好地帮助他们取得成功。而且，Scrum 还为所有参与者带来更多喜悦。不仅客户满意，做工作的人也很喜欢这种方式！他们喜欢经常的、有意义的合作，团队成员之间的人际关系和相互信任也因此得到提高。

不要误会我的意思。虽然 Scrum 在很多情况下都是优秀的解决方案，但不是所有场合都适用。Cynefin 框架[①]（Snowden and Boone，2007）是一个很有意义的框架，可以帮助我们更好地理解工作环境并确定合适的工作方式。这个框架定义并比较了 5 种不同域的特征：简单（Simple）、复杂（Complex）、混乱（Chaotic）、繁杂（Complicated）和无序（Disorder）（参见图 1.3）。我将使用 Cynefin 框架讨论 Scrum 的最佳（差）使用情景。

首先，重要的一点是认识到，软件开发和支持活动的很多方面都不可能只是与某一个 Cynefin 域相吻合。软件开发工作内容丰富，各方面又有重叠，所以各个活动可能属于不同域（Pelrine 2011）。因此，虽然大多数软件开发工作都处于复杂域或繁杂域，但如果冒然说软件开发活动是一个复杂域，也未免太幼稚，特别是，如果我们定义的软件开发活动包含从创新产品开发、现有产品维护到运营与支持等各种工作，情况就更是这样了。

---

① Cynefin 框架最早是在 1999 年由威尔士学者 Dave Snowden 在知识管理与组织战略中提出的。这个框架用于描述问题、环境与系统，说明什么环境，适合使用什么解决方案。Cynefin 框架包括 5 个域：简单、繁杂、复杂、混乱和无序。Cynefin 是威尔士语，意为“栖息地”或“住所”，指人们对生活环境的共同文化、宗教、地理和部落的总体经验和感受。

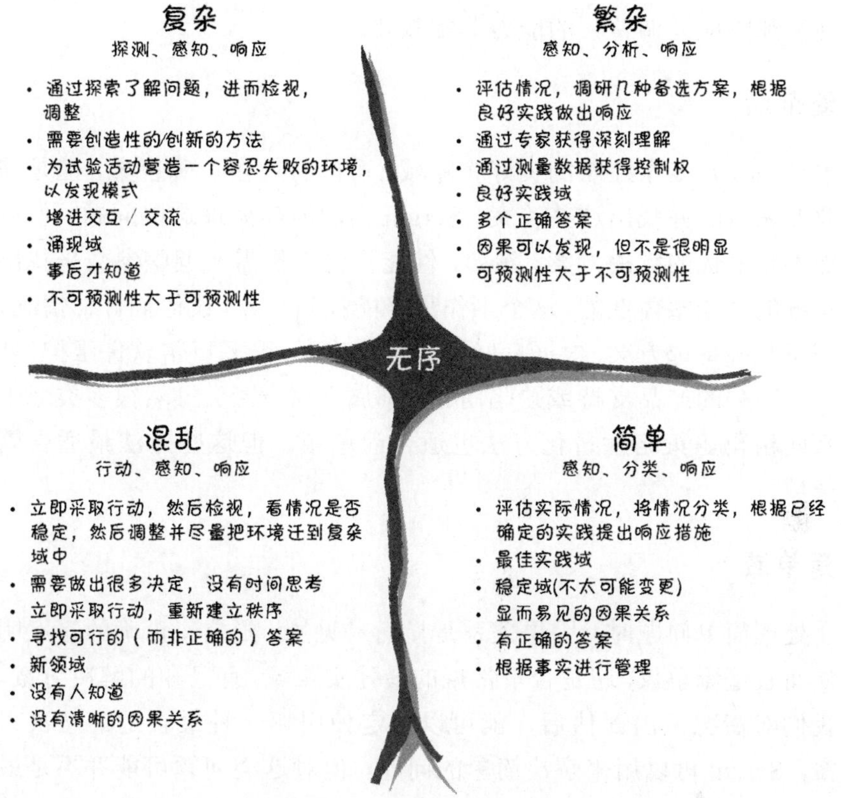

复杂
探测、感知、响应

- 通过探索了解问题，进而检视，调整
- 需要创造性的/创新的方法
- 为试验活动营造一个容忍失败的环境，以发现模式
- 增进交互/交流
- 涌现域
- 事后才知道
- 不可预测性大于可预测性

繁杂
感知、分析、响应

- 评估情况，调研几种备选方案，根据良好实践做出响应
- 通过专家获得深刻理解
- 通过测量数据获得控制权
- 良好实践域
- 多个正确答案
- 因果可以发现，但不是很明显
- 可预测性大于不可预测性

无序

混乱
行动、感知、响应

- 立即采取行动，然后检视，看情况是否稳定，然后调整并尽量把环境迁到复杂域中
- 需要做出很多决定，没有时间思考
- 立即采取行动，重新建立秩序
- 寻找可行的（而非正确的）答案
- 新领域
- 没有人知道
- 没有清晰的因果关系

简单
感知、分类、响应

- 评估实际情况，将情况分类，根据已经确定的实践提出响应措施
- 最佳实践域
- 稳定域(不太可能变更)
- 显而易见的因果关系
- 有正确的答案
- 根据事实进行管理

图 1.3　Cynefin 框架

复杂域

在处理复杂问题时，不可预测性于可预测性。如果有正确答案，我们也只能事后知道。这是涌现域。需要在研究之后才能认识问题，然后根据我们的认知来检视与调整。在复杂域中工作时，需要采取创造性的、创新的方法。常规、轻而易举的解决方案是不适用的。我们需要为试验活动建立一个容忍失败的环境，以便发现重要信息。在这个环境中，大量的互动与交流是必不可少的。创新的新产品开发活动属于这个类别，通过创新的新特性改进已有产品也属于这个类别。

Scrum 特别适合复杂域。在这个环境中，探索（研究）、感知（检视）和响应（调整）的能力非常重要。

繁杂域

繁杂问题是专家控制的良好实践域。可能有很多正确答案，但是需要专家诊断并找出这些答案。Scrum 当然能够处理这些问题，但可能不是最优的解决方案。例如，性能优化工作需要调整参数来找出系统的最佳整体性能，这个工作最好能找到专家，让他们评估情况，调研几种备选方案，根据良好实践做出响应。很多日常软件维护（处理一系列的产品支持或缺陷问题）都属于这一类。虽然很多类似于六西格玛等策略性量化方法也适合简单域，但这些方法最适合繁杂域。

简单域

在处理简单问题时，因果关系是显而易见的。通常，正确的答案明显而且毫无争议。这是合乎常规的最佳实践域。有已知的解决方案。我们对情况做出评估后，就可以确定使用哪一种最合适的解决方案。Scrum 可以用来解决简单的问题，但对这类问题可能并不是最有效的工具。更适合使用一组明确、可重复的、已知能够解决问题的步骤。例如，如果需要重复性生产同样的产品，一个明确的、流水线过程就优于 Scrum。或者如果是在第 100 个客户环境中部署同一个商用（COTS）软件，最好重复使用一套明确的、经过证明的产品安装和配置步骤。

混乱域

混乱问题需要快速做出响应。我们深陷危机，需要立即采取行动以防止损失进一步扩大并至少需要重新建立一定的秩序。比如说，假设某所大学发表一篇文章称我们产品中的算法存在缺陷，会造成计算错误。客户在我们产品上已经投入了一大笔资金，针对我们给他们造成的巨大损失，他们正准备提起诉讼。我们的首席算法设计师正在加里曼丹岛的丛林中度假，两周后才能赶回来。对于这种情况，

Scrum 不是最佳解决方案。我们没有兴趣排列优先顺序并确定下一个迭代要做什么工作。我们需要能够立即采取行动，果断止损。对于混乱问题，需要有人控制局面并采取行动。

无序

如果不知道自己处于哪个域，就说明是在无序域中。因为无法理解自己的处境，所以这个域很危险。此时，人们一般会根据个人的行为偏好进行解释并采取行动。在软件开发中，很多人都熟悉适合解决简单问题的、基于阶段的顺序方法，也因此喜欢使用它们。但遗憾的是，正如我在第 3 章将要讨论的，一般来说，那些方法并适合大多数软件开发工作。如果处于无序域，摆脱无序就只能依赖是把问题分解为一些小的组成部分并分配到另外 4 种域之一。要考虑的不是在无序域中如何使用 Scrum，而是要尽量摆脱这个域。

事务性工作

Scrum 不太适合事务性工作。假设客户支持行业，你想使用 Scrum 组织并管理客户支持活动。要求提供支持请求的电话或邮件接二连三，产品列表也随之不断增加。在任何一个时刻你都无法并不适合大多数列表在未来很长一段时间内保持稳定，列表的内容和顺序可能会频繁变化（也许每个小时或每隔几分钟）。

在这种情况下，因为不知道今后很长一段时间中会有多少工作，所以无法为一周或更长时间的迭代制定可行的计划。而且，即使认为自己知道有多少工作要做，也很可能收到高优先级的支持请求并把预先制定的长远计划替换掉。

对于事务性工作，最好考虑另一种敏捷方法，即看板。看板不是一个独立的过程解决方案，而是一种与现有过程重叠的方法。具体而言，看板提倡以下要素。

- 通过看板，让工作流程可视化（例如，提供支持的组织为解决支持请求而需要采取的步骤）。

- 限制每一步的 WIP 数量，确保所做的工作不超出自己的能力（容量）。
- 通过使用系统，度量并优化工作流程，实现持续改进。

软件维护和支持领域最适合使用看板。有些看板实践者指出，看板关注于消除过重的负担（采取的方式是让 WIP 与能力保持一致），减少流程中的反复无常，同时鼓励采用渐进式变革，这些特点决定着看板也适用于复杂域。

Scrum 和看板都是敏捷开发方法，在认识到工作所处的域后，要分别考虑这两种方法的利与弊。在某些组织中，Scrum 和看板都可以用来满足不同系统同时存在的要求。例如，Scrum 可以用于新产品开发，看板用于常常被打断的支持与维护工作。

结语

Scrum 不是银弹，更不是灵丹妙药。但是，Scrum 让你能够处理所有复杂产品开发工作如影随形的变化。Genomica 以及其他很多公司都决定采用更适合自己的软件开发方法，对于这些公司，Scrum 可以而且已经发挥了作用。

虽然 Scrum 框架很简单，但不能因此认为使用 Scrum 是很容易、很轻松的事情。Scrum 不是按照指定的规则解答开发过程中遇到的问题。相反，它让团队有能力提出并解决自己的重大问题。对于组织中出现的各种问题，Scrum 并没有向每个人提供一个刻板的解决方案，而是把妨碍一个组织发掘其全部潜力的问题与浪费的地方暴露出来。

这些实现过程对很多组织来说可能是痛苦的。但是，如果这些组织渡过了最初的不适（磨合期），并解决了 Scrum 所发现的问题，就会在软件开发过程、产品和员工的水平和客户满意度方面取得长足的进步。

本书剩余部分将讨论 Scrum 的精髓。首先描述整个 Scrum 框架，包括角色、活动、工件和规则。谁知道呢，如果能够以正确的方法在合适的条件下使用 Scrum，也许可以像我妻子在 2000 年那个重要的日子一样，成功交付价值。

第 I 部分

核心概念

第 2 章

Scrum 框架

本章是 Scrum 框架的概述，主要介绍 Scrum 框架的各种实践方式，包括角色、活动和工件。后面的章节将对每一种实践做进一步论述，同时深入考察这些实践背后的原则。

概述

Scrum 不是一个标准化过程，不能保证你在有条不紊地按照步骤一步一步顺序执行后，就能在指定的时间和预算内产出让客户满意的高质量产品。相反，Scrum 是一个用于组织和管理工作的框架。Scrum 框架建立在一套价值观、原则和实践之上，在这个框架的基础上，各个组织可以添加相关工程实践特有的实现方式以及在实现 Scrum 实践时所采取的特定方法。这样形成的是你们特有的 Scrum 版本。

为了更好地理解框架的概念，我们可以把 Scrum 框架想象成一座建筑物的地基和墙体。Scrum 的价值观、原则和实践是重要的构件。如果对这些价值观、原则和实践置之不理或是做出根本性的改变，必然会带来倒塌的风险。不过，可以在 Scrum 结构内部进行定制，添加一些固定设施和装置，直到得到一个可行的过程。

Scrum 是一个令人耳目一新的框架，简单，以人为中心，以诚实、开放、勇气、尊重、专注、信任、授权和合作八大价值观为基础。

第 3 章将深入介绍 Scrum 原则，后面的章节将重点说明在这些原则和价值观的基础上具体实践和方法是如何产生的。

Scrum 的实践体现在具体角色、活动、工件及相关规则中（参见图 2.1）。

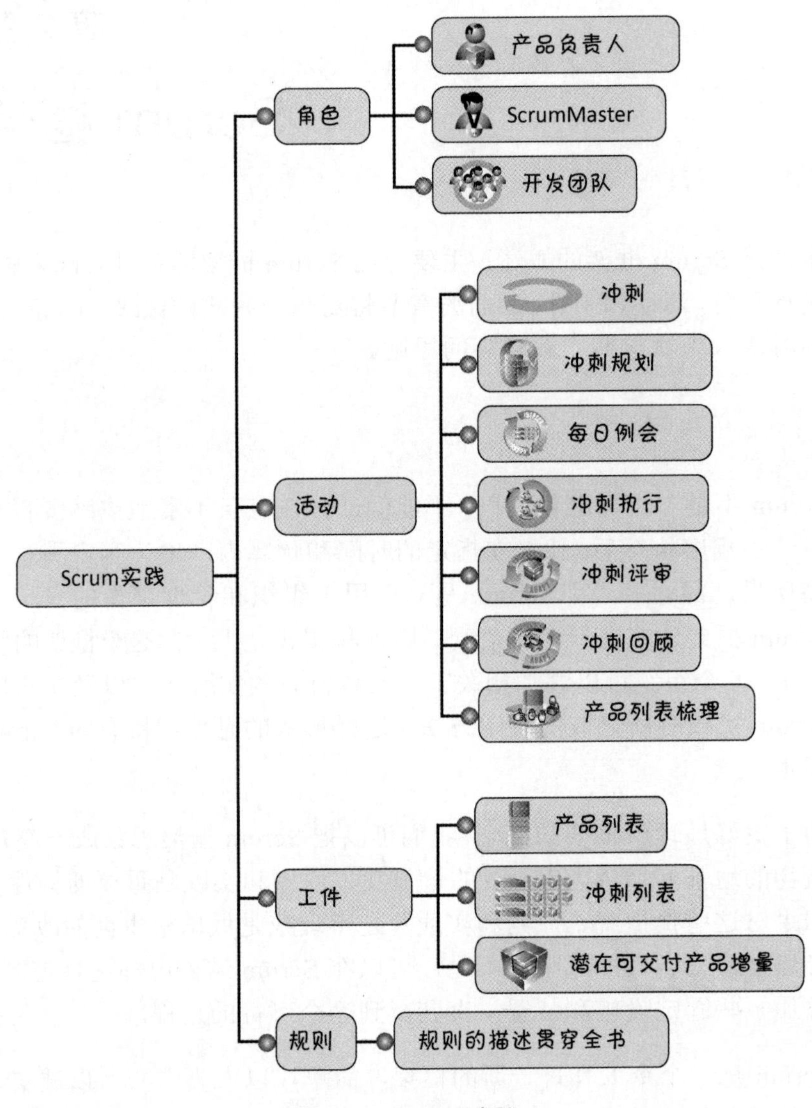

图 2.1　Scrum 实践

本章的剩余部分将重点介绍 Scrum 实践。

Scrum 角色

Scrum 开发工作包含一个或多个 Scrum 团队，每个团队由三个 Scrum 角色组成：产品负责人、ScrumMaster 和开发团队（参见图 2.2）。在使用 Scrum 时还可以有其他角色，不过 Scrum 框架只需要这里列出的三种角色就可以了。

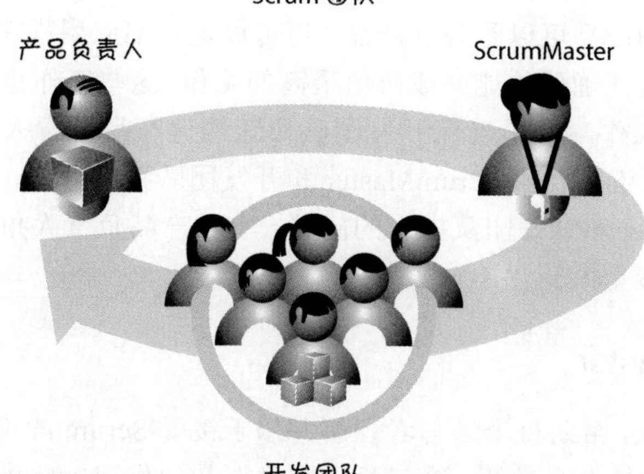

图 2.2 Scrum 角色

产品负责人负责敲定要开发什么、以什么顺序开发。ScrumMaster 负责指导团队在通用的 Scrum 框架上建立并遵循自己的过程。开发团队负责确定如何交付产品负责人要求的产品。

如果你是经理，那么在看到图 2.2 中“经理”没有作为一个角色出现时不要担心，经理在使用 Scrum 的组织中仍旧是一个重要的角色（参见第 13 章）。Scrum 框架只是定义了 Scrum 中特定的角色，并没有定义在使用 Scrum 的组织中所有可以存在并且应该存在的角色。

产品负责人

产品负责人是有授权的产品领导力中心。他[①]是唯一有权决定要构建哪些特性并以何种顺序构建这些特性的人。对于 Scrum 团队要实现的目标，产品负责人要保持一个清晰的构想并把它传达给每一位参与者。产品负责人的身份决定着他要对正在开发或维护的解决方案全面负责。

这里所说的产品可以是外部产品，也可以是内部应用程序。产品负责人还有责任确保总能完成价值最高的工作，这些工作也可能包括偏技术的工作。为了确保开发团队快速构建产品负责人需要的产品，产品负责人要与 ScrumMaster 和开发团队积极合作，及时解答 ScrumMaster 和开发团队提出的问题。有关产品负责人角色的详细描述，请参见第 9 章。

ScrumMaster

ScrumMaster 帮助每个参与者理解并乐于接受 Scrum 的价值观、原则和实践。她充当教练，在过程方面发挥教导作用，帮助 Scrum 团队以及组织中的其他人制定合适的高绩效、有组织特色的 Scrum 方式。同时，在采用 Scrum 时，可能有一个充满挑战的变革管理过程，ScrumMaster 要帮助组织顺利适应这个过程。

作为辅助者，ScrumMaster 要帮助团队解决问题和改进 Scrum 的使用状况。她还有责任保护团队不受外界干扰，（在个人无法有效解决遇到的障碍时）发挥领导作用，清除阻碍团队生产率的障碍。ScrumMaster 没有权力控制团队，这个角色不同于项目经理或开发经理等传统角色。ScrumMaster 担任的是领导者，不是管理者。第 13 章将讨论职能经理和项目经理的角色。有关 ScrumMaster 角色的更多描述，请参见第 10 章。

---

① 本书中总是把产品负责人称为“他”，把 ScrumMaster 称为“她”。这和图中每个角色所表示的性别是一致的。

开发团队

传统软件开发方法论述的是各种类型的职位，例如架构师、程序员、测试人员、数据库管理员和界面设计师等。Scrum 定义的是开发团队的角色，这是一个由几种职位的人组成的多样化跨职能团队，负责产品的设计、构建和测试。

开发团队进行自我组织，确定采用哪种最佳方式来实现产品负责人设定的目标。开发团队一般是 5 到 9 人，团队成员作为一个整体，必须具备多种技能以构建高质量、可工作的软件。当然，如果开发工作需要一个大型团队，也可以使用 Scrum。不过，一般不会是一个大型 Scrum 团队，比如如果有 35 个人，不大可能会组成一个团队，而是分成 4 个或 4 个以上的 Scrum 团队，每个团队不超过 9 个人。有关开发团队角色更详细的描述，请参见第 11 章。有关如何协调多个团队的更多描述，请参见第 12 章。

Scrum 活动与工件

图 2.3 描述 Scrum 的大部分活动和工件并说明了它们是如何配合的。

图 2.3　Scrum 框架

我们来概述一下图中的内容，从图的左边开始，沿着最大的环形箭头（一个冲刺）顺时针介绍。

产品负责人建立产品愿景（图中的大立方体）。因为这个立方体可能很大，所以要通过梳理（也称“修整”）活动分解为一组特性并收集到列表按优先级排序的列表中。

冲刺开始时首先是冲刺计划，在冲刺过程（称为冲刺执行）中包含开发工作，最后是评审和回顾。冲刺由图中央最大的那个环形箭头表示。产品列表中的条目开发团队可能无法在一个短冲刺中开发完。因此，在每个冲刺开始的时候，开发团队必须把自己认为能够完成的 PBI 的子集确定下来——这个活动称为“冲刺规划会”，即图中用来表示产品列表的大立方体右边的那部分。

简单说点题外话，在 2011 年，《Scrum 指南》（Schwaber and Sutherland 2011）中的一处修改引发了一场争论：预测和承诺这两个术语，哪一个更适合描述冲刺计划呢？主张使用预测的人之所以喜欢这个词，是因为他们觉得开发团队虽然做出了当时能做的最佳估算，但随着冲刺过程中了解的信息越多，估算可能会发生变化。还有些人认为让团队做出承诺会导致团队为实现承诺而牺牲质量或者为确保兑现承诺而“少承诺一些”。

所有开发团队都应当预估自己在每个冲刺能够交付的产品，我认同这个观点。但是，如果能够从预测中得到承诺，对很多开发团队都是有益的。承诺有助于增进产品负责人和开发团队之间的互信，也有助于增进开发团队内部的互信。另外，承诺也有助于在组织内制定合理的短期计划并有助于决策。并且，在多个团队开发产品时，承诺有助于同步计划——一个团队可以根据另外一个团队做出的承诺进行决策。本书中，我比较喜欢使用术语“*承诺*”，不过，如果上下文合适，偶尔也会使用“*预测*”。

为了有信心确保开发团队的承诺是合理、恰当的，团队成员在冲刺规划期间会建立第二个列表，称为冲刺列表。冲刺列表通过一组详细任务，描述团队在这个特定的冲刺中计划如何设计、构建、集成并测试从产品列表中挑选出来的特性子集。

接下来是冲刺执行，开发团队执行一些必要的任务，以便实现选定的特性。在冲刺过程中的每一天，团队成员都要进行同步、检查与调整计划，通过每日例会这种活动来帮助管理工作流。在冲刺执行结束时，团队产出一个潜在可发布产品增量，体现产品负责人所构想的部分产品，但不是全部产品。

Scrum 团队在冲刺结束时要执行两个“检视与调整”活动。第一个活动称为“冲刺评审”，利益干系人和 Scrum 团队检视正在构建的产品。第二个活动称为“冲刺回顾”，Scrum 团队在这个活动中检视构建产品时所用的 Scrum 过程。这些活动带来的结果可能是对产品列表或团队开发部分过程进行适应性调整。

此时再次重复进行 Scrum 冲刺的循环过程，在重新开始时开发团队要确定能够完成的下一批最重要的 PBI（产品列表条目）。在完成适当数量的冲刺之后，就可以实现产品负责人的构想并发布解决方案了。

本章接下来将进一步详细讨论这些活动和工件。

产品列表

在使用 Scrum 时，我们总是先做最有价值的工作。产品负责人结合 Scrum 团队其他成员与利益干系人的意见，最终负责确定和管理工作顺序，并采取产品列表（按优先级排列/排序的列表）的形式传达给别人（参见图 2.4）。在开发新产品时，PBI 在刚开始时是为满足产品负责人的设想而需要开发的特性。对于正在开发的产品，产品列表也可能包含新特性、对现有特性的变更、需要修复的缺陷以及技术改进点等。

产品负责人与内外部利益干系人合作收集并定义 PBI。接下来确保 PBI 是以正确的顺序（使用类似于价值、成本、知识和风险之类的因子）放置的，使高价值条目出现在产品列表的顶部，低价值条目出现在底部。产品列表是一个不断演进的工件。在业务环境发生变化或 Scrum 团队（通过每个冲刺获得的对软件的反馈）深入了解产品后，可以添加、删除或修改其中的条目。

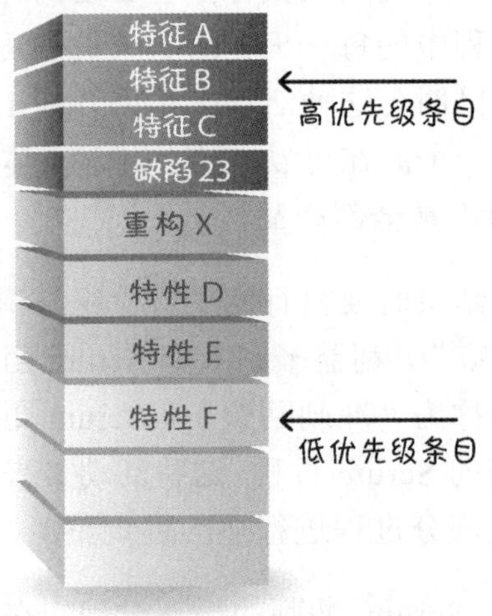

图 2.4　产品列表

总的来说，建立和优化 PBI、估算并确定它们的优先顺序，这样的活动称为“梳理”（参见图 2.5）。

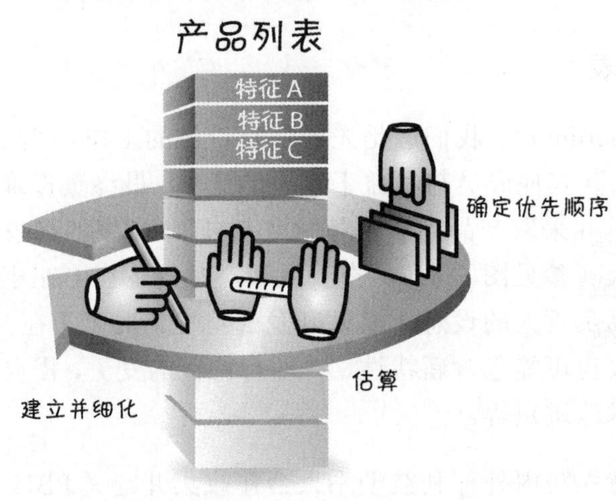

图 2.5　产品列表的梳理

再简单说点题外话，在 2011 年还有另外一个争论：哪个术语更适合描述 PBI 顺序？是“确定优先顺序的”（原来用的术语）还是在《Scrum 指南》（Schwaber and Sutherland 2011）中使用的术语“已排序的”？大家争论的焦点是，确定优先顺序只是排序的一种形式（而且，按照某些人的说法，甚至不是最恰当的排序形式）。如何最好地在产品列表中确定条目的优先顺序，这个问题受到很多因素的影响，这个概念的广度和深度不是一个词就能完全表达出来的。虽然关于“已排序的和确定了优先顺序的”的争论在理论上有益，但是大多数人（包括我）在讨论产品列表中的条目时并没有严格区分。

在确定好优先顺序、排好序或者说是安排好产品列表之前，还需要知道产品列表中每个条目的大小（参见图 2.6）。

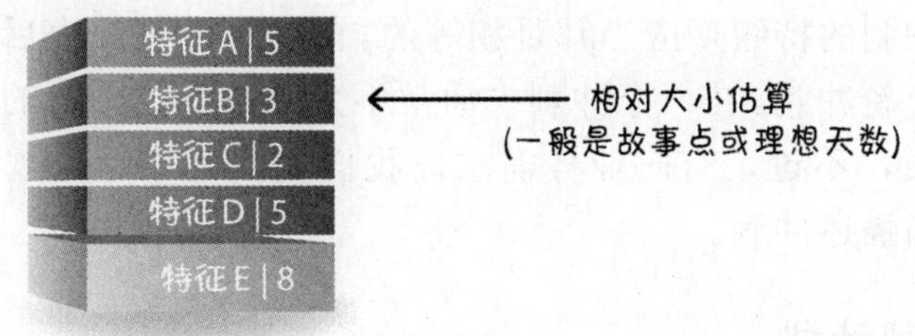

图 2.6 PBI 的大小

条目大小等同于成本，为了合理确定条目的优先级，产品负责人需要知道条目的成本。Scrum 没有规定 PBI 的大小要用哪种方法来测量。在实践中，很多团队使用相对大小测量，例如故事点（story point）或理想天数。在使用相对大小测量表达项目的整体大小时，不考虑绝对值，而是考虑一个条目与其他条目的相对值。例如，在图 2.6 中，特性 C 的大小是 2，特性 E 的大小是 8。由此可以得出结论，特性 E 的大小大约是特性 C 的 4 倍。在第 7 章将进一步讨论这些测量标准。

冲刺

在 Scrum 中，工作在不超过一个月的迭代或循环中进行，这个迭代或循环称为冲刺（参见图 2.7）。每个冲刺完成的工作应当创建一些对客户或用户来说具有明确价值的东西。

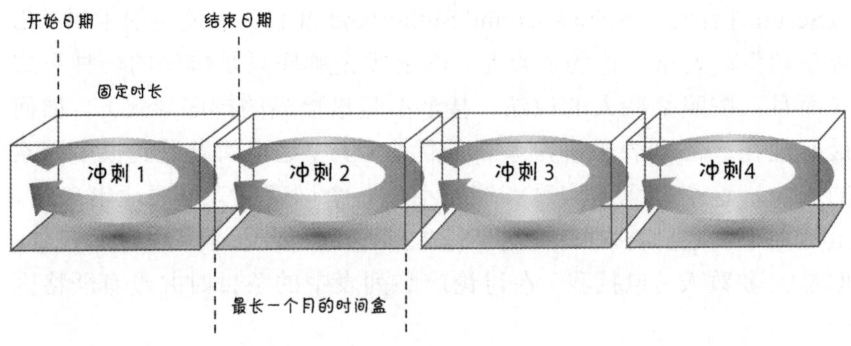

图 2.7 冲刺的特征

冲刺是有一定时间范围的，总是有固定的开始和结束日期，而且一般来说冲刺的持续期应当都是相等的。前一个冲刺结束后马上就会开始一个新冲刺。在一个冲刺中通常不允许改变范围内的目标或是更换人员，不过，有时业务需求使我们无法遵守这个规则。第 4 章将详细描述冲刺。

制定冲刺计划

产品列表体现的可能是多周或多个月的工作，是一个短期的冲刺根本无法完成的。为了确定下一个冲刺要构建的 PBI 最重要的子集，产品负责人、开发团队和 ScrumMaster 需要做冲刺规划（参见图 2.8）。

在做冲刺规划期间，产品负责人和开发团队要对当前冲刺准备实现的冲刺目标达成一致意见。针对这个目标，开发团队要对产品列表进行评审，确定在以可持续的节奏工作时根据实际情况在当前冲刺中能够完成的高优先级条目——可持续的节奏指的是开发团队能够轻松、长时间保持的工作节奏。

为了获得完成工作的信心，很多开发团队都会把每个需要完成的特性分解为一组任务。这组任务及其相关的 PBI 组成了第二个列表，称为“冲刺列表”（参见图 2.9）。

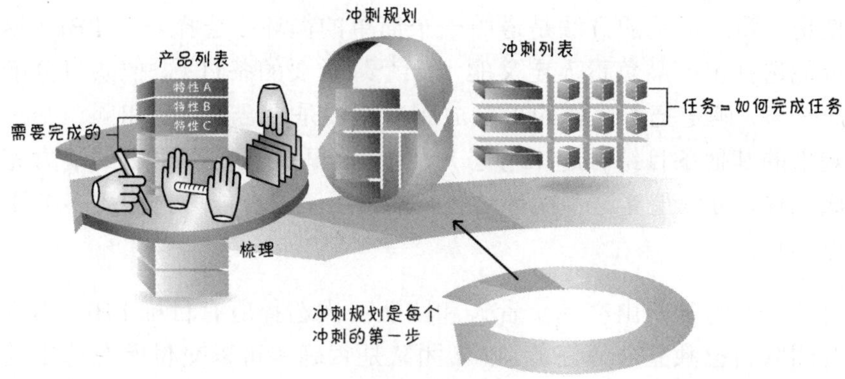

图 2.8　冲刺规划

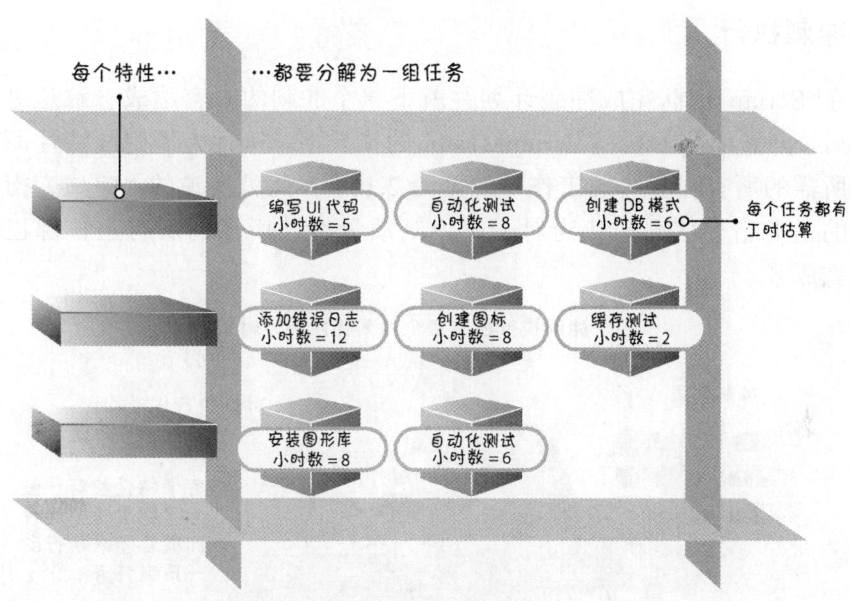

图 2.9　冲刺列表

接下来，开发团队给出完成每项任务所需工作量的估算值（通常以小时计）。把 PBI 分解为任务是一种设计形式，是适时（just-in-time）制定特性完成计划。

大多数 Scrum 团队在执行一个两周到一个月的冲刺时，都尽量在大约 4 到 8 小时内完成冲刺规划。一个一周的冲刺中，用于计划的时间应当不超过几个小时（或许还应当更短）。此时有几种方法可以使用。我最常用的方法是遵照一个简单的循环：选择一个 PBI（尽可能选择由产品负责人定义的下一个最重要的条目），把条目分解成任务，确定把所选择的项目放到冲刺中是否合适（要和同一个冲刺中的其他条目结合起来考虑）。如果合适并且还有更多的能力完成工作，可以重复这个循环过程，直到团队没有能力再做更多的工作为止。

另外一个方法是由产品负责人和团队一次选择所有目标 PBI。由开发团队自己独立分解任务，确认团队是否确实可以交付所有选定的 PBI。第 19 章将更详细地介绍每一种方法。

冲刺执行

在 Scrum 团队完成冲刺计划并就下一个冲刺的内容达成一致意见后，开发团队就要在 ScrumMaster 的指导下，执行为了完成特性而所需的所有任务级的工作（参见图 2.10），此处所说的“完成”指的是非常有信心地认为对于产出高质量特性所需的所有工作都已完成了。

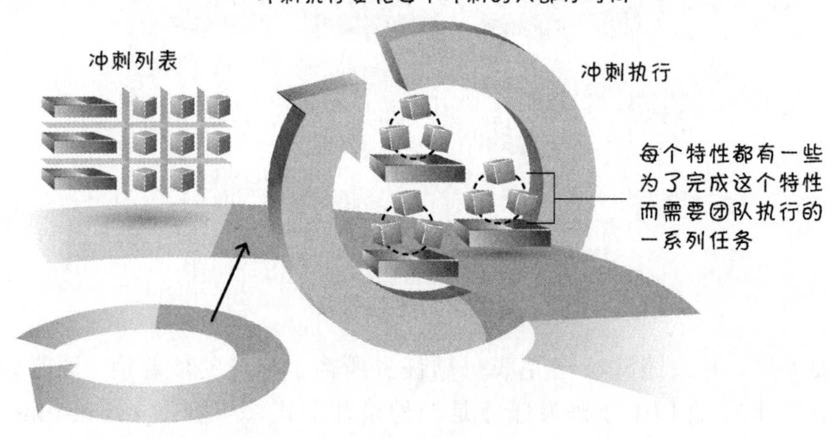

图 2.10　冲刺执行

当然，团队要执行哪些类型的任务，取决于工作特点。例如，我们是在构建软件吗，构建的是什么类型的软件？或者我们是在制造硬件吗？或者这是一个市场推广工作吗？

没有人告诉开发团队在完成一个冲刺列表的这段时间中以什么顺序、什么方式执行任务级的工作。相反，团队成员要定义自己的任务级工作，然后按照自认为最好的方式进行自组织并实现冲刺目标。要想进一步了解冲刺执行，请参见第 20 章。

每日例会

在冲刺期间的每一天，理想的做法是在每天同一时间，开发团队举行一定时间范围内（不超过 15 分钟）的每日例会（参见图 2.11）。这个检视与调整活动有时也称为“每日站会”，因为大家站着开会可以使会议简明扼要。

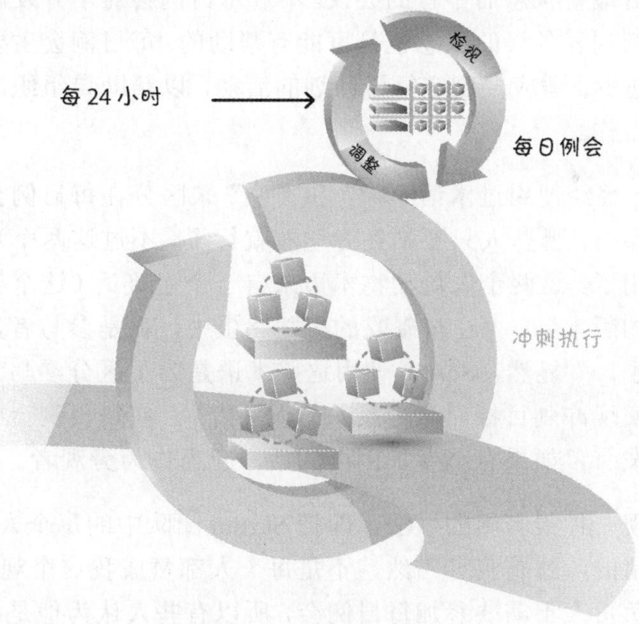

图 2.11　每日例会

举行每日例会的一个常见做法是 ScrumMaster 负责确保会议更顺畅，每个团队成员都要轮流回答三个问题，让其他团队成员了解情况。

- 在上次每日例会之后我完成了什么？
- 在下次每日例会之前我计划做什么工作？
- 有什么障碍让我无法取得进展？

通过回答这些问题，每个人都能了解全局，知道发生了什么事情，实现冲刺目标的进展如何，对当天的工作，是否需要修改计划，有什么需要处理的问题。每日例会是必不可少的，能够帮助团队管理一个冲刺内快速、灵活的工作流。

每日例会不是用来解决问题的。相反，很多团队会选择把问题的讨论放到每日例会之后和一小部分感兴趣的人讨论。每日例会也不是传统意义上的状态会议，尤其不是以前那种由项目经理召集、为了解项目最新状态而举行的会议。不过每日例会对于开发团队成员交流冲刺列表条目的状态也是可能有帮助的。每日例会主要是一个检视、同步、适应性制定每日计划的活动，以帮助自组织团队更好地完成工作。

Scrum 曾经使用过术语“猪”和“鸡”来区分在每日例会中哪些人应当参与，哪些人只要站在旁边看就行了，不过这两个术语现在已经不用了。这两个农场动物术语来自一个老笑话（这个笑话有几个不同的版本）：“在早餐吃的火腿鸡蛋中，鸡是参与者，猪是全部投入了。”显然，Scrum 使用这些术语是为了区分参与者（鸡）和为了实现冲刺目标而全力投入的人（猪）。在每日例会中，只有猪应当发言，如果有鸡参加例会的话，应当作为旁观者。

我发现一种很有用的做法，即把 Scrum 团队中的每个人都看成猪，不是猪的，就是鸡。当然，不是每个人都赞成我这个观点。例如，产品负责人不需要参加每日例会，所以有些人认为他是鸡（其中的逻辑是，如果不需要参与，又怎么可能“全力投入”呢？）。我认为这好像不对，因为很难想象作为 Scrum 团队的一员，对于冲刺的最后结果，产品负责人的投入怎么可能比开发团队更少呢？如果在

Scrum 团队中使用猪和鸡的隐喻，是行不通的。

完成

在 Scrum 中，我们把冲刺的成果称为“潜在可发布产品增量”（参见图 2.12），意思是按照大家一致同意的“完成”的定义来看，Scrum 团队同意做的所有东西都做完了。这个定义明确说明了要有信心确保完成的工作是高质量的、潜在可发布的。例如，在开发软件时，“完成”的最低限度的定义是应当产出一个完整的产品功能，经过设计、构建、集成、测试并且编写了文档。

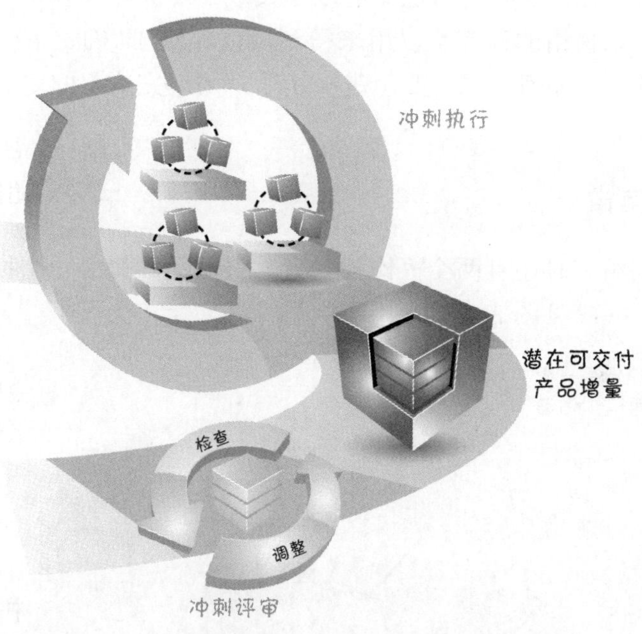

图 2.12　冲刺成果（潜在可发布产品增量）

“完成”最激进的一个定义是当业务部门想要交付（或部署、发布）时，能够确定每个冲刺中要为内外部客户构建什么。

需要明确一点，“潜在可发布”并不是说构建的东西必须实际交付。交付是一个业务上的决策，经常受其他因素的影响，比如“我们是否开发了足够的特性或足够的客户工作流来满足客户的部署要求？”或者“我们两星期前才给过客户一个版本，他们能够消化另外一次修改吗？”

“潜在可发布”最好理解为对冲刺中实际构建的产品的一种信心，意味着如果业务部门想要交付的话，那么我们在交付这个冲刺的结果之前，不需要再做其他重要工作（比如重要的测试和集成等）。

在实际应用时，随着时间的推移，有些团队可能会修改完成的定义。例如，在游戏开发早期，提交一些潜在可发布物在经济上不可行或是不可取（因为游戏开发的早期是探索性质的）。在这些情况中，“完成”的一个适当的定义可以是完成一部分产品功能，提供的功能和可以使用的程度足以用来得到反馈，让团队确定下一个冲刺需要做什么、如何完成。要想进一步了解对“完成”的定义，请参见第 4 章。

冲刺评审

在冲刺结束时还有两个“检视与调整”活动。其中一个称为“冲刺评审”（参见图 2.13）。

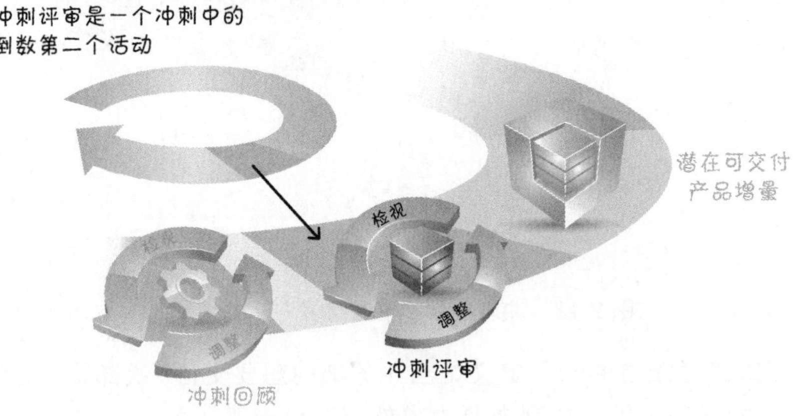

图 2.13　冲刺评审

这个活动的目的是检查与调整正在构建的产品。这个活动很重要的一点是在参与者之间进行的交谈，包括 Scrum 团队、利益干系人、发起人、客户和其他团队中感兴趣的成员。交谈的重点是在把刚刚做完的特性放到整体开发工作的背景下进行讨论。每个参与者都能清楚了解现状，都有机会指导下一步开发工作，以确保产出最合适的解决方案。

成功的冲刺评审会议可以促成双方充分交流信息。非 Scrum 团队的人员能够跟上开发工作并帮助指导开发方向。同时，在与业务部门一起交付满足客户或用户需要的产品时，经常收到反馈可以使 Scrum 团队进一步理解产品的业务和市场。因此，冲刺评审是一个预先安排的检查与调整活动。在实践中，非 Scrum 团队的人员可以在冲刺之间进行特性评审并提供反馈，帮助 Scrum 团队更好地实现冲刺目标。要想进一步了解冲刺评审，请参见第 21 章。

冲刺回顾

冲刺结束时的第二个“检视-调整”活动是“冲刺回顾”（参见图 2.14）。这个活动常常出现在冲刺评审之后、下一次冲刺规划之前。

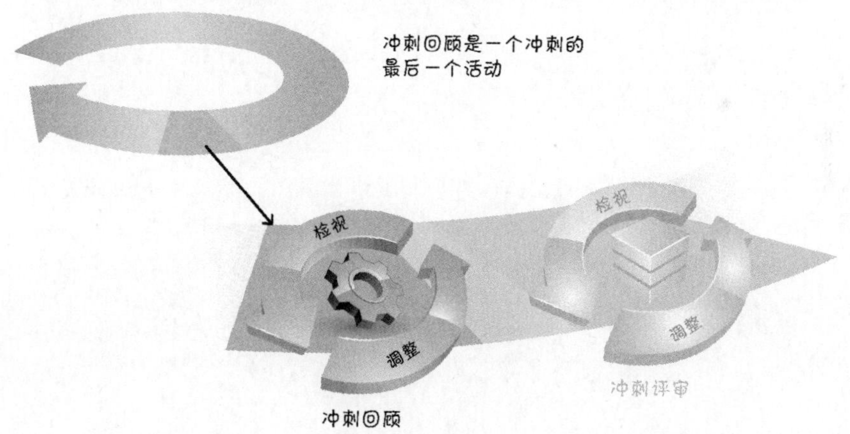

图 2.14　冲刺回顾

冲刺评审是检视和调整产品的时间，而冲刺回顾则是检视并调整过程的时机。在进行冲刺回顾时，开发团队、ScrumMaster 和产品负责人聚到一起讨论 Scrum 及相关技术实践中哪些是可行的、哪些是不可行的。重点关注的是必要的持续过程改进，帮助优秀的 Scrum

团队成长为卓越的团队。在冲刺回顾活动结束时，Scrum 团队应当找出数量适中的过程改进项并承诺在下一个冲刺中采用。要起进一步了解冲刺回顾，请参见第 22 章。

在完成冲刺回顾之后，再次重复整个过程——开始时是下一个冲刺规划会议，举行这个会议的目的是确定当前团队必须关注的价值最高的工作。

结语

本章描述 Scrum 的核心实践，侧重于全面描述 Scrum 框架的角色、活动和工件。很多 Scrum 团队还使用了其他实践，例如概要计划和进度跟踪实践。这些实践将在后面的章节中描述。下一章将描述 Scrum 的核心原则，为后面更深入地探讨 Scrum 框架奠定基础。

第 3 章

敏捷原则

在深入研究 Scrum 的机理之前，先理解推动并影响 Scrum 方法的基本原则是很有帮助的。

本章讲述构成 Scrum 基础的敏捷原则并将它们与传统计划驱动的顺序产品开发的原则进行对比。通过这种方式，本章将帮助大家理解 Scrum 与各种传统产品开发方式的差异，为后面几章对 Scrum 实践的条分缕析打下基础。

概述

我发现，在介绍 Scrum 基本原则时，如果把这些原则与推动传统计划驱动的顺序开发活动理念进行对比，会得到更大的启发。人们更容易理解 Scrum 与自己已知的方法有哪些异同。

把敏捷原则与传统开发原则进行对比，目的不是为了说明 Scrum 好而计划驱动的顺序开发不好。这两种方法都是专业开发人员工具箱中的工具。没有不好的工具，只有使用时机不当的工具。在第 1 章介绍 Cynefin 框架背景时我曾简单说过，Scrum 与传统计划驱动的顺序开发分别适用于解决不同类型的问题。

在比较这两种方法的时候，我采用纯正的或“教科书式”的方式来描述计划驱动的顺序开发方法。从这个视角描述传统开发方式，可以更好地提炼出两者的区别并更清晰地阐明 Scrum 开发的基本原则。

纯正而传统的计划驱动开发常常称为“瀑布开发”（参见图 3.1）。不过，计划驱动过程（也称为“传统开发”、“顺序式开发”、“预想式开发”、“预言式开发”或“说明性开发过程”）的类别很广泛，瀑布开发只是其中的一个例子。

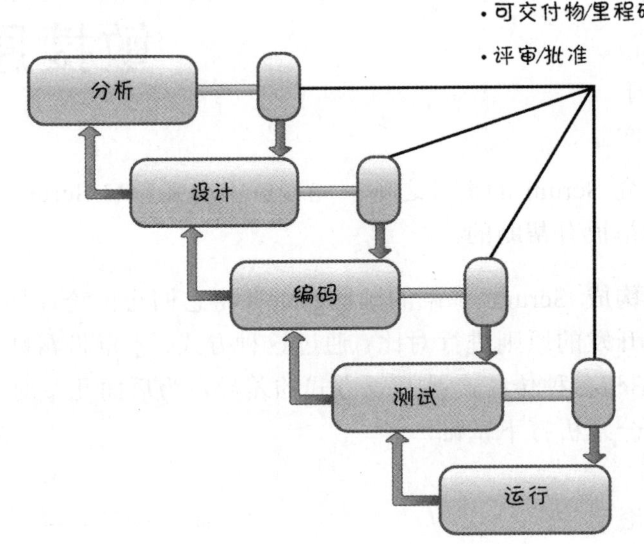

图 3.1 瀑布过程

计划驱动的开发来源于人们总是希望计划和预测工作内容（客户希望最终产品包含哪些特性），确定最佳工作方式（这些特性以哪一种最合适的方式完成）。它的思路是：计划制定得越好，对产品的理解就越好，执行也就越好。计划驱动过程常称为“顺序过程”，因为每个实际工作者按照顺序依次执行，在完整的需求分析之后是完整的设计、编码 / 构建，然后是测试。

对于明确定义、可预测且不可能发生任何重大变更的问题，计划驱动开发方式是很适用的。问题是，大多数产品开发工作根本就不可预测，刚开始的时候尤其如此。因此，虽然计划驱动过程让人感觉有条理、可以解释清楚、可以度量，但这种印象会产生一种错误的安全感。毕竟，产品开发很少是按照计划进行的。

对很多人来说，计划驱动的顺序过程是合情合理的：首先是理解问题，然后设计、编码、测试、部署，全部都按照明确制定的计划执行。他们相信传统开发过程是可行的。如果使用计划驱动的方法没有效果，大多数人都会觉得一定是我们自己做错了事。即使计划驱动的过程反复产生令人失望的结果，但很多组织仍然还在沿用，傻乎乎地相信只要能够做得更好一些，结果就会有所改善。然而，问题并不在于执行。问题在于计划驱动方法所奉行的理念根本无法适应大多数产品开发工作所固有的不确定性。

另一方面，Scrum 则奉行另一套不同的理念，该理念很好地处理了高不确定性而导致很难做出宏观预测这个问题。本章所描述的敏捷原则来源较多，包括敏捷宣言（Beck et. al，2001）、精益产品开发（Reinertsten 2009b；Mary and Tom Poppendieck，2003）和《Scrum 指南》（Schwaber and Sutherland, 2011）

如图 3.2 所示，这些原则可以分为如下几类。

我们先讨论产品开发固有的可变性和不确定性的相关原则。再讨论如何平衡预测和适时调整之间的关系。然后着重讨论认知原则和半成品的管理原则。本章结束时再重点介绍进度和性能的相关原则。

可变性和不确定性

Scrum 巧用产品开发的可变性和不确定性来产生创新解决方案。下面四个原则与这个主题相关。

- 积极采用有帮助的可变性。
- 采用迭代和增量开发。
- 通过检视、调整和透明来利用可变性。
- 同时减少各种各样的不确定因素。

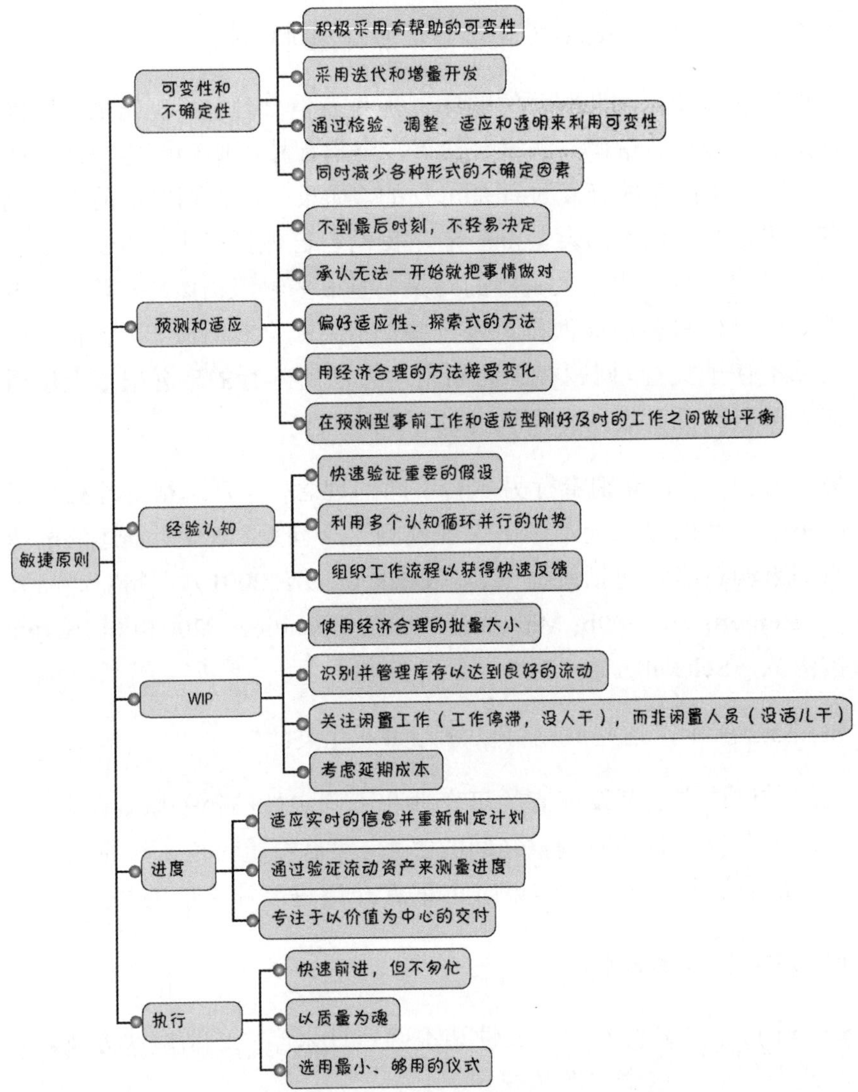

图 3.2　敏捷原则的分类

积极采用有帮助的可变性

计划驱动开发过程把产品开发当作制造业，它们避免任何变数，鼓励遵从规程。但问题是，产品开发和制造业完全不同。在制造业中，我们的目标是遵循大家都理解的一套顺序步骤，根据一套固定的需求，每次都（在明确制定的偏差范围内）生产出同样的产品（参见图 3.3）。

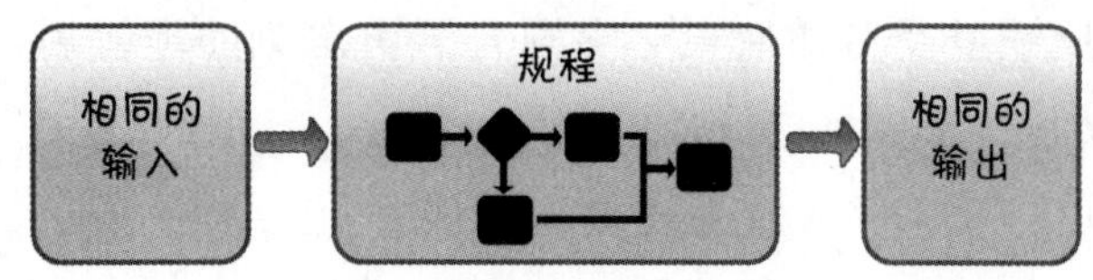

图 3.3 规程

然而，在软件产品开发行业，我们的目标不是制造产品，而是创建产品的单个实例。单个实例类似于独一无二的配方。我们不希望同样的配方得搞两次，太浪费钱了。相反，我们要为新产品创建独特的配方。每次在生产不同产品的时候，都必然存在一些变数。实际上，在产品中构建的每个特性都不同于该产品的其他特性，所以即使在产品层面也存在可变性。先有配方，我们才能制造产品，这对于软件产品来说，就像复制字节一样简单。

话虽如此，但制造业中的有些思想对软件开发还是挺适用的，软件开发能够并且应该利用这些思想。例如我稍后就会讲到一点：识别和管理 WIP 不仅对制造业非常重要，对软件开发也如此。然而就工作的本质而言，软件开发和产品制造完全不一样，所以需要完全不同的过程。

采用迭代和增量开发

计划驱动的顺序开发方式假设我们事先就能把事情做对，大多数或者所有产品部件到后期再集成。

然而，Scrum 基于迭代开发和增量开发。这两个术语经常被用作一个概念，但它们俩实际是有区别的。

迭代开发承认我们在把事情做对之前有可能做错，在把事情做好之前有可能做坏（Goldberg and Rubin，1995）。迭代开发本身是一种有计划的修改策略。通过多次开发来改善正在构建的特性，逐步得出一个完善的解决方案。例如，对一个知之甚少的产品，开始时可以先创建原型以获得重要知识。接着可以创建一个更好一点的修订版，再接下来是一个相当好的版本。例如，在本书写作过程中，我在收到反馈以及对如何表达主题有了更深刻的理解后，每章都修改过好几次。

在产品开发过程中，迭代开发是改进产品的一种非常好的方法。迭代开发最大的缺点是在遇到不确定性因素时，很难事先确定（计划）需要改进多少次。

增量开发基于一个古老的原则：先构建部分，再构建整体。我们避免到最后才冒出一个大的、爆发式的活动，集成所有组件和交付整个产品。相反，我们把产品分解成更小的特性，先构建一部分，再从中了解它们在目标使用环境中的具体情形，然后根据更多的理解来做出调整，构建更多的特性。在本书写作过程中，我每次只写一章，在每章完成后都拿去评审，而不是等整本书都写完后再收集反馈意见。这样一来，我就有机会在后面几章的写作中采纳这些反馈，调整语气、风格或按需交付。这也使我有机会进行增量学习，把在前面几章所了解到的东西应用于后面几章的写作中。

增量开发提供了重要的信息，使我们能够适应开发工作并改变工作方式。增量开发最大的缺点是逐步构建的过程中，有迷失全局的风险（见木不见林）。

Scrum 综合迭代和增量这两种开发方式的优点，消除了单独使用其中任何一种方式的缺点。Scrum 使用一系列固定时长的适应性迭代来同时利用这两种方法的思想，这种迭代便是冲刺。如图 3.4 所示。

在每个冲刺都执行所有的必要活动，创建可工作的产品增量（产品的一部分而不是全部）。图 3.4 说明了每个冲刺完成一部分分析、设计、构建、集成和测试工作。这种“蜂拥式”（all-at-once）开发方法是有好处的，可以快速验证我们在开发产品特性时所做的假设。例如，我们做一些设计决策，在决策的基础上写代码，然后对

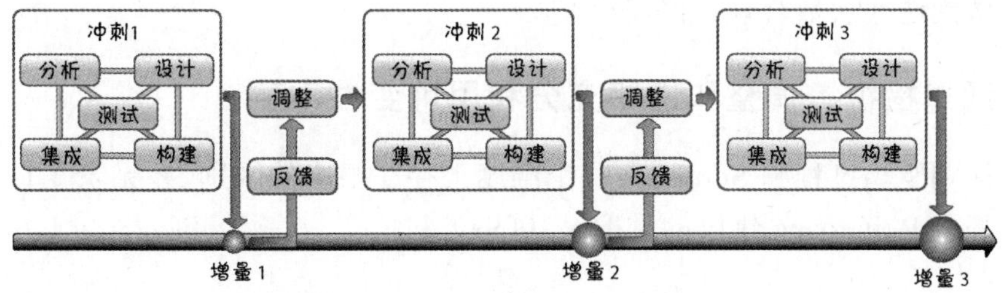

图 3.4 Scrum 采用迭代和增量开发

设计和代码进行测试，这些全部在同一个冲刺中进行。在冲刺中做完相关的所有工作，这样能快速修改特性，体会到迭代开发的好处，同时又不必特意为后面的迭代制定计划。

对冲刺思想的一种误用是，每个冲刺只集中做一种类型的工作——例如，冲刺 1（分析）、冲刺 2（设计）、冲刺 3（编码）和冲刺 4（测试）。这种做法简直就是想为 Scrum 披上瀑布式工作分解结构的皮。对于这种误导方法，我常常把它戏称为 WaterScrum，也有人称之为 Scrummerfall。

在 Scrum 中，并不是每次做一个阶段的工作，而是每次做一个特性。这样一来，在冲刺结束时就可以创建一个有价值的产品增量（产品的部分特性但不是全部）。这个增量需要包含前期已开发的特性，或者需要与前期已开发的特性进行集成与测试，否则就不能被认为完成。例如，在图 3.4 中，增量 2 包含增量 1 的特性。在冲刺结束时，可以把新近完成的特性与已经完成的特性放到一起并获得反馈。这有助于我们纵观全局，获得其他方法可能得不到的见解。

在收到对冲刺结果的反馈后，我们可以进行调整。在接下来的冲刺中可以选择开发其他特性或是修改用于构建下一组特性的过程。在某些情况下，我们可能认识到，尽管完成的产品增量在技术上令人满意，但实际上并没有达到要求。如果是这种情况，作为对迭代开发和持续改进承诺的一部分，在今后的冲刺中可以安排重新修改这个特性。这有助于解决事先不知道需要改进多少次的问题。Scrum 不需要事先确定迭代次数。在增量开发产品时，持续不断的反馈能做到迭代次数合理，经济合理。

通过检视、调整和透明充分利用可变性

计划驱动过程和 Scrum 在几个维度上存在根本的区别（参见表 3.1，基于 Reinertsen 建议的维度，2009a）。

表 3.1　计划驱动过程和 Scrum 过程的对比

维度	计划驱动	Scrum
过程定义的程度	一套明确定义的顺序步骤	复杂过程无视事先制定的完整规定
产出物的随机程度	产出物可变性很小或不存在	预计有变化，因为我们不是重复构建同样的东西
利用的反馈的数量	很少、很晚	频繁、尽早

计划驱动的顺序开发过程假设产出物的可变性很小或不存在。这种开发方式遵循一套明确的步骤并只在过程后期才用到极少数反馈意见。相比之下，Scrum 积极主动地接受这样的事实：在产品开发中，只要是构建新东西，就必然存在一定的可变性。Scrum 还假设产品创建过程很复杂，无法事先给出详尽、严密的完整定义。而且，Scrum 尽早、频繁的反馈过程，可以确保构建的产品是正确的，构建产品的方式是正确的。

Scrum 的核心原则是检视、调整和透明性（Schwaber and Beedle 2011 中将它们统称为“经验过程控制”）。在 Scrum 中，我们不仅要检视和调整正在构建的产品，还要检视和调整构建产品的方式（参见图 3.5）。

为了更好地检视与适应，我们依赖于透明性：参与创建产品的每一个人都必须能够得到与 WIP 相关的所有重要信息。信息透明，才能进行检视，而检视又是调整的前提。信息透明能让每个相关人员看到并了解正在发生的事情。它能带来更多的沟通并同时在过程和团队成员中建立互信。

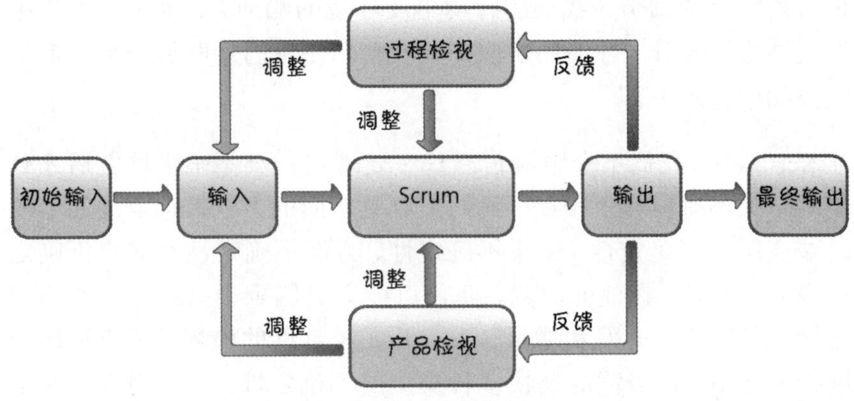

图 3.5　Scrum 过程模型

同时减少各种各样的不确定因素

开发新产品是一个很复杂的工作，具有很高的不确定性。这种不确定性可以分为以下两大类（Laufer 1996）。

- 结果不确定性（不确定做什么）——围绕最终产品特性的不确定性；
- 方法不确定性（不确定怎样做）——围绕产品的开发过程和技术的不确定性。

特定环境或特定产品还可能有客户不确定性（不确定用户是谁）。例如，哪些人才是这款产品真正的客户，对此，初创公司（包括开发新产品的大企业）也许只能靠猜。这种不确定性一定要处理，否则最后可能会出现好产品误入“养在深闺无人识”的境地。

传统的顺序开发过程事先全部定义需要构建哪些特性，先重点消除结果的不确定性，后处理方法的不确定性。

这种简单、线性的方法并不适用于降低不确定性，因为在产品开发这个复杂领域中，我们采取的行动与所处的环境相互制约。例如我们决定构建一个特性（我们的行动）；接下来向客户展示这个特性。客户在看到展示之后，却改变原来的想法或意识到自己之前并没有说清楚特性的细节（我们的行动引发环境的响应）；然后，我们根据反馈修改设计（环境的响应影响我们，使我们采取另一个之前无法预知的行动）。

在 Scrum 中，我们不会限制自己只在处理完一类不确定性之后才处理另一类不确定性。相反，我们采取更全面的方法，重点关注于同时减少所有不确定性（结果不确定性、方法不确定性和客户不确定性等）。当然，在任何时刻，我们可能会更侧重于关注某一类不确定性。通过迭代开发和增量开发，并在经常性的检视、适应和透明度指导之下，可以同时解决多种类型的不确定性。在出现未知的未知（我们不知道自己不知道的事情）时，这种方法能让我们抓住机会探测和探索周围的环境，识别和了解未知的未知。

预测和适应

在使用 Scrum 时，经常需要平衡预测性的事前工作与适应性的适时工作之间的关系。下面五个敏捷原则与这个主题相关。

- 不到最后时刻，不轻易做决定。
- 承认无法一开始就把事情做对。
- 偏好适应性、探索式的方法。
- 用经济合理的方法积极主动接受变化。
- 在预测性的事前工作和适应性的适时工作之间做出平衡。

不到最后时刻，不轻易做决定

对于需求或设计，计划驱动的顺序开发方式要求在当前这个阶段就做出重要的决策并进行审批。而且，在进入下一个阶段之前必须先做出决策，即使这些决策依据的知识有限。

Scrum 认为，不该单单因为通用过程要求此时做出决定，我们就得做出不成熟的决定。相反，在使用 Scrum 时，我们倾向于“不轻易做决定”这个策略。这个原则常称“最后责任时刻”（Last Responsible Moment，LRM）（Poppendieck and Poppendieck，2003），意思是推迟做出承诺，直到最后责任时刻再做出重要的、不可逆转的决定。那么，最后责任时刻是什么时候呢？这个时刻就是不做决定的成本大于做决定的成本时（参见图 3.6）。此时，就需要做出决定了。

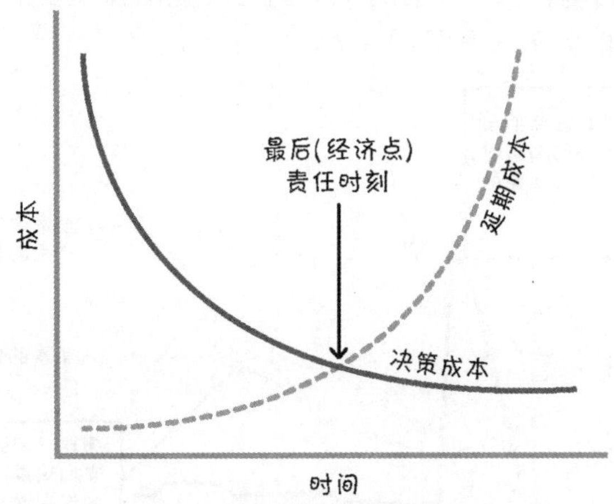

图 3.6　在最后责任时刻做决定

为了领会这个原则，我们考虑下面这种情况。在产品开发工作的第一天，我们对自己的工作内容了解得最少。随后的每一天，我们的了解都能多一点点。既然如此，为什么要在第一天或者很早就做出所有最关键且（也许）不可逆的决定呢？大多数人都倾向于等有更多信息之后再做出更明智的决定。在处理重要的或不可逆的决定时，如果决策太早且有错，就会处于图 3.6 中决策成本的指数部分。更好理解决策之后，决策成本会下降（因为市场和技术的确定性增加，做出错误决策的可能性降低了）。这说明我们应该在掌握更多信息之后再做决策。

承认无法一开始就把事情做对

计划驱动的过程不仅要求有完整的需求和全面的计划，还想当然地认为事先就能“把事情做对”。但实际情况是我们根本不可能事先就能以正确的方式得到所有需求，也不可能基于这些需求以正确方式得出详尽的计划。更糟糕的是，一旦需求有变，还得根据当时实际情况修改需求和计划基线（详情参见第 5 章）。

在 Scrum 中，我们承认自己不可能事先确定所有需求或计划。事实上，我们认为这样做可能很危险，因为可能漏掉重要的知识而产生大量低质量的需求（参见图 3.7）。

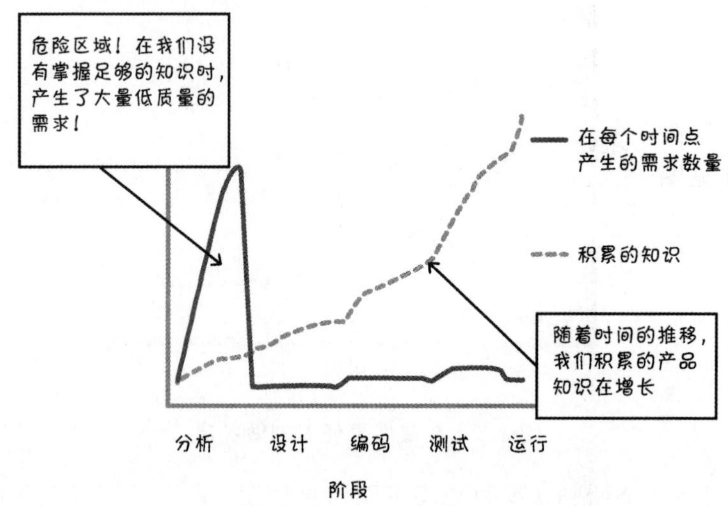

图 3.7 计划驱动的需求获取与产品知识积累

图 3.7 表明，在使用计划驱动的顺序过程时，在早期产品知识积累有限的时候就产生了大量需求。这样做是有风险的，因为它使我们产生错觉，认为自己已经消除了结果不确定性。一旦了解得更多或事情有变，还可能会造成巨大的浪费（详情参见后文）。

在 Scrum 中，我们也会预先产生需求和计划，但原则是够用就好，一旦了解更多在建产品的相关知识，我们就会填充需求和计划的细节。毕竟，在开始构建前，即使我们笃定要以什么方式构建哪些特性，但在把早期的增量可交付物放到目标使用环境之后，还是会发现不对劲儿的地方。此时，种种实际情形都会推动我们改变初衷，去做真正适用、适时的东西。

偏好适应性、探索式的方法

使用（或利用）现在已知的东西并对未知的东西进行预测，这是计划驱动的顺序过程关注的重点。Scrum 则更倾向于恰当运用探索式方法，在此基础上采用适应性的试错法。

探索指的是通过某些活动来获得知识，例如构建原型、创建概念验证、实施研究或进行试验。换句话说，面对不确定，我们通过探索来获取更多可用信息。

工具和技术对探索成本有很大的影响。在过去，软件产品开发的探索成本很高，因而采用预测性的、尽量一开始时做对的方法是有利的（参见图 3.8）。

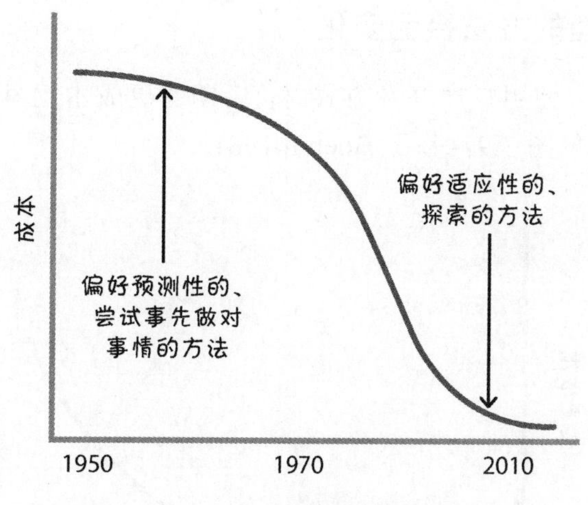

图 3.8　过去的探索成本

举个例子，我在佐治亚理工学院读大一时（上世纪 80 年代初），我用过几次打孔卡——跟打字机似的，如果出错或需要修改，是很烦人的。必须非常小心地为所有解决方案逐个做打孔卡，然后再排队等待使用大型机，可能得等上 24 小时才能验证解决方案是否正确，在这样的背景下，“快点试一试，看情况”这个理念是让人很难接受的。即使微不足道的排版错误，也至少得耽误一天。瀑布过程在面对不确定性时可以仔细考虑当前知识并做出预测，以求找到优化的解决方案，这种做法是经济合理的。

幸运的是，现在的工具和技术越来越好，探索成本也随之下降。从经济层面上不再是探索的阻碍。事实上，到如今，快速构建少量内容并根据用户反馈进行调整，其成本往往低于事先投入精力试图一次性做对所有事情。解决方案的目标使用环境（技术）如今已变得更加复杂，所以能够采取这种做法也是很值得庆幸的。

在 Scrum 中，只要具备足够的知识，就可以得出明智、合理的最终解决方案。然而，在面对不确定性时，不要一厢情愿地预测，要用低成本的探索方式来换取相关信息，并综合利用这些信息得出明智、合理的最终解决方案。通过行动获得的反馈可以帮助我们确定是否还需要进一步探索以及何时进行。

用经济合理的方法接受变化

我们都知道，使用顺序开发方式时，后期变更成本比早期变更成本高很多（参见图 3.9，基于 Boehm 1981）。

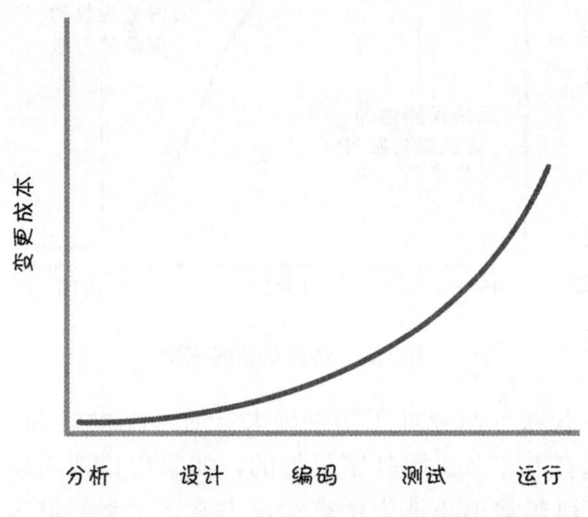

图 3.9　顺序开发方式的变更成本曲线图

举个例子，分析阶段的变更可能只花 1 美元，但在后期测试阶段，同样的变更却可能花 1000 美元。为什么会这样呢？如果分析阶段出现的错误能在现阶段被发现，那么修正成本肯定不高。但如果直到设计阶段才发现这个错误，则不仅需要修正错误需求，可能还要修复基于这个错误需求所做的设计。每往后延一个阶段，错误的影响也越大，甚至演变为这种情况：分析阶段的小错误到测试或运行阶段演变成大错误。

为避免后期变更，顺序开发过程的做法是设法提高预测的准确度，澄清系统需求及其实现过程，再加以严格控制，力求最小化需求和设计变更。

不幸的是，早期活动阶段的过度预测往往适得其反。不仅无法消除变更，反而成为交付延期和预算超支的原因之一。为什么会出现这种有悖常理的事实呢？首先，为了消除昂贵的变更，我们被迫在每个阶段进行过度投资，即做一些不必要、不切实际的工作。其次，在尚未得到干系人对工作产品的反馈来验证假设之前，我们被迫在过程早期做出重要的假设。结果，根据这些假设而产生大量工作产品库存（WIP）。后来，在这些假设被证实（或被推翻）或发生变更的时候（例如，需求的出现或演变），很可能得修改或放弃原有的工作成果，这样的情况时有发生。自我实现的预言，其经典模式莫过于此（参见图 3.10）。

在 Scrum 中，我们认为变更是很正常的。我们相信，产品开发所固有的不确定性无法事先通过加班加点来预测。因此，必须准备好主动迎接变更。不过，在出现变更时，我们希望能比传统开发更经济的方式来处理，即使变更发生在产品开发工作后期。

因此，我们的目标是要让变更成本曲线尽可能长期保持平稳——即使在后期接受变更，开销也是经济合理的。图 3.11 说明了这个观点。

我们可以通过对 WIP 数量和工作流进行管理来实现这个目标，因此，与顺序开发相比，在使用 Scrum 时，变更成本受时间的影响更小。

不管使用哪种方式来进行产品开发，我们都希望有这样的关系：小的需求变更所造成的实现方式变更也相应较小，因而成本变更也小（不难想象，大型变更带来的成本显然更高）。我们从这种关系中希望得到的另外一个特征：不管变更请求何时出现，都要保持这种关系。

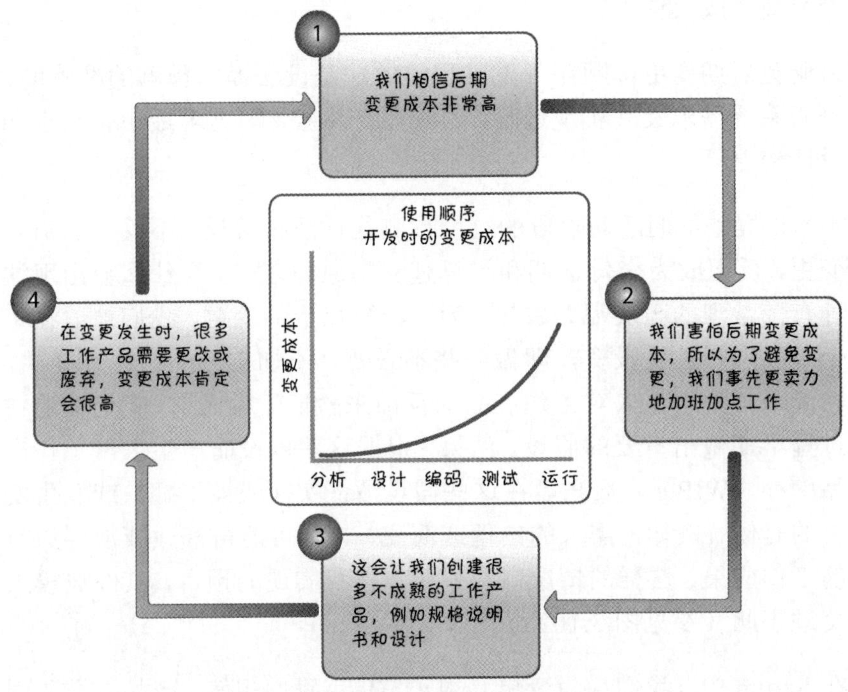

图 3.10　自我实现的预言

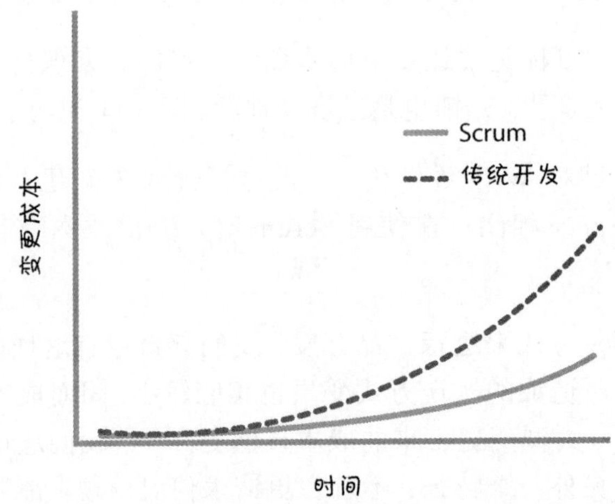

图 3.11　让变更成本曲线趋于平稳

在使用 Scrum 时，很多工作产品（例如详细需求、设计和测试用例）都是以刚好及时的方式产生的，以免创建非必需的工件。这样，在发生变更时，不必丢弃或重新修改的、基于假设而产生的工作或被迫做出的决定要少得多，因此可以让成本和变更请求的大小更加成比例。

使用顺序开发方式时，库存会随着时间的推移而增加，这意味着早期所做的工件和被迫做出的轻率决定最终造成变更成本快速上升。这导致图 3.11 中传统开发方式的曲线在早期就出现拐点（曲线突然上升的那个点）。在使用 Scrum 开发时，到达某个时间点之后，变更成本和变更请求的比例也会变得很离谱，但这个时间点会出现得更晚一些（如图 3.11 中的 Scrum 曲线拐点所示）。

平衡预测性的事前工作和适应性的刚好及时工作之间的关系

计划驱动开发有一个基本的理念：事先得到详细需求和计划是至关重要的，并且做事情要有先后。在 Scrum 中，我们相信前期工作有帮助，但不宜过度。

在 Scrum 中，我们承认不可能事先精确获得所有需求和计划。这是否意味着不应该事先做需求和计划呢？当然不是！Scrum 的要义是找到平衡点，即取得平衡预测性的前期工作和适应性的刚好及时工作的平衡（参见图 3.12，改编自 Cohn 2009 中的图）。

在开发产品时，应该从经济合理的角度来设置平衡点，满足法规、监管和 / 或公司的目标的前提下，尽量根据快速反馈持续进行调整，少做事先预测。

究竟怎样才算平衡？这在一定程度上由这几个因素推动：所建产品的类型、待建产品（结果不确定性）和产品构建方式（方法不确定性）的不确定程度以及开发中的限制。过度预测要求我们在普遍存在不确定性的情况下做出假设。过度调整可能会让我们处于动荡中，让人觉得工作效率低下、混乱。为了能够快速开发创新产品，在我们的工作环境中，一方面要调整，一方面也要通过刚好够的预测来取得平衡，以免陷入混乱。Scrum 框架在秩序与混乱之间取得了很好的平衡。

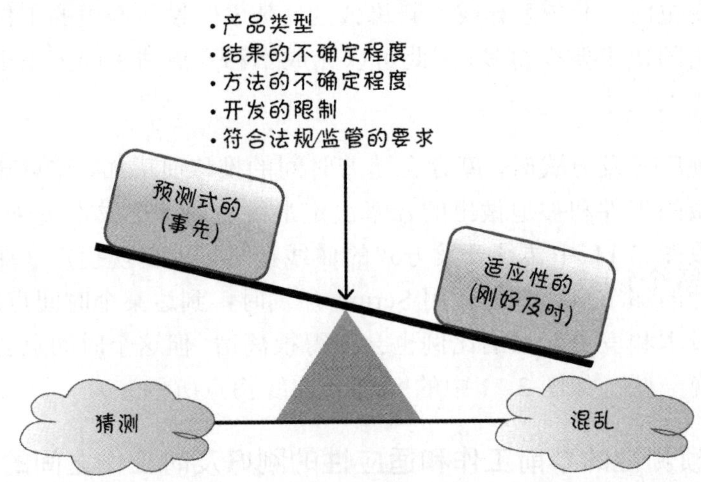

图 3.12 平衡预测性的工作和适应性的工作之间的关系

经验认知

在使用 Scrum 时，我们对工作进行组织，快速产生经验认知（Ries 2011 提出的术语）。最初的假设一旦被确认或推翻最初的，我们就获得了经验认知。下面三个敏捷原则与这个主题相关。

- 快速验证重要的假设。
- 利用多个认知循环并行的优势。
- 组织妥善工作流以获得快速反馈。

快速验证重要的假设

所谓假设，是指即使某些猜测或看法并没有被之前验证过的认知确认，也认为它是正确、真实或可靠的。与 Scrum 相比，计划驱动开发对长期存在的假设更宽容。使用计划驱动开发，前期会产生大量的需求和计划，其中可能有很多重要的假设得留到开发后期验证。

假设本身就意味着重大的开发风险。在 Scrum 中，任何时候的重要假设都要力求最少。我们也不想重要的假设久久得不到验证。结合迭代开发和增量开发，关注低成本的探索，这是可以做到快速验证假设的。因此，在使用 Scrum 时，如果某个假设本质上就很糟糕，我们就可能很快发现错误并借机恢复。在计划驱动的顺序开发方式中，相同的糟糕假设如果验证太晚，会导致开发工作普遍甚至全部失败。

利用多个认知循环并行的优势

顺序开发方式是可以获得认知的。但是，只有在特性经过构建、集成和测试后，才能获得较多认知，这意味着重要认知得等到工作快结束时才能获得。可能因为已经没有足够的时间利用认知或利用认知的成本太高，所以导致后期认知并没有达到预期的效果。

在 Scrum 中，我们知道持续获取认知是成功的关键。使用 Scrum 时，我们要找到并利用反馈循环来提高认知。在这种产品开发方式中，有一个反复出现的模式，即提出一个假设（或设定一个目标），构建一些东西（执行一些活动），针对构建成果获得反馈，然后利用这个反馈，对照我们提出的假设来检视工作成果。然后根据我们学到的东西对产品、流程和/或我们的理念进行调整（参见图 3.13）。

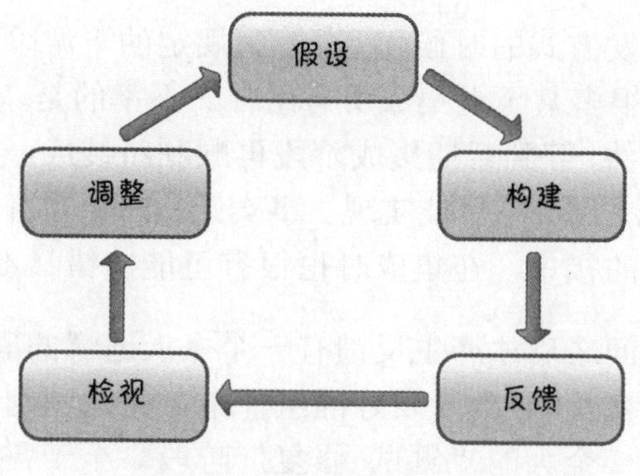

图 3.13 认知循环模式

Scrum 充分利用了几种预定义的认知循环。例如，每日例会是一个每日循环，冲刺评审活动是一个迭代级的循环。下面将介绍这些循环。

Scrum 框架很灵活，包含很多其他类型的认知循环。例如，虽然没有明说，但是像结对编程（秒级反馈）和测试驱动开发（分钟级反馈）等技术实践反馈循环，都频繁应用于 Scrum 中。

妥善组织工作流程以获得快速反馈

容忍假设长期存在，也造成计划驱动过程容忍认知到后期才获得，所以说计划驱动过程并不注重快速反馈。在 Scrum 中，快速反馈对较早截断错误路径有非常重要的帮助作用，对快速发现并利用时效性强、突然出现的商机至关重要，所以更力争获得快速反馈。

在计划驱动的开发过程中，每个活动的计划都根据明确定义的阶段顺序来制定，并在指定的时间点发生。它的思路是：完成早期活动的时候，不需要后期活动的任何反馈。因此，在做完一件事情后，可能要过很长时间才能得到这件事情的相关反馈（认知循环终结于此）。

以组件集成和测试为例。假设我们同时开发三个组件。在得到可交付产品之前的某个时间点，这些组件必须做完集成和测试。然而，在集成之前，我们并不知道开发出来的组件是否正确。如果试着集成这些组件，肯定可以为组件开发工作带来重要的反馈。

在使用顺序开发方式的时候，只得等到规定的下游阶段才能进行集成和测试，有很多甚至是集成所有组件。不幸的是，“我们可以同时开发一堆组件，等到后期集成阶段再顺利组装成一个紧密结合的整体”这一想法几乎不可能实现。事实上，即便在开发组件之前定义有精心构思的接口，在集成时也很有可能出错（参见图 3.14）。

在开发很长时间之后才产生反馈有一个令人遗憾的副作用，例如，因为平时没有交互，导致开发好的组件常常无法顺利集成，到最后，集成阶段变成一个大的“测试-修复”阶段。至于需要多长时间才能完成，需要花多少成本来修复问题，此时此刻全靠猜了。

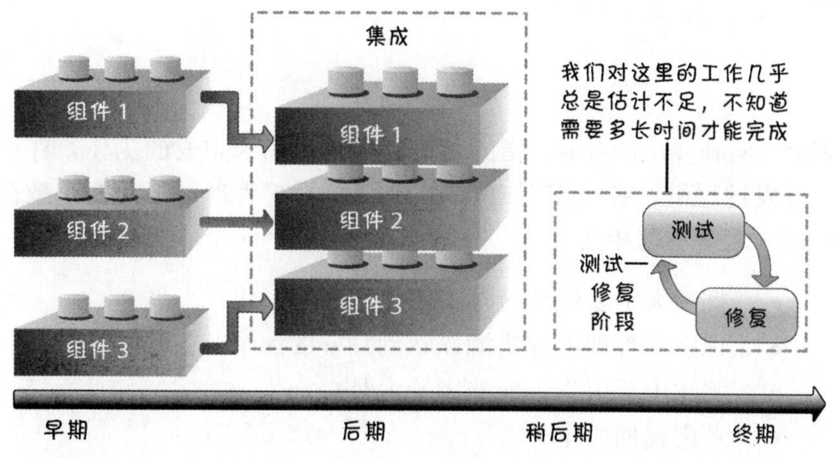

图 3.14 集成组件

在 Scrum 中，我们组织好工作流，在图 3.13 所示的认知循环中移动，尽快获取反馈。这种做法能够确保工作一完成就能得到及时的反馈。快速反馈能提供比较好的经济效益，因为如果反馈滞后，错误加剧，会导致故障呈指数级增长。

再来看一下组件集成的例子。在设计组件时，我们对如何集成组件做了重大的假设。我们根据假设进行设计。此刻我们并不知道选择的设计路线对不对。它不过只是我们最好的猜测而已。

但是，一旦选定路线，就会在此基础上做出其他很多决定。初始设计所基于的假设如果得不到验证，等的时间越长，基于这个假设所做的决定就越多。如果后来（通过集成阶段的反馈）才发现最初的假设有错，我们就会面临困境。我们不得不对很久很久之前所做的糟糕决定进行返工，时间一长，人们的记忆会消退，得花好长时间才能回到之前的工作状态。

如果必须为某个糟糕的、依赖于其他因素的决定返工，再算上产品的延期成本，那么快速反馈的经济效益是非常有说服力的。快速反馈可以快速终结认知循环，在造成严重的经济损失之前，截断有害无益的开发路线。

WIP

WIP（work in process）指的是已经开始但尚未完成的工作。在产品开发过程中，必须识别出 WIP 并进行妥善管理。下面四个敏捷原则与这个主题相关。

- 批量大小要经济合理。
- 识别并管理库存资源以达到良好的流动。
- 关注闲置工作，而非闲置人员。
- 考虑延期成本。

批量大小要经济合理

计划驱动的顺序开发过程的另一个核心理念是，倾向于将相同类型的工作分批汇集到一个独立阶段中执行。我将这种方法称为“整体推进”，即在开始后续活动之前，必须先全部完成当前阶段的所有事情（或者大体完成所有事情）。比如，在分析阶段创建全部需求。接下来把批量需求移动设计阶段。因为产生的是一套完整的需求，所以在这个例子中，批量大小是 100%。

之所以采取“整体推进”方法，在一种程度上是因为相信以前制造业的规模经济原则适用于产品开发。这个原则认为在增加生产数量（批量大小）时，生产单件产品的成本会随之下降。所以，顺序开发的理念是，大批量的产品开发也能实现规模经济。

在 Scrum 中，我们支持这个观点：虽然规模经济的思想已经成为制造业的基本原则，但把它生搬硬套到产品开发中，会造成重大的经济危害。

在产品开发中采用小批量的方式，这听起来有违直觉，但实际上好处多多。Reinertsen 深入探讨了批量大小的问题，表 3.2 包含的是他对小批量好处的部分描述（Reinertsen 2009b）。

如果小批量比大批量好，是不是说明批量大小就应该是 1，也即一次只处理一个需求，做完所有活动后准备交付给客户？有人将这个过程称为“单件流程”。正如本书后文所述，在某些情况下批量大小为“1”可能还行，但是把“一个”作为目标，对工作流和总体经济来说，充其量也只是局部最优。

表 3.2　Reinertsen 总结的小批量的好处

好　处	描　述
减少周期时间	批量较小时，等待处理的工作也较少，意味着等待时间不会太长。因此，工作完成得更快
减少工作的变动	想象一下，在一个餐馆中，顾客零散地进进出出（在餐馆里良好流动）。现在再想象一下，从一辆大型观光巴士走下来一大批顾客（大批量），对餐馆中的人流有什么影响呢？
加速反馈	小批量有利于加快快速反馈，能够最小化错误影响
减少风险	小批量意味着受变更影响的库存更少。小批量失败的可能性也更小（10 个工件比 5 个工件的失败风险更大）
降低管理成本	大批量工作有管理成本——例如，维护 3000 个条目比 30 个条目，需要更多的精力
积极性和紧迫性提高	小批量能够让人更专注，更有责任意识。与大批量相比，在处理小批量时，更容易理解拖延和失败的后果
降低成本，减少计划延期	如果在使用大批量时出错，成本和时间安排上都会出现大范围的错误。使用小批量工作，则不会错得太离谱

识别并管理库存以达到良好的流动

在本章中，我一直在提醒大家，制造业不同于软件开发，所以应当采取不同的方法。不过，制造业倒是有一个值得软件开发行业借鉴的教训，只可惜常常被忽视。这个教训就是库存（也称为“WIP”、“流程中的产品”、“半成品”和“在制品”）的高成本。精益产品开发社区早在很多年前就懂得 WIP 的重要性（Mary and Tom

Poppendieck，2003；Reinertsen 2009b），Scrum 团队也接受这个观点。

制造商对库存及其含义有敏锐的认识。他们怎么可能不知道呢？等着处理的存货在地板上很快码成堆。库存不仅实实在在看得见，财务上也相当明显。随便问一问一个工厂的首席财务官，问他工厂中有多少库存或是上个月的库存变化情况，他都能给你一个确切的答案。

能干的制造商绝不会坐视库存大量积压不管。工厂库房里等着组装成产品的零件在财务账簿上是有折旧率的。更糟糕的是，如果我们已经买好一卡车零件，产品设计却发生了变化，会出现什么情况呢？该如何处理这些零件？或许可以对这些零件进行返工，使其适应新的设计。或者更糟糕一点，这些零件再也用不上了，只能丢弃。又或者，为了不浪费已购买的零件，我们决定维持原有设计（即便采用新设计才是正确选择），冒着产品满意度降低的风险，继续使用这些零件？

显然，在我们守着大量库存的时候如果事情有变，就会导致一种或多种形式的浪费。为了最小化风险，能干的制造商采用一种经济合理的方法管理库存——手头保留一部分库存，但通过实行准时供给的库存管理方式，只留合理的库存数量。

一般情况下，软件开发企业根本意识不到自己是有 WIP 的。问题部分来源于这样的事实：在产品开发过程中处理的知识资产与厂房地板上的零件不一样，它们是不可见的。知识资产，比如磁盘上的代码、文件柜里的文档或者墙上的可视化白板，不会那么让人操心。

在财务上，产品开发过程中的库存通常也不可见。随便问一个软件开发企业的首席财务官，问他们公司有多少库存，他可能会疑惑地看着你，然后回答说："没有。"财务团队会跟踪产品开发过程其他方面的度量数据，却不大可能跟踪这种产品开发库存。

糟糕的是，库存（WIP）刚好正是产品开发过程中需要管理的关键变量，这在传统产品开发方式中往往被忽视。前面在讨论批量大小时曾经说过，传统开发方式中，批量大小设置得相当大（通常为100%），实际上倾向于制造大量库存。在软件产品开发中，如果出现大量 WIP，后果是很严重的，它会严重影响前面所介绍的变更成本曲线（参见图 3.9）。

即将开始开发时，确实需要有一些需求，但并不需要全部需求。如果太多，在需求发生变化时很可能造成库存浪费。但另一方面，如果需求库存不足，又会破坏工作的快速流动，这也是一种浪费。Scrum 的目标是合理地平衡适量库存和过多库存之间的关系。

我们还要认识到，需求只是产品开发中的一种库存。在产品开发过程中，很多地方，很多时间都有 WIP。这些库存也需要我们积极主动地识别和管理。

关注闲置工作，而非闲置人员

在 Scrum 中，我们深信闲置工作（idle work）比人员（idle worker）更浪费，经济危害也更大。闲置工作指的是有些工作我们想做却由于其他事情的阻碍而无法做（例如构建或者测试）。这种停顿也许是因为必须等另一个团队完成之后才轮到我们做。又或者我们要做的工作太多而无法同时完成。在这种情况下，一部分工作就会处于停顿状态，得等我们空了才能继续。另一方面，人员空闲，指的是员工有能力做更多工作但当前并没有 100%投入。

很多软件开发企业更关注如何消除闲置人员所造成的浪费，而非闲置工作所造成的浪费。例如，传统上认为，如果受聘为测试人员，就希望你把 100%的时间都用来测试。如果投入测试的时间少于100%，就造成了浪费（你本来可以做测试，现在却闲着）。为了避免出现这种问题，我就得给你找更多测试工作——也许是把你分配到多个项目中——目的是人尽其用，达到 100%的利用率。

遗憾的是，这种方法在降低了一种浪费（人员空闲浪费）的同时却增加了另外一种浪费（工作停顿所造成的浪费）。而且在大多数时候，工作停顿所产生的成本远远高于人员空闲所产生的成本。我们来探究一下具体原因。

为了清楚说明这个问题，让我们把“让人 100%连轴转”（保持人员 100%忙碌）这个策略应用于奥运会 4×100 米接力赛。如果采取这种策略，接力赛看上去就太低效了。我出钱让人跑，结果他们却只有 1/4 的时间在跑，剩下的时间干嘛呢？站着等。呃，这可不行！我付的可是 100%的薪水，所以他们理当 100%的时间都在跑。在没有拿到接力棒时，让他们原地跑或在旁边的跑道跑另外一场比赛呗！这样的话，他们就是 100%的时间都在跑啦！

当然，我们都知道，让队员 100%连轴转并不能赢得接力赛的金牌。只有拿着接力棒第一个冲过终点，他们才能赢得金牌。所以，这里的重点是借鉴的“看好接力棒，而不是队员”（Larman and Vodde，2009）。在产品开发情境中，接力棒停留于地上，相当于工作已经准备妥当却因为需要等待必要资源而停顿下来。接力棒都在地上，怎么能赢得比赛（交付产品）？！（我真的很喜欢接力棒和赛跑者这个比喻，因为它非常好地诠释了我们应该观察工作而非人这个道理。但是，像任何其他比喻一样，它也有局限性。在这个比喻中，像接力赛一样的工作交接方法恰好也是传统顺序开发的特质，这是应当避免的！）

同时，每个人都知道让人力资源 100%连轴忙的后果是什么。如果借鉴排队论中的一幅图，就可以看出力争达到 100%资源使用率所造成的显著危害（参见图 3.15）。

有计算机的人都理解这幅图。如果计算机在 100%（处理器和内存完全使用）的状态下运行状况如何？计算机开始剧烈波动，每个作业都会变慢。换句话说，计算机希望做更多事情，但实际完成的高成效工作却更少。一旦进入这个状态，就很难摆脱困境（可能得终止作业或重启机器）。如果使用率保持在 80%左右，计算机的效率会更高一些。在图 3.15 中，队列大小相当于延期，延期则相当于地上的接力棒。

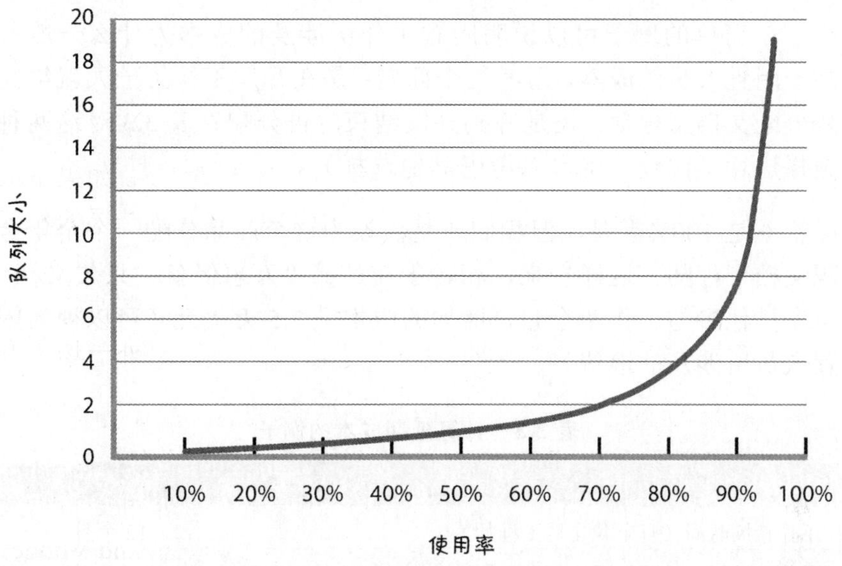

图 3.15　使用率如何影响队列大小（延期）

一旦使用率增高，停滞不前的工作（延期的工作）就会呈指数级增长。闲置工作可能非常昂贵，成本往往高出闲置人员所涉及的成本很多倍（参见下一节延期成本的例子）。所以，在 Scrum 中，我们敏锐地认识到：需要找出工作流的瓶颈并集中精力消除它，相较于努力让每个人都 100%连轴转，这样做更加经济合理。

考虑延期成本

延期成本是工作延期或里程碑延期达成所产生的财务成本。图 3.15 表明，随着处理能力利用率的增加，队列大小和延期也增加。因此，在降低闲置人员浪费的同时（通过增加他们的使用率），也增加了与闲置工作相关的浪费（在队列中等待服务的工作）。使用延期成本，我们可以算出哪种浪费的经济危害更大。

不幸的是，85%的组织都没有对延期成本进行量化（Reinertsen 2009b）。而且，大多数开发组织都意识不到还有正在排队等待处理的工作和积压下来的工作（库存），综合考虑这两个事实，就容易明白他们的默认行为是聚焦于消除闲置人员所造成的可见浪费。

有一个简单的例子可以说明闲置工作所涉及的成本为什么一般都高于闲置人员的成本。思考这个问题：是在开发工作第一天就给团队分配文档工程师，还是等到开发结束时再分配？表 3.3 对这两种选择进行了比较（也可以考虑其他选择）。

尽管不是 100%需要，但我们还是假设为这个产品分配一个全年全职文档工程师。这样一来，相较于在产品“万事俱备，只欠文档”再安排他参与工作两个月，增加的成本是 7.5 万美元（可以视为闲置人员所涉及的浪费）。

表 3.3　计算延期成本的例子

参数	值
工作持续时间（有全职文档工程师）	12 个月
工作持续时间（到最后“只差文档”时再分配文档工程师）	14 个月
到最后再完成文档的周期成本	2 个月
每个月的延迟成本	25 万美元
总计延期成本	**50 万美元**
文档工程师一年的总负担成本	9 万美元
文档工程师每个月的总负担成本	7500 美元
全职文档工程师的成本	9 万美元
到最后再分配时文档工程师的成本	1.5 万美元
全职文档工程师的额外成本	**7.5 万美元**

如果到最后再分配文档工程师完成所有文档工作，全职工作两个月就够了，但产品交付日期也会延迟两个月。如果是这样，我们按生命周期利润计算得出延迟成本为 50 万美元（生命周期利润指的是产品在整个生命周期内的总利润。在本例中，利润减少了 50 万美元）。

在这个例子中，闲置人员所涉及的成本是 7.5 万美元，而闲置工作停顿所涉及的成本是 50 万美元。如果我们重点优化文档工程师的使用率，实际上也只是做到对产品整体的经济情况进行局部优化。

在产品开发过程中，我们会持续面临这种权衡；要想做出经济合理的决定，延期成本是一个需要考虑的、最重要的变量。

进度

在使用 Scrum 时，不是用既定计划的执行情况来衡量进度，也不是看某个特定期间或开发阶段的工作有多大的进展，而是用已交付且验证过的结果来衡量。下面三个敏捷原则与这个主题相关。

- 根据实时信息来重新制定计划。
- 通过验证工作结果来度量进度。
- 聚焦于以价值为中心的交付。

根据实时信息来重新制定计划

在计划驱动的顺序开发过程中，计划是工作如何开展、何时进行的权威信息源。因此，计划是需要遵循的。相比之下，在 Scrum 中，我们认为盲信计划往往会让我们忽视“计划可能有错”这个事实。

在 Scrum 开发过程中，我们的目标不是满足某个计划或者某个事先认为事情如何进展的预言。相反，我们的目标是快速地重新制定计划并根据开发过程中不断出现的、具有重要经济价值的信息进行调整。

通过验证工作结果来度量进度

在计划驱动的顺序开发方式中，进度的表现方式是完成一个阶段之后才可以允许进入下一个阶段。因此，如果每个阶段的开始和结束都符合预期，那么产品开发工作的进展看起来就非常好。然而到最后阶段，完全按计划制造出来的产品可能与客户期望得到的交付价值相去甚远。在预算内按时完成却未能满足客户期望，这算得上成功吗？

在 Scrum 中，通过构建可工作、已验证的成果来度量进度，这些工作成果交付了价值并且可以用来验证重大的假设。这样一来，我们就能得到反馈，知道下一步该做什么。在 Scrum 中，重要的不是开始了多少工作，而是完成了多少对客户有价值的工作。

聚焦于以价值为中心的交付

计划驱动的顺序开发方式关注的是谨慎、踏实地遵循过程。顺序开发特有的结构决定了只有在工作快结束时才集成并交付特性（参见图 3.16）。这种方法带来的风险是，在向客户交付所有重要价值之前，所有资源（时间或金钱）可能已经被耗尽了。

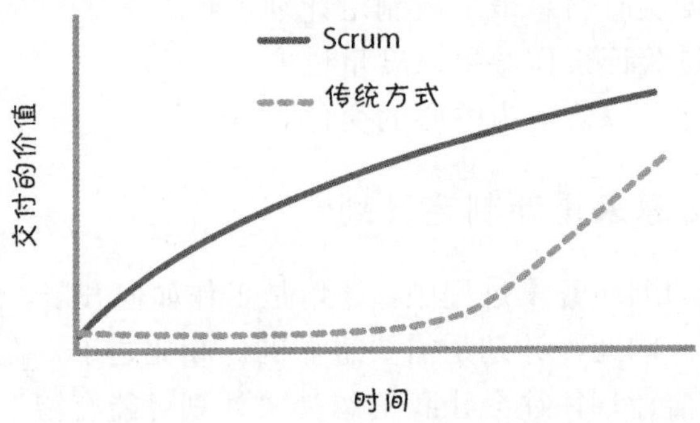

图 3.16　较早交付高价值特性

传统开发的一个相关理念是，在交付特性过程中产生的计划和文档本身也是有价值的。即使这些工件真的有价值，但大多数时候也只局限于对下游过程有价值，而非对客户有价值。而且，就算对客户有价值，也只有在产品最终交付到客户手上时才能体现出来。在此之前，这些工件并没有为客户创造直接的价值。

另一方面，Scrum 是一种客户价值为中心的开发方式。它是基于优先级排序的增量交付模型，价值最高的特性持续构建并在下一个迭代中交付。这样一来，客户就可以尽快且持续获得高价值特性。

在 Scrum 中，价值的产生是通过向客户交付可工作的资产、验证重大假设或获取有价值的认知来实现的。在 Scrum 中，我们认为中间工件并不能向客户提供直接可以感知的价值，如果它们本身不能用来产生重要反馈或获取重要认知，就只能是一种手段。

执行

在使用 Scrum 时，我们期望有一些特定的、与执行相关的特点。下面三个原则与这个主题相关：

- 快速前进，但不匆忙。
- 内建质量。
- 采用最小够用的仪式。

快速前进，但不匆忙

计划驱动的开发方式认为，如果遵循计划且第一次就把事情做对，就能避免高成本、耗时长的返工。能够一步步快速前进当然值得期待，但这不是主要目标。

在 Scrum 中，核心目标是灵活、适应、快速。通过快速前进，我们快速交付、快速获得反馈并尽快将价值交到客户手中。快速的认知和反应能够及早产生收入或降低成本。

但是，不要着急忙慌地快速前进。在 Scrum 中，虽然时间很重要，但并没有要我们匆忙行事。不然，很有可能违反 Scrum 可持续节奏的原则——人们应该以长期稳定的节奏工作。而且，匆忙还可能付出牺牲质量的代价。

有一个例子可以帮助澄清快速和匆忙的区别。我研习泰拳（泰国跆拳道）。与其他大多数武术一样，泰拳靠速度来提高水平。能够轻快并准确完成套路或者对打，可以提高运动的趣味性或提高成绩。但是，如果怀着赶紧完成的意图匆忙移动，就会从根本上降低效果，而且，在对打时还会造成严重的身体伤害。在表演泰拳时，要快速适应当时的情况，轻快、灵巧并谨慎地移动。换句话说，要快，但不要匆忙。

以质量为魂

计划驱动的开发过程秉承这样的理念：小心、顺序地执行工作以得到高质量的产品。但是，只有对集成后的产品进行测试，否则不能真正验证质量，然而，集成测试在整个流程中是置后的。如果测试结果表明质量欠佳，就必须进入高成本的"测试—修复"阶段，通过测试来改进质量。而且，因为不同的团队经常做不同阶段的工作，所以测试团队常常被认为是产品质量的最终负责人。

在 Scrum 中，质量并不是测试团队在最后阶段"测"出来的，而是由跨职能的 Scrum 团队负责并持续内建于每个冲刺中。我们对创建的每个价值增量信心十足，认为这部分工作已经完成，可以放到生产环境或交付给客户（对完成标准的深入讨论，请参见第 4 章）。这样便大大减少了为提高质量而在后期做大量测试的情况。

采用最小够用的仪式

计划驱动的开发过程倾向于重仪式、以文档为中心、重过程的方法。Scrum 是以价值为中心的，它带来的一个副作用是，几乎不强调以过程为中心的仪式。我并不是说所有的仪式都不好。例如，每周五下班后都去酒吧集体活动并增强关系，这种仪式就很好。我说的仪式是指不必要的繁文缛节。有人称之为"为过程而过程"。这样的仪式消耗成本，但产生的价值却很小，甚至不产生任何价值（换句话说，简直就是一种浪费）。

例如，下面这些仪式就是可有可无的、形式化的。

- 为通过审批而将代码从开发环境迁移到测试环境，这得需要经过一个为期三天的重量级过程才能开始测试。
- 所有异常现象都必须录入软件工具以便追踪和报告，但实际上只需要轻轻拍一下坐在旁边的人，对他说："嘿，这个不好使，能改一下吗？"等他修复之后，我就可以继续工作了。
- 因为到了规定的写文档时间而写文档，即使没人搞得清楚为什么需要文档以及它有什么价值。

在 Scrum 中，我们的目标是消除可有可无的繁文缛节。因此，我们为仪式设定了一个较低的标准，也就是“基本够用”（也有人称之为“勉强够用”）或者“够好即可”。当然，不同的组织对于最低限度或者够好的定义也不一样。如果我们开发的是一个新的社交媒体网站，可能只需要很少的仪式。但如果开发的是一个医用起搏器，就得遵守政府的很多规定，这些规定需要某些类型的仪式，这时勉强够用仪式的标准就会更高一些（参见图 3.17）。

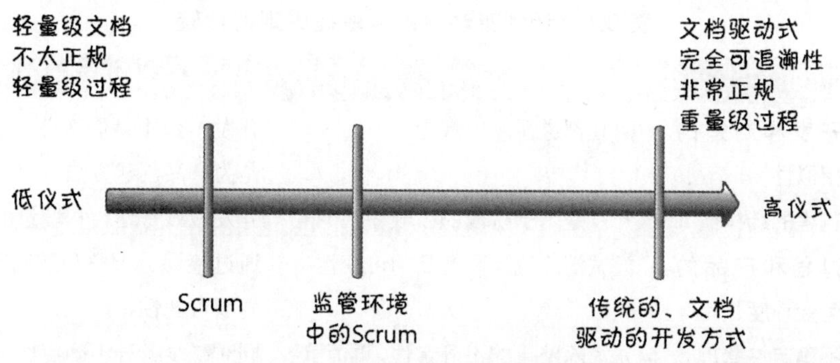

图 3.17　仪式的尺度

Scrum 关注最小够用仪式，这常常被人们曲解为“Scrum 是反文档的。”Scrum 并不反对文档。相反，在使用 Scrum 时，我们是从经济角度仔细审查需要创建哪些文档。如果写了文档却把它束之高阁，并没有增加任何价值，就是浪费时间和金钱创建无用的文档。然而，也不是所有文档都没用。例如，针对下面几种情况，可能就需要写文档。

- 文档要作为产品的一部分交付（例如，安装指南、用户指南等）。
- 我们的目标是保存重要的讨论、决定或协议，以便大家今后能清楚想起讨论过的内容、决议或协议。
- 文档是很有价值的，可以帮助新的团队成员迅速跟进。
- 监管要求提供文档（在受监管行业开展业务就有这个成本）。

尽量避免不增加任何短期和长期经济价值的工作。在 Scrum 中，我们深信，时间和金钱最好用于交付客户价值。

结语

本章重点介绍敏捷的核心原则——推动我们在 Scrum 中进行软件开发的基本理念。我比较了这些理念与教科书中传统计划驱动的顺序开发在理念上的不同（表 3.4 进行了总结）。

表 3.4　计划驱动原则和敏捷原则的比较

主题	计划驱动原则	敏捷原则
开发和制造的相似性	两者都遵循既定规程	开发工作不是制造业，它是为产品创建方法
过程的结构	开发是基于阶段的、顺序式的	开发应该是迭代和增量的
过程和产品的可变程度	尝试消除流程和产品的可变性	通过检视、调整和透明来驾驭可变性
不确定性管理	先消除结果的不确定性，再消除方法的不确定性	同时减少各种不确定性
决策	在合适的阶段做出相应决策	不轻易决定
第一次就做对	假设我们事先就能拥有创建需求和计划所需的所有正确信息	事先无法做对
探索和开发	利用目前已知的，预测未知的	偏好适应式的、探索式的方法
变更（涌现）	变更会破坏计划且成本高昂，应当避免	用经济合理的方法积极接受变更
预测式对比适应式	过程是高度可预测的	平衡预测性的事先工作和适应性的刚好及时的工作之间的关系
假设（未经验证的知识）	此过程容忍假设长期不被验证	快速验证重要的假设
反馈	关键认知发生在一个“分析—设计—编码—测试”大循环中	利用多个认知循环并发的优势
快速反馈	此过程容忍较晚获得认知	妥善组织工作流以获得快速反馈

续表

主题	计划驱动原则	敏捷原则
批量大小（在下一个活动可以开始之前有多少工作完成了）	批量较大，通常是100%——大批量分阶段整体推进。规模经济适用	使用较小的、经济合理的批量大小
库存或WIP	这个体系的理念中没有考虑库存，所以不是重点	意识到并妥善管理库存以达到较好的流动
人员浪费与工作浪费	分配人员，达到更高级别的利用率	关注闲置工作而非闲置人员
延期成本	几乎不考虑延期成本	总是考虑延迟成本
遵守计划	认为遵从计划是得到好结果的主要方法	调整并重新制定计划，而不是遵从计划
进度	通过阶段进展情况展示进度	通过验证工作成果衡量进度
中心性	过程为中心——遵循过程	价值为中心——交付价值
速度	遵循流程，把事情一次做对并快速前进	快速前进，但不匆忙
什么时候会有高质量	经过全面的测试—修复阶段后，最后得到质量	从一开始就以质量为魂
仪式化	仪式（定义良好的过程和检查点）对于有效的执行很重要	采用最小够用的仪式

做这种对比的目的并不是说服你相信Scrum好而瀑布式不好。我想说明瀑布方式的基本理念决定着瀑布方式和Scrum分别适用于不同的问题。可以根据具体情况来评估自己的组织到底要解决什么类型的问题，在此基础上选择更合适的工具。后面几章将更详细地描述这些敏捷原则之间如何相得益彰，如何为产品开发提供强大的方法。

第 4 章

冲刺

Scrum 在最长一个月的迭代或周期中安排工作，这些迭代或周期称为“冲刺”（冲刺）。本章更详细地描述什么是冲刺，然后讨论冲刺的几个关键特性：冲刺是在时间盒内完成的，持续时间短并且长度一致，冲刺开始后就不能再改目标，必须达到团队的完成定义中要求的最终状态。

概述

冲刺是 Scrum 框架的基础（参见图 4.1）。

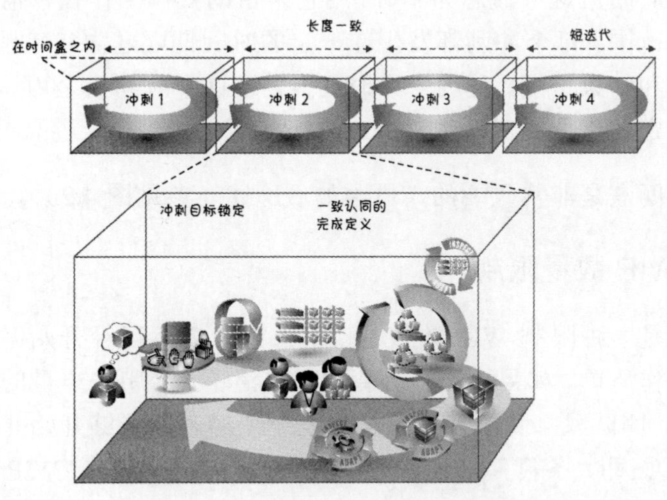

图 4.1 冲刺是 Scrum 框架的基础

图中最大的灰色环形箭头代表冲刺，这个箭头从产品列表开始，经过冲刺执行循环并环绕着 Scrum 团队成员，Scrum 其他工件和活动按照在冲刺中出现的相对时间依次显示在冲刺上。冲刺的执行过程经常和“冲刺”本身相混淆，实际上，冲刺执行过程和冲刺规划、冲刺评审及冲刺回顾一样，只是发生在冲刺过程中的一个活动。

所有冲刺都在一个时间盒内，也就是它们都有固定的开始时间和结束时间。冲刺必须短，长度在一周到一个日历月之间。虽然在特定情况下允许例外，但冲刺的长度应当保持一致。一般来说，在一个冲刺内不允许对范围或人员等目标进行更改。最后，每个冲刺都要完成一个潜在可发布产品增量，并且要达到 Scrum 团队一致认同的完成定义。

虽然每个组织都有自己独特的 Scrum 实施方式，但是这些特征，除了之后要谈到的少数例外，都适用于每个冲刺和每个团队。下面我们来逐一详细考察，理解其幕后机理。

时长限定

冲刺以时间盒这个概念为基础，用它来帮助安排工作执行情况和管理工作范围。每个冲刺都发生在一定的时间期限之内，有明确的开始日期和结束日期，称为一个时间盒。在这个时间盒之内，团队需要以稳定的步调完成一组与冲刺目标一致的工作。

采用时间盒是非常重要的，原因如后所述（参见图 4.2）。

设定 WIP 数量限制

时间盒是一种限制 WIP 数量的技术。WIP 表示已经开始但尚未完成的工作清单。如果不能正确管理工作清单，会带来严重的经济后果。因为团队只打算开发自己认为在一个冲刺内能够开始并结束的工作事项(即“条目”)，所以时间盒是为每个冲刺设定 WIP 的数量限制。

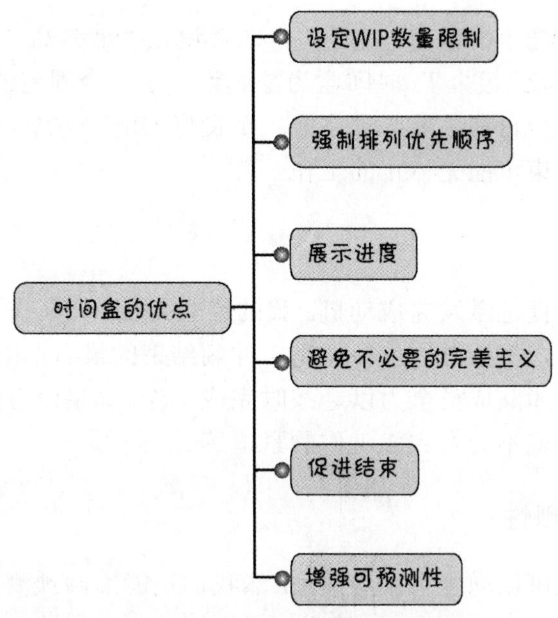

图 4.2　使用时间盒的好处

强制排列优先顺序

时间盒强制我们按照优先级排序并执行最重要的小批量工作。这样一来，我们的注意力可以更集中于快速完成有价值的事情。

展示进度

在确定的日期（冲刺结束）之前，通过完成和验证重要的工作，时间盒也能帮助我们展示相关进度。这种进度通过转移对不可靠汇报形式（如遵守计划）的关注，降低了组织级别的风险。时间盒也能帮助我们展示需要多个时间盒才能完成的大特性的进度。完成大特性所涉及的一些工作，确保每个冲刺都能产生有价值的、可度量的进度。这也能帮助利益干系人和团队准确知道为交付整个特性还需要做多少工作。

避免不必要的完美主义

使用时间盒有助于避免不必要的完美主义。有时候，我们会花过多的时间尝试把事情做得“完美”，或者说当“足够好”已经满足要求的时候还要“镀金”。时间盒为冲刺设定了一个固定的结束日期，并要求在这个日期之前必须完成一个良好的解决方案，通过这种方式来强制结束可能无休止的工作。

促进结束

时间盒也能促进激发完成动机。我的经验是，当团队有一个确定的结束日期时，事情更有可能做完。冲刺结束的最后期限不容更改，这可以激发团队成员全力以赴按时完成工作。如果没有确定的结束日期，人们就不会有完成工作的紧迫感。

增强可预测性

使用时间盒可以增强可预测性。虽然我们不能准确预测从现在开始一年内要完成哪些工作，但预测在下个短冲刺中能够完成的工作是完全可以做到的。

持续期短

持续期短的冲刺有很多好处（参见图 4.3）。

容易规划

持续期短的冲刺更容易规划。和六个月的工作相比，为几周的工作做规划更容易。而且，为短时间范围做规划所需要的工作量比给长时间范围的计划工作量小得多，结果也准确得多。

反馈快

持续期短的冲刺可以产生快速的反馈。我们在每个冲刺开发一些可以工作的软件，然后有机会检视和调整所构建的软件以及构建软件所用的方法。这种快速反馈能够使我们迅速剪掉不适宜的产品路径或开发方法，避免在错误决定的基础上做出更多错误的决定而导致错上加错。快速反馈还能使我们更快发现和利用稍纵即逝的商机。

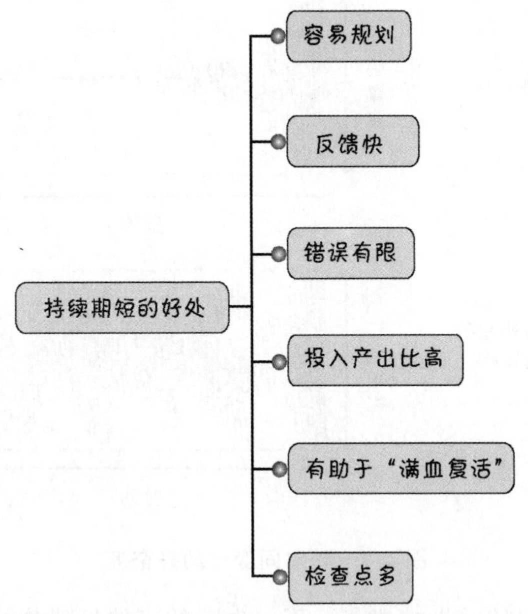

图 4.3　短持续期冲刺的好处

投入产出比高

持续期短的冲刺不仅通过快速反馈提高了经济效益，而且可以更早、更频繁地交付。结果是，我们有机会更快地产生收入，从而提高整体投入产出比（参见第 14 章的例子）。

错误有限

持续期短的冲刺所犯的错误也有限。在一个两周的冲刺里，错能错到什么程度呢？就算全都搞砸了，也只是失去两周时间而已。坚持使用持续期短的冲刺的原因是，这样能够进行频繁的协调和反馈。所以即使出错，也是小错。

有助于“满血复活”

持续期短的冲刺可以帮助团队“满血复活”。人类的本性如此，等待满足的时间太长，兴趣和兴奋程度会越来越弱（参见图 4.4）。

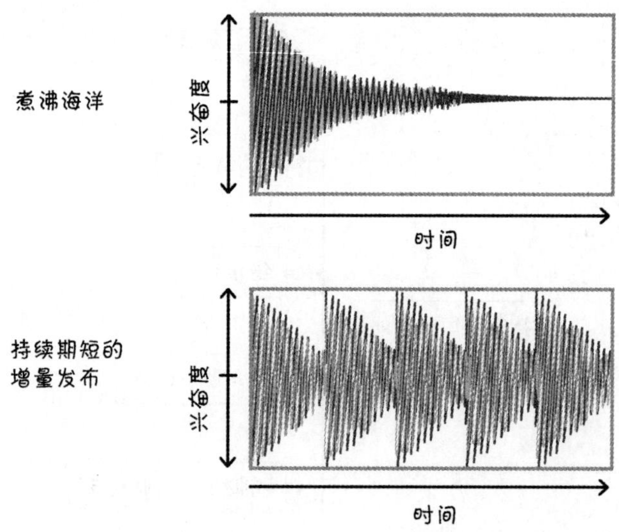

图 4.4　随时间变化的兴奋度

如果做的项目持续期非常长，不仅失败的可能性增加，还可能最终失去工作热情。（我在 IBM 工作的时候，我们常常称之为“煮沸海洋”项目，因为项目需要花相当长的时间和大量精力才能完成，即使能够完成，也像是煮沸海洋那样漫长。）没有可见的进度，也看不到结果，人们开始失去兴趣。到了最后，他们可能宁愿自己出钱也要转做其他产品！

持续期短的冲刺通过频繁交付可以工作的资产，让参与者保持较高的参与热情。早期频繁交付所带来的满足感，会使我们恢复兴趣并渴望继续完成目标。

检查点多

持续期短的冲刺还能提供多个有意义的检查点（参见图 4.5）。

顺序开发项目有一个重要价值，它有一组明确的里程碑。这些里程碑向经理提供确定的项目生命周期检查点，通常关系到下一阶段继续进行或不继续进行的投资决策。虽然从管理的角度来看可能有用，但正如在第 3 章所讨论的，这些里程碑提供的是一个反映客户价值交付真实状态的不靠谱的指标。

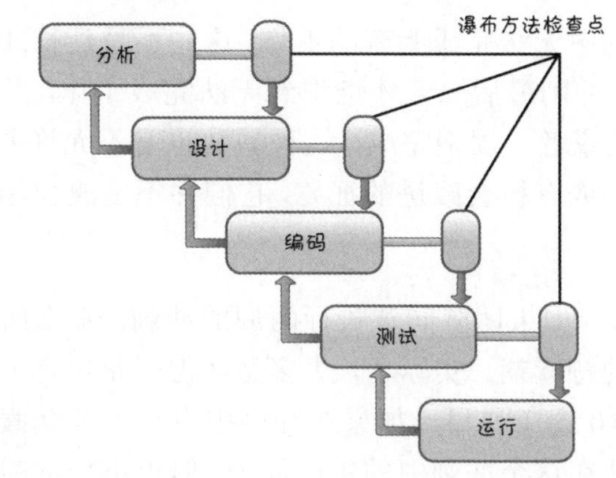

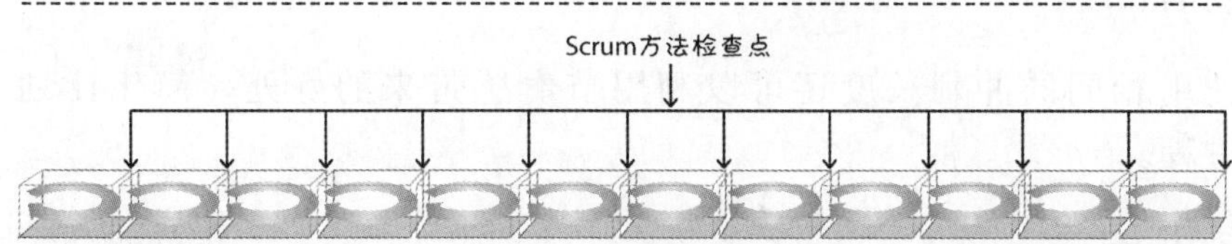

图 4.5 检查点比较

相较于顺序开发，Scrum 向经理、利益干系人、产品负责人和其他人提供的检查点多得多。在每个短的冲刺结束时都有一个有意义的检查点（冲刺评审），每个人都可以根据可展示的、可工作的特性做出决策。如果有更多可以采取行动的检查点机会来检验和修正，我们就能更好地应对复杂的环境。

一致的持续期

一般来说，对于给定的开发工作，团队应该为冲刺选择一致的持续期，并且，如果没有特殊理由，这个持续期应当保持不变。可能包含以下几个特殊理由。

- 为了获得更频繁的反馈，考虑将四周的冲刺变成两周，但在最终决定之前，想尝试几次两周的冲刺。
- 由于每年的公众假日或者财年结束等原因，导致三周的冲刺比平时两周的更加切合实际。
- 每周都要发布一个产品版本，所以两周的冲刺比较浪费。

团队在当前冲刺中无法完成所有的工作，这并不是延长冲刺长度的正当理由。到了冲刺最后一天才意识到无法完成工作，所以想通融通融，增加一天或者一周来完成，这种做法也是不允许的。这些都是不能正常工作或有机会改进的征兆，它们并不是改变冲刺长度的充分理由。

因此，一般来说，如果团队同意执行两周的冲刺，那么所有的冲刺都应该是两周的持续期。实际上，大多数（但不是全部）团队定义的两周指的是 10 个工作日。如果在冲刺中有一天公众假日或培训活动会影响团队在这个冲刺中的生产能力，但也不一定需要改变冲刺的长度。

使用相同的冲刺长度还可以利用节奏感带来的好处，简化计划过程。

有节奏感

持续期相同的冲刺能产生节奏感——Scrum 开发工作中有规律、可预测的节律或心跳。在为实现快速、灵活的商业价值流开展工作时，稳定、健康的心跳能够让 Scrum 团队和组织获得一种重要的节奏感。从我的经验来看，冲刺中稳定的节奏感让人们能够“专攻那个领域”、“屡战屡胜”或是“进入最佳状态”。我相信，这是因为稳定的节奏感使单调而必要的活动成为习惯，从而留出心力，集中做有趣、增值的工作。

冲刺节奏短一般也能消除工作强度的差别。在传统的顺序项目中，工作强度到项目后面的阶段会陡然增长，而在 Scrum 中，每个冲刺的强度量变曲线都和其他冲刺相近。第 11 章将讲到，冲刺的节奏感让团队能够以稳定的步调工作。

以稳定的节奏执行冲刺也能够大幅降低协调成本。使用固定长度的冲刺，能够以可预测的方式同时为多个冲刺安排冲刺规划、冲刺评审和冲刺回顾活动。因为每个人都知道这些活动在什么时候进行，所以为一大批冲刺做安排所需要的成本显著降低了。

例如，如果在为期一年的开发工作中执行两周的冲刺，那么对于接下来的 26 个冲刺评审活动，我们可以在每个人的日程表发出一个重复发生的事件。如果每个冲刺的持续期都不一样，想想看，对于即将到来的冲刺评审，需要额外花多少精力协调所有利益干系人的日程，哪怕只是发出一两周的通知！而且我们还要假设能找到所有核心利益干系人都有空的时间，但他们的日程表可能在很多周前就已经填满了。

最后，如果多个团队在做同一个项目，让所有的团队都使用相近的冲刺节奏，可以让跨团队的工作保持同步（更多相关讨论，请参见第 12 章）。

简化规划活动

使用长度一致的持续期还可以简化计划活动。当所有冲刺的长度都相同时（即使由于假期的原因，可能有一天或少于一天的生产能力差异），团队会觉得在一个典型的冲刺中完成一定量的工作（称为速率）比较舒适。冲刺的速率要正常化。如果冲刺的长度可变，就不会有正常化的冲刺单位。这样，像“团队的平均速率是每个冲刺 20 个点”之类的说法就没有意义了。

当然，团队使用长度可变的冲刺时也能计算出团队速率，但更为复杂。坚持长度一致的冲刺持续期，可以简化对团队历史速率数据的计算。

长度一致的冲刺持续期也可以简化剩余的计算活动。例如，如果现在开发的是一个固定日期版本，并且冲刺的持续期一致，那么计算这个版本中包含多少个冲刺就是很简单的日历计算（已知今天的日期和版本发布日期以及所有的冲刺长度都相同）。如果冲刺的长度可变，计算此版本冲刺数量的难度就会大得多（因为我们不得不做大量的前期计划），从而带来不必要的额外成本，计划可能还远远不如长度一致的冲刺持续期可靠。

锁定冲刺目标

Scrum 有一条重要的规则：一旦制定冲刺目标，在冲刺执行开始后就不允许有任何变更对冲刺目标实际产生影响。

什么是冲刺目标？

每个冲刺都可以通过冲刺目标来概括，冲刺目标描述当前冲刺的商业目的和价值。冲刺目标通常有清晰而单一的重点，示例如下。

- 支持初始报告生成。
- 加载并组织北美地图数据。
- 证实有能力通过集成软件、固件和硬件栈发送文本信息。
- 展示通过集成硬件、固件和软件发送文本信息的能力。

冲刺目标有时可能是多方面的，例如，“让基本的打印功能可用并支持按日期搜索。”

在冲刺计划过程中，开发团队应该帮助完善冲刺目标，就冲刺目标达成一致意见，并且用它来确定在冲刺结束前能够完成的 PBI（更多细节，请参见第 19 章）。PBI 也用于进一步细化冲刺目标。

共同承诺

冲刺目标是团队和产品负责人做出共同承诺的基础。团队承诺在当前冲刺结束之前完成目标，产品负责人承诺在冲刺执行过程中不更改目标。

这种共同承诺说明了冲刺的重要性，它既能做到顺应变化而调整业务需求，又能让团队集中精力在一个短的固定周期内高效发挥其才干以创造价值。通过定义和遵循冲刺目标，Scrum 团队能够一直高度关注（在区域内）一个明确定义的、有价值的目标。

是变更，还是澄清？

虽然冲刺目标不该有实质上的变更，但是允许澄清这个目标。下面介绍两者的区别。

什么情况算是变更呢？变更是工作或资源的变动，在经济上会造成潜在的严重浪费、中断工作流或在一个冲刺内大量增加工作范围。在一个冲刺中加入或移除PBI或者大量更改冲刺中已有的PBI的范围，一般都可以看作是变更。比如下面的例子。

产品负责人："哦，我所说的是要能够在警察数据库中搜索少年犯，并不只是按照姓名搜索，还要能够按照嫌犯的纹身照片来搜索数据库！"

增加根据照片的搜索能力，很有可能意味着开发量大增，这势必会影响团队承诺交付的按照姓名进行搜索的能力。如果是这样，产品负责人就应该考虑创建一个新的 PBI 来记录通过图片进行搜索的特性，并将它添加到团队下一个冲刺要完成的列表中。

什么情况是澄清呢？澄清是在冲刺执行期间提供更多的细节来帮助团队实现冲刺目标。在第 5 章将讨论，在冲刺开始的时候，与 PBI 相关的所有细节不一定完全已知或明确说明。因此，团队在冲刺执行中提出要求澄清的问题，产品负责人回答这些问题，这是完全合理的。下面是一个例子。

开发团队："你说搜索出来的少年犯应该显示在列表中，你对列表排序方式有什么偏好吗？"

产品负责人："有，按照姓的字母顺序排序。"

开发团队："没问题，可以这样做。"

通过这种方式，产品负责人在冲刺中可以并且应该进行澄清。

变更引起的后果

"锁定目标"这个规则似乎有悖于 Scrum 核心原则所说的"应当乐于接受变化。"我们确实要乐于接受变化，但要用一种平衡的、经济合理的方法。

变更的经济后果随着我们在变更工作中投入的增加而增加（参见图 4.6）。

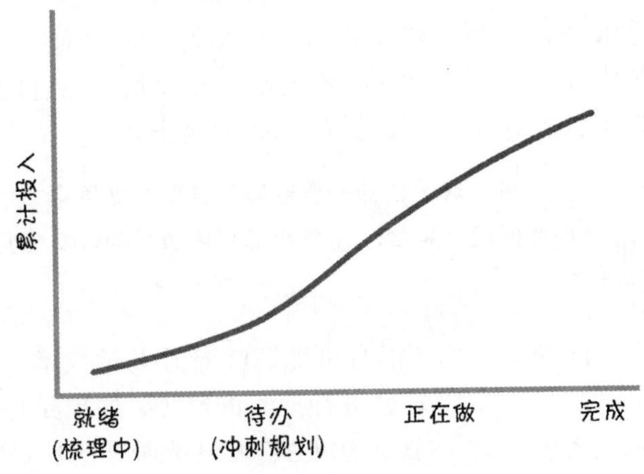

图 4.6　不同阶段的累计投入

我们在 PBI 上投入精力，以便可以在冲刺中进行开发。但在冲刺开始之后，我们在 PBI 上的投入就会增长（因为在冲刺规划活动中，我们花时间讨论和计划这些任务级别上的条目）。如果想在冲刺规划完成之后再变，不仅影响投入，还会付出额外的成本对冲刺中的变更重新制定计划。

此外，在冲刺开始执行后，随着更多的 PBI 从“待办”（未开始的工作）的状态过渡到“正在做”（在处理中的工作）和“完成”（已完成的工作）的状态，我们在工作中的投入也更多。

假设特性 X 是当前冲刺承诺的一部分，我们想把 X 换下来，换成没有包含在当前承诺中的特性 Y。即使我们还没开始开发特性 X，也会造成浪费。而且，特性 X 可能和当前冲刺中的其他特性有依赖关系，所以影响特性 X 的变化可能也会影响一个或多个其他特性，最后显著影响到冲刺目标。

如果特性 X 已经开始开发，除了刚才提到的浪费，可能还有其他浪费。例如，在特性 X 上所做的工作可能得全部报废。而且，特性 X 上部分完成的工作以后再也用不上了（冲刺结束时，潜在可发布的产品增量中不会包含部分完成的工作），移除这些工作还可能带来额外的浪费。

当然，如果特性 X 已经完成，那么在特性 X 上的所有投入都白做了。算一算，把所有这些浪费都加在一起会有多少呢？

除了浪费这样的直接经济后果，变更还可能损害团队的士气和信任关系，这也会间接影响经济状况。产品负责人做出承诺，说不改变目标，但最后出尔反尔，这样做自然影响团队士气，进而影响到他们努力做完其他 PBI 的意愿。另外，违背承诺还会伤及 Scrum 团队的信任，因为开发团队不会再相信产品负责人是一个说一不二的人。

注重实效

“锁定目标”只是一个规则，并不是铁律。Scrum 团队要注重实效。

假如业务状况发生变化，理应改变冲刺目标，此时该怎么办？假设竞争对手在我们执行冲刺的过程中推出了一个新产品。在考察这个新产品后，我们得出结论，考虑到竞争对手所完成的产品，我们现在做的事情没有什么价值，需要改变为当前冲刺制定的目标。我们应该盲目地遵循“锁定目标”这个规则吗？也许不必盲从。

假如一个重要的生产系统不幸发生故障，而且只有我们团队里部分或所有人才能修复这个故障，此时应该怎么办？我们不应该中断当前的冲刺去修复吗？能跟业务部门说，我们将在下一个冲刺中优先考虑修复故障吗？也许不能。

归根结底，注重实效胜于“锁定目标”这个规则。我们必须用经济合理的方式采取行动。Scrum 团队的每个人都会理解。如果我们改变当前冲刺，就会出现前面谈到的负面经济后果。但是，如果变更造成的经济后果远远小于推迟变更所造成的经济后果，那么适时变更就是一个明智的决策。如果变与不变造成的经济后果无所谓，就不要改变冲刺的目标。

至于团队的士气与信任，根据我的经验，如果产品负责人与团队能够针对变更的必要性进行一次坦诚的、关注经济效果的讨论，大多数团队都应该能理解并领会这种必要性，这样一来，就能保全士气和信任。

异常终止

假如冲刺的目标变得完全无效，Scrum 团队可能会认为继续当前的冲刺没有任何意义并建议产品负责人异常终止当前冲刺。一个冲刺异常终止时，当前冲刺突然结束，Scrum 团队需要聚在一起执行一次冲刺回顾。然后，团队和产品负责人在一起计划下一个冲刺，设置不同的目标并开发一组不同的 PBI。

有重要的经济事件发生时，可以使用冲刺终止，比如竞争对手的某项举措使当前冲刺完全失效或者产品的资金发生重大变化。

虽然产品负责人有权取消任意一个冲刺，但根据我的经验，产品负责人很少动用这个权力。Scrum 团队常常可以采取一些更温和的手段来适应目前的形势。记住，冲刺很短，而且，平均来说，在导致变化的情况出现时，团队往往在冲刺上已经走了一半。因为在发生变化后，这个冲刺只剩下一周左右的时间了，终止冲刺所产生的经济后果可能还不如走下去更有利。而且在很多时候，尽量进行小范围的变化，比如放弃一个特性，腾出时间来修复一个严重的生产故障，而不是立刻停掉当前的冲刺。

要有这样的意识，提前终止冲刺，除了对士气有负面影响外，还会使快速、灵活的特性流混乱，使前面提到的持续期一致的冲刺毫无益处。终止冲刺应该是不得已而为之的最后手段。

如果一个冲刺被终止了，Scrum 团队就应该决定下一个冲刺的长度（参见图 4.7）。

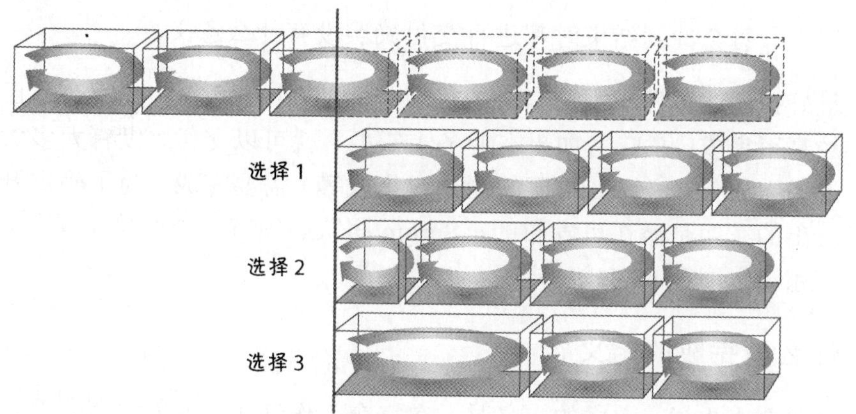

图 4.7 在冲刺终止后决定下一个冲刺的长度

有下面三个显而易见的选择。

1. 保持原有的冲刺长度。这种方法的好处是在整个开发过程中保持一致的冲刺长度（当然，被终止的冲刺除外）。如果多个 Scrum 团队在合作做同一个开发工作，使用原来的冲刺长度就会使终止冲刺的 Scrum 团队和其他团队脱节。

2. 让下一个冲刺的长度正好在被终止冲刺的结束日期结束。例如，如果 Scrum 团队在第一周结束时终止了一个两周的冲刺，下一个冲刺就是一周，能够使团队和原来冲刺的节奏重新同步。

3. 让下一个冲刺长于正常的冲刺以包含被终止冲刺剩余的长度和下一整个冲刺的长度。这样，在前面的例子中，为了使团队和原来冲刺的节奏重新同步，可以把下一个冲刺长度定为三周。

在多团队的开发工作中，应优先选择 2 或 3。总的来说，需要考虑具体的上下文，了解哪个选择最合适。

完成的定义

第 2 章论述了每个冲刺的结果怎样成为一个潜在可发布产品增量。其中也提到“潜在可发布”并不意味着构建的增量真的交付给用户。交付是一个业务决策，通常和软件开发不在同一个节奏；在某些组织中，每个冲刺结束时都进行交付确实没有什么意义。

最好把潜在可发布视为信心的表现，反映这个冲刺中构建的产品已经真正完成，意味着如果在业务上需要，就可以交付，没有太多大的未完成工作（比如重要的测试或集成等）需要完成。为了确定开发出的东西是潜在可发布的，Scrum 团队必须有一个明确定义的、大家一致同意的完成的定义。

什么是完成的定义？

从概念上来说，完成的定义是，在宣布工作潜在可发布之前，要求团队成功完成的各项工作检查（参见表 4.1）。

表 4.1　完成的定义检查表样例

完成的定义	
❑	设计评审完成
❑	代码完成
❑	代码重构完成
❑	代码是标准格式
❑	代码已加注释
❑	代码已提交
❑	代码已检查
❑	最终用户文档已更新
❑	完成测试
❑	完成单元测试
❑	完成集成测试
❑	完成回归测试
❑	完成平台测试
❑	完成语言测试
❑	零已知缺陷
❑	完成接收测试
❑	已在生产服务器上线

显然，检查列表上的具体项目依赖于很多变量。

- 正在构建的产品的性质。
- 构建所采用的技术。
- 构建产品的组织。
- 当前阻碍可能完成的事情的因素。

在大多数情况下，完成的定义至少要产生一个产品功能的完整切片，即经过设计、构建、集成、测试并编写了文档，能够交付已验证的客户价值。但是，为了得到一个有用的检查列表，这些大级别的工作项需要进一步细化。例如，做过测试意味着什么？做过单元测试？做过集成测试？做过系统测试？做过平台测试？做过国际化测试？你也许还会联想到产品所特有的很多其他测试。那些类型的测试全都包含在完成的定义中吗？

记住，如果在每个冲刺不做一种重要类型的测试（例如性能测试），以后总得抽时间做。今后准备专门拿出一个冲刺来做性能测试吗？如果是这样，并且性能测试对“完成”来说至关重要，那么在每个冲刺结束时，实际上并没有得到真正的潜在可发布产品增量。更糟的是，当你在之后的某个时间实际做性能测试时，它不会按计划顺利进行，不仅在过程非常晚的阶段发现严重问题，而且因为没有早做性能测试，现在还得花更多时间和金钱修复。

有时，测试时间可能超出一个冲刺的长度。如果因为开发团队已经积累巨量手工测试债而发生这种情况，团队就需要启动自动化测试，以便能够在一个冲刺中完成测试。如果因为测试的特点而发生这种情况，就需要接受这种做法：在一个冲刺中开始这个测试，在未来某个冲刺中结束它。例如，我曾经辅导过一个组织，它们正在构建一个由硬件、固件和软件组成的设备。其中一项标准测试是1500 小时的老化测试，设备全力运行那么长时间，看是否会出故障。这样的测试不能在一个两周的冲刺之内完成，所以 Scrum 团队调整了完成的定义，这样，即使 1500 小时的测试没有完成，在那个冲刺也可以视为完成。

人们常常问我："假如到冲刺最后一天还有一个严重的缺陷，怎么办？"不，那不算完成！而且，我们一般不会把冲刺延长到计划的时间盒之外，也不会把这个冲刺延长一两天并在当前冲刺修复这个缺陷。取而代之的是，在冲刺计划结束的当天，把没有完成的 PBI 从当前冲刺移走，根据产品列表中现有其他条目的情况，以合适的顺序将它重新插入产品列表。这样一来，没有完成的条目就可能在未来的某个冲刺完成。

Scrum 团队需要有一个健全的完成的定义，自信构建的产品增量质量高、可交付。任何妥协都会剥夺组织根据自身情况交付商业价值的机会并欠下技术债（在第 8 章中论述）。

完成的定义可以随时间演变

可以将完成的定义看作是对冲刺结束时工作状态的定义。对于很多高效率团队来说，工作的目标结束状态是产品潜在可发布——并且这种结束状态在整个开发周期中保持相对恒定。

例如，在 2007 年担任 Scrum 联盟网站重新设计项目的产品负责人时，我们执行的是一周的冲刺。完成的定义中，结束状态可以总结为"在生产环境服务器上线"。我和团队都认为，这是每个冲刺到达的一个完全合理的状态。我们在开始开发时就定义了这个结束状态，在我担任网站产品负责人期间，这种目标结束状态始终没有变过。

但是，在很多团队起初的完成的定义里，在工作结束时，不是所有已完成的特性都可以上线或交付。对于有些团队，实际的障碍在开始开发时可能已经阻碍他们达到这种状态，即使这是最终目标。因此，他们在开始时对结束状态的定义可能（必然地）不够严格，消除组织层面的障碍之后，他们对完成的定义会随着时间的推移而演进。

比如，我访问过一个组织，他们构建了一个临床诊断信息系统。这个产品安装在一个医疗诊所并且采集了各种诊断数据（有些数据甚至直接来自化验检测仪）。团队知道他们在交付产品之前必须做临床测试，而临床测试的一部分工作是在一个临床实验室安装产品，确保能够在诊所的硬件上运行。但是，因为他们没有访问实验室的权限，所以最初的完成的定义里没有包含临床测试，而是在每个版本结束时包含几个临床测试的冲刺。

我从讨论中了解到，市场部门和开发团队都不喜欢这些发布前的临床测试。没有人能够预见需要多少个冲刺才能解决所有缺陷，而如果不完全解决缺陷，产品就不能发布。当我们对可能的解决方案进行头脑风暴时，工程部副总裁打断了我们。他问团队："如果有进入临床实验室的权限，你们每个冲刺都能做临床测试吗？"

团队成员讨论了这个问题并回答道："是的，但是这样的话，每个冲刺能够完成的特性就会少一些。"于是，副总裁同意移除这个障碍，为团队开放了本地一所大学的临床实验室访问权限。产品负责人在了解到交付的特性都已经经过临床测试之后，同意每个冲刺可以少完成一些特性。这种情况下，团队对完成的定义就能够演变，真的达到 "潜在可发布"，每个冲刺所完成的工作也给每个参与者提供了更多的信心。

有些情况下，团队知道他们的障碍无法立即移除。因此知道在产品开发的过程中完成的定义必须演变。一个常见的例子是产品同时包含硬件和软件。我看到过很多这样的产品在开发过程中都使用了Scrum，而且我经常听到搞软件的人说："硬件总是很晚才到！"像这样的情况，如果一个团队构建软件而没有实际的硬件做测试，是不能声称在每个冲刺结束时产生的结果是潜在可发布的。充其量也只能说是"在仿真机上完成了"，因为早期的冲刺测试基本是在实际硬件的软件仿真机上完成的。到后期，有了实际的硬件之后，完成的定义就会演变为潜在可发布或者至少更接近于这个标准。

完成的定义还是接收标准？

完成的定义适用于冲刺期间正在开发的产品增量。产品增量由一组PBI组成，所以每个PBI必须与完成定义中列出的工作保持一致。

第 5 章将讲到，引入冲刺的每个 PBI 都应该有一组由产品负责人指定的满足条件（这个条目特定的接收标准）。这些接收标准最终在接收测试中进行验证，产品负责人会确认并确定 PBI 的功能是否满足需要。例如，如果 PBI 是“允许客户使用信用卡购买，”满足条件就可能是“运通卡、Visa 卡和万事达卡都可以用。”所以每个 PBI 都有自己特定的接收标准集。这些特定标准是适用于完成定义检查列表中完成标准的补充而不是取代，检查列表适用于所有 PBI。

只有同时满足特定的条目接收标准（例如“可以用所有的信用卡”）和冲刺级别的完成的定义，才能认为一个 PBI 已经完成。

如果将通过接收标准的 PBI 称为完工（done）容易造成混淆，就把它们称作已完成的（completed）或者可以接受的（accepted）。

完成还是完成-完成

有些团队采用“完成”和“完成-完成”的概念。然而，不知道大家为什么会认为“完成-完成”比“完成”更加“完成”！团队应该不需要两种不同的概念，但我不得不承认我在我儿子的作业上使用了这两个用语。我习惯问我的儿子他是否“做完”了作业，他会告诉我说是。然后，我去他们学校的教师家长会，和他老师的讨论中我问：“那么，他交作业的时候，他做完了吗？”她说：“没有啊！”

在和我儿子经过一个探询式询问后，我理解了他对完成的定义：“我做了我准备做的那么多作业。”因此，从那以后，我就开始使用“完成-完成”这个术语，我们都同意这个术语意味着“完成到老师认为你完成的程度。”

不习惯经常性地真正早点干完事情的团队，比较喜欢把“完成-完成”作为精神寄托。对于他们来说，使用“完成-完成”的话，完成的那个时间点（做了他们准备做的那部分工作）不同于“完成-完成”（做了客户认为完成的必需工作）的状态。有些团队已经内化了这个思想：如果没有做完所有满足客户需要的工作不能叫完成，这样的团队不需要两种状态，对他们来说，完成就意味着“完成-完成”！

结语

本章强调了 Scrum 框架中冲刺的重要作用。冲刺提供基本的 Scrum 骨架，大多数其他的活动和工件都以它为基础。冲刺是短期的、在时间盒之内的并且具有一致的持续期。我们通常用冲刺的目标来定义冲刺，目标如果没有合理的经济理由就不能更改。冲刺要产生一个潜在可发布的产品增量，完成时达到大家所认可的完成的定义相一致的程度。下一章我们关注冲刺的输入——（需求及其常用表示方法）：用户故事。

第 5 章

需求与用户故事

在这一章里，我会探讨 Scrum 项目跟传统项目不一样的需求处理方式。以此为背景，我将描述用户故事的作用，它是一种用于表示业务价值条目的常见格式。我会重点描述用户故事是什么，如何代表不同抽象级别的业务价值，好故事的 INVEST 原则。接着介绍 Scrum 项目对非功能需求和知识获取工作的处理。最后再详细描述两种收集用户故事的技术。

概述

Scrum 和顺序产品开发对待需求的方式非常不同。顺序产品开发中，需求不可协商、早早地就已细化并且是独立的。Scrum 中，需求细节是在开发期间持续不断的对话中商讨出来的，而且是等到团队开始构建功能的时候，及时、刚好地细化这些需求为团队提供支持。

顺序产品开发对待需求的方式跟制造业很像：它们是必需的、不可协商的规格说明书，产品必须与之相符。这些需求事先拟定并以高度详尽的文档形式移交给开发组。接下来是开发组的工作，照着这些详细需求来生产产品。

当初始计划注定得改时，必须通过正式的变更控制流程来管理。因为，既然目标就是遵从规格说明书，肯定是不欢迎偏离规范的，成本太高了。以详尽需求形式存在的 WIP 及其所有相关工作，大部分都得更改或者丢弃。

Scrum 则认为，可以自由掌控需求是达成业务目标的关键。例如，如果缺乏时间和资金，可以放弃低价值的需求。如果在开发中，有新信息表明某个需求的成效比已经低于预期，则可以选择从产品中去掉它。如果有新的高价值需求涌现，而且我们也有能力把它加入产品，就可以考虑放弃一个低价值需求为它留出空间。

我们可能都有过这样的经历：开发初期写了一个“完整的”需求文档，后来才发现遗漏了某个重要需求。发现遗漏需求时，对话大概是下面这个样子：

> 客户：“现在看到这些特性都做好了，我才意识到我还需要另外一个需求文档中没有的特性。”
>
> 开发人员：“既然你想要，就该早点写下来，怎么没写呢？”
>
> 客户：“呃，可是在没看到产品之前，我并没有意识到自己需要那个特性啊。”
>
> 开发人员：“哎，你要是事先能多使劲儿想一想这些需求，不就用不着等到现在才发现需要那个特性了嘛？”

事实上，在开发创新产品时，拼工时拼勤奋也无法事先搞定完整的需求或设计。总有些需求和设计只在产品开发进行中才会逐渐显现；前期工作再全面，工作量再大，都无法避免这种情况。

因此，使用 Scrum 时，我们不会在前期就投入大量的时间和成本详细描述需求。因为我们认为，等过段时间进一步了解特性之后，细节是会变的，所以要避免在今后可能丢弃的需求上投入太多精力和时间。与以前事先拟定详尽的需求文档不同，我们为需求创建“占位符”，即“PBI”。每个 PBI 代表客户期待的一个业务价值（如图 5.1 所示）。

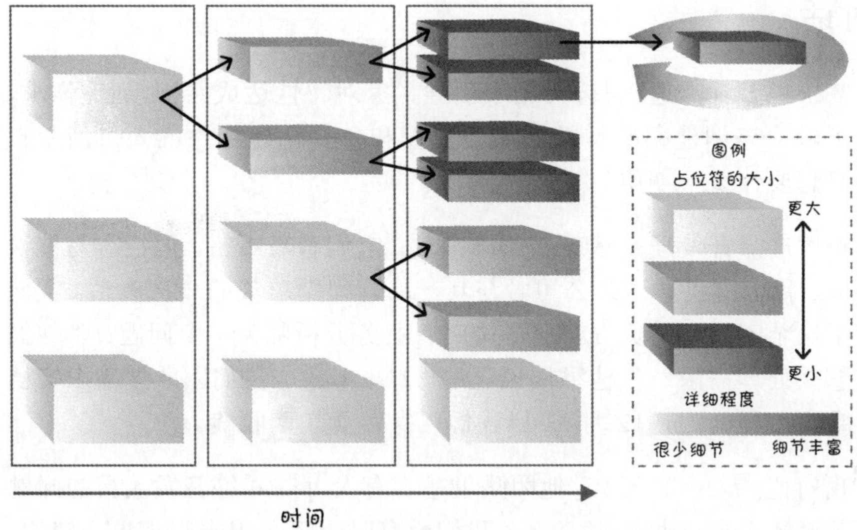

图 5.1　Scrum 使用占位符来表示需求

最开始的时候，PBI 的个头很大（代表大块业务价值），相关细节很少。随着时间推移，经由干系人、产品负责人及开发团队围绕这些 PBI 所进行的一系列对话，它们被修订成了更小、更详细的 PBI。最终，一个 PBI 应该足够小且足够详细，可以放入一个冲刺，完成设计、构建与测试。然而，就算是进入了冲刺，也还会有更多细节在产品负责人与开发团队之间的对话中冒出来。

第 6 章马上要说到，产品列表体现的只是目前 PBI 的组合与相关细节。Scrum 并未给 PBI 指定任何标准格式，但多数团队都选择使用用户故事来记录 PBI。不必这样做。有些团队喜欢使用用例[①]，还有一些使用他们的自制格式来记录 PBI。

在这本书里，我采取用户故事的形式来表现 PBI。本章稍后再详细探讨用户故事。即便选用其他表现形式，你也会发现探讨用户故事同样有助于理解其他表现形式应该具备的特点。

① 用例，是软件工程或系统工程中对系统如何反应外界请求的描述，是一种通过用户的使用场景来获取需求的技术。参见 *http://zh.wikipedia.org/wiki/用例*。

利用对话

需求是一种沟通工具，可用于引导大家对特性达成共识。通过需求，了解应该创建哪些特性的人便可以和负责创建特性的人讲清楚自己想要什么（期望）。

顺序产品开发严重依赖于书面需求，它们看着不错，但很容易被误解。我记得我拜访某公司时与其产品管理副总裁的一次对话。我问了这个家伙（他负责管理公司所有业务分析师）一个问题："你们怎么处理需求？"他举例说道："1 月 1 日，我们团队把需求文档拿给工程部门，12 月 31 日我们现身，看东西收货。"

我问他，这一年之中，他团队里是否有人可以回答开发人员的问题并澄清需求。他说："没人。我们所有时间都是用来写需求文档的。随后分析师会转做其他项目的需求文档。但也不必担心，我们的文档写得很好，只要认真阅读文档，开发人员或测试人员有任何问题都能从中找到答案。"

我可不觉得他那份 150 页的新型电子医疗记录系统的详细用例文档没有任何含糊不清的地方。英语本身并不那么精确；即使英语精确，人们的写作也没有那么精确。

有一种方法能更好地确保构建出客户想要的特性，即邀请对特性有想法的人及时与设计、构建并测试这些特性的人对话。

在 Scrum 中，我们将对话用作确保需求可让妥善讨论与沟通的关键工具。口头沟通具有高带宽和可提供快速反馈的优势，能够更简便地取得共识。另外，对话使双向沟通成为可能，可以激发与问题和机会相关的想法，阅读文档可没有这种效果。

不过，对话也只是个工具而已。它并不能代替所有文档。在 Scrum 中，产品列表是产品开发期间一直存在的"活文档"。仍然期望有或必须有需求规格文档的人随时都可以创建需求文档，只需收集 PBI 及所有相关细节，将它们放入一个文档，格式任选。

逐步细化

在顺序产品开发中，所有需求必须同时达到相同的详细程度。具体而言，已批准的需求文档必须详细描述每一个需求，以便做设计、构建和测试工作的团队能够理解如何做才能符合这些需求说明。不能把任何细节留到日后再加。

强制所有需求同时达到相同详细程度，这种做法有许多缺点。

- 必须在产品开发早期、对所知最少的情况下预测所有的需求细节。
- 对所有需求一视同仁，不考虑它们的优先顺序，这迫使我们把当下的宝贵资源全部用于细化日后也许永远不必构建的需求。
- 创建了一个庞大的需求库存，但一旦事情有变，因返工或丢弃而导致的成本会很高。
- 减少了通过对话来细述和澄清需求的可能性，因为需求已然“完整”。

如图 5.1 所示，在使用 Scrum 时，并非所有需求都必须在相同时间做到同样详细。即将要做的需求比一段时间内不准备开发的需求更小更细。我们采取逐步细化的策略，及时把庞大、较少细节的需求分解成一组更小、更细的条目。

用户故事是什么？

用户故事是可用于陈述业务价值的一种简便格式，适合各种 PBI，特别是特性。用户故事的制作方式旨在帮助业务人员与技术人员双方都能理解需求。用户故事的结构很简单，为会话提供了一个理想的占位符。此外，可以编写颗粒度各不相同且易于逐步细化的用户故事。

尽管用户故事可能非常符合我们的需要，但我并认为它们是描述

PBI 的唯一方法。用户故事是一种轻量级方法，与敏捷核心原则及我们对高效占位符的需要相当吻合。我把用户故事用作主要占位符，以便附加上其他我认为相关且有助于细化需求的信息。如果我发现在某个特定情境下（比如代表某些缺陷）需要蛮干才能使用用户故事的话，会采用其他方法。例如，我曾经看见一个团队写出这样的用户故事："作为客户，我希望系统不会搞垮数据库。"我想我们都一致觉得用户故事可能不是描述这个问题的最好方法。或许，更恰当的做法是给出该缺陷在缺陷跟踪系统中的链接。

那么用户故事究竟是什么呢？Ron Jeffries[①]给出一个简单有效的方法来帮助我们理解用户故事（Jeffries 2001）。他将它描述为 3C：卡片（Card）、会话（Conversation）和确认（Confirmation）。

卡片

卡片这个想法非常简单。最初，人们直接在 3×5 英寸的索引卡或便利贴上（仍然有很多人这样做）写用户故事（如图 5.2 所示）。

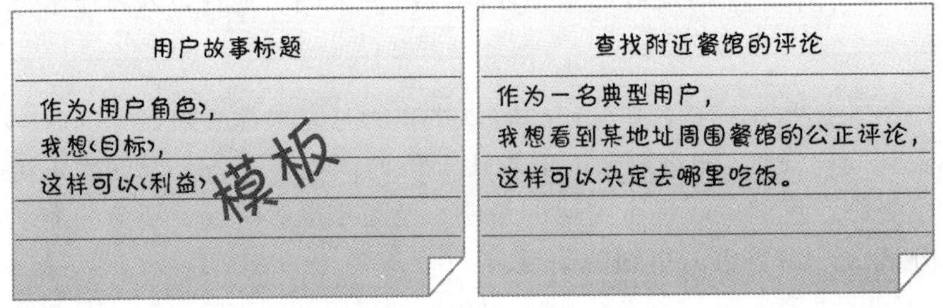

图 5.2　用户故事模板与卡片

写用户故事有一个通用模板格式（如图 5.2 左图），即写明用户种类（即用户角色）、这类用户想要达成什么（目标）以及用户为什么想达成此目标（收益）（Cohn 2004）。用户故事的"这样"部分是可选的，但是，除非每个人都完全理解故事的目的，否则每个

① Ron Jeffries，极限编程（XP）三个创始人之一，他也是敏捷宣言 17 个最初的签署人之一。

用户故事都得有这部分描述。图 5.2 右图就是使用此模板的一个用户故事示例。

卡片不是为捕获需求的所有组成信息而设的。实际上，我们故意使用空间有限的小卡片，目的就是让用户故事尽可能简洁。卡片上应该只用寥寥数语来点明需求的精髓或目的。它存在的意义是提醒利益干系人、产品负责人及开发团队进行更深入的讨论。

对话

开发团队、产品负责人和利益干系人会在对话中发现并探讨需求的细节。用户故事仅仅是进行此会话的承诺。

虽然我说的是“那个会话”，但事实上，会话通常都不是一次性事件，而是持续的深度交谈。写用户故事的时候有一个会话，修订的时候又有一个会话，估算的时候再有一个，冲刺规划会议（团队深入至任务级细节）的时候还有一个，最后冲刺中间在设计、构建并测试用户故事的时候都有持续对话。

用户故事的一大好处在于它能把关注点从写作转移到会话。对话开启了一个更丰富的信息交换与协作形式，从而确保正确描述需求并使每个人都能理解需求。

尽管会话主要依靠口头语言交流，但仍然可以而且经常借助于文档。会话可能得出可以记下来的一张用户界面草图或业务规则的一份详细阐述。例如，我曾拜访过一个开发医药图像软件的组织。他们的其中一个故事如图 5.3 所示。

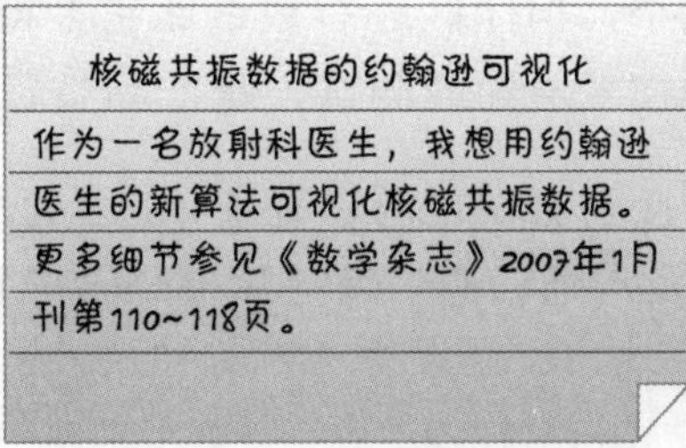

图 5.3　带有附加数据的用户故事

注意，这个用户故事引用了一篇完整的文章供将来阅读和会话使用。

我们并没有因为偏爱用户故事及其故事卡而抛弃所有的文档。用户故事是一个不错的起点，引出所期望内容的本源，并设置提醒以便合适的时候再继续讨论需求细节。始终，用户故事都可以也应该辅以其他任何有助于澄清期望相关内容的书面信息。

确认

用户故事还要包含确认信息，它体现为满意条件的形式，是接收标准。利用它们，开发团队可以更好地理解要构建和测试什么，产品负责人可以确认用户故事的实现是否符合预期。

如果卡片正面是对故事的几行描述，背面就可以写上满意条件（如图 5.4 所示）。

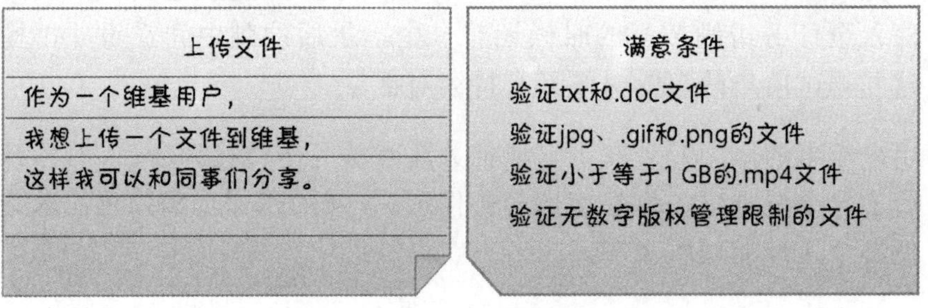

图 5.4 用户故事的满意条件

这些满足条件也可以看作是高一级的接收测试。当然，开发故事的时候，肯定不会只运行这几个测试。实际上，虽然跟用户故事挂钩的接收测试只有几个，但团队还有数量比它多得多（或许多达 10 到 100 倍）的具体技术层面的测试，是产品负责人不知道的。

这些与故事挂钩的接收测试之所以存在，是因为从产品负责人的角度看，它们是捕获及沟通信息、确定故事是否已正确实现的重要方式之一。

可以借助于这些测试创建初始故事并等到有更多细节之后再细化

它们。这种方式有时候也叫"实例化需求"或"接收测试驱动开发"（ATDD）。这个想法本身是直观易懂的。在讨论故事的时候。通常都可以而且也确实专注于制定具体的实例或预期的行为。例如，图 5.4 中"上传文件"的故事，可能有下面这样的对话：

> 刚开始，我们得限制上传文件的大小不超过 1 GB。另外，还要确保我们可以正确读取普通文本文件与图像文件。出于法律原因，我们不能让任何受到数字版权管理限制的文件载入到维基。

如果使用 Fit 或者 FitNesse 等工具，就可以方便地使用表 5.1 所示的表格来定义这些测试，列出不同文件大小及其有效性的实例。

表 5.1　自动化测试示例

大小	是否有效
0	是
1 073 741 824	是
1 073 741 825	否

通过精心制作这样的具体实例，可以驱动故事的创建及改进过程，并让每个故事都有（自动化）接收测试可用。

详细程度

用户故事是一种优秀的工具，可以承载着客户或用户价值的条目贯穿于 Scrum 的价值创造流程。然而，如果故事的大小都一样（大小可能恰好放入一个短周期冲刺），就很难做好概要计划并体会到逐步细化的好处。

在冲刺级使用的故事太小太多，是无法为概要产品规划和发布规划提供支持的。在这些层级上，我们需要更少、更不详细、更抽象的条目。否则，我们就会淹没在大量无关的细节中。设想如下场景，产品的故事极小且有 500 个之多，需要向高管简要介绍提议产品以获取必要的投资。或者，尝试给这 500 个极小的条目排列优先顺序，定义下一个版本。

另外，如果故事只有一种大小（小型的），我们就必须很早很早就要把所有需求的细节定义到极小的颗粒度级别。只有小故事的，不可能体会到刚好及时逐步细化需求的好处。

幸运的是，可以编写不同抽象层级的用户故事来捕获客户及用户需求（如图 5.5 所示）。

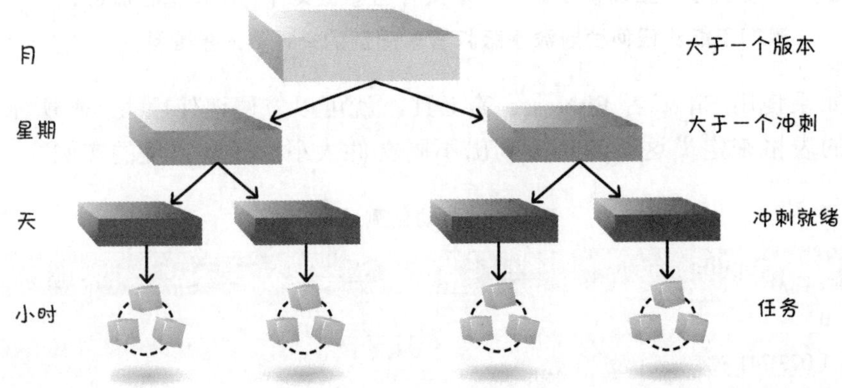

图 5.5　用户故事的抽象层级结构

图 5.5 描述了多个抽象层级故事的情况。最大的故事约为一两个到好几个月的大小，可跨越一整个或多个版本。许多人称其为史诗（也称篇章），暗指像《指环王》或《战争与和平》那样的鸿篇巨制。史诗很有帮助，因为它们给出了一个非常全局的、大概的期望概览（如图 5.6 所示）。

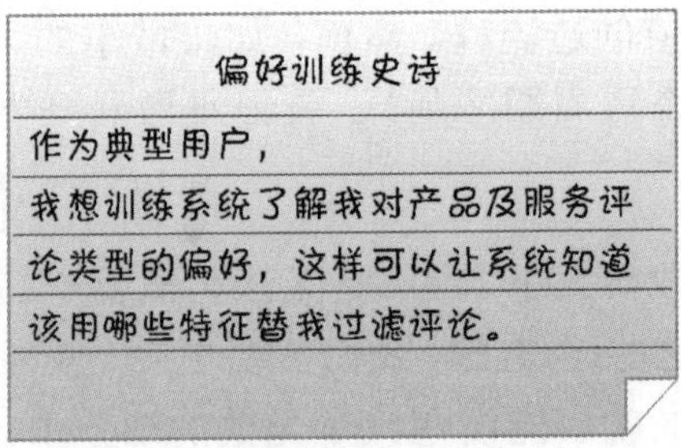

图 5.6　史诗例子

我们可能永远不会把史诗放入冲刺进行开发，因为它实在太大了而且也不太详细。相反，史诗是一个很好的占位符，等将来到合适的时间再创建大量更加详细的故事。我会在第 17 章讨论产品规划的时候继续阐述史诗的用法。

图 5.5 中，第二级别故事的大小通常以周为单位，对单个冲刺来说还是有点大。有些团队称之为“特性”。

最小的用户故事我通常称之为“故事”。为了避免与同样是“故事”的史诗、特性或其他大的条目相冲突，有些人把这些故事叫作冲刺故事或者可实现故事，暗示它们的大小以天为单位，足够小，可以放入一个冲刺做完。图 5.2 提供了一个冲刺故事的示例。

有些团队也使用“主题”这个术语来指代一组相关联的故事。主题用一种便捷的方式来表明一串故事是有共性的，比如说属于同一个功能域。在图 5.7 中，主题代表的一组故事描述的是如何执行关键词训练的细节。

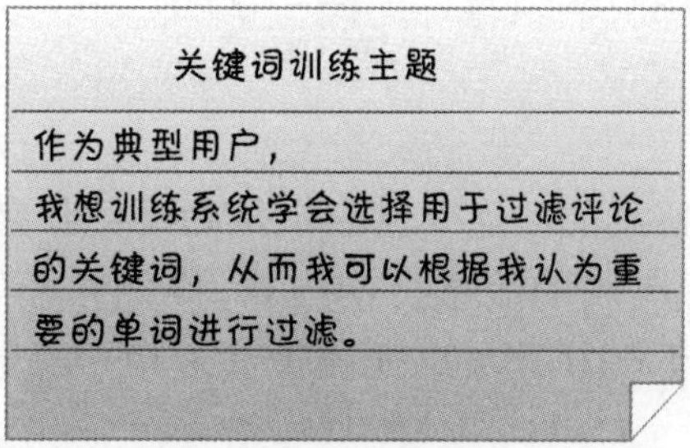

关键词训练主题

作为典型用户，

我想训练系统学会选择用于过滤评论的关键词，从而我可以根据我认为重要的单词进行过滤。

图 5.7　主题示例

我经常把主题看作是用橡皮筋捆在一起的一组记事卡的概述卡片，表明它们都是某个重要领域内的相似物。

任务位于故事下面一级，通常是一个人独力完成的工作，或者也有可能是两个人结对完成。完成任务所需要的时间一般以小时计。在任务这一级，我们要详细地说明如何构建而非构建什么（以史诗、特性和故事为代表）。任务不是故事，因此我们在写故事的时候必须要避免任务级细节。

史诗、特性、故事及主题等术语不过只是为了方便而使用的符号，并非放之四海皆准，记住这一点很重要。只要一直在用，那么使用什么符号就已经无关紧要。重要的是意识到故事在多个抽象层级上都是存在的，这样做正好支持我们在多个不同抽象层级进行计划并随时间推移逐步将大的条目细化成小的条目。

好故事的 INVEST 原则

我们怎么知道用户故事写得好不好呢？Bill Wake 给出了六大标准 INVEST，用于评估故事是已经可以发挥既定作用还是需要再加工，事实证明，效果不错哟！（Wake 2003）

INVEST 标准即是独立（Independent）、可协商（Negotiable）、有价值（Valuable）、可估算（Estimatable）、小（Small（大小合适））和可测试（Testable）。汇总应用各个条件所能获得的信息，我们能够很清楚地看到打造一个故事所需要的信息或是仍需做出的额外改变。让我们逐个看一下这些标准。

独立

用户故事应该是独立的，至少也应该是相互间松散耦合的，这样才实用。相互依赖程度高的故事会使估算、排优先顺序和规划复杂化。例如，图 5.8 左图，10 号故事依赖于其他很多故事。

在开始 10 号故事的工作之前，我们必须先开发完它所依赖的所有故事。这个案例的情况可能不算太糟。然而，想象一下图 5.8 右图的那种情形，有许多不同故事相互间高度依赖。毫不夸张地说，我们很难判断如何给故事排优先级，如何决定某个冲刺应该处理哪些故事。

采用独立标准的目的不是消除所有依赖，而是在写故事时，尽量避免依赖关系。

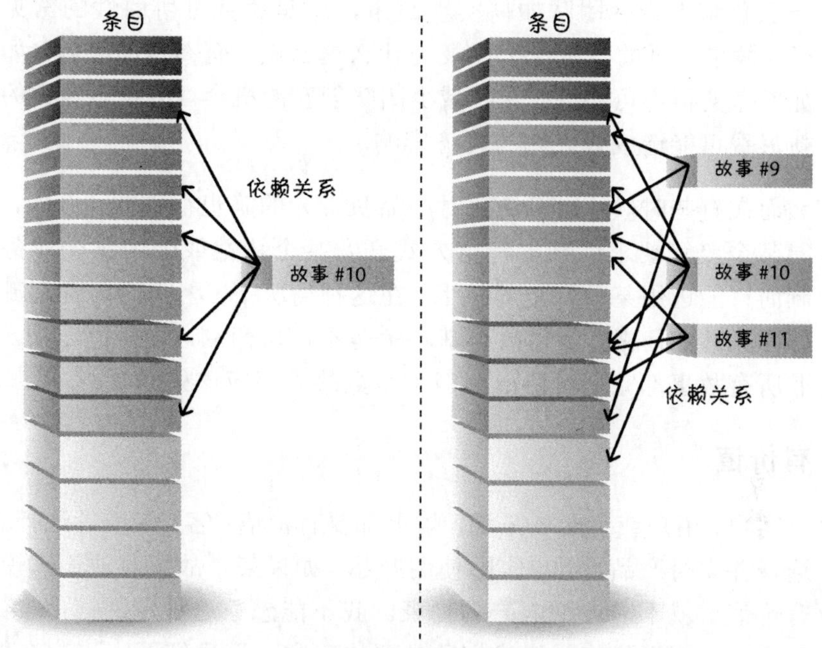

图 5.8 高度依赖的故事

可协商

故事细节应该是可协商的。故事不是以前期需求文档形式写就的书面合同。相反，故事是占位符，用于协商细节。

好故事能够清晰地捕捉哪些业务功能是用户想要的，他们为什么想要。它们要为产品负责人、利益干系人与团队留出谈判空间。

可协商性有助于当事人避免在使用详尽的前期需求文档时常见的那种彼此推诿、相互指责的心态。如果故事可协商，开发人员就不可能说："嗨，如果你想要，就该把它写到文档里"，因为这些细节需要跟开发人员协商。业务人员也不可能再说："嗨，你明显没有理解需求文档，因为你构建的东西是错误的"，因为业务人员经常与开发人员对话确保他们有一致的清晰理解。因为已经说清楚需要进行对话，所以写可协商的故事就能避免事先写详尽需求所带来的种种问题。

产品负责人告诉团队如何实现故事，这是违背可协商性的常见例子。故事关乎的是做什么以及为什么这么做，而不是如何做。如果如何做变得不可协商，就会减少团队创新的机会。由此而导致的创新浪费可能造成毁灭性的经济影响。

然而在有些时候，如何构建对产品负责人的确也很重要。例如，可能某个监管要求以某种特定方式开发某个特性或因为某个业务限制而只能选用某种特定的技术。在这种情况下，因为需要确定哪些方面具体如何做，所以故事基本上是不可协商的。这是可以的，并非所有故事都完全可协商，但大多数故事都应该如此。

有价值

对客户、用户或者两者来说，故事都要有价值。客户（或者选择者）选择并支付产品。用户实际使用产品。如果某个故事对他们来说没有价值，就不应被纳入产品列表。我不能想象这种说法：“10 号故事对谁都没价值，但我们还是要构建它。”我们不应该这么做。我们应该要么重写故事，让它变得对客户或者用户有价值，要么把它丢掉。

如果是对开发人员有价值但是对客户或用户却没有明显价值的故事，又该怎么办呢？有一个图 5.9 那样的技术故事可以么？

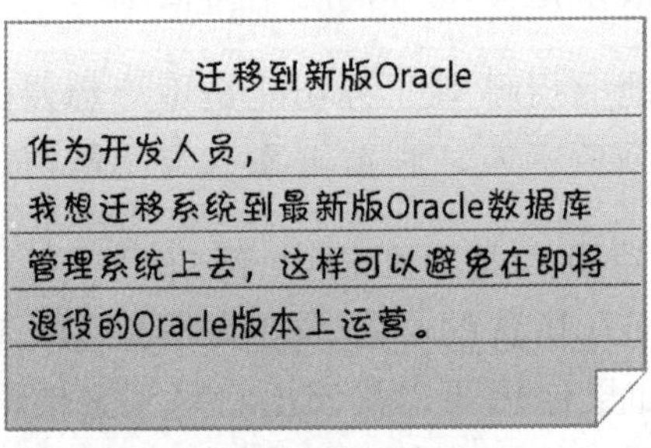

图 5.9　技术故事示例

技术故事的根本问题在于，产品负责人可能无法感受到它的价值，更不可能比较它和有业务价值的故事谁先谁后，即使能够做到，也很困难。产品负责人应该理解他为什么要为技术故事买单以及最终可交付哪些价值，之后才可以接纳技术故事并让它存在。

在“迁移到新版 Oracle”故事的这个案例中，产品负责人可能一开始并不理解为什么改变数据库是有价值的。然而，一旦团队解释清楚在无支持数据库版本上继续开发的风险，产品负责人或许就会决定值得推迟构建某些新特性等到数据库迁移完毕再开发。理解价值之后，产品负责人就可以像看待其他业务价值故事一样看待技术故事并在此基础上进行取舍。最后这个技术故事被纳入产品列表。

不过，大多数技术故事（比如图 5.10 的那个）实际都不应该纳入产品列表。

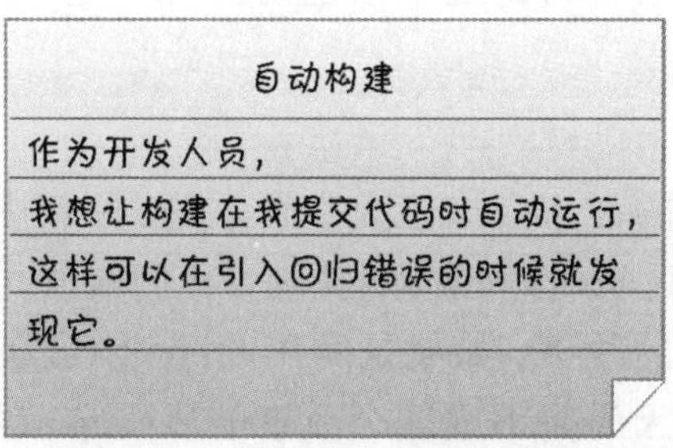

图 5.10 不可取的技术故事

相反，这类故事应该属于完成业务价值故事所涉及的任务。如果开发团队的完成定义比较严，就没有必要再写这些故事，因为完成已经隐含这些工作。

有价值标准的关键在于，列表中所有故事都必须由产品负责人以客户与用户代言人的身份认可它们的价值（也即值得为之投入）。不是所有的故事都是独立的，也不是所有的故事都是完全可协商的，但它们必须都是有价值的。

可估算

故事应该是做设计、构建及测试工作的团队可以估算的。估算指明故事的大小，因此也指明故事的工作量和成本（相比更小的故事，更大的故事需要更多精力和资金进行开发）。

知道故事大小之后，Scrum 团队就有了采取行动所需要的依据。例如，产品负责人知道故事成本之后才能最终确定它在产品列表中的优先级。另一方面，Scrum 团队也可以根据故事的大小确定是否还需要进一步细化或分解。计划马上开工的大故事需要先分解成一组更小的故事。

如果团队无法衡量故事的大小，原因不外乎两个：这个故事太大或太模糊以至于估不出来；团队积累的知识还不够多，所以估不出来。如果是故事太大，团队就得与产品负责人一起，把它拆成更容易管理的故事。如果是团队缺少知识，就需要通过某些形式的探索活动来获取信息（稍后将讨论这个话题）。

大小合适

我们已计划开工的故事应该是大小合适的。冲刺中正在做的故事应该足够小。如果是长达好几周的冲刺，我们就想可以完成好几个几天之内就能做完的故事。如果是两周的冲刺，我们可不想拿到两周那么大的故事，因为完不成这个故事的风险实在是太高了。

归根到底，我们需要小的故事，但这也并不是说故事大就不对。比如，我们有一个史诗故事，但我们不打算今年就做掉它。除非已经计划做这个故事，否则它肯定就是大小合适的。事实上，如果我们现在就花时间把它拆成一堆更小的故事，很可能就是白白浪费时间。当然，如果是我们想在下一个冲刺做掉的某个史诗，那它就不是大小合适的了，我们需要做更多工作把它变小。在应用此标准时，必须考虑开始做这个故事的时间点。

可测试

故事的相关测试要么通过、要么失败。“可测试”意味着故事要有相应的优质接收标准（与满意条件有关），即之前介绍过的故事的“确认”。

要是没有可测试的标准，冲刺结束时我们怎么知道故事有没有做完呢？另外，因为这些测试往往提供重要的故事细节，所以团队很可能需要这些测试来估算故事的大小。

故事可能并不总是需要测试的，也不总是能够测试的。例如，史诗大小的故事可能就没有而且也不需要有相应的测试(我们不会直接构建史诗)。

另外，偶尔也可能是产品负责人认为某个故事很有价值，却缺乏有效的方法进行测试。非功能性需求往往存在这种情况，比如说“作为一名用户，我想要系统达到99.999%的正常运行时间。”尽管接收标准很清晰，想证明系统上线后已经达到该程度正常运行时间的时候，却很可能没有这样的一套测试可运行，但这个需求仍然是有价值的，因为它能够为设计指明方向。

非功能性需求

非功能性需求代表了系统级约束。我经常把非功能性需求写成用户故事（如图 5.11 左图），但我并不觉得非这样做不可，尤其是故事写起来很别扭或有更简便方法用不同格式编写的时候(如图 5.11 右图所示)。

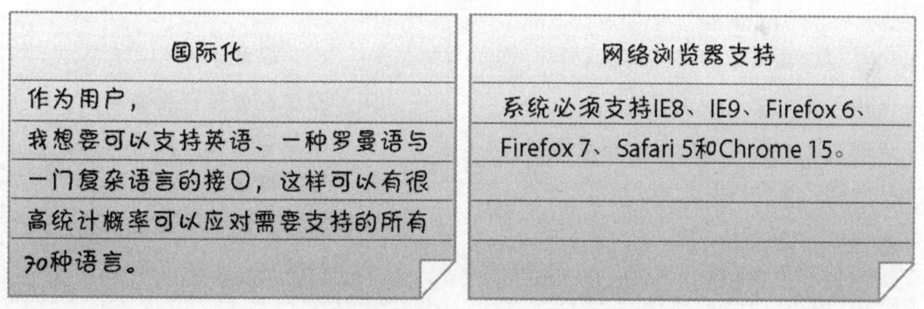

图 5.11　非功能性需求

作为系统级约束，非功能性需求很重要，因为它们会影响产品列表中绝大部分或全部故事的设计与测试。例如，任何网站项目都会有“网络浏览器支持”这一非功能性需求（图 5.11 右图）。在团队开发网站特性的时候，它必须确保网站特性在所有指定浏览器上都能正常工作。

团队还必须决定什么时间测试所有浏览器。所有非功能性需求都是团队应该纳入完成定义的主要目标。如果团队的完成定义包含“网络浏览器支持”这个非功能性需求，那么团队在冲刺中开发任何新特性都得用列出的所有浏览器逐一测过。如果不是在所有浏览器下都能正常工作，就说明它没有完成。

我推荐团队尝试尽可能把非功能性需求纳入完成定义。如果一直到开发工作后期才开始测试非功能性需求，就会延误获取系统性能关键特征之快速反馈的最佳时机。

知识获取型故事

有时，我们需要创建一个专注于知识获取的 PBI。我们或许会因为缺乏足够的产品或产品构建流程相关知识而驻足不前。因此，正如第 3 章所探讨的，我们需要探索。这种探索有许多名字：原型、概念验证、试验、学习、探针，等等。它们基本上都是包含获取信息在内的探索活动。

我经常把用户故事用作探索工作的占位符（如图 5.12 所示）。

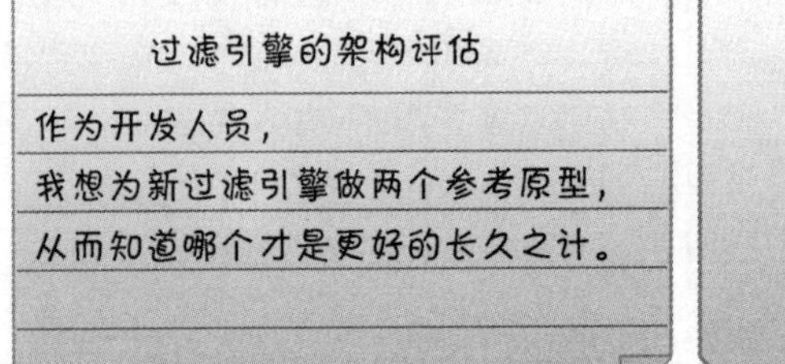

图 5.12　知识获取型故事

在这个示例中，团队想评估新过滤引擎的两套可行架构。它的建议是做两个架构原型，并针对原型运行加速测试、规模测试和类型试验。原型活动的交付物是一份简短的备忘录，描述运行的试验、取得的结果以及团队建议的下一步计划。

这个特殊的知识获取型故事看起来就是一个技术故事，正如我之前说过的，任何技术故事的业务价值都必须能向产品负责人清楚说明。产品负责人是从经济角度进行思考的，因此也需要有一个与经济相关的理由来论证原型工作。团队很可能从技术角度论证某个知识获取型故事应该做，因为团队通常都因为缺乏相关知识而停滞不前。Scrum 团队则需要考虑，信息的价值是否值得我们付出精力和时间。

Scrum 团队可以尝试这样回答。首先，我们需要知道原型的成本。任何优秀的产品负责人都不会批准无限制的探索。某些特定问题或许需要等团队敲定技术决策之后才能解答，但是团队必须搞清楚获取架构决策的必要信息需要付出多少努力。出于这样的考虑，我们才会要求团队衡量原型故事的大小。

也就是说，该故事的大小估值表明整个团队需要一个冲刺才能做完它。我们已经知道团队里都有谁，也知道冲刺的长度，因此也知道获取该信息的成本（就算 1 万美元）。接下来我们需要知道信息的价值。

有一个方法可以用来估算价值。假设抛硬币。如果正面朝上，我们就做架构 A；如果背面朝上，我们就做架构 B。接下来让团队估算错误成本。如果硬币抛出后正面朝上，我们就开始基于架构 A 构建业务特性，后来发现架构 A 行不通，我们就放弃错误决策并重新基于架构 B 构建所有特性，这样做的成本是多少？比如，团队估算得出成本为 50 万美元。

这样一来，我们就有足够信息来做出经济合理的英明决策。我们愿意花 1 万美元购买预期价值 25 万美元（抛硬币有一半概率是正确的）的信息吗？毫无疑问，这就是一个明智的业务决策。现在，产品负责人可以证明这个故事为什么要列入产品列表。

作为用经济学来证明知识获取型故事的最终诠释，让我们改一下数字。如果团队回答“如果我们错了，成本是多少？”答曰：“1.5 万美元。”在这种情况下，做原型故事就是一个错误的决定。为什么要花 1 万美元获取预期价值 7500 美元的信息？还不如掷硬币（或者凭经验蒙一个）？！如果我们错了，就用另一套架构重做呗！实际上，考虑到现在的技术可谓日新月异，所以这种情况听起来不至于遥不可及。这个例子就是有些人所称的“快速失败策略”（尝试、获得快速反馈、快速检视和调整）。

收集故事

用户故事怎样从无到有呢？传统的需求收集方法是问用户，了解他们想要什么。这种方法我从来没有用爽过。以我的经验，让用户当评论家远比当作家好得多。

也就是说，如果你去问用户“你想要什么呢？”她或许能答得上来，或许她根本就答不上来。但即使她回答了问题，而且我们也完全按她的要求构建完她想要的东西，她可能还是会说：“诶，我要的东西都有，但现在看过之后，我还想要点儿别的。”我保证我们都有过这样的经历。

更好的方法是让用户也作为团队的一员，一起判断要构建什么并持续审视构建的特性。为了推动这种参与方式，很多组织都喜欢把用户故事写作研讨会作为产生用户故事的首要方法，至少用于产出最开始的一批故事。还有一些组织用故事地图来组织故事，并为故事提供用户视角的背景信息。我要简要描述这两个技术。

用户故事写作研讨会

用户故事写作研讨会的目的在于，集体进行头脑风暴，讨论预期的业务价值，并为应该做的产品或服务创建用户故事占位符。

参加研讨会的通常是产品负责人、ScrumMaster 和开发团队，还有内外部利益干系人。大部分研讨会持续几个小时到几天就结束了。时间更长的我基本没见过，而且我也不认为它们应该更长。研讨会的目标并不是预先产出一套完整的用户故事集（与顺序开发项目中的完整需求规格说明书类似）。相反，研讨会通常都有一个明确的关注点。例如，我就经常把研讨会与前期版本规划会议合在一起开，为下个版本制作一套可选故事集（更多细节，请参见第 18 章）。

如果是第一轮研讨会，我通常先进行用户角色分析。目的是确定用户角色的集合，以便用于构成故事中（“作为<用户角色>，我想要……”）用户角色的部分。当然，也有可能营销或市场调查人员已经在某个先于故事写作研讨会进行的独立活动中清楚地定义了用户。

我们还可以使用人物角色，即代表某类角色核心特征的典型个体。比如 Lilly，加上相关描述，一个七岁到九岁之间某款小女孩视频游戏女性玩家的人物形象就跃然于纸上。定义好 Lilly 之后，我们就可以在写故事时把 Lilly 放在用户角色的位置上，而不是“年轻女玩家”那种很抽象的角色。例如，“作为 Lilly，我想有多种不同服装可以供我挑选，这样可以根据我的喜好定义虚拟化身形象。”

在研讨会上产出用户故事并没有标准套路。有些团队喜欢自顶向下依序工作，也有些团队喜欢自底向上的方式。自顶向下的意思是说，团队先挑一个大的故事（例如史诗）开始，然后集中精力做一套跟史诗相关的适量的小故事集。

另一种方式是自底向上，直接就开始头脑风暴罗列出某现有系统下一个版本的相关故事。方法本身没有对错；只要有效，直接用就行了，或者交替着使用且兼顾两者的优势也行。

绘制故事地图

绘制故事地图是由 Jeff Patton（Patton 2009）推而广之的一种技术，它采取以用户为中心的视角产出一整套用户故事。其基本思想是将概要性用户活动分解为工作流，工作流还可以继续分解成一套明确的任务（参见图 5.13）。

图 5.13　故事地图

Patton 使用活动、任务和子任务这样的术语来描述故事地图的内部层次结构。我选择使用史诗、主题及冲刺故事以便与我之前介绍的术语保持一致。

最高级的是史诗，代表对于用户有着重要经济价值的大型活动，例如，“购买一个产品”就是一个史诗故事。

接下来，我们再探讨组成该史诗用户任务的顺序或通用工作流（体现为主题，也即相关故事的集合）。把主题沿着时间线展开，将工作流中通常较早发生的主题置于较晚发生的主题的左侧。例如，“搜索产品”主题会出现在“管理购物车”主题的左侧。

接着再把主题逐个分解成一套可实现的故事，按照优先级顺序垂直排列（实际上是按照期望度来排列的，因为此时基本不可能所有故事都有估算值，而我们只有知道了成本之后才能真正地最终判定优先级）。不需要把主题内的所有故事都放入同一个版本里。例如，

“按颜色搜索”可能不会被放在第一个版本中发布，而“按名字搜索”则很有可能。

故事地图结合了以用户为中心的设计和故事分解这两大概念。好的故事地图从用户的视角展示活动流，并为理解单个故事及其与整个客户价值之间的关系提供背景信息。

我发现，即使在故事写作研讨会中不做正式的故事地图，使用工作流的思想也仍然很有帮助。它们让我们专注于探讨如何在交付完整用户价值流的上下文中写故事。有了工作流作为上下文，我们可以进一步确定自己是否遗漏与工作流有关的重要故事。

传统的故事写作研讨会与故事地图稍有不同，在研讨会上，我们重点关注于产生故事，而不是很关注优先级排序（等同于故事地图中可实现故事在垂直方向上的位置）。因此，我们可能把故事地图用作研讨会的补充，作为一种有助于可视化故事优先级的技术。故事地图提供的是产品列表二维视图，以替代传统的线性（一维）产品列表。

结语

本章论述 Scrum 项目与传统的顺序开发项目在需求处理方式上的不同。使用 Scrum 进行开发时，我们会为需求创建 PBI 占位符。这些条目通常以用户故事的形式呈现，在 Scrum 过程中流动，明显侧重于以对话方式来澄清需求的细节。同时，我们还及时、逐步将较大、较不详细的故事细化为更小、更详细的故事。

接着，我正式介绍用户故事，从“卡片、会话及确认”的角度进行描述。随后我继续论述如何使用用户故事呈现多个抽象层级业务价值的方法。接下来解释如何使用 INVEST 标准来确定用户故事的优劣。然后我又介绍了几种用来处理非功能性需求及知识获取活动。最后我讨论如何收集用户故事，重点探讨用户故事写作研讨会和故事地图。我将在下一章中讨论产品列表。

第 6 章

产品列表

本章描述产品列表在 Scrum 开发项目中发挥的重要作用。首先描述用于填充产品列表的各种典型条目。接着讨论良好的列表必须具备哪四个特征，并讨论如何梳理列表才能使其具备这四个特征。接下来介绍产品列表在版本级别和冲刺两个级别都是管理快速、灵活工作流的关键要素。最后讨论如何确定哪些产品列表、应该有多少个。

概述

产品列表是一个按优先顺序排列的、预期产品功能列表。我们把我们所了解的以什么顺序构建什么特性这些信息都集中到产品列表，并通过产品列表与团队共享。产品列表是 Scrum 框架的核心工件，非常引人注目，项目所有参与者都能看到（参见图 6.1）。

图 6.1 产品列表处于 Scrum 框架的中心

只要有正在构建、增强或支持的产品或系统，就有产品列表。

PBI

产品列表由各个待办事项组成，我称之为 PBI（Product Backlog Item）或简称条目（参见图 6.2）。

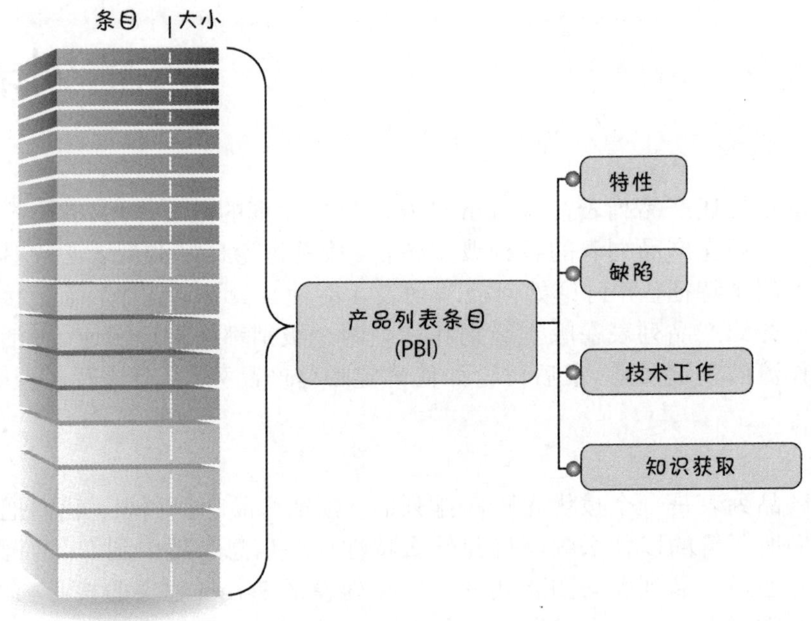

图 6.2 PBI

对用户或客户来说，大多数 PBI 都是有实际价值的特性和功能。PBI 常常写成用户故事的形式（不过 Scrum 并没有明确说明 PBI 的格式）。特性的例子包括全新的东西（一个新网站的登录界面）或修改已有特性（现有网站需要一个更友好的登录界面）。其他 PBI 包括需要缺陷修复、技术改进、知识获取等工作以及产品负责人认为有价值的任何工作。表 6.1 是不同 PBI 的一些例子。

表 6.1　PBI 例子

PBI 的类型	例子
特性	作为客户服务代表，我希望为客户支持问题创建一个记录卡，这样可以记录和管理客户的支持请求
变更	作为客户服务代表，我希望搜索结果在默认情况下按照姓氏排序，不要按记录卡号排序，这样可以更容易查找支持记录卡
缺陷	修复缺陷跟踪系统中的缺陷#256，这样可以使客户在搜索项中输入特殊字符时不会出现异常
技术改进	迁移到最新版 Oracle 数据库管理系统
获取知识	为两种架构同时创建原型或概念验证，执行三次测试，这样可以确定哪种方法更适合产品

产品列表的四大特征

好的产品列表都表现出相似的特征。Roman Pichler（Pichler 2010）和 Mike Cohn 发明首字母缩写词 DEEP 来归纳它四个重要特征：详略得当（Detailed appropriately）、涌现的（Emergent）、做过估算的（Estimated）和排列好先顺序的（Prioritized）。正如 INVEST 标准（参见第 5 章）有助于判断用户故事的质量，DEEP 标准也有助于判断产品列表的结构是否恰当。

详略得当

在同一时刻，各个 PBI 的详尽程度并不全都相同（参见图 6.3）。

马上要做的 PBI 应当放在列表顶部，工作量小，内容非常详细，可以在最近一个冲刺中实现。短时间内还不打算做的 PBI 应当在产品列表底部，工作量大，内容粗略。这是可以的，因为我们短期内还不打算做这些 PBI。

在马上就要做大 PBI 的时候，比如一个史诗（epic），我们会把它分解为一组小的、可以在一个冲刺中处理的故事。这是实时进行的。如果过早细化，花大量时间分析细节问题不说，到最后还完全可能根本不实现这个故事。如果等得太久而不去细化，会阻碍 PBI 流入冲刺并使团队进度慢下来。我们需要找到一个合适的平衡点，刚好够用、刚好及时。

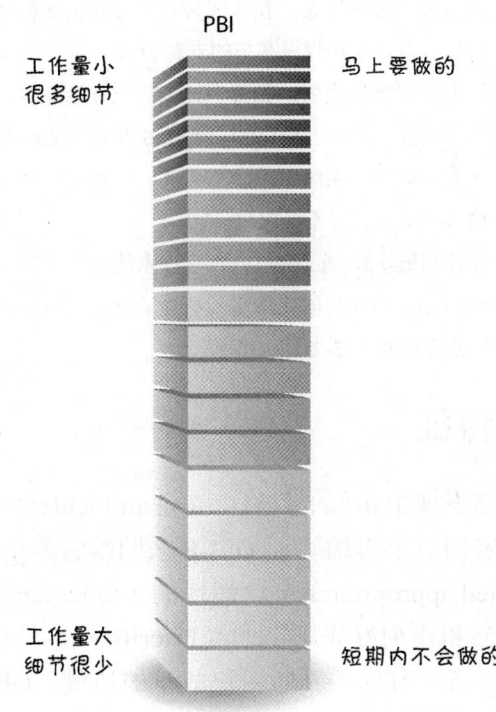

图 6.3　各个 PBI 的大小不一样

涌现的

只要有正在开发或维护的产品，产品列表就永远不会完成或冻结。它会根据不断涌入的、具有经济价值的信息持续更新。例如，客户可能会改变他们的想法；竞争对手可能采取了冒失的、不可预测的行动；可能出现意外的技术问题。设计产品列表的目的是适应这些变化。

随着时间的推移，产品列表渐渐变得有条理。在增加新条目或细化现有条目时，产品负责人必须考虑新涌现的信息，让产品列表重新保持平衡并重新排序。

做过估算的

每个 PBI 都有大小估算，相当于开发这个条目需要完成多少工作（参见图 6.4）。

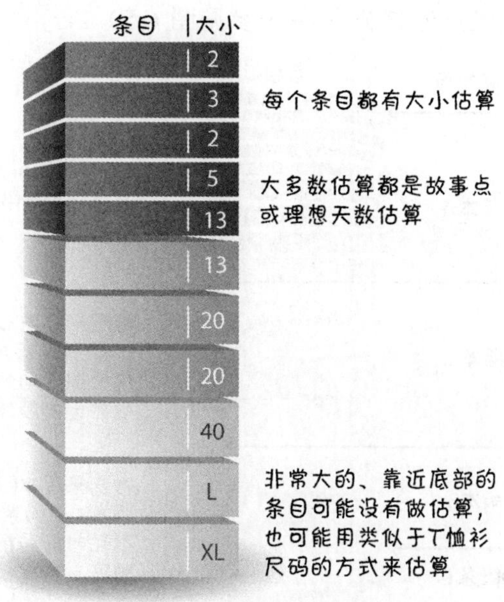

图 6.4　PBI 是做过估算的

产品负责人把这些估算纳入考虑范围以帮助确定 PBI 的优先级（PBI 的位置也随之而定）。另外，高优先级的大 PBI（靠近列表顶部）向产品负责人表明，必须进一步细化之后，才能移到近期冲刺。

第 7 章将进一步详细说明，大多数 PBI 都是以故事点或理想天数来估算的。这些估算要靠谱，但也不必过于精确。靠近产品列表顶部的条目小、内容详细，所以估算更细、更精确。对于靠近列表底部的大条目（比如史诗），可能无法提供准确的数字估算，有些团队的做法是根本不算或用类似 T 恤衫尺码的估值：大码（L）、加大码（XL）、加加大码（XXL）等。把这些大条目细化为一组小条目后，就可以用数字进行估算。

排列优先顺序的

虽然产品列表是一个排列好优先顺序的 PBI 列表，但不可能其中所有 PBI 都已经排好优先顺序（参见图 6.5）。

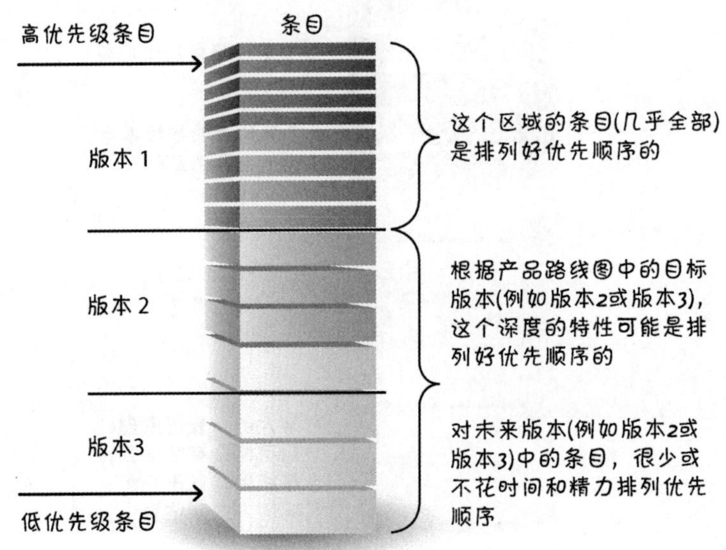

图 6.5　PBI 是排列好优先顺序的

对接下来几个冲刺中确定要做的近期条目，排好优先顺序很有用。比如我们认为版本 1 可以得到的条目，排出优先顺序就很重要。但是再往后的条目，除了给出一个大致的优先级，其他任何工作都不值得再做。

例如，按照产品路线图，我们可能宣布某个条目肯定要放到版本 2 或版本 3 来做。但是如果我们现在刚开始开发版本 1 中的特性时却花宝贵的时间操心某一天版本 2 或版本 3 中的特性应该如何排列优先顺序，难免有庸人自扰之嫌。到最后，我们也许不做版本 2 或版本 3 或在版本 1 开发过程中对版本的想法发生重大变化。这样，为远期条目排列优先顺序，真的是浪费时间。

当然，在开发过程中出现新条目时，产品负责人需要参照列表中已有的条目，以正确的顺序把这些新条目插入。

梳理

为了得到一个良好的、符合 DEEP 原则的产品列表，必须积极主动地管理、组织、监督或者按照我们今后常用的说法“梳理产品列表”。

什么是梳理？

梳理指三大重要的活动：确立并细化 PBI（增加 PBI 的细节）；对 PBI 进行估算；为 PBI 排列优先顺序。

图 6.6 说明了一些具体的梳理任务及其如何影响产品列表的条理性。

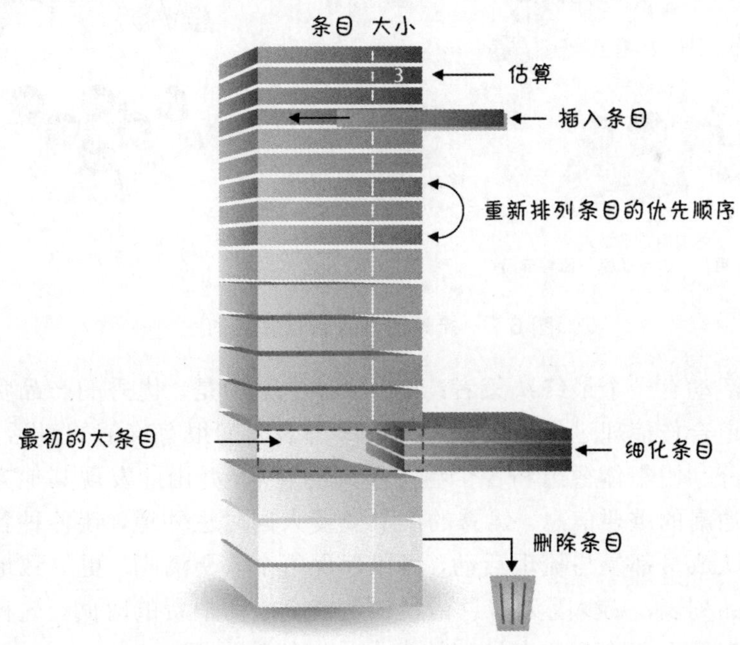

图 6.6 通过梳理活动改变产品列表的结构

时机合适，就要对所有 PBI 进行估算，帮助确定它们在列表中的优先顺序以及是否应该进一步细化。另外，在得到重要的信息后，建立新条目并以正确的顺序把它插入产品列表。当然，如果优先级发生变化，还要在列表中重新排列顺序。马上要开始做的时候，需要把它细化为一组小条目。如果认定某个特定的列表条目已经不再需要，删掉即可。

由谁来梳理？

梳理产品列表是一个持续不断、合作完成的活动，由产品负责人牵头，包括内外部利益干系人中的主要参与者，还包括 ScrumMaster 和开发团队（参见图 6.7）。

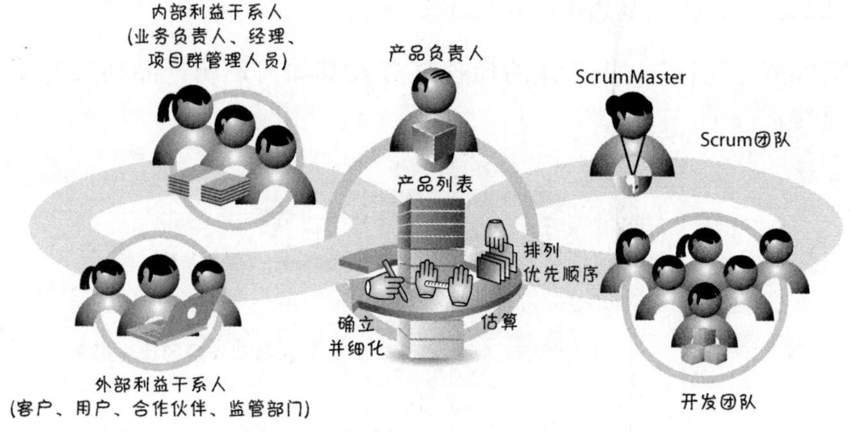

图 6.7　梳理活动是合作完成的

梳理活动有一个最终决策者：产品负责人。但是，优秀的产品负责人知道合作梳理过程可以促进所有参与者之间很有价值的对话，能够充分利用集体智慧和各个组员不同的观点，并由此发现其他方式可能遗漏的重要信息。优秀的产品负责人同时也知道，让各种各样的团队成员都参与梳理活动，可以确保每个人更清晰、更一致地理解产品列表，减少因为信息错误传达或交接而浪费的时间。这种合作还有助于消除业务人员和技术人员以往的隔阂。

利益干系人应当安排足够的时间，根据组织特点和项目类型来开展梳理活动。一般来说，开发团队在每个冲刺中用不到10%的时间来协助产品负责人执行梳理活动。团队利用这个时间帮助建立或复查新出现的 PBI，同时把大条目逐步细化为小条目。团队还要估算 PBI 的大小，帮助产品负责人根据技术依赖关系和资源约束来排列 PBI 的优先顺序。

何时梳理？

Scrum 框架只说明应该执行梳理活动，但并没有说明应当何时进行。那么，梳理工作应当安排在什么时候做呢？

在采用顺序开发方式时，我们尽可能做到事先获得完整而详细的需求描述，这样一来，在需求得到批准后，日程表中安排的梳理活动就会很少或根本没有必要。在很多组织中，这些基准需求必须经过单独的变更控制流程审批才能修改，独立于主要的开发流程（参见图 6.8）。

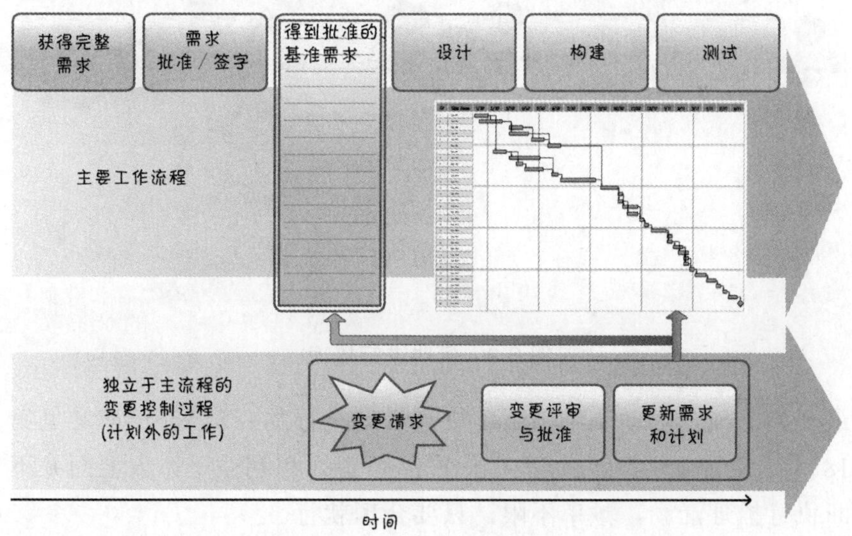

图 6.8　顺序项目的梳理活动独立于主流程

因此，顺序开发过程中的梳理活动是出乎意料、未做计划、独立于主流程的，只有在需要的时候才做，这对快速交付商业价值的工作流具有破坏性。

在使用 Scrum 时，我们假定环境是不确定的，因此必须准备好随时检视和调整。我们预计产品列表会不断演变，而不是早早固定下来并只能通过一个处理异常和意外事件的辅助流程进行修改。因此，我们必须确保梳理活动是管理工作中必不可少的、固有的组成部分。

图 6.9 说明了可以执行梳理活动的各个时间点。

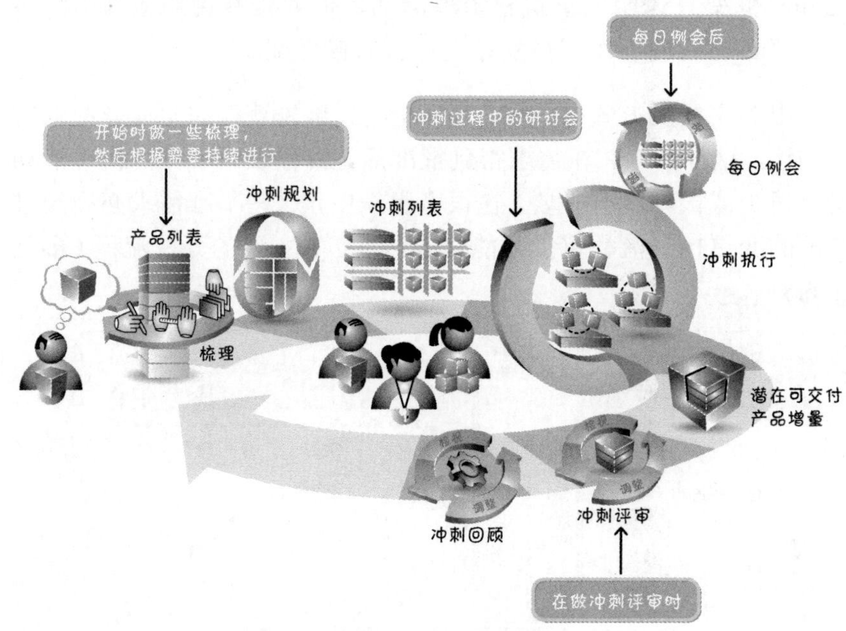

图 6.9　何时进行梳理

最开始的梳理活动是纳入版本规划活动进行的（详细介绍请参见第 18 章）。在产品开发过程中，产品负责人和利益干系人会面并不断执行梳理活动，频率不限，只要合理就行。

在与开发团队一起工作时，产品负责人在执行冲刺的过程中可能安排每周一次或每个冲刺一次的梳理活动研讨会。这样做是为了确保梳理活动能够定期执行并让团队在制定冲刺计划时能够考虑到这部分时间。同时还可以减少临时安排会议所带来的浪费（例如，需要确定人们什么时候有空、需要找到会议地点等）。

有时候，团队喜欢把梳理活动分摊到冲刺中，而不是在预先设定好的一段时间内专门做梳理。他们在每日例会后拿出一点时间来做增量的梳理活动。梳理活动不一定需要团队所有成员都参加。例如，在每日例会后，产品负责人可以让大家帮助细化一个大故事。具备这方面知识和感兴趣的团队成员留下来协助产品负责人。到了下一次，可能由团队另外一些成员来协助。

即使团队定期安排好研讨会或每天都花一些时间考虑列表，大多数团队还发现在冲刺评审时也需要做一些梳理工作。随着每个参与者都逐步理解产品目前的状况及今后的方向，常常需要建立新的PBI、重新排列现有 PBI 的优先顺序或删除不再需要的 PBI。

为了保证灵活、快速地交付业务价值，相比确定何时进行梳理活动，确保梳理活动能够紧密集成到 Scrum 开发流程更重要。

就绪的定义

梳理产品列表时，应当确保列表顶部的条目已就绪，可以放入冲刺中让开发团队有信心做相关的工作并在冲刺结束时完成。

有些 Scrum 团队通过建立就绪的定义来确定这个理念。就绪的定义和完成的定义（参见第 4 章）可以视为 PBI 在一个冲刺周期中的两种状态（参见图 6.10）。

就绪和完成的定义都是针对工作制定的检查表，只有在完成检查表之后，才可以认为 PBI 分别进入就绪或完成状态。表 6.2 给出了一个 PBI 就绪定义检查表。

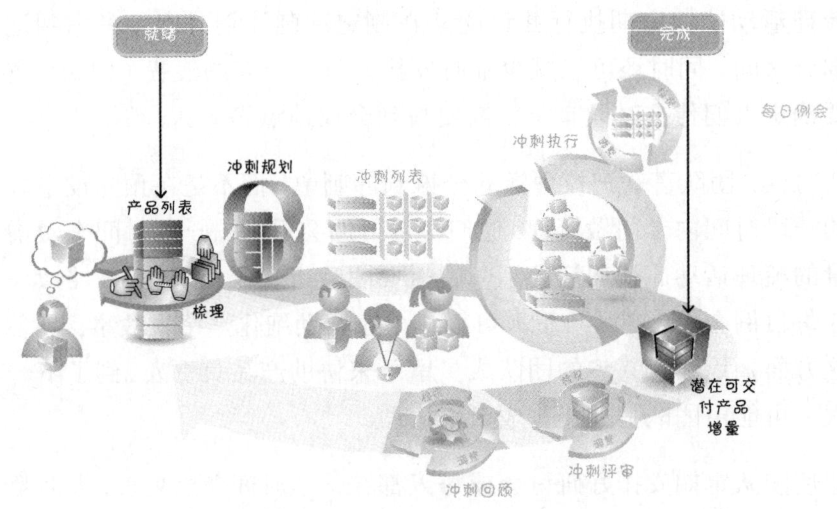

图 6.10 就绪的定义

表 6.2 “就绪的定义”检查表

	就绪的定义
❑	清楚表达业务价值
❑	有开发团队能够理解的足够多的细节，这样就能针对是否能够完成 PBI 做出明智的决策
❑	已经识别出依赖关系，不存在阻碍 PBI 完成的外部依赖关系
❑	为了完成 PBI，团队人手配备齐全
❑	PBI 做过估算、足够小、很容易在一个冲刺中完成
❑	接收标准清晰并且是可测试的
❑	如果有性能标准的话，性能标准是已经定义并且可测试的
❑	Scrum 团队很清楚在冲刺评审中如何演示 PBI

为“就绪”确定一个有说服力的定义，将极大提升 Scrum 团队成功实现冲刺目标的几率。

工作流管理

产品列表是一个至关重要的工具，能够让 Scrum 团队在面对不确定性中实现快速、灵活的工作流。产品开发中的不确定性是无法消除的。我们必须假设，具有重要经济价值的信息会源源不断地涌现，我们需要组织和管理（管理产品列表），以便能以快速、经济的方式处理这些信息，同时又保持良好的工作流。我们来看看产品列表如何支持良好的版本工作流和冲刺工作流。

版本的工作流管理

产品列表的梳理活动必须支持持续版本规划活动。如图 6.5 所示，版本可以看成是穿过一条产品列表的线。版本线上方的所有 PBI 都预计在这个版本中完成，线下方的条目则不在这个版本中。

我发现，像图 6.11 那样每个版本用两条线来划分产品列表很有用。

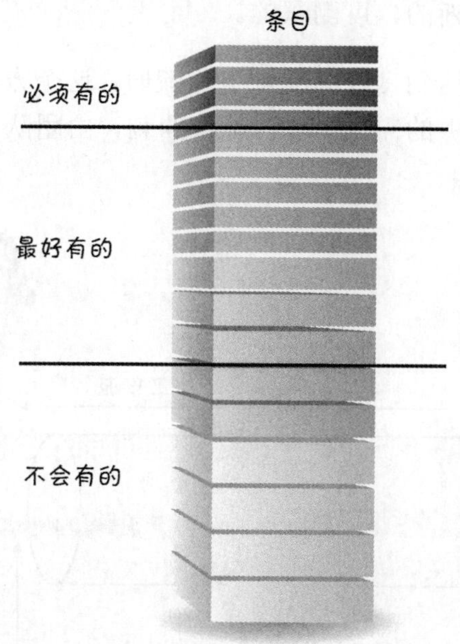

图 6.11　从版本级别看产品列表

这两条线把产品列表分成三段：“必须有的”、“最好有的”和“不会有的”。必须有的特性代表接下来版本必须要有的条目，否则就不会有一个可行的版本(吸引客户)。最好有的特性代表下一个版本打算做并希望包含在版本中的条目，不过，如果时间或其他资源不足，“最好有的”特性可以去掉，得到的产品仍旧可以交付。不会有的特性是我们宣布当前版本中不会包含的特性。第二条线，也就是把“不会有的”条目与其他条目分开的那条线，和图 6.5 中显示的版本 1 的那条线一样。

以这种方式维护列表，可以帮助我们更好地持续进行版本规划，更多相关内容请参见第 18 章。

冲刺的工作流管理

对于有效进行冲刺规划并使特性流入冲刺，产品列表梳理活动发挥着至关重要的作用。如果产品列表有适当的详细描述，列表顶部的条目就是描述清晰的、可测试的。

在做梳理活动以达到良好的冲刺工作流时，这个方法有帮助：把产品列表视为管道中的需求，它们流入冲刺，由团队设计、构建并测试（参见图 6.12）。

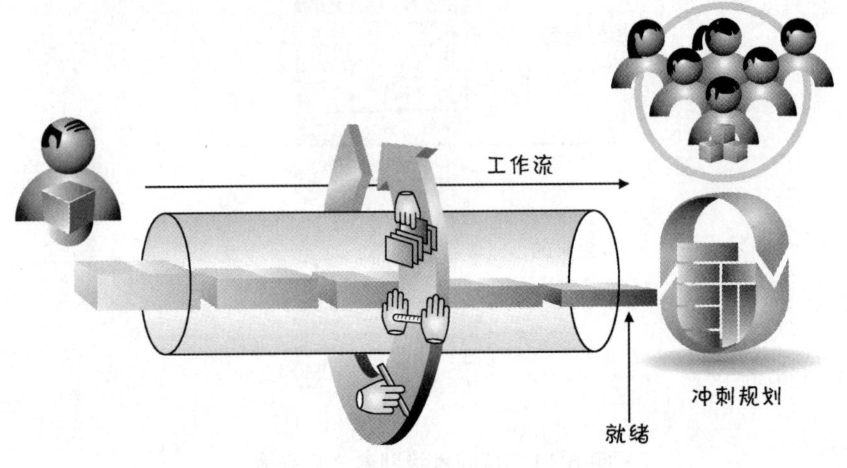

图 6.12　产品列表可以视为管道中的需求

从图中可以看出，大的、理解不够充分的需求正在流入管道。这些需求在穿过管道并且快要流出管道即将进入开发时，将通过梳理活动逐步细化。在管道右边是团队。条目在流出管道时必须是就绪的(即足够详细)，是团队能够理解并且很容易在一个冲刺中交付的。

如果流入流出的条目不匹配或不平衡，就会有问题。如果这些已经过梳理的、详细且可以实现的条目流得太慢，最终会停止流动，导致团队无法规划并执行下一个冲刺(在 Scrum 中会引起主工作流的混乱或造成浪费）。另一方面，如果把过多条目放入管道中细化，建立大量的详细需求存量，那么在我们了解更多信息后，可能需要返工或舍弃一些需求（这是浪费的主要根源）。因此，理想情况是存量中只保留足够的 PBI，保持工作流稳定，但又不至于因为条目太多而造成浪费。

Scrum 团队采取的一个方法是在列表中保留合理的存量(经过梳理的、准备就绪并可以实现的条目)。一个似乎对很多团队都有效的、有启发意义的方法是准备好两三个冲刺的故事。比如，如果团队在每个冲刺一般能做大约 5 个 PBI，那么团队在梳理列表时，任何时刻都总有大约 10 到 15 个 PBI 是准备就绪的。这个额外存量既能确保管道不干涸，还能在团队因为生产能力或其他冲刺特有的约束而需要不按顺序选择 PBI 时为给团队提供灵活性（第 19 章将进一步讨论这个话题）。

产品列表有哪些，应该有多少？

在确定需要建立哪些以及建立多少个产品列表时，我先讲一个简单的原则：一个产品，一个产品列表，即每个产品都应当有自己单独的一个产品列表，提供对整个产品的描述并对需要完成的工作排列优先顺序。

但在某些场合，在使用这个规则时需要谨慎以确保最后能得到一个可行、可用的产品列表结构。例如，在某些情况下，我们对产品的组成并不总是很清楚：有些产品非常大；有时我们有好几个不可交换的团队；有时有好多个产品，但团队只有一个。我们分别考察这些特殊情况，看它们如何影响单一列表规则。

什么是产品？

“一个产品，一个产品列表”，这个规则的问题在于我们总是搞不清楚产品具体有哪些组成部分。Microsoft Word 是一个产品，还是只是 Microsoft Office 这个大产品的一部分？如果我们只出售产品套件，是为套件建立一个产品列表，还是为套件中的每个应用程序都建立一个产品列表（参见图 6.13）？

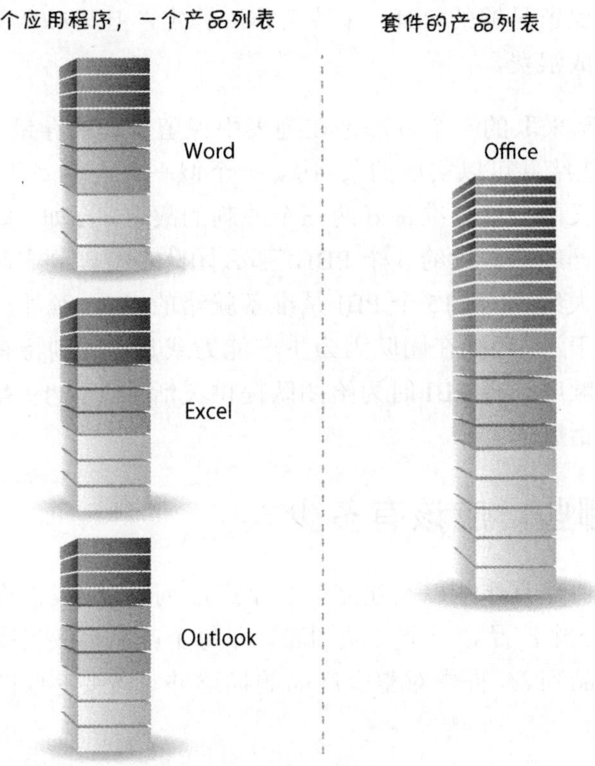

图 6.13　产品列表与产品相关

我在 IBM 工作的时候，对于“什么是产品”这个问题，我向客户给出的答案是：“只要有自己独特的产品编号（PID），就是一个产品。”这个回答的妙处在于简单。IBM 根据产品目录来销售产品，如果能在目录中写上 PID，销售人员就可以放入列表，因此它就是一个“产品”。虽然 IBM 的回答似乎过于简单，但我建议以此作为起点。产品是有价值的，客户愿意花钱买，我们也愿意打包出售。

如果是组件团队，目的是创建客户愿意购买的大产品中的一个组件，那么在使用这个规则时就要复杂一些（对组件团队的进一步讨论，请参见第 12 章）。例如，我在购买车载 GPS 时并没有购买路径算法。我购买它是因为在每次转弯时都能得到准确的图形和语音指示。路径组件不过是我这类客户愿意购买的导航设备中众多组件之一。

如果 GPS 厂商建立一个路径团队来开发路径算法，这个组件会有一个产品列表吗？或者，整个 GPS 只有一个对应的列表，路径特性会被列入那个产品列表吗？

更有趣的是，如果同一个路径组件可以放入多个 GPS 产品（每个产品都有自己的 PID），是什么情形呢？如果组件可以同时用于多种不同的设备产品，我们会更倾向于为这个组件单独建立一个产品列表吗？

由此可见，我们在开始问这样一些问题之后，就会发现这个问题越来越难回答。为了帮助我们摆脱这种处境，可以回忆一下，我们的目标是控制组件团队的数量，因而控制组件产品列表的数量也是顺理成章的事情。想想看，创建的是打包好的、已交付的、增加最终客户价值的东西。产品列表要和交付的东西保持一致。

大型产品，层级化列表

只要可能，我更喜欢采用一个产品列表的方式，即使是 Microsoft Office 这样的大型产品。不过，在应用这个规则时需要务实。在手机之类大型产品的开发工作中，可能有几十个、几百个团队，必须把他们的工作都结合到一起才能创建一个可以推向市场的设备。如果想把所有这些团队的 PBI 都放入一个可管理的产品列表，是不切合实际的（也没有必要）。

首先，这些团队的工作领域不相关。例如，有 7 个团队可能是在开发手机的视听播放器，还有 8 个团队在开发手机的网页浏览器。每个领域都会向客户交付很容易识别的价值，每个领域的工作在详细组织和排列优先级时，在某种程度上都是独立于其他领域的。

根据这些特征，大多数组织在处理大型产品时，采取的方式都是建立层级式的列表（参见图 6.14）。

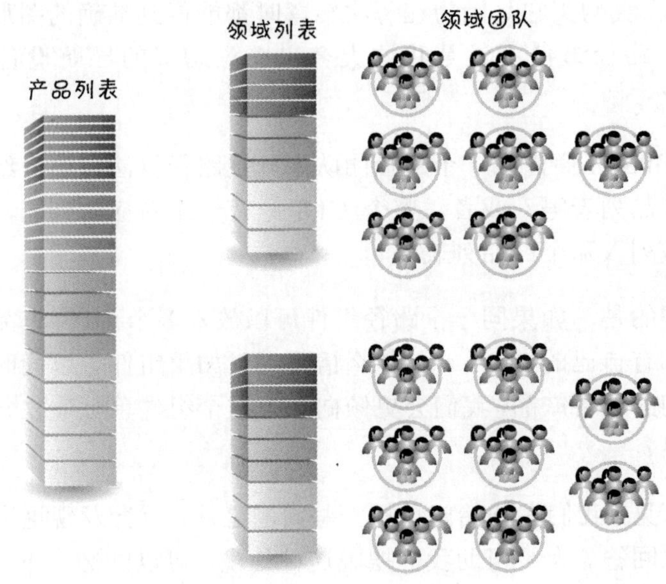

图 6.14 层级化产品列表

在层级结构的顶部仍旧有一个产品列表，对产品的大型特性（也许是一个史诗）进行描述和排序。也可能会有一个总的产品负责人，第 9 章将在这个级别进行讨论。每个相关特性领域都有自己的列表。这样，视听播放器领域有一个列表，包含在这个领域进行开发的 7 个团队的 PBI。特性领域这一级的 PBI 在工作量大小上（特性或故事大小）可能比产品列表中对应的条目小。第 12 章将根据三层企业列表模型讨论版本火车的概念：组合列表（包含史诗）、程序列表（包含特性）和团队列表（包含可以放入冲刺的用户故事）。

多个团队，一个产品列表

设计“一个产品，一个产品列表”规则，目的是允许所有开发产品的团队都能使用同一个产品列表。让所有团队都使用同一个列表，可以让我们在整个产品的层面上充分整合和优化经济因素。我们之所以能得到这个好处，是因为所有特性都已经放入一个列表，相互之间有优先级竞争关系，如果从整个产品的角度看，可以确保优先级最高的特性醒目地、按优先级排序并优先开发。

如果所有团队相互可以交换，那么任何一个团队都可以在公用列表中任选一个 PBI，这样一来，通过单一产品列表，就能体会到排列优先级的好处。但是，如果团队相互之间不可交换，会是什么情形呢？例如，一个在做 Microsoft Word 文本展示引擎的团队可能无法安排做 Microsoft Excel 计算引擎的工作。虽然不是很理想，但在某些时候，的确不是每个团队都能开发产品列表中的每个条目。

为了符合实际工作，我们必须知道每个团队能够处理产品列表中的哪些条目。从概念上讲，团队需要自己特有的列表。但实际上，并不需要在团队级别建立产品列表，而是从特定团队的角度来看公用列表（参见图 6.15）。

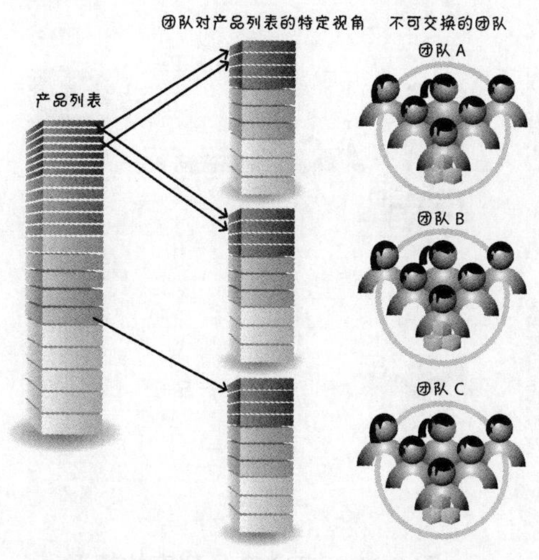

图 6.15　从团队特定的角度看产品列表

如图 6.15 所示，只有一个列表，但是按照这个列表的结构方式，团队可以只查看并选择与其技能相关的特性。

同时也要注意，在图 6.15 中，团队 C 的列表中，优先级最高的条目是从产品级列表中一个优先级不很高的条目导出的。如果不同团队之间相互可以交换，团队 C 的列表就应该对应于优先级高得多的产品级列表。因为这种情况很不灵活，所以很多组织都尽力想在高层次实现代码共享并建立可交换程度更高的团队，以便团队能够在产品多个领域中工作，组织也可以从中受益。

一个团队，多个产品

如果一个组织有多个产品，就会有多个产品列表。处理多个产品列表的最佳方式是每个产品都由一个或多个团队专职开发（参见图 6.16 左图）。

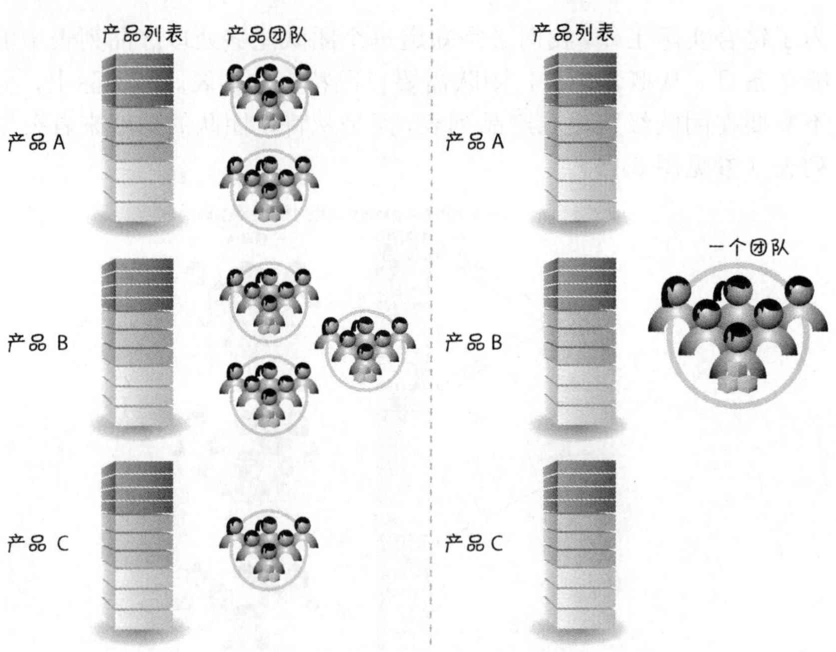

图 6.16　多个产品列表的情形

不过在有些时候，一个团队到最后需要同时处理多个产品列表（参见图 6.16 右图）。我将在第 11 章讨论，在团队或团队成员同时做多个项目时，我们的目标是尽量控制项目的数量。让团体一次只做一个产品，这是基本的解决方案同时往往也是最好的解决方案。在每个冲刺，团队只做一个产品列表中的一个条目。

但是，如果因为组织障碍而使一个团队必须同时做多个产品的工作，我们可以考虑把所有三个产品中的 PBI 合并为一个产品列表。这就需要这三个产品的产品负责人走到一起，共同确定所有产品的优先级。

即使选择维护三个独立的产品列表，也必须有人（可能是产品负责人）在每个冲刺从三个列表中收集一组排列好优先顺序的 PBI（也许是根据在冲刺中团队为每个产品分配的时间来定的），提交给团队考虑并让团队开始工作。

结语

本章讨论在面对不确定因素时产品列表对实现快速、灵活工作流发挥的重要作用。本章围绕着产品列表强调了很多结构和流程问题，例如，产品列表中有哪些类型的条目，如何梳理产品列表才能使其具备良好的特征。本章最后讨论应当有哪些列表、应该有多少个。下一章将讨论如何对 PBI 进行估算，如何利用估算结果来度量速率。

第 7 章

估算与速率

本章主要介绍估算与速率这两个概念。首先简要介绍估算与速率在敏捷规划过程中发挥的重要作用。接下来详细阐述估算的各种条目、何时估算以及如何估算。本章重点介绍如何估算 PBI，包括如何选择估算单位和如何使用规划扑克。然后探讨速率的概念，阐述在规划活动中为什么必须使用速率范围。本章还要论述新团队如何在缺乏历史数据的情况下预测速率。在本章的结尾，我会谈到如何影响速率以及速率如何被误用。

概述

在规划和管理产品开发过程中，我们需要回答一些重要的问题，例如：“将要完成多少个特性？”“我们什么时候做完？”“这需要花多少钱？”在使用 Scrum 时，为了能回答这些问题，我们需要估算产品的工作量大小并测算工作速率。有了这些信息，用特性集的估值除以团队速率，我们就能推算出产品开发的持续期可能有多长/短（以及相应的成本）（参见图 7.1）。

在图 7.1 中，如果已经给定产品列表，我们需要多长时间才能做完版本 1 中的所有特性？为了回答这个问题，必须先估算版本 1 的工作量大小。我们可以这么做：将版本 1 计划包含的每个 PBI 的单个估值相加（在这个例子中，PBI 总计 200 点）。

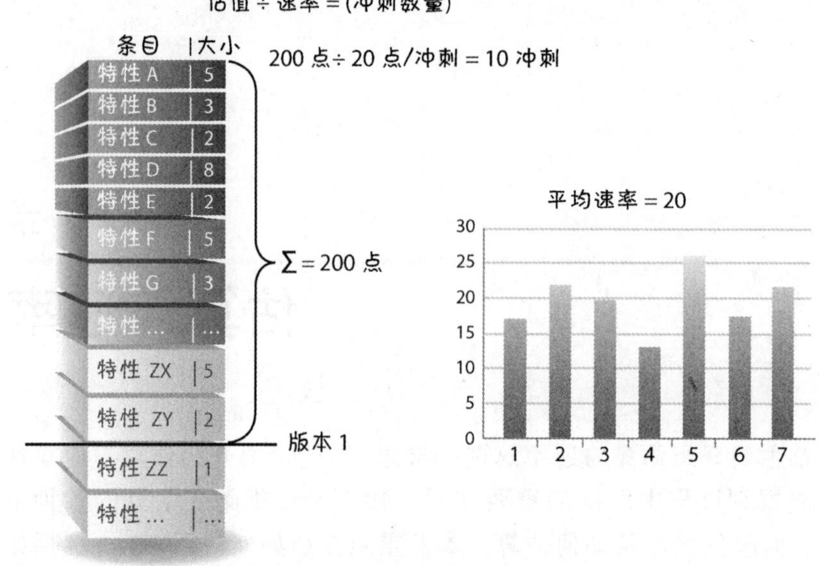

图 7.1 大小、速率和持续期的关系

只要知道版本的近似大小，我们就可以将注意力转到团队的速率上，即每个冲刺团队一般能完成多少工作。速率比较容易测算。在每个冲刺结束时，完成的每个 PBI 的大小估值的总和就是速率；如果还有一个条目没有完成，就不算入速率。在一个冲刺内所有已完成 PBI 的大小之和即为该冲刺的团队速率。图 7.1 显示了之前 7 个冲刺的团队速率数据。注意，平均速率是 20。

既然已经有估值和速率，就可以计算（推导出）持续期。为此，我们只需用大小除以速率即可。如果版本 1 的大小是 200 个点，并且团队平均来说每个冲刺完成 20 点的工作，团队就需要 10 个冲刺来完成版本 1（要想进一步了解版本规划的描述，请参见第 18 章）。在本章的后半部分，我会解释用速率范围来估算为什么比用平均速率更精确，但为了说明方便，此处使用平均速率。

虽然大小、速率和持续期之间的基本关系不变，但是根据具体开发阶段、想要测的内容以及如何使用测量数据，有些细节会发生变化。让我们进一步看看估算和速率，了解它们如何根据具体事情和时机而变化。

何时估，估什么？

在图 7.1 中，在计算版本持续期的过程中，我们使用故事点来表示 PBI 的预估工作量大小。但在产品的整个生命周期中，需要在不同粒度级别上进行预估，因此，我们会使用不同的单位（参见图 7.2）。

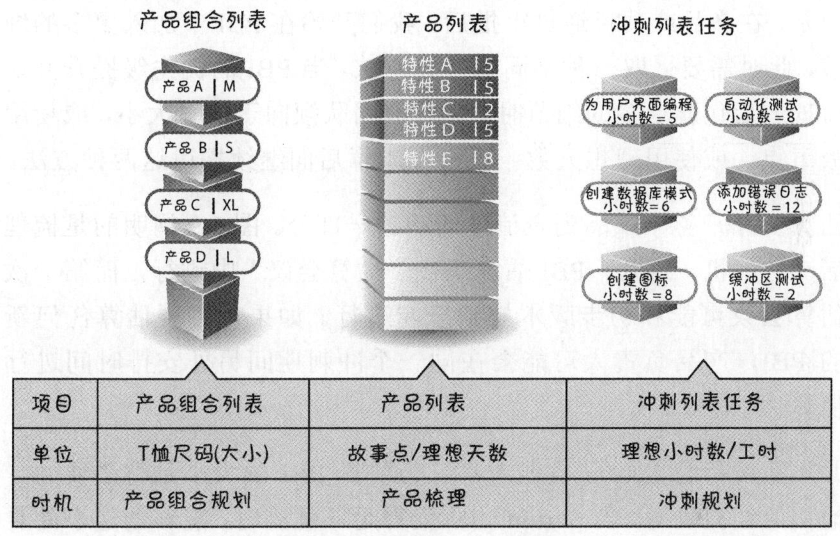

项目	产品组合列表	产品列表	冲刺列表任务
单位	T恤尺码(大小)	故事点/理想天数	理想小时数/工时
时机	产品组合规划	产品梳理	冲刺规划

图 7.2　何时估，估什么

为了做好计划，大多数组织会在三个不同的细节层面做估算。这些估算发生在组合列表、产品列表和冲刺列表三个层面。我们来逐一研究。

组合列表条目的估算

虽然组合列表并不是正式 Scrum 的一部分，但是很多组织都维护着这样的列表，其中包含按优先级排序的各个产品（或项目）列表。为了正确排列优先级，我们需要知道每个条目大概的成本。正如第 5 章所提到的，在刚开始确定成本时，通常还没有完整而详尽的需求集，所以不能使用标准技术来估算每个单独的、详细的需求并汇总算出总成本。

相反，为了估算组合列表中的条目，很多组织选择使用粗略、相对的估算，就像 T 恤衫的尺码一样（比如小号、中号、大号、特大号等）。我会在第 16 章讨论如何使用 T 恤衫的尺码做产品组合规划。

产品列表条目的估算

但是，在产品或项目通过审批后，我们开始在 PBI 中加入更多的细节，此时需要采取一种不同的估算方法。当 PBI 的优先级提升并在梳理之后包含更多的细节时，大多数团队倾向于估算大小，或使用故事点，或使用理想天数。我会在本章后面继续探讨这两种方法。

估算 PBI 是整个产品列表梳理活动的一部分。图 6.9 阐明的是梳理活动的时机。通常，PBI 估算是在“估算会议”中进行，而第一次估算会议可能和初步版本规划一起进行。如果还需要估算任何新的 PBI，产品负责人可能会在同一个冲刺期间另外安排时间进行估算。

并不是所有的 Scrum 实践者都认为估算 PBI 的大小是有必要的。他们的经验表明，当 Scrum 团队变得足够优秀时，能够创建小而且大致相同的 PBI。他们发现，估算小的、大小相近的条目纯属浪费时间。所以，他们只是算一下 PBI 的数量。他们会使用速率的概念，但这是以每个冲刺中完成的 PBI 的总数来计算的，而不是用一个冲刺中完成的 PBI 的大小之和。

虽然我能理解他们这种“不需要估算”的论断，但我还是倾向于估算 PBI，原因如下。

- 正如第 5 章所谈到的，并非所有 PBI 都能在同一时刻保持同一大小，所以，即使有一组更小的、大小相近的条目，但列表中始终都有更大的 PBI。
- 团队需要一些时间才能学会将 PBI 分解到大小相近的程度。

- 为了达到相同的大小，团队可能会生拆故事。
- 最后而且最重要的是，估算的首要价值之一是在估算交流过程中获得的认识。要求大家进行估算，立刻就会有不一致的意见浮出水面，暴露假设，这样做最能激发有益的讨论。如果不做估算，则需要另外一种有效的替代方法。

任务估算

冲刺列表中最详细的条目就是任务。大多数团队选择在冲刺计划过程中排列任务大小，好让自己有信心做出合理的承诺。

任务按照理想时（也称工时或人时）来排列大小。在图 7.2 中，团队估计做图形界面任务需要 5 个工时才能完成。那并不意味着实际需要耗费 5 个小时。一个人可能几天才能图形界面编程或者几个人合作不到一天。它只说明团队完成这个任务需要多少工作量。我会在第 19 章谈到冲刺规划细节的时候，详述如何进行任务估算。

PBI 估算的概念

虽然三个级别的细节都比较重要，但是本章的剩余部分将着重探讨产品列表级别的估算。在估算 PBI 的时候，Scrum 团队要使用几个重要的概念（参见图 7.3）。

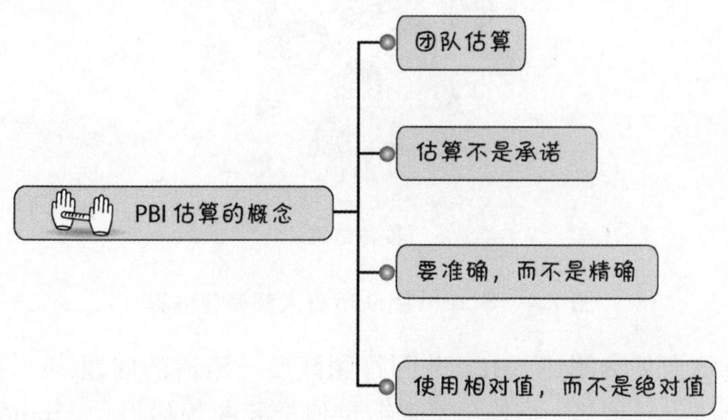

图 7.3　PBI 估算的概念

下面仔细研究每个概念。

团队估算

在很多传统组织中，项目经理、产品经理、架构师或主程序员可能负责预估。然后，其他团队成员评审和讨论。在 Scrum 中，我们遵循一个简单的规则：大家一起估算。

为了清楚起见，我所提到的负责完成工作的人，是指实际动手设计、构建并测试 PBI 的开发团队。产品负责人和 ScrumMaster 是不做估算的。在做 PBI 估算的时候这两个角色都在场，但并不实际参与估算（参见图 7.4）。

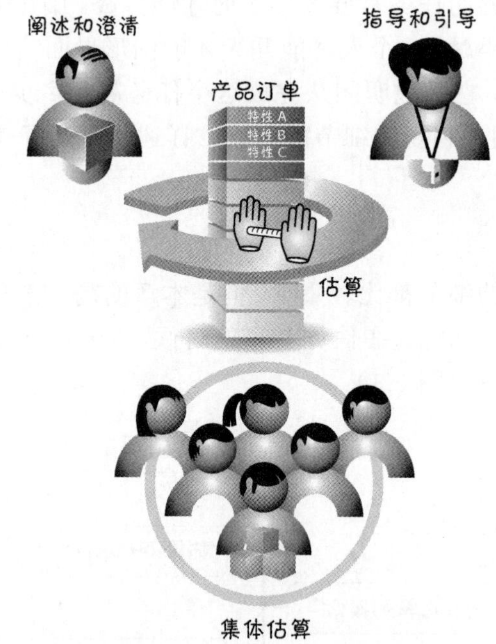

图 7.4　Scrum 团队所有人都参与估算

产品负责人负责阐述 PBI，并回答团队要求澄清的问题。产品负责人不应该引导或者“锚定”团队锁定他想要的预估值。ScrumMaster 角色的目的是帮助指导和引导估算活动。

最终目标是开发团队能够集体确定每个 PBI 的大小。根据专业领域的不同，每个人理解故事的视角也不同，所以让开发团队的每个成员参与估算非常重要。

估算不是承诺

估算不是承诺，重要的是我们不能这样认为。这个声明常常让经理很头疼："不让团队对估算做出承诺，这是什么意思呢？如果他们不做承诺，我们怎样获得精确的估计？"

当这个话题出现在我的培训课程上时，我做了一个简单而直观的演示来阐明这个观点。我拿着一张便笺纸说："想象一下，我要你们估一下这个故事的大小，你们告诉我它这么大。"然后我用双手说明具体大小，如图 7.5 左图所示。

最初的估算

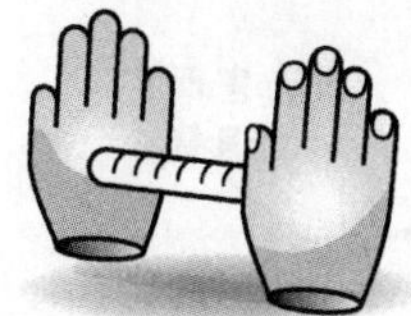

修订后基于承诺的估算

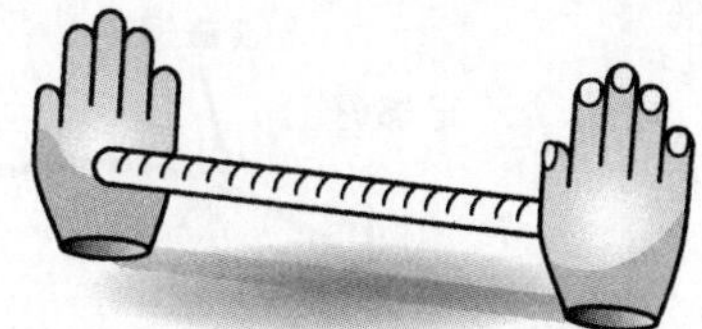

图 7.5　承诺对估算的影响

接着，我大概这么说："噢，我忘了提一句，你们明年的全部奖金依赖于你所做出的正确估算。我现在给你们重新估算的机会。"这时，我开始分开我的双手以显示逐步增大的估算（参见图 7.5 右图）。然后我经常这样说："嘿，告诉我什么时候可以停，我的臂长有限。我可不是篮球运动员！"

道理很清楚。如果我让大家估算一个故事的大小，肯定期望得到一个较为实际的估值。如果告诉他们奖金基于正确的估算，那么每个人、包括我自己都会给出一个比开始大得多的估值。

估算应该靠谱。我们不想因为外因而人工放大。这会导致日程表被夸大，变成团队成员往上加和管理层往下减的抛球游戏。最后，由于被不同的人改来改去，我们根本无法准确理解这些数字。

准确与精确

估算应该准确，但不必过分精确。我们都曾经参与过一些产品，其估算精确到几近荒唐的程度。例如，某产品的估算是 10 275 人时，而另外一个产品的预计成本是 132 865.87 美元。

做这些错误的、过于精确的估算纯属浪费。首先，做这种估算浪费精力；其次，当我们骗自己认为已经理解一些东西（实际上并不理解）进而做出重要的、错误的并且代价高昂的商业决策，这也是一种浪费。

我们应该投入刚好够用的工作量，得到一个刚好的、大致正确的估值（参见图 7.6）。

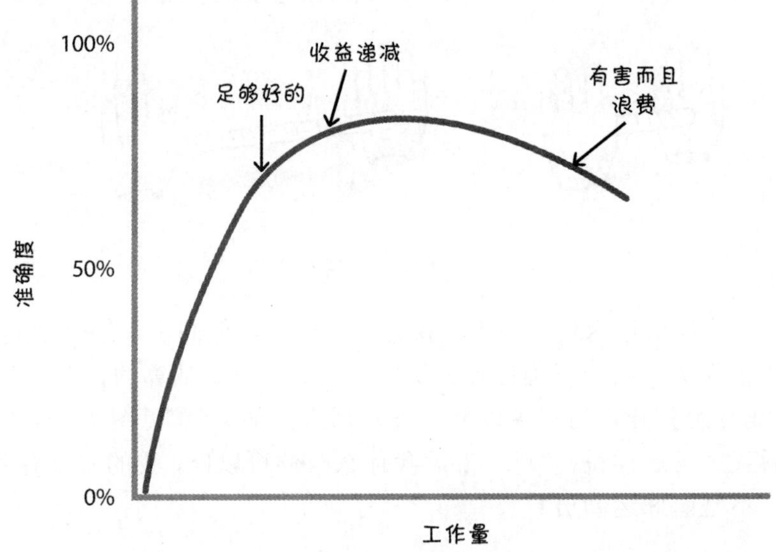

图 7.6　做估算时工作量和准确度的对比

在做估算时，有一个收益递减的点，在这个点之外，额外投入任何时间和精力都不会使估算更准确。在这个点之外，就属于浪费时间，越考虑低价值的数据，越可能对估算的准确性产生负面影响。

估算相对大小

我们应该使用相对大小而不是绝对大小来估算 PBI。比较所有条目，然后确定某个条目和其他条目的相对大小（参见图 7.7）。

如图 7.7 所示，虽然讨论一个玻璃杯相对于另一个有多大比较容易，但对每个玻璃杯能容纳多少绝对数量的液体，我可能并没有概念。

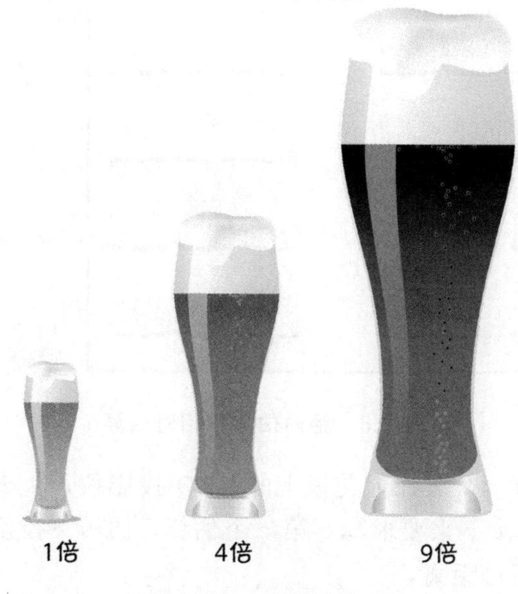

图 7.7 估算相对大小

根据个人的观察，我确信人们对相更擅长对大小进行估算，而不是绝对大小。下面用一个我在培训课上使用的例子来说明这一点（参见图 7.8）。

我先走到教室的一侧，面对着另一面墙。首先，我要求房间里的所有人写下他们认为我到另一面墙的距离，使用绝对的单位，例如英尺或者米。（我要求在数顶篷瓷砖的家伙不要作弊！）

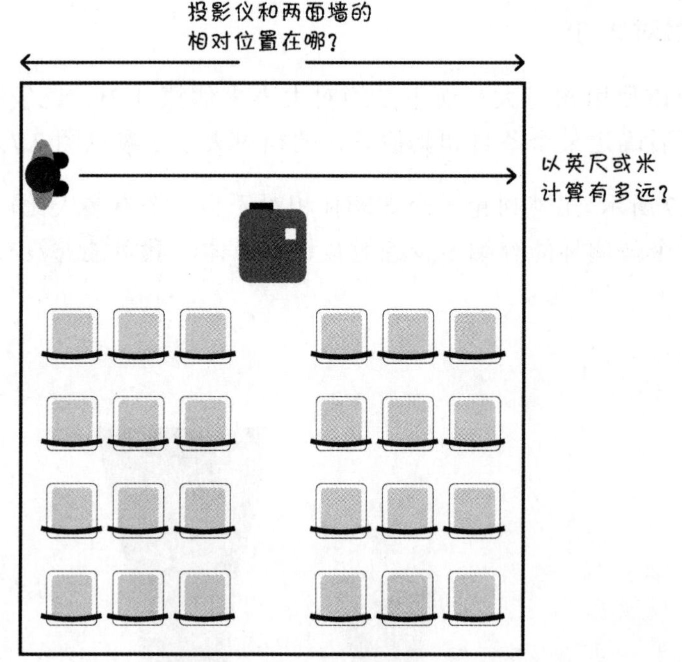

图 7.8　绝对估算和相对估算

很多教室都有一个装在天花板上的 LCD 投影仪，大概在屋子的中间。所以，我接下来要求写下第二个估算，估一下投影仪到对面墙和我之间的相对距离。

我几乎每次都得到相同的结果。在一个 30 人的班上，当我问这个问题时："我到对面墙的绝对距离有多远？"通常会得到 27 个不同的答案。然后我问："相对于我和对面墙，投影仪的位置呢？"30 个人里面 29 个都会回答："大概中间。"第 30 个人开了个玩笑，说："应该在 5/11 的位置！"

是的，这并不是严格的科学实验，但是大多数人好像很快都赞同他们实际上更擅长判断相对大小而不是绝对大小。可供参考的是，有时投影仪距离我是 1/3 或者 2/3 的房间的长度，在那些情况下，结果也几乎总是相同：大多数人都写下了同一个相对距离。

总而言之，如果要求大家做估算，应该用大家都擅长的技术（相对估算），而不是不擅长的（绝对估算）。

PBI 估算的单位

虽然 PBI 的大小估算没有标准单位，不过目前最常用的两个单位是故事点和理想天数。两者之间并不存在谁对谁错。在我工作过的组织中，七成使用故事点，另外三成使用理想天数。让我们来逐一研究。

故事点

故事点用于衡量 PBI 的大小和数量。故事点受很多因素的影响，如复杂度和实际大小。故事不一定是看起来大就大。故事本身可能表示开发一个复杂的商业算法。最后结果不太大，但要开发它，工作量可能会很大。另一方面，故事可能表面上很大，但其实并不复杂。例如，我们要在一个有 60 000 个单元格的工作表上更新每个单元格。单独的每个更新虽然并不难，但是更新无法自动化。这个工作我们在一个冲刺中能完成多少？虽然不复杂，却是一个很大的故事。

故事点结合复杂性和有形大小等因素，产生一个相对比较。其目标是比较各个故事，然后说："嗯，如果创建一个记录卡是 2 个故事点，那么搜索一个记录卡就应该是 8 个故事点"，意味着搜索故事大概是创建故事的 4 倍大小。

本章开始是估算 PBI 的大小，然后用大小之和除以平均速率，由此推导出持续期。因为最终用来计算时间（持续期）的是故事点，所以故事点必须从开发团队的角度反映和故事相关的开发工作。

理想天

另一个估算 PBI 的方法是使用理想天数。理想天数是很常见的单位，它代表完成一个故事需要多少个工作日或人天。理想时间和消逝时间不一样。在理想情况下，美国足球比赛有四节，每一节有 15 分钟（所以在理想情况下是一个小时的比赛时间）。但是，比赛实际上大约需要 3 到 3.5 个小时。

前面说过，选择故事点还是理想天数，并没有对错之分。但是，影响理想时间的一个重要因素可能会引发误解。

例如，现在是周二下午早些时候，我向你展示一个 PBI 并问："这个 PBI 有多大？"你说："两天。"我说："好，这样你在周四下午早些时候可以做完。"你说："不，我要在今天下午和明天（周三）做完一个两天的工作。我需要一整天才能跟上，所以我可能可以在周四开始做这个 PBI。但因为我并没有整天都做这个 PBI，所所以我想我应该在下周一的某个时间做完。"然后我说："我不懂。你跟我说它是一个两天的 PBI，所以应该在周四做完。"你说："我是说两个理想天，不是两个自然天。请不要把我的理想天直接对应到日历上，不能这么玩儿。"

对于我曾经一起工作过的三成成功使用理想时间的组织，他们的评价是："对，但我们没有类似的误解。我们可以告诉他们两天，他们知道不是日历上的两天。"

如果在你的组织里不太会招致误解，理想时间可能更好一些。如果觉得有人会误解理想时间，最好采用故事点。

故事点和理想时间也存在其他差别，但误解是最大的问题之一。在我的培训课上，有位学生在和她的同事说起两者时如此总结："瞧，我在这里工作了 15 年，一直在用理想时间，但它根本没用。说实在的，我想试试其他方法。"

规划扑克

规划扑克是按大小排列 PBI 的一种技术，先由 James Grenning（Grenning 2002）提出，后由 Mike Cohn（Cohn 2006）推广普及。规划扑克建立在一些重要的概念之上（参见图 7.9）。

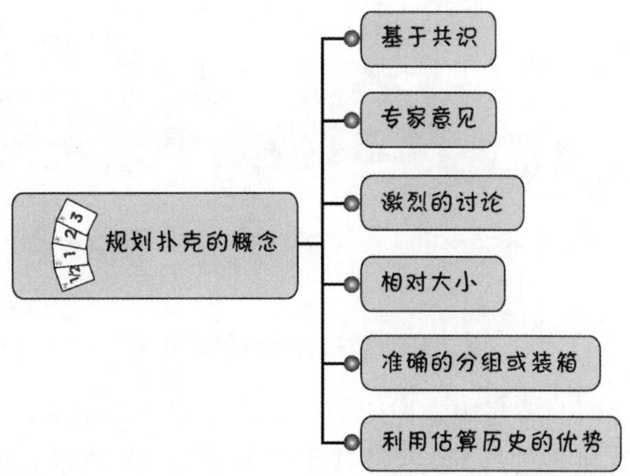

图 7.9　规划扑克的概念

规划扑克是一种基于共识的估算工作量的技术。计划做一个 PBI 的有相关知识的人（专家）参与激烈的讨论，暴露假设，取得共识，确定 PBI 的大小。规划扑克准确地把相似大小的条目分组或装箱从而产生相对大小的估算结果。团队可以用已有的 PBI 估算历史数据更轻松地估算下一组 PBI。

估算

为了进行规划扑克活动，团队必须决定用什么数字范围或者序列来给估算结果赋值。因为目标是准确但不过分精确，所以我们并不倾向于使用所有的数字。相反，我们倾向于使用这样一组数值范围：在这个范围内的小的一端有更多数字，而在这个范围内的大的一端则有较少数字，它们之间的间隔更大。

最常用的数值范围是由 Mike Cohn 提出的，部分基于修改过的斐波纳契数列：1，2，3，5，8，13，20，40 和 100。有些团队使用基于 2 的幂：1，2，4，8，16，32，……

使用这种数值范围时，我们将大小相近的 PBI 分组或装箱在一起，然后给它们赋予相同的值。为了说明这个概念，假设我们在邮局工作，需要把相似大小的包裹分装在同一个箱子里（参见图 7.10）。

图 7.10　装箱方式的规划扑克

在收到包裹时，需要决定把这个包裹放到哪个箱子里。由于同一个箱子里所有包裹的外形、尺寸或重量各不相同，所以我们需要仔细查看箱子里当前的包裹，为它找到最适合的箱子。一旦找到最合适的箱子，我们就把包裹放到箱子里，然后接着拿下一个包裹。显然，我们往箱子里放的包裹越多，按大小排列后续的包裹和装箱就更容易，因为我们有更多参考点进行比较。

为了避免过分精确，我们并没有一个“4 个大的箱子”（假设我们使用斐波纳契数列数值范围）。所以，当我们拿到一个包裹时，觉得比 2 大，但是比 8 小，就把它放入“3 个大的箱子”，或把它放入“5 个大的箱子”。

活动规则

在进行规划扑克活动时，整个 Scrum 团队都得在场。在这个会议上，产品负责人介绍、描述和澄清各个 PBI。ScrumMaster 引导团队巧用规划扑克。ScrumMaster 还要注意观察，如果发现人们的身体语言或沉默不语反映他们好像不赞成估算结果，就要帮助他们参与估算过程。开发团队要共同协作产生所有的估算结果。

每个开发团队成员都有一套规划扑克牌（参见图 7.11）。

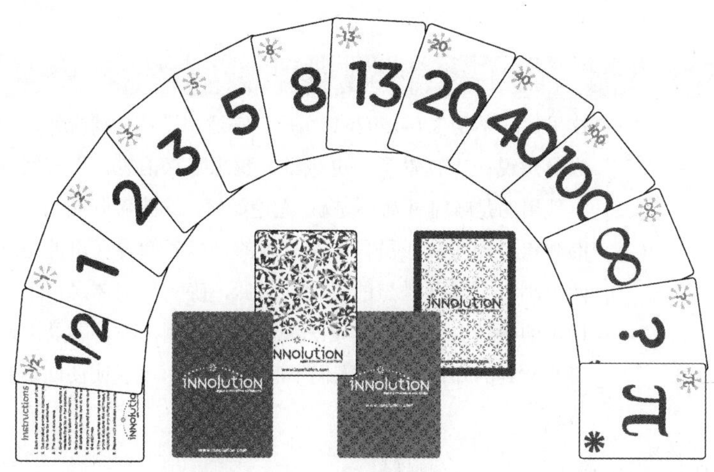

图 7.11 Innolution 规划扑克牌

表 7.1 对它们进行了泛泛的解释。

表 7.1 规划扑克牌的一般性解释

扑克牌	解释
0	未显示在图 7.11 中，但是有些扑克包含这张牌，表示条目已经完成或者条目太小以至于给出一个数字没有什么意义
1/2	用来标记微小的条目
1，2，3	用来标记小的条目
5，8，13	用来标记中等大小的条目。对很多团队来说，标记 13 的是他们能在一个冲刺中安排的最大的条目。他们会把任何大于 13 的条目分成一组更小的条目
20，40	用来标记大的条目（例如，特性或者主题级别的故事）
100	或者是一个非常大的特性，或者是一个史诗故事
∞(无穷大)	说明条目太大，即使给出数字也没有什么意义
?(问号)	说明一个团队成员不理解某个条目，要向产品负责人提出问题，希望能得到进一步澄清。有些团队成员也会用问号暂时放弃对当前条目进行估算通常是因为这个人对当前的条目没有任何概念，不知道如何估算。虽然不估算也可以，但是不参与却不能接受！这样，正是因为某个人很难给出一个估算，所以这个问号表明他必须得参与对话，尽到帮助团队找到一致的估算结果

续表

牌	解释
π(pi)	这里，pi 不是 3.1415926！相反，它适用于这种情况：某个团队成员想说："我累了，也饿了，我想吃点馅饼！"有些规划扑克使用的是咖啡杯而不是π。无论如何，这张牌强调了一个重要的观点，即团队成员只能在有限的一段时间内（可能是一个或两个小时）展开激烈的讨论。然后，确实需要休息一下，否则讨论的热情会变成想方设法快速完成估算，不再顾及准确度或可能学到的知识。如果人们举起π这张牌，就说明团队确实需要休息

规划扑克的规则如下。

- 产品负责人选择一个需要估算的 PBI，然后把它读给团队听。
- 开发团队成员讨论这个条目，并向产品负责人提出要求澄清的问题，产品负责人回答这些问题。
- 每个估算者私下选择一张牌代表他的估算。
- 一旦每个人都做出自己的选择，就同时亮牌。
- 如果大家选的牌一样，就说明达成了共识，这个共同的数字就是该 PBI 的估算。
- 如果大家的估算不同，团队成员就开始展开集中讨论，暴露假设和误解。通常，我们先要求给出最高和最低估算的人解释或者说明他们的估算是合理的。
- 讨论之后，我们返回到第 3 步，重复上述步骤直到最后达成共识。

在规划扑克中，我们不用平均数，也不使用数值范围（牌）之外的数字。目标不是为了妥协，而是让开发团队从团队的角度对故事的整体大小（工作量）达成共识。通常两三轮出牌后就能取得共识，在这个过程中，团队成员的集中讨论有助于大家对相关故事的完成情况取得共识。

好处

规划扑克可以使团队里参与此项工作的不同个体聚在一起，对准确的估算结果达成共识，这常常胜于任何个人做的估算。

前文提到，敏捷社区里有些人认为估算 PBI 不值得做。但是，规划扑克激发的 PBI 相关热议很有价值。根据我的经验，在要求人们为 PBI 给出一个预估大小时，实际上是在激发人们思考 PBI 的细节，让所有假设都显露出来。

规划扑克的价值主要体现在讨论和团队成员分享他们对 PBI 的进一步理解。我希望他们也能获得 PBI 的大小估算；但是，我更关心他们已充分了解 PBI。如果做到了，团队的投入就会得到较好的回报。

什么是速率？

速率是每个冲刺完成的工作量。速率是在冲刺结束时由已完成的所有 PBI 大小之和来衡量的。一个 PBI 要么已完成，要么未完成。产品负责人从未完成的条目中得不到任何价值，所以速率并不包含未完成 PBI 的大小。

速率衡量的是产出（交付的大小），而不是成果（交付的价值）。我们假定如果产品负责人已经同意团队要做一个 PBI，那么这个 PBI 对他来说肯定有价值。但是，完成大小为 8 的 PBI 并不一定比大小为 3 的 PBI 交付更多商业价值。也许大小为 3 的 PBI 价值较高，所以我们就先做（因为价值高而成本低），然后我们再做大小为 8 的 PBI（因为价值低而成本高）。

使用速率有两个重要的目的。首先，它是 Scrum 计划的基本概念。对于版本级别的计划，如图 7.1 所示，版本大小除以团队的平均速率，就可以算出需要多少个冲刺才能完成这个版本。而且，在做冲刺计划时，团队的速率可以用来帮助确定团队在下一个冲刺中能完成多少工作量（更多细节请参见第 19 章）。

团队还可以使用速率作为诊断性指标，用来评价和提高使用 Scrum 来交付客户价值的能力。通过观察自己随时间变化的速率，团队能够深入洞察具体流程变化如何影响重要的客户价值交付。

计算速率范围

为便于做计划，速率用范围来表示往往最有用，例如“这个团队通常每个冲刺能完成 25 到 30 个点。”使用范围值可以使我们准确但同时又不至于过分精确。

有了速率范围，我们就可以更准确地回答如下问题：“我们什么时候做完？”“我们能完成多少条目？”“所有这些需要花费多少成本？”因为大多数类似问题会在产品开发早期提出，其时我们对产品知之甚少，不可能给出特别精确的答案。通过使用范围，我们可以传达出这种不确定性（参见图 7.12）。

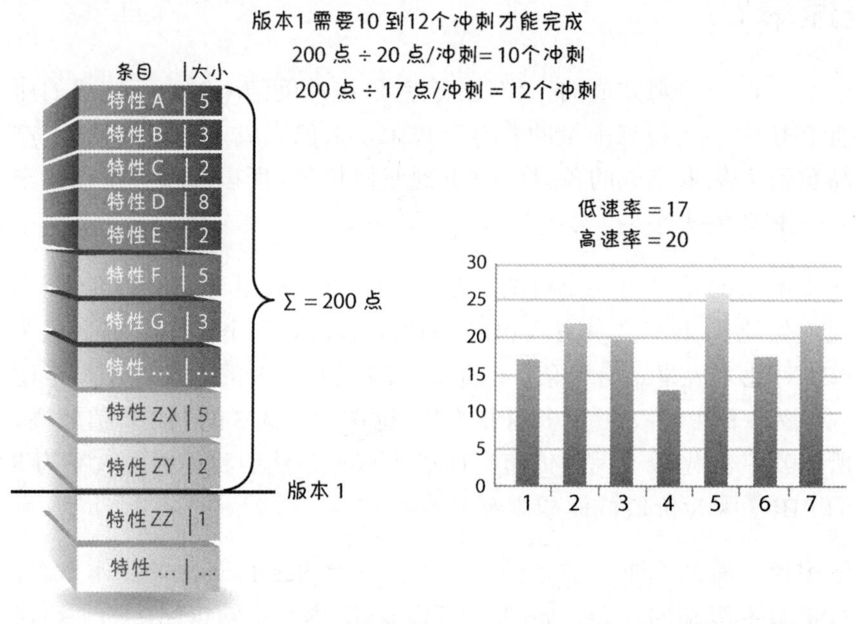

图 7.12　计算和使用速率范围

在这个例子中(图 7.1 的修订版)，声明的并不是为完成该版本所有条目而需要多少个准确的冲刺（在我们看来，这个数字很可能是猜的），而是对这个问题给出一个范围。为了计算得到这个范围，需要知道团队的两个速率。如果版本的工作量大小除以团队的较快速率，我们就得到最少冲刺数。如果将版本的工作量大小除以团队的较慢速率，就得到最多冲刺数。

使用一些简单的算术（比如高低平均值，90%的置信区间等），我们可以轻而易举地从团队的历史速率数据（本例中是 17 和 20）得到两个速率。在第 18 章，将提供更多相关细节来回答这三个问题：“什么时候做完？”“能完成多少条目？”“需要花多少成本？”

预测速率

在前面的例子中，我假设团队有历史速率数据，所以能够用来预测未来的速率。当然，有一个稳定团队的好处是能够取得他们的历史数据（稳定团队有哪些好处，更具体的讨论可参见第 11 章）。但如果团队是新组建的，成员以前没有一起工作过，因此也没有历史数字，如何处理？我们必须预测。

预测团队速率的一种常用方法是，让团队执行冲刺计划，确定团队能在一个单独的冲刺中完成承诺交付的 PBI。如果承诺靠谱，我们就可以简单地把承诺完成的各个 PBI 估算结果的大小累加在一起，用它来作为团队的预测速率。

因为我们真正需要的是速率范围，所以可以让团队为两个冲刺做计划，然后把其中一个预估的速率数作为较大值，而另一个作为较小值（两个预估值很可能不一样）。或者，我们可以凭直觉根据其他团队的历史数据来调整预估速率，然后把一个预估值转换成有两个预估值的范围。

一旦团队做过一个冲刺，我们就可以得到一个实际的速率，此时应该丢弃预测速率而使用实际速率。而且，随着团队逐步建立实际的速率历史，我们应该计算平均值或者使用其他的统计方法，得到一个速率范围。（参见 Cohn 2009，其中有更多例子）

影响速率的因素

你相信一个团队的速率会随着时间的推移而逐渐增长吗？一位高管曾经这样对我说：“去年我团队的平均速率是 30 点每个冲刺。今年我期望团队能达到 35 点每个冲刺。”这位高管相信团队的速率与图 7.13 中的趋势 1 相对应。

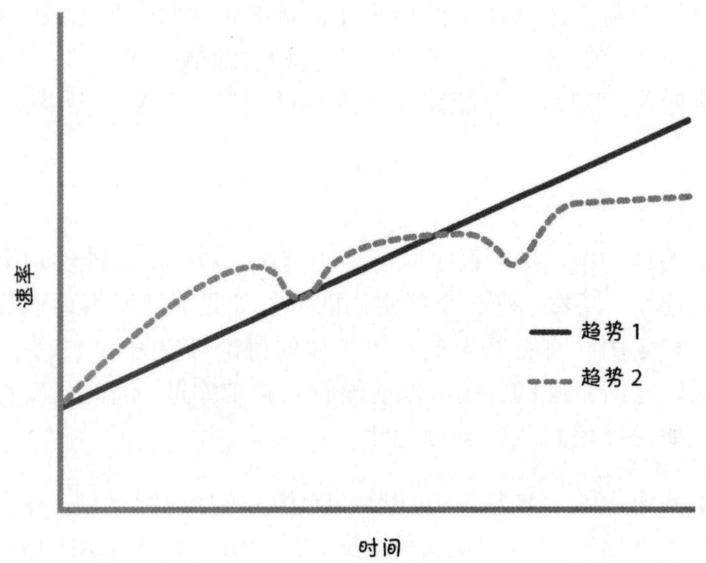

图 7.13　随时间变化的团队速率

他的推理是，如果团队一直坚持检视和调整（持续改进），团队速率也会变得越来越快。

如果一个团队能够坚持不懈地尝试改进，并且专注于交付满足强完成定义和较少技术债（参见第 8 章）的特性，我认为这样的团队能够逐渐提高速率。或者，至少到一定的时间点能够提高，这时的速率可能更稳定一些（近似于图 7.13 中的趋势 2）。

团队的速率趋于平稳，并不意味着没有上升的空间。Scrum 团队和经理有许多方法能帮助团队把速率提高一个台阶。例如，引入新的工具或者加强培训对速率提升有积极的意义。或者，经理可以策略性地改变团队的组成，以期变化最终能够引起整体速率的提升。当然，也要谨慎，因为随意调换人员到不同的团队，很可能导致速率下降。

虽然引入新工具、进行培训或者改变团队组成对速率提高可能有正面效果，但是在吸收和处理这些变化的时候，团队的速率也会有所下降（参见图 7.13 中的趋势 2）。在下降之后，可能会有一个上升的点，此处团队建立了一个新的高位稳定期，直到下一次改变使其达到下一个高位稳定期。

当然，我们确实可以做一件事来试着提高速率：加班。连续加班在一开始可能会提升速率（参见图 7.14 中的“加班”）。

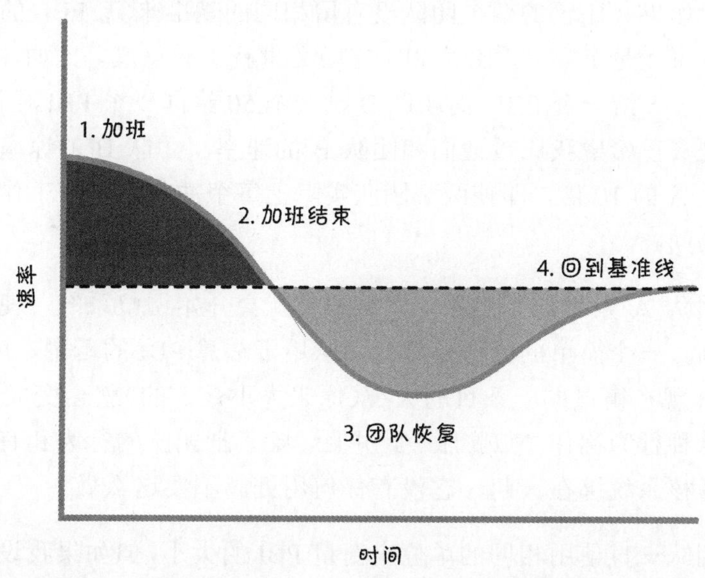

图 7.14　加班对速率的影响（基于 Cook 2008 的一幅图）

速率在经历这样的提高之后，几乎都会经历一次陡降，同时还伴有质量的下降。即使加班结束后，团队也需要一定的时间才能恢复到之前合理的基线速率。我看到过一些例子，恢复期间的低谷（速率降低区）远远大于加班期间的波峰（速率上升区）。

最后的结果是，过多加班虽然可以得到一些短期利益，但是和长期的后果相比，常常没有价值。

速率的误用

速率是一种计划工具，也可以作为团队诊断指标。它不应该作为一种绩效指标来判断团队的生产率。如果使用不当，速率反而会助长浪费和危险的行为。

例如，假设我已决定把最高的奖金发给速率最高的团队。从表面上看，这个想法好像挺明智，因为速率最高的团队肯定是每个冲刺完成最多工作的团队，对吧？既然如此，为什么不表彰这种行为呢？

不过，如果我比较的两个团队没有用相同的基准来算 PBI 的大小（很有可能是事实），比较 PBI 完成数量就没有意义。比如，团队 A 赋一个 5 给一个 PBI，而团队 B 赋一个 50 给同一个 PBI。团队 A 并不是真正希望我比较他们和团队 B 的速率。团队 B 的速率可能是团队 A 的 10 倍，即使两个团队实际上每个冲刺完成的工作在数量上相同。

一旦团队 A 发现这个问题，团队成员就会开始调整系统，使其速率变高。一个简单的方法是改变团队用于估算 PBI 的范围。所以，团队 A 现在衡量同一条目的大小(原来大小是 5 的)就会变成 500。我把这种行为称作“点膨胀”，并且，除了把团队的行为和有误导性的考核系统绑在一起，它没有任何用处。不要这么做。

即使团队一直使用相同的单位来衡量 PBI 的大小，但如果我设置奖励系统，就会得到我想要的结果（点膨胀）。

比点膨胀更糟的是，团队会抄近道，完成“更多”的工作，取得更高、更合心意的速率。这样做的结果是技术债升级。

一天结束时，我们判断速率的标准应该是它怎样帮助我们执行准确的计划以及它如何进一步帮助团队自我改进。任何其他形式都会助长错误的行为。

结语

本章讨论如何估算大小，如何测量速率，如何计算持续期。具体说明估算如何应用于产品组合级别的条目、产品列表级别的条目和冲刺中的任务。具体讲解 PBI，讨论和估算 PBI 相关的重要概念，包括故事点和理想天数。接下来介绍规划扑克，我们常用它来估算 PBI。

随后，从估算转移到讨论速率，介绍如何使用速率。我强调速率范围表示比单个数字更有用。然后，简要提及为新团队预测速率的一些方法。最后讨论速率的用法及其被误用的几种常见情形。下一章重点关注技术债的概念以及在使用 Scrum 时如何处理技术债。

第 8 章 技术债

在本章中，我们将探讨技术债的概念。首先定义技术债，它包括低级技术债、不可避免的技术债和策略性技术债。接下来仔细研究技术债的一些共同起因，讨论累积技术债的后果。然后描述与技术债相关的三个活动：累积技术债的管理、技术债的可视化和技术债的偿还。最后专门强调 Scrum 开发过程中如何做好这些活动。

概述

Ward Cunningham 率先提出技术债的概念（Cunningham 1992）。他对技术债的定义如下：

> 代码写好就交，意味着欠债的开始。稍微欠点儿技术债的确可以加快开发速度，但前提是事后及时重写代码，……如果只借不还，后果很危险。在不准确的代码上所花的每一分钟，都算是技术债的应付利息。不稳固、脆弱的代码实现所引发的债务负担，会使整个工程组织陷入裹足不前的艰难境地……

Cunningham 用技术债这个隐喻来向他的业务团队解释快速创建软件来获得反馈有哪些好处。不过，他同时也强调了两个关键点：团队和组织在深入了解业务领域的同时，还要注意偿还技术债；系统的设计和实现需要跟进以便能够更好地运用这些认知。

自从 20 世纪 90 年代初技术债的概念被提出之后，软件行业对

Cunningham 的定义做了一些改动。如今，技术债既指我们有意选择的捷径，又指许多损害软件系统的不良实践。具体包括以下几种。

- 不合适（糟糕）的设计——因为当前所用技术或业务发生重大改变，我们之前曾经有效的设计变得不再适用。
- 缺陷——我们已知但还没有时间解决的软件中的问题。
- 测试覆盖不充分——有些地方我们明明知道该做更多测试却没有做。
- 手工测试过多——实际该做自动化测试的时候我们还在做手工测试。
- 集成和版本管理不善——在做集成和版本管理的时候，采用的方式既费时又容易出错。
- 缺乏平台经验——例如，我们的大型机应用需要用 COBOL 来写，但身边精通 COBOL 的程序员却不多。
- 如此等等，技术债这一术语如今已被用于泛指任何一个复杂的问题。

Cunningham 的本意并不是用技术债来指团队成员或业务人员不成熟或流程缺陷而导致设计粗糙、工程实践糟糕和测试不足。这些技术债是可以消除的，只要能够提供适当的培训，能够更好地理解技术实践的运用，能够做出合理的业务决策。因其产生时不可靠且频繁偶发的本质，我把这种债务称为“低级技术债”，其他称呼还有：草率的技术债（reckless debt，Fowler 2009）、无心的技术债（unintentional debt，McConnel 2007）或混乱（mess，Martin 2008）。

此外，还有一种不可避免的技术债，通常无法预测，也无法预防。例如，良好的设计是怎么得来的，我们对这方面的认知来源于设计工作并在此基础上构建对用户有价值的特性。我们无法事前完美预测产品和设计随时间的推移需要如何演进。如此一来，随着我们完成重要的认识循环并获得经验认知，可能需要修改早期做出的设计和实现决策。这种受影响而必须做的改动就是不可避免的技术债。

再比如，假设我们许可一个第三方组件在我们的产品中使用，该组件的接口随时间的推移而不断发展。我们这个曾经让第三方组件很好运行的产品还是欠下了技术债，尽管我们自己没有任何过错。这种债务可以预测（随时间推移而改变组件接口，这样的假设合情合理），但无法避免，因为我们无法预见组件开发人员将来怎样进一步发展该组件。

最后一种技术债是策略性的技术债。这种债务可以作为一种工具，帮助组织从经济角度更好地量化和权衡重要的（往往时效性强）决策。例如，组织可能有意做出一个策略性决定，打算在产品开发过程中抄近道，希望实现一个重要的短期目标，比如把某个时效性强的产品推向市场。此外，资金短缺的组织有产品未做成钱却已烧光的风险，因此，削减初期开发成本，把带有技术债的产品推向市场，等有收益之后再用自筹资金进行后续开发，这恐怕是资金短缺的组织免死于部署前夜的唯一出路。

无论债务是怎样产生的，技术债都是一个很形象的隐喻，因为它提高了人们对重要问题的认知度和可见性。这个隐喻能引发业务人员的强烈共鸣，业务一般更熟悉财务债。所以，当他们一听到技术债，很快速就能领会两者之间的共通之处，就像财务债，最重要的是技术债也要求付利息，通常以将来额外再补做开发工作的形式。我们可以选择继续支付利息（绕过问题），也可以选择清偿本金（例如，重构代码使之更清晰、更容易修改）。

技术债的后果

技术债日积月累，造成的后果会越来越严重。下面要讨论债务过重会造成哪些更明显的后果（总结如图 8.1 所示）。

爆发点不可预期

技术债有一个重要的特质，它是以不可预测的非线性方式增长的。在原有债务基础上增加任何一丁点儿技术债，都会产生显著的危害，远远超过新技术债自身隐含的危害。到某个时间点，技术债达到“临界量”的时候，产品也就到达爆发点，变得不可管理或混乱。在爆发点，即便很小的变化也足以诱发不确定的大灾难。这种非线性特征是一个不容忽视的业务风险，因为我们不知道最后一根稻草何时会压垮骆驼，然而一旦发生，后果不堪设想。

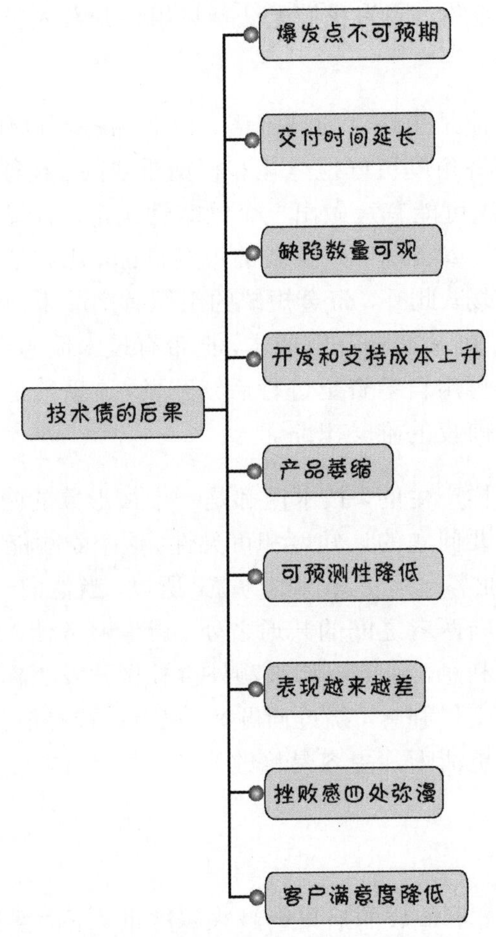

图 8.1 技术债的后果

交付时间延长

承担技术债意味着现在向未来申请借用工作时间。今天的债务越多，明天的速率就越慢。速率变慢，交付新特性和产品补丁需要的时间也变得更长。因此，如果技术债过重，实际的交付间隔就会会增长，而不是缩短。在竞争白热化的市场中，技术债很不利于我们获得最大利益。

缺陷数量可观

技术债务状况严重的产品变得越来越复杂，因而也更难把事情做对。不同的缺陷盘根错节，以高得惊人的频率造成重大的产品故障。这些故障会对正常的增值开发工作流造成很大的干扰。另外，管理大量缺陷所产生的开销还会影响我们，使我们没有时间开发增值特性。一旦到达某个时间点，我们就会开始被此起彼伏的缺陷淹没，疲于奔命，根本无法走出困境。

开发和支持成本上升

技术债一增加，开发和支持成本也会开始增加。过去一直简单又便宜，现在却变得复杂且昂贵。在债务状况越来越差的情况下，即使是小改动，也会涉及很高的成本（如图 8.2 所示）。

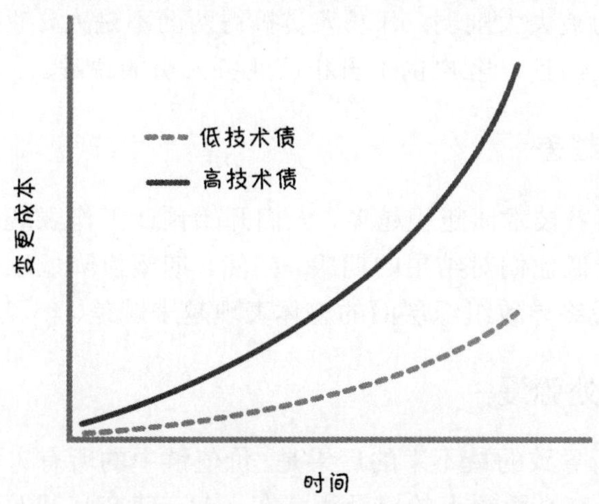

图 8.2　受技术债影响的成本变动曲线

图 8.2 中，当高技术债曲线开始急剧爬升，我们就达到一个技术债临界量，已经处于爆发点。

而且，技术债上升的成本还会影响我们做出继续开发特性还是修复缺陷时的经济决策。在低技术债状况下能够以低成本构建的特性

（或要修复的缺陷），在高技术债状况下很可能需要高得多的成本。成本上升会导致产品更不适应其赖以生存的动态环境。

产品萎缩

如果对老产品停止增加新特性或修复缺陷使其焕发活力，它对当前或潜在客户就会变得越来越没有吸引力。最后导致产品开始萎缩，不再是大多数客户愿意考虑的方案。仍然在使用产品的人往往也只是暂时接受现实。一旦有机会转到其他产品，他们多半就会转了！

可预测性降低

如果产品确实已经债台高筑，基本上不太可能进行任何形式的预测了。例如，估算会很不准确，即使是最有经验的团队成员。面对一个负债累累的产品，需要花多少时间才能完成工作，未知数实在太多太多。最后导致的结果是我们做出承诺并为兑现承诺而建立合理预期的能力被大大削弱。开发人员搞得两面不是人，业务人员再也不相信开发的话，客户也不再相信业务人员的说辞。

表现越来越差

很遗憾，随着技术债越积越多，人们开始预计工作表现逐渐越变越差，进而降低他们对结果的期望。当然，期望值降低顺着价值链开始蔓延，最终导致组织层面的整体表现越来越差。

挫折感四处弥漫

高技术债所导致的最不幸的后果是，价值链中的所有人都因此而备受挫折。所有小而烦人的捷径积累在一起，使产品开发工作痛苦不堪。久而久之，开发的乐趣消失殆尽，取而代之的是日复一日、周而复始地与不受人待见（却得硬着头皮面对）的问题“战斗”。人们精疲力尽。开发团队中，有经验的成员陆续离开，另谋高就，他们是解决技术债务问题的最佳人选，所以对留下的人来说，他们的离开使得情况进一步恶化。随着工作强度的增加，团队士气随之螺旋式下降。

技术债不仅剥夺了技术人员的乐趣，也使业务人员不得开心颜。说得出却做不到的业务承诺，我们还能守多久？我们可怜的客户呢？他们还指望好好用我们这个债务累累的产品干活儿呢！他们很快会厌倦产品故障频频和我们的无能（导致一而再、再而三地出尔反尔）。价值链中曾经有过的信任被沮丧和怨恨取而代之。

客户满意度降低

随着挫败感增强，客户的满意度也会下降。因此，技术债伤害的不只是开发团队内部，甚至还包括整个开发部门。更糟糕的是，技术债所造成的后果严重影响到客户及其对我们的看法。

技术债的起因

前面说过，技术债有三种主要形式，它们的根源各有不同。不可避免的技术债，不管采取什么预防措施，都会积累。低级技术债是团队成员、组织及或过程不成熟所造成的。策略性技术债则是在债务累计收益大大超过债务成本时可能选择承担的债务。

如期完工的压力

然而，策略性技术债和低级技术债通常都是迫于业务压力而必须满足某个迫在眉睫的重大最后期限而造成的。（参见图 8.3，数据源于 2006 年 3 月）。

纵轴代表我们想在预计发布日期（显示在水平维度上）之前完成的工作量。工作量和预计发布日期之间的连线代表匀速瞄准预计发布日期的必须达到的预计速率。我们希望，按预计速率开展工作及时完成高质量特性，同时还要尽量避免积累技术债。

然而，在我们开工后发现，产出高质量结果的实际速率低于预计开发速率。如果继续按照实际速率产出结果，就会错过理想的发布日期，而是在可能发布的日期完成。

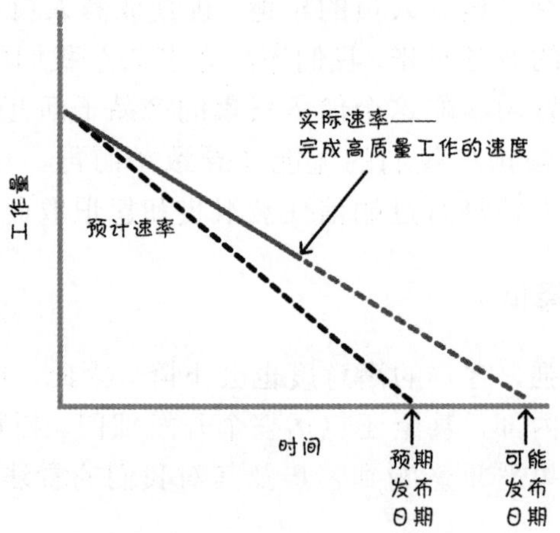

图 8.3　如期完工的压力可能导致技术债

试图以错误的方式提高速率

此时此刻，我们需要做出一个业务决策。是希望缩减范围以满足理想的发布日期，还是希望增加更多时间等到可能发布的日期再交付？不幸的是，业务人员往往都会否决这两种选择，而是强令团队必须在理想的发布日期交付所有特性。在这种情况下，负责干活的团队就会被要求提高速率，争取在理想的发布日期之前完成所有特性（如图 8.4 所示）。

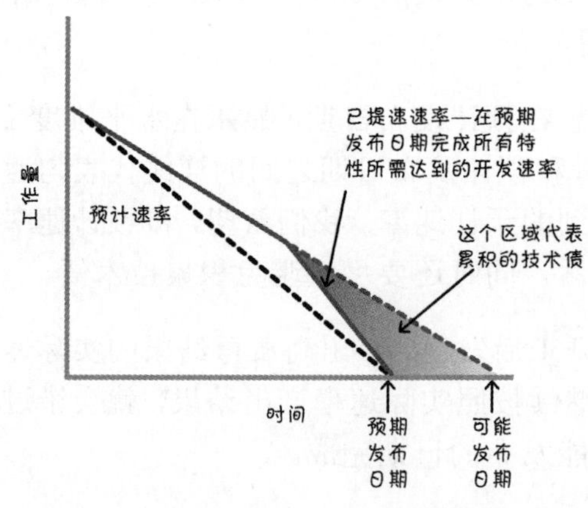

图 8.4　为满足不合理的固定范围和日期而积累的技术债

按照这种提高的速率工作，团队必须做出慎重的决策，承担技术债（这意味着团队必须走捷径才能足够快速地工作以满足理想的发布日期）。或许设计差强人意，或许某些特定类型的测试（可能是负载测试）会被推迟。结果，积累下技术债，如图 8.4 中的三角区域所示。该区域代表所有应该做却没有时间做的工作。

误区：减少测试可以提高速率

一个普遍的迷思是，测试属于额外的开销，只要减少测试，我们就可以提高速率（如图 8.5 所示）。

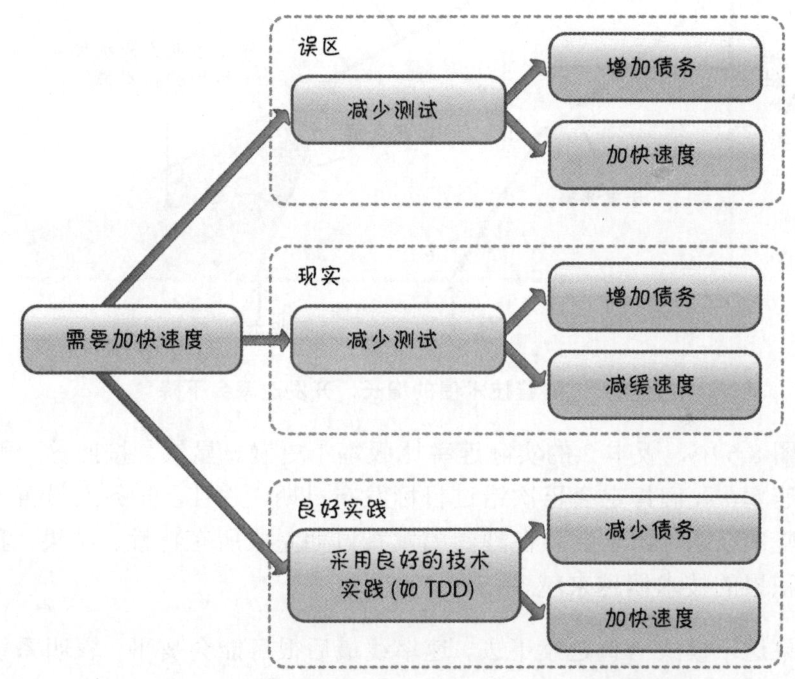

图 8.5 关于测试影响速率的误区、现实和良好实践

现实是减少测试既增加债务又减缓速率，因为问题潜伏得很深，越晚发现，修复所花的时间越长。将测试彻底融入软件开发过程之后，有经验的团队可以更快交付高质量的产品、产生的技术债更少。这些团队使用了良好的技术实践，比如测试驱动开发（TDD）——开发人员先写一个小的单元测试并使其自动化运行，然后再写一小段

可以通过测试的代码（Crispin and Gregory 2009）。

债累债

旧债如果不还，很快会积累新债。而且，一旦开始出现技术债，就会显示出不良经济后果就。图 8.6 展示了在版本 1 技术债之上构建版本 2 所造成的后果。

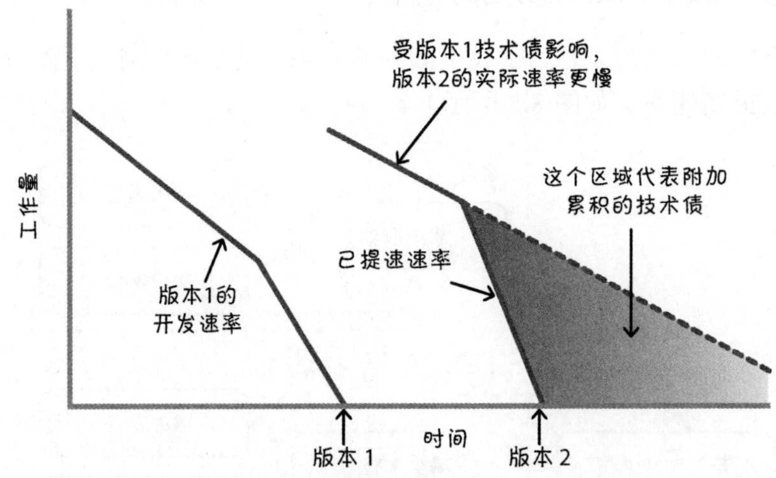

图 8.6　随着技术债的增长，开发速率会下降

在图 8.6 中，版本 2 的实际速率比版本 1 更慢。显然，按照这个开发速率，我们肯定会再次错过目标发布日期。并且，业务人员再一次坚决要求，团队必须在理想的发布日期完成所有特性。结果，我们积累的技术债越来越多。

如果这个模式一直延续下去，速率线最后很可能会变平，表明系统的技术债已经多到使我们的有效速率趋于零的程度。最后造成的后果是我们不敢对产品轻举妄动，因为一处小的改动可能导致 18 个关联的地方出问题。更糟糕的是，我们根本无法预测哪 18 个地方会出问题。当然，我们没有什么超级测试框架可以帮助我们判断代码何时出错，但用不着担心，客户肯定会让我们知道的！

一旦发现深陷技术债危机，所有的选择都是退而求其次的难难选择。

- 无为而治，让问题变得更严重。
- 为减少技术债而进一步加大投资，消耗越来越多珍贵的产品开发资源。
- 宣告技术破产、清偿技术债，以一款新产品来替代已负债累累的产品，代价是开发新产品的全部成本和风险。

考虑到在速率趋于水平时只有这些选择，最好能在失控之前合理管理技术债，这一点很关键。

技术债必须加以管理

技术债和财务债一样，必须加以管理。没有哪个产品能做到“无债一身轻”，认识到这一点很重要，鉴于此，我不建议你努力达到无债状态。即使可以，达到无债状态的经济理由也不够充分。我们应该尽量少欠技术债，使其不至于明显影响后续产品开发。

技术债的管理要求综合考量技术和业务因素，因此离不开技术人员和业务人员的参与。这也是每个 Scrum 团队都要有一名产品负责人的原因之一。让产品负责人作为团队成员，可以做到在讨论中兼顾业务和技术因素，做出经济效益更好的折衷方案。第 9 章将介绍，很有必要选择业务嗅觉敏锐的产品负责人参与讨论。

管理技术债有三个主要活动（如图 8.7 所示）。下面将逐一介绍。

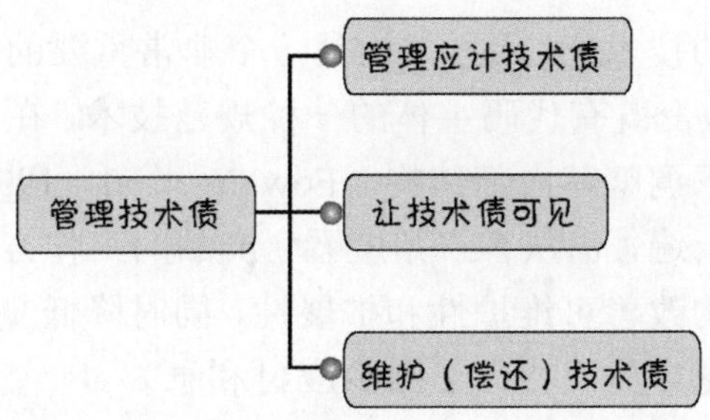

图 8.7　管理技术债的活动

管理应计技术债

管理技术债的一个关键维度是管理应计债务。如前所述，到达临界量之前我们可以承担的技术债就那么多。对比一下就会发现，日积月累的技术债相当于持续向家里借钱。在某个时刻，我们必须叫停，否则后果很严重。

首先，我们需要停止向产品增加低级债务（再也不粗心大意和添乱）。我们还要认识到，如果在到达临界量之前，不偿还债务，最多可以积累多少策略性技术债和不可避免的技术债。后面要如何讨论处理这些债务。我不讨论如何管理不可避免的债务持续增长，因为它本来就是不可防范的（但我们可以使之可见，一经发现立刻处理）。

使用良好的技术实践

管理技术债的增长，第一种方法是停止向产品里增加低级债务。使用良好的技术实践是一个非常好的开端。尽管 Scrum 没有正式定义技术实践，但据我所知，所有成功的 Scrum 团队都会采用简洁设计、测试驱动开发、持续集成、自动化测试和重构等技术实践（详情可参见第 20 章）。理解并主动使用这些实践，帮助团队停止向产品增加各种形式的低级技术债务。

对于积累下来的技术债，代码重构是一个非常重要的减轻债务的工具。重构用于改变既有代码主体的一种规范技术，在不改变软件外在行为的前提下调整其内部结构（Fowler et. al，1999 年）。即把软件内部清理一遍，但从客户角度看，产品的工作方式没有变。我们力图通过重构改善可维护性和扩展性，同时降低复杂性。重构可以让手头工作更容易（相当于减少应付利息）。

Cunningham（2011）用一个例子来解释重构的好处：

> ……客户愿意花钱买新特性；特性不合用；重构代码使其特性变得可用；现在这个特性很容易实现。这可以称为及时重构。我要

这样向管理层解释：我们希望每个新请求在软件中都有一席之地。但有时我们没有地方容纳更多的特性，所以得先为它腾出地方，再接着实现它……

使用强完成定义

有些工作本来应该在构建特性就做，结果却拖到后期才做，它们是产生技术债的重要根源。使用 Scrum 之后，我们希望用一个强完成定义（参见第 4 章）来指导团队在每个冲刺结束时给出一个低负债或零负债的解决方案。

完成定义检查表中包含的技术细节越多，积累技术债的可能性就越少。如第 2 章所述，弱完成定义所产生的技术债，偿还成本往往都远远高于在冲刺过程中解决问题的成本。没有强完成定义，简直就相当于给技术债积累开绿灯。

正确理解技术债经济

为了有计划地善用技术债，我们必须正确理解它是如何影响决策的经济考量的。悲哀的是，大多数组织都没有充分理解技术债的含义，因而无法正确量化背负技术债有哪些经济效益。请让我好好举例说明（参见图 8.8）。

这个例子有以下假设。

- 每个月的开发成本为 10 万美元。
- 我们无法做到在目标发布日期（10 个月后）完成所有要求的、必须有的特性。
- 不能减少任何特性。

我们考虑两个可能的备选方案。第一个，将产品发布日期推迟 3 个月，这样就可能在 13 个月之内保质保量地完成所有必须有的特性（MRF），同时还能尽量控制技术债。总的开发成本是 130 万美元。在与销售和市场共同讨论之后，我们预测三个月的延期成本相当于减少 45 万美元的销售额。

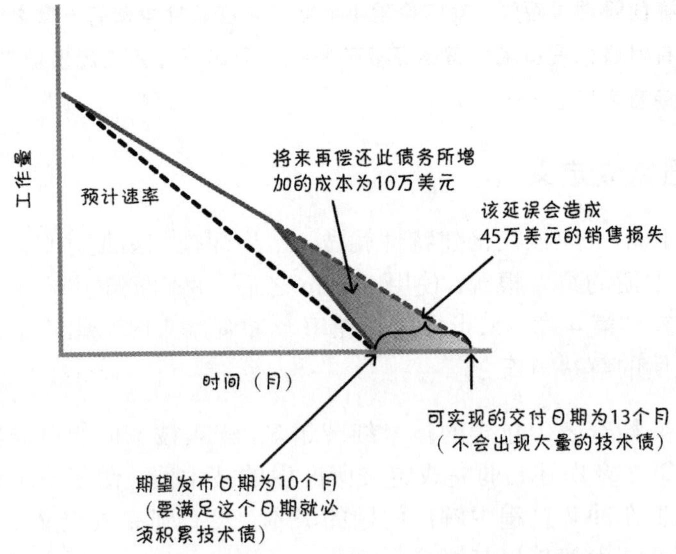

图 8.8　技术债的经济分析

第二个方案，走捷径，加快开发速率，以满足原来 10 个月的目标交付日期。为了正确量化该方案的经济效益，我们需要知道负担技术债的成本。

这时，问题就来了。想想看，我们问开发团队："也就是说，如果现在对设计和实现做一些妥协能够让我们在目标日期之前完成所有必须有的特性，那么在我们做完第一个版本之后还需要额外花多少钱才能清偿这些债务？"

比如，团队讨论了这个问题，认为改进系统需要四个月时间。这表明除了最初走捷径"节省下来"的三个月，团队还需要多花一个月时间。最终，团队的开发成本增加了 10 万美元（开发成本是 140 万美元，而不是第一个方案的 130 万美元）。这 10 万美元，就是组织不必花的钱，如果团队按照正确方式工作、一开始就不让产品欠下技术债的话。

从表面上看，正确的经济决策已然昭然若揭。要不要负担 10 万美元技术债来增加 45 万美元收入呢？当然，谁不会呢？或许那就是正确的选择，如果我们自认为已经考虑所有（或大多数）与技术债相关的重要成本因素的话。

然而，我们还有很多因素没有考虑到，比如下面这两个。

- 偿还技术债会导致多少延期成本？团队将来减少技术债需要 10 万美元的费用。但，减少债务的时间成本呢？偿还债务本身所花的时间，就是其他产品或该产品后续版本的延期成本。延期成本是多少呢？如果团队需要额外投入一个月时间来偿还债务，那么其他产品的发布可能就会延迟一个月。必须考虑错过机会成本所产生的实际经济影响。
- 大多数组织都不擅长偿还技术债。一到紧要关头，业务人员往往更倾向于开发新特性而不是重写已有特性。换而言之，我们实际很可能不会真正清偿任何债务，这意味着我们很有可能在系统生存期间都得为这些债务支付利息。这一点也必须考虑在内。

表 8.1 对该例中的所有数字进行了总结

表 8.1 避免技术债和承担技术债的经济效益

	避免债务	承担债务
月度开发成本	10 万美元	100 美元
总开发月数	13 个月	10 个月
整体开发成本	130 万美元	100 万美元
延误月数（为了发布产品）	3 个月	0
每月延误成本	15 万美元	15 万美元
总延误成本	45 万美元	0
债务偿还月数	0	4 个月
债务偿还成本	0	400 美元
生命周期利润的总成本	175 万美元	140 万美元
偿还债务所增加时间的延误成本	0	X
生命期内的技术债利息支付	0	Y
其他债务相关成本	0	Z
生命周期利润的实际成本	175 万美元	140 万美元+X+Y+Z

显然，技术债触及并影响到整体经济核算的许多不同层面。如果不考虑最重要的因素，就无法确保正确量化承担技术债所涉及的经济效益。

当然，如果经济效益表明承担债务势在必行，我们就没有必花时间考虑次要因素，因为我们已经知道承担债务是经济合理的决策。例如，如果没有选择承担债务而把包括所有必备特性的产品投向市场，我们就会倒闭，或者错过成为市场领军者的机会并失去最大的市场份额。

然而，决策往往并不是很清晰。决定是否承担债务，通常都需要详细分析，才能辨别更好的选项。做决策时，宁可不担任何债务，也不要错担任何一个。以我的经验，大多数组织都过于看低承担技术债的实际成本，而且基本上都不像他们想象的那样勤于偿还债务。

让技术债可见

技术债隐喻的主要好处是，能让开发团队和业务人员在同一个情境中进行必要的交谈。为了进行这种交谈，双方都需要技术债的债务状况能够以彼此能够理解的方式呈现出来。

让技术债在业务层面可见

很多组织存在的问题是，开发团队多少还能看出产品技术债处于什么状况，业务人员却是一问三不知。问任何一个了解产品的技术人员产品的技术债主要集中在哪里，她很可能答得上来。但如果向业务人员问这个问题，她通常都答不上来，不知道技术债的数量或类型。

财务债可不会发生这种情况。如果问业务人员组织的财务债状况，她肯定可以给出一个非常准确的答案。

也就是说，让业务人员看见产品的技术债状况是很关键的。如果可以量化技术债——现在已经有很多关于量化技术债的研究正在进行当中（SEI 2011）——我会考虑在组织资产负债表的财务债这一栏旁增加两栏：短期技术债和长期技术债。参见表 8.2。

表 8.2　在组织资产负债表中显示技术债

资产		债务	
现金	60 万美元	当前债务	
应收账款	45 万美元	应付票据	10 万美元
		应付账款	7.5 万美元
		短期技术债	**9 万美元**
工具设备	25 万美元	长期债务	
		应付票据	30 万美元
		长期技术债	**65 万美元**
……	……	……	……

实际上，我并不知道哪个组织在资产负债表里包含有短期技术债和长期技术债这两栏（不过我自认为这个想法很好）。我只是用这个例子来说明每个组织都要找到一种沟通方式，让业务人员也能认识到产品技术债的重要性。不然，业务人员就搞不清楚产品的真实情况，进而无法做出明智的经济决策。

有些组织采取跟踪开发速率的方式来体现技术债对业务的影响。图 8.6 解释了技术债增加而导致开发速率下降的过程。下降可以用财务术语来描述。例如，假设 Scrum 团队每个冲刺的固定成本是 2 万美元，单个冲刺的历史开发速率是 20 个故事点。那么，基于这些数字可以算出团队每个故事点的成本是 1000 美元。如果技术债积累导致团队速率下降到每个冲刺完成 10 个故事点，则说明单个故事点的成本就上涨到 2000 美元。总体而言，如果团队需要完成 200 个故事点左右的工作，而速度下降了一半，那么本来花 20 万美元就可以完成的工作，现在却就要花 40 万美元。因此，借助于速率，我们可以清楚看出累计技术债应付利息所产生的财务成本。

让技术债在技术层面可见

技术人员往往都具备隐性知识，知道最严重的技术债在产品中的哪个地方。然而，这种理解可能不可见，以至于无法进行分析、探讨和采取相应的行动。图 8.9 解释了三种让技术债在技术层面可见的方法。

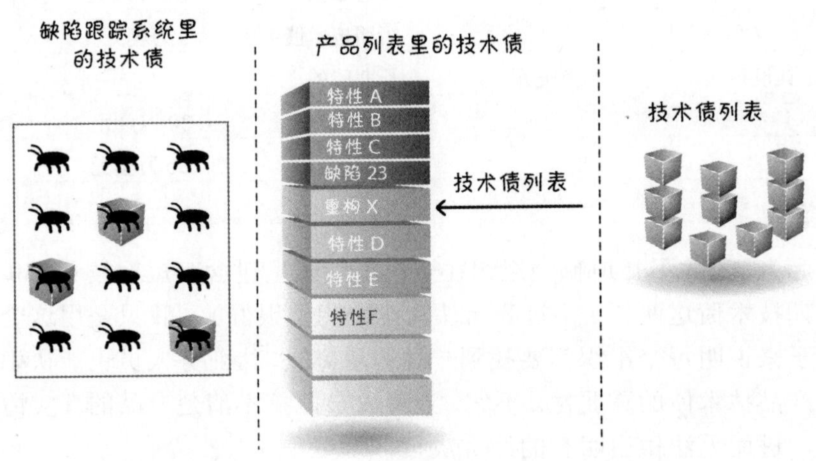

图 8.9　三种方法可以使技术债在技术层面可见

首先，可以把技术债当作缺陷录入缺陷跟踪系统，如图 8.9 左图所示。这样做的好处在于可以使用已知的工具和技术把技术债放到大家都熟悉的地方。如果把债务信息和缺陷信息放在一起，就一定要用一种容易查找的方式标记债务信息，因为团队可能选择不同的方式来维护缺陷和债务（详见后文描述）。

另一种让技术债可见的方法是，为技术债创建 PBI，如图 8.9 中图所示。这样做会使重要的技术债与产品列表中的新特性一样醒目。团队通常在技术债偿还成本很高的情况下采取这种方法，而且还要求产品负责人参与决定如何调整它与产品列表中新的增值特性的优先顺序。

让技术债可见的第三种方法是，创建一个特殊的技术债列表，在其中清楚列出每一个技术债，如图 8.9 右图所示。任何时候，只要产品中发现新的技术债或引入新的技术债，开发团队成员就可以创建一个新的技术债条目并把它加入技术债列表。通过让技术债可见，开发团队不仅可以看到技术债的债务状况，还可以积极主动地计划偿还技术债。

对于同处办公的团队，有一种简单方法可以让技术债列表可见，即在墙上安置一个技术债白板，用便利贴或卡片来记录具体的各项技术债。通常，技术债白板放在冲刺列表旁边，这样一来，在开冲刺计划会的时候，团队就可以看见技术债并考虑是否在后续冲刺中偿还这些技术债（我在下一节会探讨这个方法）。

大多数团队直接把技术债卡片粘在墙上，采取不拘一格的方式管理技术债。但也有其他团队选择梳理技术债列表，花一些时间整理卡片或粗略估算解决卡片上写的债务需要多少工作量。

偿还技术债

管理技术债的最后一个活动是维护债务或偿还债务。在讨论偿还技术债的时候，我发现使用如下状态分类很有帮助。

- 偶发技术债——开发团队一开始并没有意识到它们的存在，这些技术债是在产品开发工作开始之后才产生的。例如，团队正在为产品开发某个新特性，在此过程中才发现代码里还有一个临时解决方案，这个方案是多年前已经离职的一个同事做的。
- 已知技术债——开发团队已知的技术债，可以采用之前讨论过的方法将它呈现出来。
- 目标技术债——已知且开发团队已决定要偿还的技术债。

基于这些分类，我一般会在偿还技术债时运用如下算法。

1. 确定已知技术债是否应该偿还（后面要说明并非所有债务都应该偿还）。如果应该，则转到第 2 步。
2. 如果是在编码工作时发现的偶发技术债，就立刻偿还。如果偶发技术债的数量超过某个合理的阈值，清理到阈值附近即可。接着再把未偿还的偶发技术债标识为已知技术债（例如，在技术债列表中创建相应的条目）。

3. 每个冲刺都要考虑指定一定数量的已知技术债作为目标技术债，在当前冲刺中偿还。我们倾向于一边做有客户价值的工作，一边偿还高息的已知技术债。

图 8.10 详细描述了偿还技术债的方式。

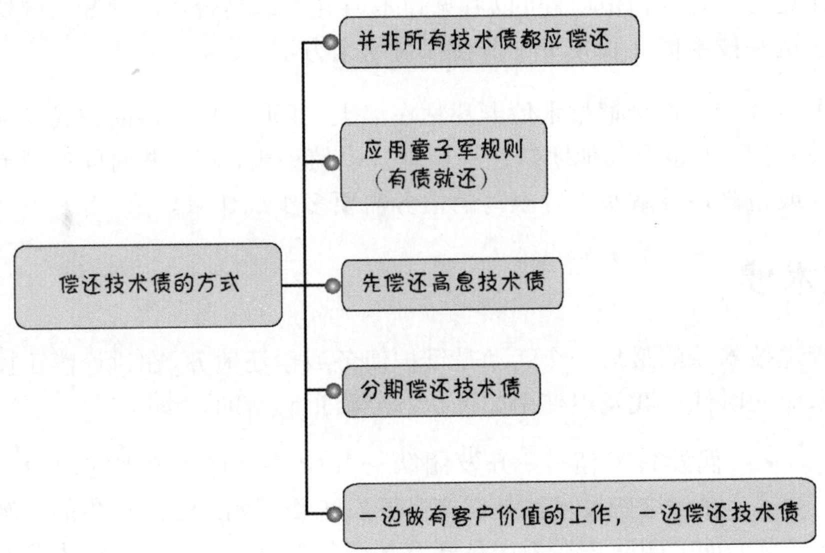

图 8.10　偿还技术债的五大方式

下面逐一描述这些方法，介绍它们在 Scrum 开发过程中的应用。

并非所有技术债都应该偿还

有些时候，无需偿还技术债。这也是源自于财务债的类比。通常来说，期望是所有财务债最终都会被偿还，尽管我们都知道，实际上并非一直如此！

有些情况是无需偿还技术债的。我将介绍其中三种：行将就木的产品、一次性原型和短命产品。

行将就木的产品

如果产品已经积累大量技术债且已临近生命周期的终点，再投入大量精力偿还技术债就是财务不尽责了。如果产品价值不高，就让产品退市（跟债务一起），将资源投到价值更高的产品。对于是高价值、高技术债的产品，与其偿还它欠下的技术债，还不如承担高风险以高成本开发新产品，这样做更有意义。

一次性原型

有时，我们会有意负担技术债却根本不想还，这样做反而是最经济合理的。常见的一个例子是为获取知识而创建一次性原型（Goldberg and Rubin 1995）。原型的价值不在于代码，而是我们得到的经验认知（Ries 2011）。原型不是为了市场而设计的，所以可能会欠下一些甚至大量技术债。然而，既然是一次性原型，我们也没必要偿还它欠下的债务。当然，如果在做出一次性原型之后又决定留下它作为一个可演变为产品的演进原型，就肯定得先收拾这个技术债高筑的烂摊子。

短命产品

如果是构建一个短生命期的产品，经济因素可能支持不偿还技术债。我用一个有趣的例子来说明，事情发生在 20 世纪 80 年代后期。当时，我就职于 ParcPlace System 公司，面向对象开发环境的早期市场领跑者。那时，我是在帮助华尔街的几家知名银行采纳 Smalltalk 作为开发平台。有一次，情况比较特殊，他们要求我指导某个团队，帮助成员更好地理解面向对象技术并更有效地使用 Smalltalk 开发环境。该团队刚刚做完一个开创性的金融衍生交易系统。抵达现场后，我先向该集团副总裁提出检查一下团队这个新建产品的设计和实现，当时该产品还没有上线，不过已如箭在弦，很快会上线。

经过一整天的架构和代码检查，我和副总裁碰面，告诉他这个系统可能是我所见到的最难看的 Smalltalk 实现。我指出它的问题多得数不清，必须马上处理，否则系统（以及业务）会让大家进入悲惨世界。

当其时，这位副总裁告诉我（一字一句地）：“孩子，哪怕你花我一个子儿去清理系统，我也会亲自把你逮出来毙掉。”可能是被他的言辞给吓到了，我解释道：“这事儿你得信我。系统的设计很差劲，实现很糟糕，有根本性的问题。”他反驳道：“你不懂我们这一行。在这个市场里，如果我们推出一套新的金融工具，就能在前三个月之内迅速攻城掠地，占据大部分市场份额。三个月，竞争对手得需要这么长时间才能突击完成跟风产品并推向市场。等到那时，我往往已经离开市场转而开发另一套新产品。我的想法是，新系统能够坚持三个月就行。我不关心你是不是要用口香糖和钢索搞定这个系统。我只希望不要耽误我创造利润，不让竞争对手有任何机会在市场上打败我。这个系统必须马上上线。”

他们果然说一不二。系统上线的第一个小时，交易员就用它创造了 1400 万美元的利润。从我个人角度来看，上线一个脆弱的系统对他们来说存在巨大的风险，但从利润的角度看，我的想法显然错了。

组织通常不会做预期只有三个月生命的产品。一般情况下，我们更愿意开发能够长销的产品。

应用童子军规则（有债就还）

有一条童子军规则：“离开营地时，要让它比你进去时更干净。”如果发现营地脏乱，就应该清理，不管罪魁祸首是谁。要有意识地为下一个露营队改善环境。Bob Martin（以及其他人）很好地解释了这个规则为什么适用于产品开发与技术债（Martin 2008）。

按照这个规则，在每次改动产品时，我们都要尝试让产品设计和实现更好，而不是更差。如果开发团队成员在做某产品领域的相关工作时间，发现了一个问题（偶发技术债），就会清理问题。这么做不只是因为对她自己有好处（这一点毋庸置疑），更是因为这么做对整个开发团队和组织都有好处。

前面的算法指出，对于偶发技术债，偿还到一个合理的阈值即可。我们不能轻率地说团队要解决自己发现的所有偶发技术债。偿还这种债可能会需要做大量工作，然而团队正在冲刺中期，还有其他工作需要完成。如果团队试图还清全部债务，很可能无法完成最初设定的冲刺目标。

为了解决这个问题，团队可以留出一定比例的时间来偿还偶发技术债。一种方法是提高单个 PBI 的大小估值，为常见的额外技术债预留时间。另一种方法是团队在冲刺计划会上留出一定时间用来偿还偶发技术债。预留时间占冲刺可用时间的比例从 5%到 33%，我都见过。如果决定选用这个方法，就要根据具体环境情况来合理分配时间。

发现后不及时偿还的所有偶发技术债，都要归为已知技术债并通过团队确定的任何可视化方式使其可见。

分期偿还技术债

在某些产品中，积累的技术债水平可能非常高。面对这种产品，团队往往会选用一次性付清的方式来解除债务负担。更好的做法是分期、分步骤偿还已知债务，而不是后期一次性付清。更小、更频繁的偿还债务与按月偿还住房抵押贷款类似。这样一来，就可以每月偿还其中一部分债务，避免以一次性付清的方式交完尾款。

一听到团队讨论“技术债冲刺”或 “重构冲刺”，我就会忧心忡忡。这些冲刺只有一个目的：工作核心就是减少技术债。我觉得这听起来就像是付清尾款。事实上，这样的冲刺似乎是在加剧债务状况的恶化，并不真正关注减少债务。如今，它已经演变成一个问题，即相对于在下个冲刺开发具有客户价值的特性，团队选择的不是交付客户价值而是舍本逐末，专门解决本该在每个冲刺逐步解决的技术债。在某些情况下，技术债很高，得到的关注却很少，这时可以专门用一个冲刺来提升关注度并集体参与偿还债务。然而从原则上讲，这种冲刺都要尽量避免，因为偿还债务应该分期分步骤进行。

使用这种分期分步骤方式，我们可以做到承担一定量的已知技术债并将其指定为下个冲刺要还的目标技术债。每个冲刺承担多少目标技术债，由 Scrum 团队在冲刺规划会议上决定。

先偿还高息技术债

把所有类型的捷径或缺陷都标记为技术债固然方便，但也要意识到并非所有类型的技术债都同等重要。比如，有这样一种重要的技术债：一个经常改动的模块，其他有很多代码都依赖它，由于它已经变得越来越难以修改，所以我们迫切需要对它进行重构。我们一直都在为这个债务付息，修改越多，很快就出现债累债的情况。

另一种技术债可能位于产品中很少被用到或几乎没有任何改动的地方（已知的设计问题或实现问题）。以天为单位，我们其实并没有为此支付任何利息，即使有也很少。这种类型的债务不需要过多关注，除非它所在的区域有失效并产生严重后果的风险。

在维护技术债时，我们应该先锁定高息技术债并加以维护。明智的业务人员也会以这样方式处理高息财务债。例如，除非有迫不得已的理由，否则我们通常都会先清偿利率为 18%的债务，再清偿利率为 6%的债务。

有些组织积累的技术债可谓债台高筑，到了债多不愁的地步，因为他们实在不知道哪里开始。对他们来说，高息债务可能很打眼但涉及的工作量惊人。为了削减债务，他们可能选择从小处着手逐步适应债务偿还过程。我倾向于给组织制造任何必要的文化冲击，促使他们开始着手管理债务。正如接下来要描述的那样，如果在完成具有客户价值的特性时偿还技术债，就可以做到逐渐专注于解决少量值得偿还的债务。

一边做有客户价值的工作，一边偿还技术债

在完成有客户价值的工作的同时偿还债务，是分期分步骤偿还已知技术债的理想方法，既能够专注于高息技术债，又能够把维护技术

债与 Scrum 以价值为中心的方式相结合。因此，只要有可能，就要尽量避免专门用整个冲刺完成债务削减工作或为债务削减工作创建专门的条目。更好的做法是，在做 PBI 的同时，维护已知技术债。

假设我们针对每一个 PBI 都会做这么几件事情。首先，我们承诺保质保量完成工作，做到不在创建客户特性的同时增加新的低级技术债。其次，按照童子军规则，在自己所开发特性的相关区域内如果发现任何偶发技术债，只要力所能及，就要清理干净。最后（也是这种方式的核心特征），我们格外注重偿还自己工作领域内的目标技术债。

选用这种方式有以下几个好处。

- 将债务削减工作与有客户价值的工作相结合，有利于产品负责人合理安排优先顺序。
- 所有开发团队成员都清楚地知道，减少技术债是大家共同的责任，不得拖延或授权给其他人或其他团队完成。
- 它能强化技术债预防和解除的技能，因为每个人一直都在练习这些技能。
- 它能帮助我们识别出维护债务时需要重点关注的高息区域。最起码能让我们知道修改的代码（或者其他的开发工件）仍然很重要，因为我们还在用它创建新特性。
- 它能避免我们浪费时间清偿实际不必还的技术债。

我在前面提到过一种方式，我见过有几个 Scrum 团队用它来协调管理已知技术债削减和 PBI 的相关工作（如图 8.11 所示）。

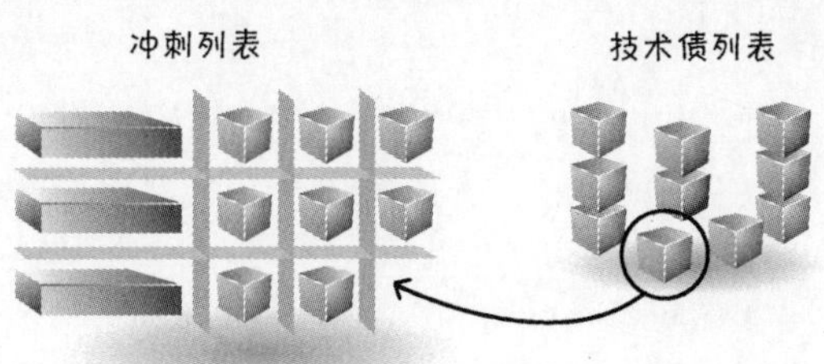

图 8.11　使用 Scrum 时管理技术债的技术

它把已知技术债作为条目纳入技术债列表，再把技术债列表放在墙上，紧靠着冲刺规划会产生的冲刺列表（或放在等效的其他工件中）。

在冲刺计划会议上，团队成员与产品负责人一起从产品列表中选出下一个冲刺要做的条目时，还会关注技术债务板上的卡片，看计划中的条目是否还涉及某块有技术债的领域。如果涉及，就有人把卡片从技术债务板上取下，再放入冲刺列表作为该冲刺要完成的工作。接着，在做 PBI 相关工作时，团队成员就会注意到被纳入当前冲刺的技术债相关任务。

这种协调技术债维护和客户价值创造的方式非常简单、优雅。

结语

本章讨论技术债的概念，它来源于以未来成本换取今天的捷径。我将技术债分为低级技术债、不可避免的技术债和策略性技术债。然后解释技术债债务状况管理不当会造成哪些后果。随后讨论管理技术债的三个活动：管理应计技术债长、让技术债可见和维护技术债。

本章是第 I 部分的最后一章。下一章将开始论述 Scrum 开发工作中的不同角色，首先介绍产品负责人角色。

第 II 部分

Scrum 的角色

第 9 章

产品负责人

本章将详细描述产品负责人角色。首先介绍该角色相对于其他Scrum 角色的作用，接着定义产品负责人的主要职责和特征。然后举例说明产品负责人的日常工作内容。然后讨论怎样针对不同类型的产品开发选择合适的产品负责人。最后描述产品负责人如何兼任其他角色，如何扩展为一个产品负责人团队。

概述

产品负责人是有授权的产品领导力核心，是组成每个 Scrum 团队的三个合作角色之一（另外两个角色是 ScrumMaster 和开发团队）。

产品负责人至少需要同时面对两个方向（参见图 9.1）。

一方面，产品负责人必须很好地理解组织中利益干系人、客户和用户的需要及其优先级，以便能够充当他们的代言人。从这个角度看，产品负责人担任的是产品经理的角色，确保能开发出正确的解决方案。

另一方面，对于要构建的特性及其构建顺序，产品负责人必须和开发团队进行交流。产品负责人还必须保证特性的接收标准已有明确说明，并且已满足后续需要运行测试验证的标准，以确保特性完成。产品负责人不需要写详细的测试用例，但要保证完成概要测试用例的编写，让团队可以确定在什么情况下产品负责人可以认为特性完成了。在这些方面，产品负责人做的是业务分析师和测试人员的工作。

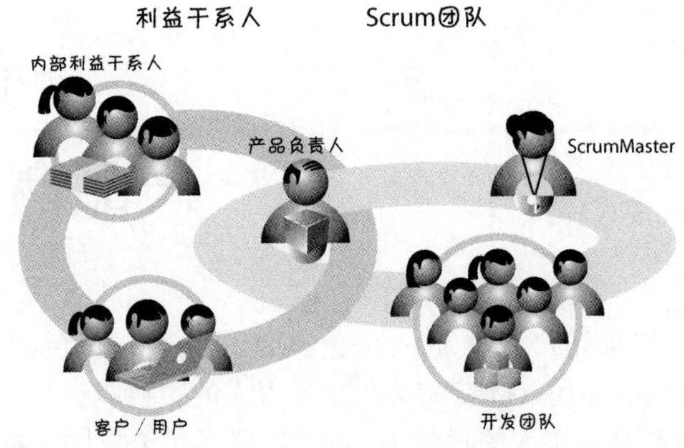

图 9.1　产品负责人负责承上启下

主要职责

产品负责人的主要职责如图 9.2 所示。

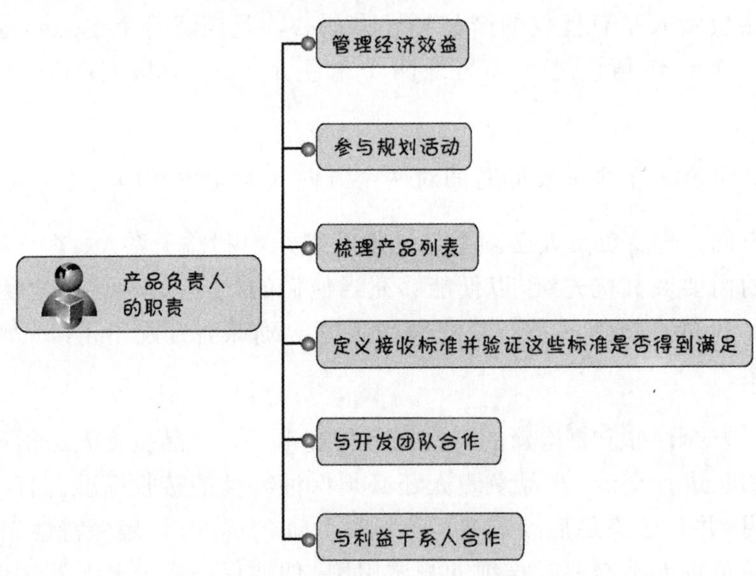

图 9.2　产品负责人的主要职责

显然，这个角色是全职的并且责任重大。实际上，在看到后面的描述时，你可能会想，让一个人处理所有这些职责或是具备成功担任这个角色所需的所有特征是不切合实际的。在大多数时候，一个人能够并且应当承担起产品负责人的角色。但是，在某些情况下，组建产品负责人团队或指派代理产品负责人会更切合实际。这两个概念将在本章后面介绍。

管理经济效益

产品负责人要负责确保在版本、冲刺和产品列表层面都能够持续做出良好的经济决策（参见图 9.3）。

版本层面的经济考量

在产品开发过程中，随着有重要经济价值的信息源源不断地到来，产品负责人一直需要在版本级别综合考虑范围、日期、预算和质量。在版本开发过程中出现新信息时，最初所做的权衡可能不适合。

例如，在一个为期 6 个月的、固定期限的开发工作进行几周后，我们意识到有一个机会，如果多花一周（进度延迟 4%）把一个新发现的特性添加到版本中，可以增加 50%的收入，应该怎么办？应该拿一周的时间和额外的成本换取收入的增加吗？由产品负责人来做决定。在很多情况下，他一个人就可以做出决定。而在其他时候，产品负责人可以给出建议决策，但仍旧需要和其他人合作，考虑他们的意见（有时候需要获得他们的批准）之后，才能做这个决策。

另外，产品负责人在每个冲刺结束时，还要决定是否投资进行下一个冲刺。如果在实现版本目标的过程中进展顺利或从经济因素考虑认为下一个冲刺值得做，就拨款。如果进展不理想或经济上不支持额外的支出，就取消进一步工作。

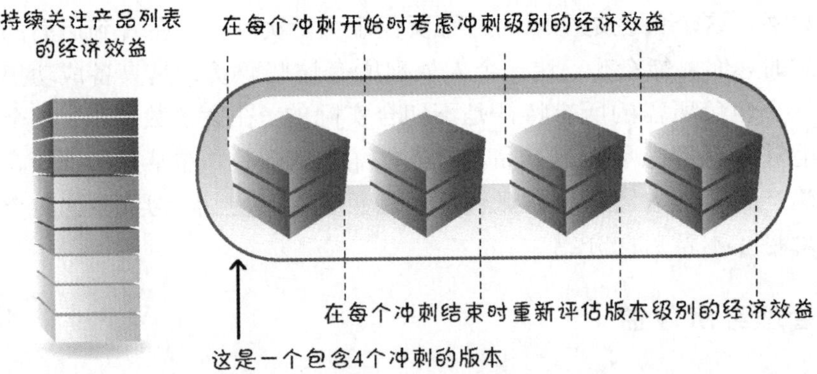

图 9.3 产品负责人管理经济效益

如果确信产品已经可以交付或不值得进一步投入，产品负责人在冲刺结束时也可能负责做出决定，不再向开发工作提供资金。例如，假设我们规划一个包含 10 个冲刺的版本。在第 7 个冲刺后，产品负责人审核剩余的 PBI，推断出它们的成本将超过它们交付的价值。产品负责人可能会得出提前交付产品的结论，而不是继续执行最初包含 10 个冲刺的计划，这样做在经济上更合理。之所以能够灵活地提前交付，是因为我们确保已优先实现产品列表顶部的高价值条目，并且团队完成的每一个冲刺也都严格满足“完成的定义”。

当然，如果最重要的经济属性发生变化，那么在一个冲刺结束时，产品负责人也可能得出不再提供资金的结论。例如，假如我们创建的是限定在某个国家使用的产品，但那个国家的监管机构修改了法律，使我们销售该产品无利可图甚至不合法，怎么办？对于这种情况，即使其他方面都进展顺利，产品负责人可能也得取消开发工作。

冲刺级别的经济考量

除了版本级别的经济效益，产品负责人还要管理冲刺级别的经济效益，确保每个冲刺都能带来良好的投资回报（ROI）。优秀的产品负责人在花公家的钱时就像花自己的一样谨慎。在大多数时候，产品负责人都知道下一个冲刺的成本是多少（冲刺的持续时间和团队的人员组成是已知的）。在掌握这方面的信息后，产品负责人在制定冲刺计划时就应该问问自己："在这个冲刺中，如果是我自己出钱的话，我愿意花这么多钱构建在这个冲刺中打算完成的特性吗？"如果答案是否定的，优秀的产品负责人就不会花公家的钱。

产品列表的经济考量

如第 6 章所述，产品负责人要负责排列产品列表的优先顺序。在经济情况发生变化时，产品列表中各个 PBI 的优先级可能也会变。

例如，在版本开始时，产品负责人认为某个特性对大部分目标客户来说都很重要，团队也认为创建这个特性不需要投入太多工作。但在经过几个冲刺之后，团队发现完成这个特性需要很大的工作量，并且只对一小部分目标客户有价值。这个特性的性价比发生了巨大变化，为了反映这个情况，产品负责人应当重新排列产品列表的优先级——也许要删除与这个特性相关的 PBI。

参与规划

产品负责人是做组合规划、产品规划、版本规划和冲刺规划的重要参与者。在做组合规划时（参见第 16 章），产品负责人与内部利益干系人一起（也许是审批委员会或管理委员会）把产品放到组合列表中正确的位置并确定产品开发工作的起止日期。在规产品规划时（参见第 17 章），产品负责人与利益干系人一起制定产品愿景。在做版本规划时（参见第 18 章），产品负责人与利益干系人及团队一起确定下一个版本的内容。在做冲刺规划时（参见第 19 章），产品负责人与开发团队一起确定冲刺目标。他还会给出有价值的意见，让开发团队根据实情选择在冲刺结束时能够交付的一组 PBI。

梳理产品列表

产品负责人负责管理产品列表的梳理（修整）活动，包括 PBI 的建立、细化、估算和排列优先顺序（参见第 6 章）。产品负责人不会自己执行所有的梳理工作。例如，他不一定写所有的 PBI，其他人可能也会写。产品负责人也不会估 PBI（这由开发团队来做），但在估算期间要负责解答问题，澄清疑问。不管采取什么方式，最终仍然由产品负责人确保梳理活动有助于价值交付过程顺利进行。

定义接收标准并验证

产品负责人负责为每一个 PBI 定义接收标准。只有达到这些条件，产品负责人才确信功能需求和非功能需求已经满足。产品负责人可能还会写对应于接收标准的接收测试用例，或者找主题事务专家（SME）或开发团队成员协助写。不论是哪一种情况，产品负责人都应该保证只有建立这些接收标准（常常指具体的接收测试用例），PBI 才能纳入冲刺规划会议中考虑。如果没有这些接收标准，团队对 PBI 的理解就不完整，不能将它移入冲刺。因此，很多 Scrum 团队都把明确的接收标准作为“就绪”定义检查表中的一项内容（参见第 6 章）。

产品负责人最终负责确认 PBI 是否满足接收标准。同样，产品负责人可以自己执行接收测试，也可以找专家用户帮助他确认 PBI 是否符合必要条件。团队可以帮助创建一个用于测试的基础设施，让产品负责人或特性 SME 更有效地执行测试，但对 PBI 是否满足要求，最终应当由产品负责人判断。

产品负责人要在执行冲刺的过程中验证接收标准，而不是等到冲刺评审时再验证，这一点很重要。产品负责人需要在特性完成后做一些测试，发现错误和误解并让团队成员在冲刺评审之前修复。另外，因为团队在评审时只允许演示已经完成的特性，所以产品负责人必须确保在评审之前执行接收测试，让团队知道哪些特性满足“完成的定义”。

与开发团队协作

产品负责人必须经常与开发团队保持紧密合作。产品负责人这个角色得积极投入，尽心尽力，每天都要参与团队活动。在很多刚开始采用 Scrum 的组织中，产品负责人对开发团队的工作参与不足，不能及时给出必要的反馈，而等到反馈时，他产生的价值已经大大降低。

新手产品负责人也会出现参与不足的情况，他们认为自己在使用 Scrum 时的参与程度应当和采取顺序开发方式时差不多。图 9.4 比较了传统顺序开发工作中客户和业务方的参与程度与使用 Scrum 时产品负责人应当参与的程度。

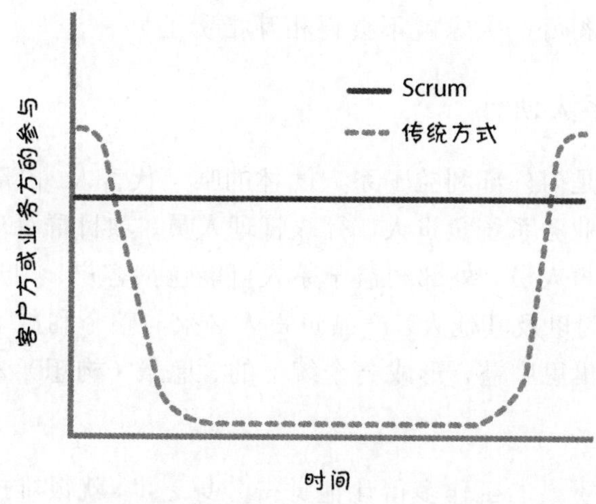

图 9.4　随着时间的推移，客户或业务方参与情况的对比

采用传统的分阶段开发方式时，客户参与工作的模式类似于一个 U 型或浴缸型曲线。客户开始时参与较多，帮助定义完整的需求。工作转到偏技术性阶段（例如设计、编码和某些类型的测试）后，就“不再需要”客户了。这样，在大部分工作中，他们的参与程度都相当低或根本不参与。实际上，在传统开发过程中，客户直到项目快结束、需要对产品执行用户接收测试时，才会再次参与。此时，客户一般会发现眼前看到的产品和他们想要的并不完全一样。更糟糕的是，此时做出修改通常都太晚或成本太高——至少这个版本如此。客户乘兴而来，却败兴而归。这时，大家会不留情地相互指责。客户会说：“如果你们能更仔细地阅读需求文档，就会按照我们想要的方式构建产品。”开发团队也不甘示弱：“嗯，如果你们的文档能写得再清楚一些，我们构建的东西也就不会是这样。我们是按照你们的要求做的！”

在使用 Scrum 时，我们一次构建一个特性，而不是一次按一个阶段构建。这意味着在创建某个特定的特性时，需要在一个冲刺中执行所有活动（设计、代码、集成、测试）。因此，产品负责人必须一直积极参与。在短期、时间固定的迭代中进行如此紧密的交流互动，产品负责人不太可能与开发团队脱节。而且一个附带的好处是，如果 Scrum 用得好，大家就不会再相互指责了！

与利益干系人协作

产品负责人是内外部利益干系人团体的唯一代言人。内部利益干系人可能包括业务系统负责人、行政管理人员、项目群管理人员、市场营销和销售人员。外部利益干系人可能包括客户、用户、合作伙伴、监管部门以及其他人。产品负责人必须与整个利益干系人团体紧密合作，集思广益，形成一个统一的、愿景（构想）来指导产品开发工作。

如果产品负责人的工作多得让他觉得分身乏术，就很难投入工作并按照要求与开发团队和利益干系人合作。而在某些情况下，工作量可能也超出了他的能力范围，此时产品负责人可以找其他人帮自己履行这个角色的职责。后面在讨论产品负责人团队的概念时，将介绍这方面的内容。

特征／技能

产品负责人角色在四个方面的重要特征如图 9.5 所示。

虽然优秀的产品负责人体现出很多特征，但可以归为四类：领域知识、人际交往能力、决策力和责任心。

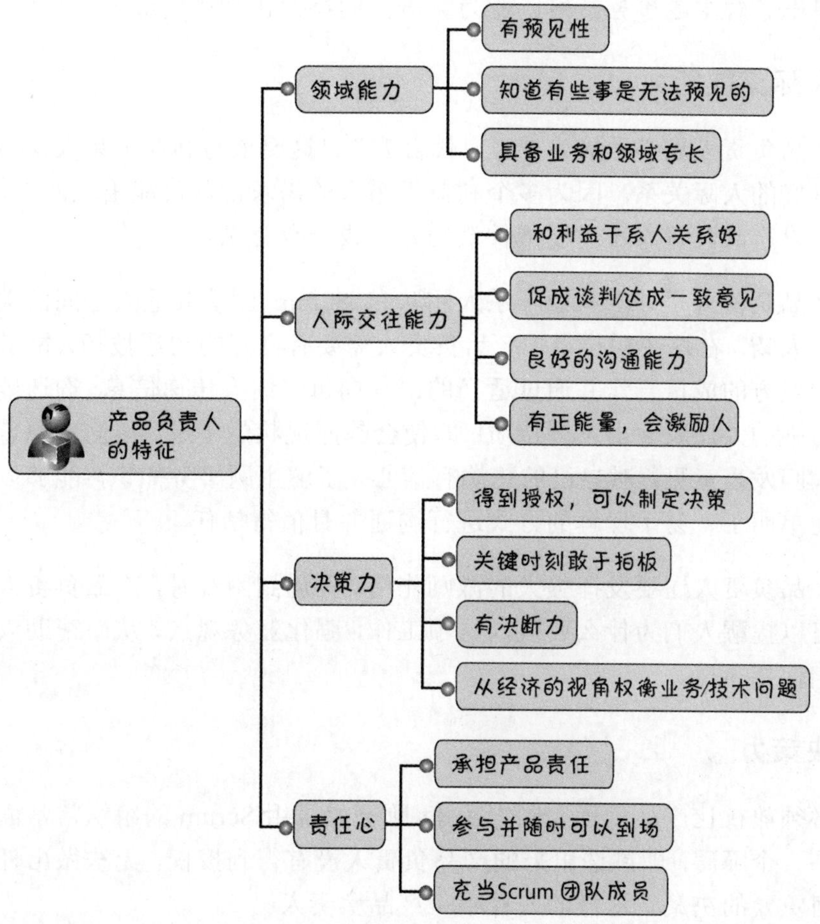

图 9.5　产品负责人的特征

领域能力

产品负责人要有预见性，能够构思产品的愿景并带领团队实现这个愿景。有愿景并不意味着其中每个细节或实现愿景的道路都清晰可见。优秀的产品负责人知道，有些事是无法事先预见的，所以在需要改变时愿意做出调整。

为了更有效地建立并实现愿景，产品负责人必须具备适当的业务和领域知识。刚涉及产品领域的人很难胜任产品负责人这个角色。如果不了解主题事务，何以能为竞争性的特性排列优先级呢？

人际交往能力

产品负责人还必须成为“客户代言人”，这要求与利益干系人保持良好的人际关系。因为多个利益干系人的需求常常可能出现冲突，所以产品负责人还需要擅长谈判并促成一致意见。

产品负责人是处于利益干系人团队和 Scrum 团队其他人之间的关键人物。在这个职位上，产品负责人需要有良好的沟通技巧，能够和双方的成员合作并通过适当的语言向每一组人传递信息。沟通能力强的人还表现出下列特质：即使会暴露现状的不足，他们也愿意大胆发表意见；对自己的想法有信心，了解主题事务知识，能够以简单明了、易于理解的方式进行沟通并且值得信任。

产品负责人还要发挥强大的激励作用。在遇到困难时，产品负责人可以提醒人们为什么要投入这项工作，强化业务观点，从而帮助人们保持热情。

决策力

必须放权让产品负责人制定决策。刚开始采用 Scrum 的组织常常面临一个障碍，即挑选出来的产品负责人没有得到授权，无法做出任何重要的决策。这样的人算不上产品负责人。

产品负责人还必须愿意做出艰难的决定——通常是对范围、日期和预算等约束条件做出权衡。这些决策必须及时制定，并且，如果没有充分的理由，不得推翻。换句话说，产品负责人应当是一个有决断力的决策者。

在制定决策时，产品负责人必须在业务需求和技术现实之间保持适当的平衡。虽然系统招致难以接受的技术债时，后果由 Scrum 团队整体承担，但产品负责人幼稚的决定以及在做决定时不从系统层面考虑后果，往往也是不容忽视的诱因。

责任心

产品负责人要负责交付令人满意的业务成果。这种责任并不意味着其他 Scrum 成员没有责任参与为取得满意投资回报而做的工作。但是，产品负责人有责任确保从经济角度合理利用资源，如果做不到这一点就必须承担责任。毕竟，产品负责人在整个过程中有很多机会修改产品列表，重新调整优先级，甚至可以完全取消开发工作。

产品负责人必须尽心尽力，在利益干系人和其他 Scrum 成员需要自己的时候到场。产品负责人是一个全职工作，兼职的话可能无法有效履行职责。

最后，产品负责人是 Scrum 团队的成员，因此要有这样的意识：如果没有整个 Scrum 团队的合作，不可能取得满意的经济成果。因此，产品负责人要尊重、信任开发团队与 ScrumMaster，把他们看成交付成果的伙伴。Scrum 所有成员都要有三个火枪手的态度（这个概念将在第 11 章进一步介绍）。不能有那种“我们还是他们”的态度。产品负责人、ScrumMaster 和开发团队是一个整体，有共同的目标。

日常工作内容

为了更好地理解产品负责人的职责范围，我们看一看产品负责人的日常工作内容（参见图 9.6）。

在第 1 周和第 2 周，产品负责人参与组合规划（参见第 16 章）和产品规划（参见第 17 章）。作为组合规划的一部分，产品负责人可能与组合经理或管理委员会一起讨论可能影响新产品计划的期望。这些讨论为产品规划提供信息。在做产品规划时，产品负责人与合适的利益干系人及其他人一起构思新产品。

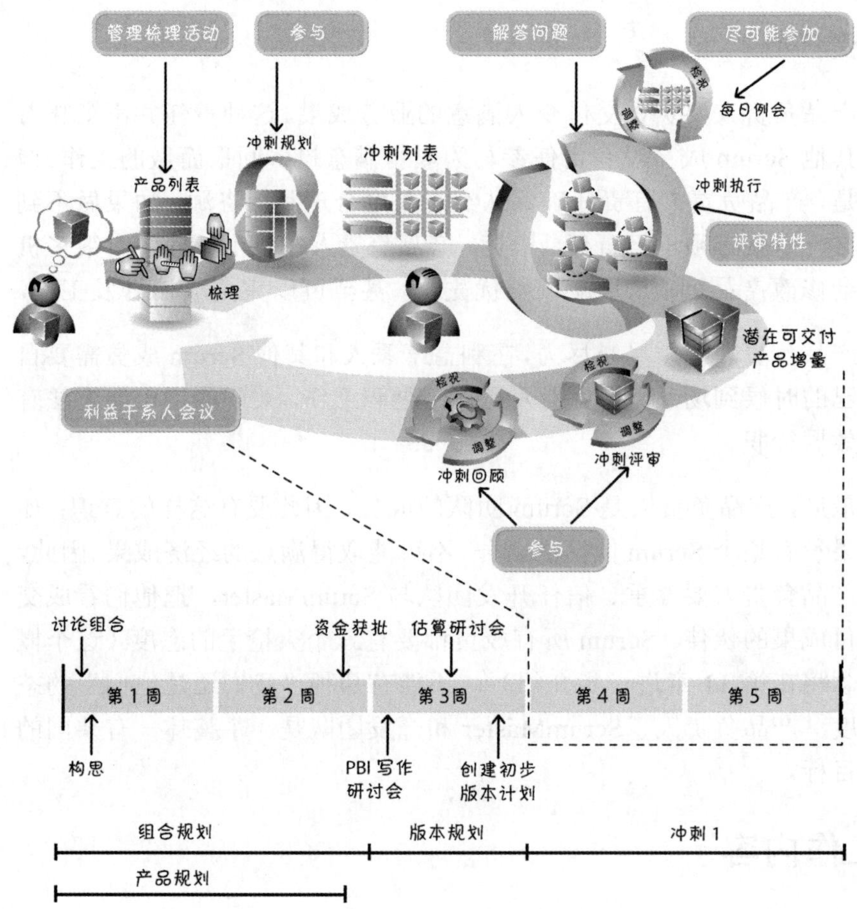

图 9.6　产品负责人的日常工作内容

在确定产品计划后，准备做的产品提交到组合规划制定过程，此时组织需要从经济角度进行筛选，以确定开发工作是否可以得到资金，工作何时可以开始。图 9.6 表明，所有这些活动都是在产品规划结束后马上开始的，但在很多组织中，在构想阶段结束后，审批委员会或管理委员要复议并批准资金，之后才工作开始，这个过程可能会产生一段延迟。

在第 3 周，产品负责人参与制定计划草案（参见第 18 章）。这个活动一般包含一个 PBI 写作（写故事）研讨会（详细介绍请参见第

5 章），参会者包括内部利益干系人、开发团队成员，还可能包括外部利益干系人，目的是产生一个可供版本规划期间使用的概要产品列表。因为资金已经得到批准，所以开发团队成员可以参加讨论会。如果还没有组建开发团队但又需要的话，可以由代理团队参加。

在参加完 PBI 写作研讨会之后，产品负责人要参与估算研讨会（可能是在一两天内举行的一系列会议），在这个研讨会上，开发团队成员（如果还没有指派实际团队，则为代理团队）估算高价值 PBI 的大小。

接下来，产品负责人要协助召开一次计划草案会议（长期计划）。因为一些 PBI 已经做过估算，所以在这个版本规划活动中，工作重点是排列产品列表的优先顺序，取得范围、进度和预算等约束条件的平衡（参见第 18 章）。利益干系人是这个活动主要的共同参与者，不过，部分或所有开发团队成员有时也需要参与进来，找出可能影响 PBI 优先顺序的技术依赖关系。

这个活动的目的是制定足够的版本计划，得到一个足够清晰的整体版本，并对交付什么、何时交付之类的业务问题给出初步解答。对大多数产品来说，这个活动应该在一两天以内完成。在第 18 章将讨论，版本规划是一个持续的活动，所以此时不应该因为想得到一个非常精确的计划而投入过多时间，我们在得到更好的信息后，会对版本计划进行更新。

在确定版本计划后，Scrum 团队就要执行第一个冲刺了（图 9.6 显示的是一个长度为两周的冲刺，在第 4、5 两周执行）。在冲刺开始时，产品负责人负责制定冲刺计划（参见第 19 章）。在执行冲刺时（参见第 20 章），产品负责人要尽量参加团队的每日例会，也许做不到每个会都参加，但这是一个良好的实践。在每日例会上，产品负责人听取情况，充分了解当前冲刺的进展情况，确定需要向开发团队提供哪些方面的协助。也许某个团队成员说不太清楚 PBI 的细节，需要有人澄清之后才能完成当前任务。如果很快就能澄清，产品负责人就可以在每日例会上解答。但如果三言两语解释不清楚，产品负责人就该明确表示：“我很愿意在例会结束后留下来和你一起讨论。”

产品负责人必须（一般是每天）能够解答问题并在特性等待评审时对其进行测试。如果产品负责人知道自己无法每天履行这些职责，必须把职责委派给合适的人，以免阻碍开发团队的进展。本章后面还会进一步讨论。

在执行冲刺时，产品负责人还要与内外部利益干系人会面，确保为新一轮冲刺设置正确的优先顺序，并获得对今后冲刺所选特性有影响的、重要的用户信息。

产品负责人往往还需要对产品列表进行梳理，包括写新的条目，细化现有条目，与团队一起对条目进行估算，并与利益干系人和团队一起排列 PBI 的优先顺序。

在冲刺结束时，产品负责人要参加冲刺结束时进行的两个“检视-调整”活动，冲刺评审（参见第 21 章）和冲刺回顾（参见第 22 章）。在完成这些活动后，再次执行冲刺循环过程，产品负责人参与下一个冲刺规划活动。

谁来担任产品负责人？

大多数非 Scrum 组织可能都不曾有“产品负责人”这个角色。那么，在组织内哪些人最适合担任产品负责人？

本章前面说过，产品负责人需要承上启下，里应外合：面向内外部利益干系人和面向开发团队。这样，产品负责人角色合并了以前几个传统角色中的权与责。在含义最广的表述中，产品负责人吸收了产品经理、产品市场人员、项目经理（将在第 13 章进一步讨论）、业务分析师和接收测试人员这五个角色的要素。

究竟谁最适合当产品负责人，取决于开发工作的类型和特定的组织。表 9.1 针对不同类型的开发工作，给出了合格产品负责人的候选标准。

表 9.1　不同类型产品开发工作中的产品负责人

开发类型	候选产品负责人
内部开发	受益于解决方案的业务方的代表 / 客户
商业开发	实际客户及用户的内部代理人（一般是产品经理、产品市场人员或项目经理）
外包开发	为解决方案出资并从中受益的公司代表 / 客户
组件团队（架构开发）	一般为能够对列表中技术条目排列出最佳优先顺序的技术人员

内部开发

在内部开发工作中，受益于开发工作成果的团体授权某人担任产品负责人。例如，如果一个内部 IT 团队为市场营销团队开发一个系统，那么市场营销团队中得到授权的人就可以当产品负责人（参见图 9.7）。

图 9.7　内部开发活动中的产品负责人

有些组织一般都没有意识到让业务人员成为每天都能参与工作的产品负责人有多么重要，所以可能会让 IT 人员来履行产品负责人的日常职责。在本章后面讨论产品负责人团队的概念时，将审视由此而带来的问题。

商业开发

在商业开发工作中——例如，公司构建的产品是销售给外部客户的——产品负责人应当是这个组织的内部员工，由他充当实际客户的代言人。这个人常常是产品管理或产品营销部门的成员（参见图 9.8）。

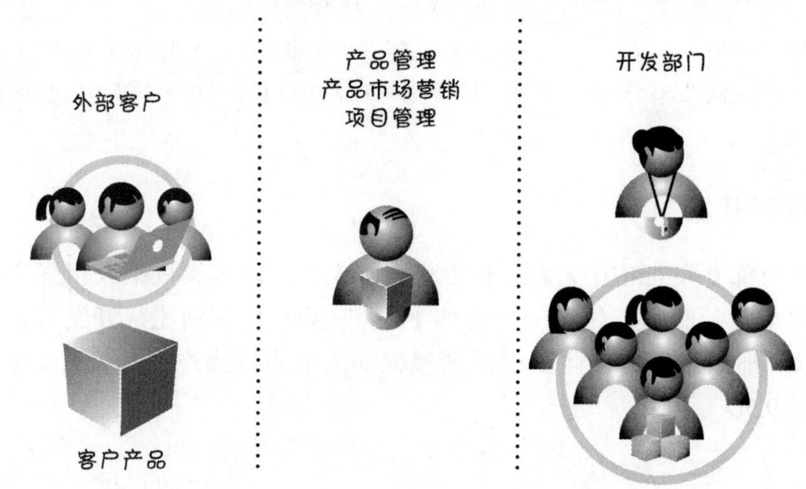

图 9.8　商业开发过程中的产品负责人

Scrum（和敏捷）是不是只是把产品经理的角色换了个说法，叫“产品负责人”？对于这个问题，Scrum 实践者进行过激烈的争论。有些人认为这两个角色是同义词。另一些人认为产品负责人的职责范围大于产品经理的职责范围。当然，也有一些人认为产品经理的职责范围要大一些。我的观点如下。

产品管理和产品市场营销领域是非常广泛的。Pragmatic Marketing 公司是产品管理 / 市场营销领域令人尊敬的知名企业，他们建立的一个框架受到高度评价，其中定义了技术产品管理和产品市场营销团队的角色和职责（参见图 9.9）。

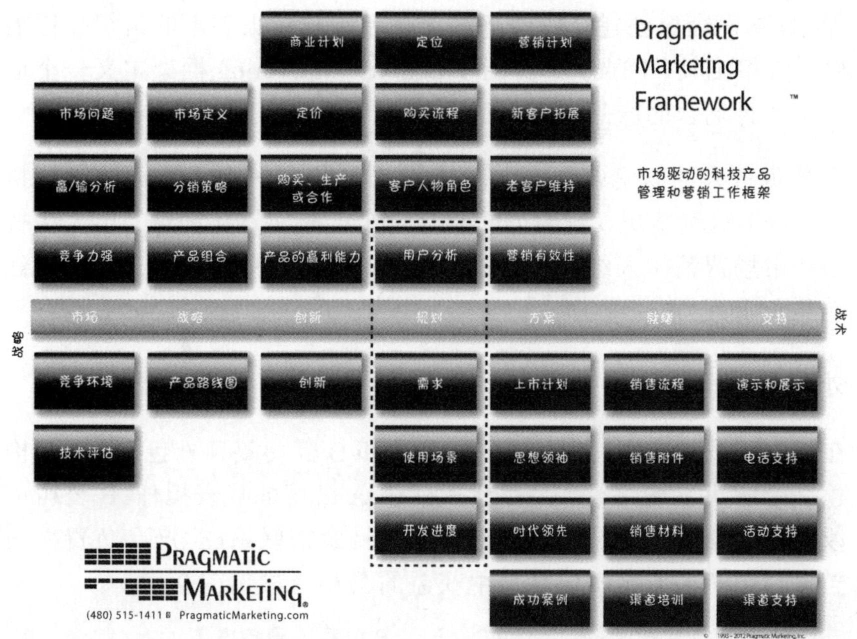

图 9.9　Pragmatic Marketing 公司的框架

为了能够覆盖所有这些活动，Pragmatic Marketing 公司建议需要多个角色，包括产品战略领头羊、技术产品经理和市场营销产品经理。大多数人的看法都一样，如果一个商业组织需要在一个大型产品中执行所有这些活动，很可能真的需要一个团队。

产品负责人有必要执行所有这些活动吗？有些人认为产品负责人角色是传统产品经理角色的一个子集，实际上只是一个“技术产品经理”，因此工作重点主要是图 9.9 中虚线框中显示的那一小部分活动。他们认为由于团队每天都要能找到产品负责人，所以他肯定没有时间关注其他活动。

产品负责人当然要负责执行虚线框中的活动，但我认为产品负责人角色还需要负责更多的活动。实际上，我认为在需要并且可行的时候，产品负责人角色应当尽可能多负责图 9.9 所示的活动。这个范围取决于组织、特定产品以及被选拔为产品负责人的那个人的能力。例如，一个组织为移动设备应用商店开发一个简单的单位换算程序，就不会像创建企业商务智能产品下一个大版本的组织那样需要那么多活动。因此，想针对 Pragmatic Marketing 框架定义一个适用于各种场合的产品负责人的职责，是不现实的。

产品负责人的职责范围有时可能很大，任何一个人都无法充分执行。对于这种情况，我们可能会有一个产品负责人团队，由关注战略和市场营销的人组成。不过，在 Scrum 团队中，总得有人来担任产品负责人。

外包开发项目

在外包开发工作中——比如，A 公司和 B 公司签订外包合同，要构建一个解决方案——产品负责人就由 A 公司的代表担任。B 公司可以安排一个内部人员和产品负责人保持紧密联系，但产品负责人应当来自为解决方案出资并从中获益的公司（参见图 9.10）。

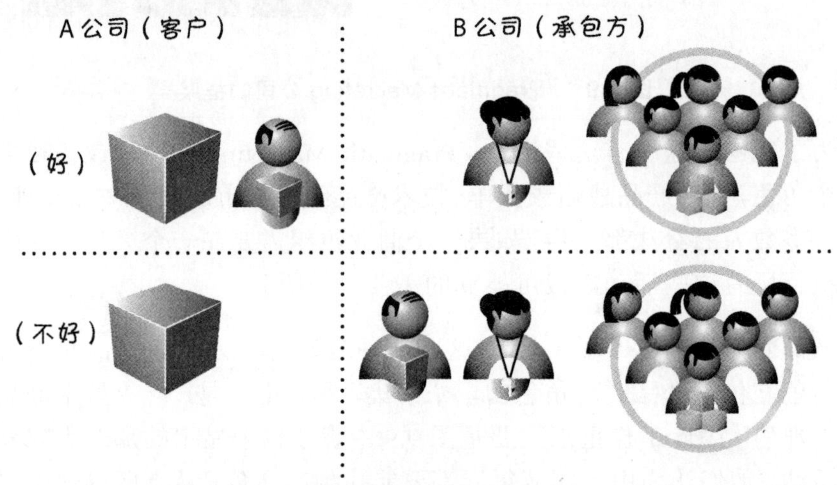

图 9.10 外包开发中的产品负责人

如果 A 公司和 B 公司签订的是传统的、固定价格的开发合同，产品负责人的角色就复杂一些。在这种情况下，因为 B 公司要承担固定价格合同的风险，所以基本上得承担产品负责人的大部分职责。但实际上，A 公司是实际客户，应当承担产品负责人的角色。一个更合适的合同是让 A 公司租借 B 公司的高效率开发团队和

ScrumMaster，并由 A 公司提供产品负责人。

组件开发

最后，有些组织可能利用组件团队（参见第 12 章）来构建部分(但非全部)客户解决方案。这些团队一般创建一些组件或其他资产，供其他团队重用于建立对客户有价值的解决方案。因为这些团队的工作侧重于技术组件，所以他们的产品负责人一般都偏技术，有能力定义列表中的技术特性并排列优先顺序（参见图 9.11）。

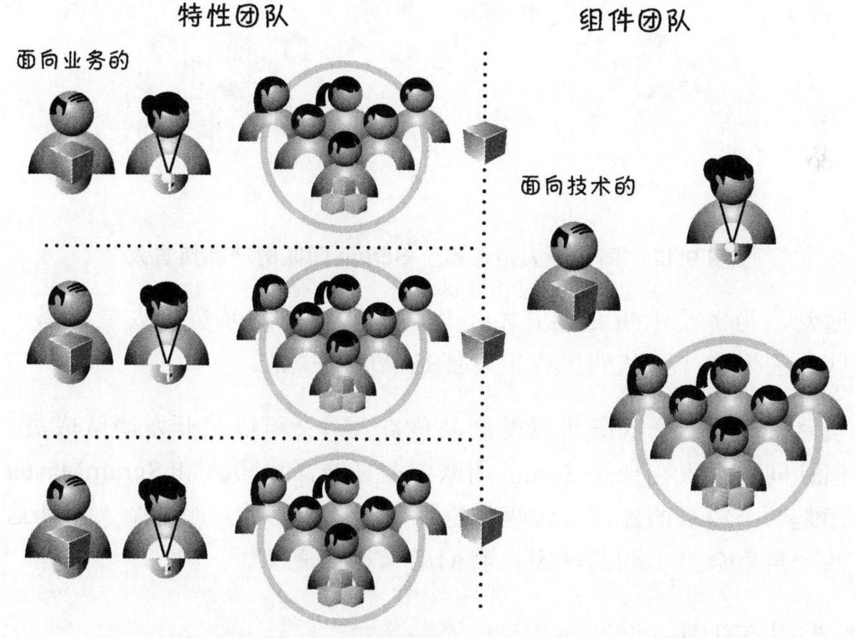

图 9.11　组件开发团队中的产品负责人

在图 9.11 中，有三个面向业务的特性团队在创建对最终用户有价值的特性。每个特性团队各自都有一个关注团队特性的产品负责人。为了完成各自的特性，每个特性团队还要利用组件团队向他们提供的、必需的资产。对特性团队提出的各种组件级的请求，组件团队需要有一个产品负责人对这些请求进行优先级排序并管理开发过程。与特性团队的产品负责人相比，组件团队的产品负责人很可能更偏技术。

产品负责人兼任其他角色

如果精力允许，同一个人可以担任多个 Scrum 团队的产品负责人（参见图 9.12）。

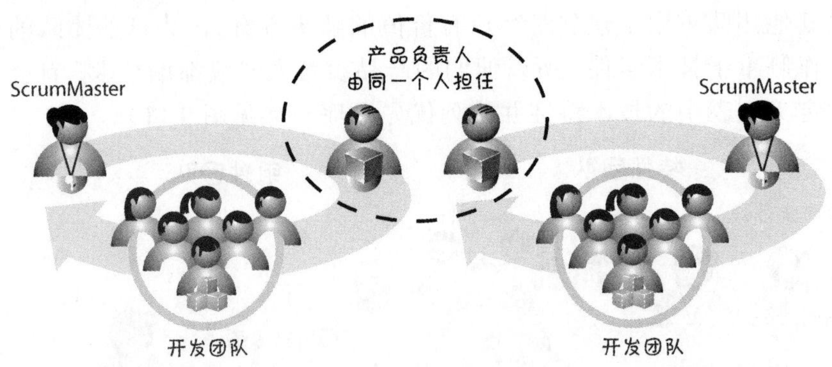

图 9.12　同一个人担任多个 Scrum 团队的产品负责人

通常，为多个承担相同开发工作的团队担任产品负责人更容易一些，因为这些团队的工作很可能是高度相关的。

虽然有时同一个人既可以是产品负责人，又可以是开发团队成员，但让同一个人在一个 Scrum 团队中兼任产品负责人和 ScrumMaster 却是一个糟糕的建议。这两个角色是相互制衡的，让一个人兼任这两个角色会产生利益冲突，我们应当尽量避免。

产品负责人团队

每个 Scrum 团队都必须有一个人担任产品负责人，这个人是 Scrum 团队中唯一一个得到授权并可以履行产品负责人职责的人。

能够允许一组人来承担产品负责人的角色吗？如果这里指的是一组共同制定决策、共担责任的人，则是不允许的。为了用好 Scrum，需要有一个人成为产品负责人，制定决策并作为利益干系人团队的唯一代言人向 Scrum 团队传达意见。

话虽如此，但有些组织可能仍然会组建一个所谓的“产品负责人团队”，因为他们认识到，如果没有一组精心挑选的人提供意见和指导，产品负责人是无法完成工作的。而在另外一些公司，产品负责人的工作可能是任何一个全职人员都心有余而力不足的。对于这两种情况，产品负责人会把部分职责委派给其他人。在两种情况下，只要团队中有一个最终的决策制定者并且只要产品负责人团队不会退化为由委员会策划的方式，也就是说用不着把每个决策都拿给其他八个人批准，那么组建产品负责人团队也是可以的。

组建产品负责人团队时需要谨慎。如果产品负责人的能力不足以成为有授权的产品领导力核心，就应当想其他办法——设置一个委员会并不能解决问题。同样，如果产品负责人因为太忙而无法承担职责，需要的可能也不是一个团队。真正的问题是，组织在同一时间启动的开发工作太多或产品负责人太少，不足以覆盖所有计划要做的产品。

或者，也许是我们构建的产品太大，应当把它们细分，更频繁地进行版本发布。产品拆分之后，一个人就足以轻松胜任产品负责人的角色。另外，如果组建团队的方式不好（参见第 12 章）或产品列表的结构不好（参见第 6 章），单个产品负责人可能很难开展工作。需要保证建立产品负责人团队的确有必要，而不只是为了掩饰存在的问题，否则，情况会变得更加复杂，最终危及整个结果。

产品负责人代理

前面说过，因为业务部门的人工作太忙，所以有些做内部开发的公司会让 IT 人员（例如，业务分析师或开发经理）担任产品负责人。大家都知道，IT 人员实际上并没有得到授权，无法最终做出重要决策（这对任何一个产品负责人来说都是一个关键职责），所以组织按这种方式来委任产品负责人时不会有成效，只会让人困惑。一个更好的解决方案是为业务人员留出足够多的时间，让他们成为真正的产品负责人，但在某些需要和团队打交道的地方可以让 IT 人员担任代理产品负责人。

代理产品负责人是产品负责人找来在特定场合代表自己的人。Scrum 团队中的每个人都知道代理人不是真正的产品负责人，但是大家都知道产品负责人授权代理人至少可以代表他做出一些策略上的决定。一个常见的例子是，产品负责人投入大量时间与客户及用户会面，以确保自己能够把握市场脉搏。这样一来，开发团队肯定无法天天都能找到他。对于这种情况，产品负责人可以得到代理人的支持，由代理人与开发团队对 PBI 进行日常的交流。

为了让这种方法发挥作用，关键在于产品负责人要真正授予代理人决策权，不武断地推翻决策而削弱团队对代理人的信任。记住，即使产品负责人可以授权其他人来辅助他，但绝不能把确保工作完成的基本职责委派出去——产品的成败仍然由他负责。

首席产品负责人

开发超大型产品也是离不开产品负责人团队的。前面说过，一个人可以成为几个 Scrum 团队的产品负责人，但如果涉及好几个团队，是什么情形呢？例如，我曾经培训和指导过一个组织，他们有一个开发工作涉及 2500 多人。每个团队的平均人数不到 10 人，这样算来，参与开发工作的团队就超过 250 个。一个人不可能担任 250 个团队的产品负责人。实际上，一个人只能在有限几个团队中担任每日参与的产品负责人。对此，团队负责人的角色需要像图 9.13 那样进行调整。

图 9.13 中标记为首席产品负责人的是负责整个产品的产品负责人。不过，首席产品负责人有一个产品负责人团队，以保证在层次结构中每个较低的级别上都能适当填充产品负责人角色。如果决定采用这种方法，需要确保每一个产品负责人仍然有授权并可以做出所在级别需要做的绝大多数决策，不必把决策提交到上级。

图 9.13 层级式的产品负责人角色

结语

本章详细描述了产品负责人角色。强调这个角色是处于产品领导力核心的、有授权的人，并介绍了这个角色的重要职责和特征。接着描述产品负责人在项目各种 Scrum 活动中的具体事务。接下来讨论在不同类型的项目中应当由什么类型的人担任产品负责人。接着又描述如何才能成为多个 Scrum 团队的产品负责人，说明有时一个人如何在同一个 Scrum 团队中兼任产品负责人和团队成员。最后讨论产品负责人团队的概念，重点介绍代理产品负责人和首席产品负责人。下一章将讨论 ScrumMaster 角色。

第 10 章

ScrumMaster

本章描述 ScrumMaster 角色。首先介绍这个角色相对于其他 Scrum 角色的作用。接着定义 ScrumMaster 的主要职责和特征。随后举例说明 ScrumMaster 的日常工作内容，进而引发 ScrumMaster 是否应该全职的相关讨论。最后描述通常由哪些人担任 ScrumMaster 角色。

概述

ScrumMaster 是组成 Scrum 团队的三个角色之一（其他两个是产品负责人和开发团队）。产品负责人主要负责构建正确的产品，开发团队主要负责以正确的方式构建产品，ScrumMaster 则主要负责帮助每个人理解并乐于接受 Scrum 的价值观、原则和实践。ScrumMaster 对开发团队和产品负责人来说，履行的是教练的职责。ScrumMaster 也要履行过程领导的责任，帮助 Scrum 团队和组织其他成员发展具有组织特色的、高效的 Scrum 方法。

主要职责

ScrumMaster 的主要职责如图 10.1 所示。

教练

ScrumMaster 是 Scrum 团队的敏捷教练——包括开发团队和产品负

责人（参见 Adkins 2010 和 Rachel 2012，进一步了解敏捷教练[1]）。通过对这两个角色进行指导，ScrumMaster 可以消除两者之间的隔阂，使产品负责人能够直接驱动产品开发。

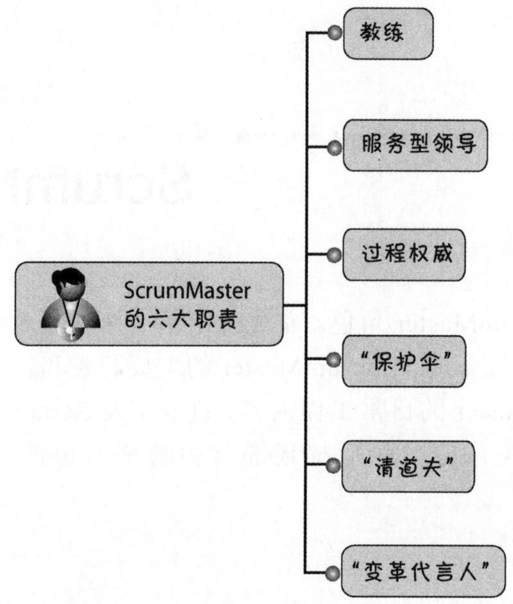

图 10.1　ScrumMaster 的主要职责

类似于运动团队的教练，ScrumMaster 重点观察团队使用 Scrum 的过程，全力帮助团队表现达到更高的级别工作效能。如果发生的问题是团队可以并且应该能解决的，ScrumMaster 的态度（像任何优秀教练一样）就应该是："我在这儿不是为你们解决问题的；相反，我的作用是帮助你们解决你们自己的问题。"团队无法解决的障碍，才由 ScrumMaster 负责解决。

ScrumMaster 通过帮助新任产品负责人理解和履行职责的方式对他进行辅导。一旦 ScrumMaster 帮助产品负责人确立他的角色，她就会一直协助他开展他的相关活动，例如梳理产品列表。而且，和运

① 编注：中文版书名分别为《如何构建敏捷项目管理团队》和《敏捷教练：如何打造优秀的每捷团队》。

动团队类似，ScrumMaster 和产品负责人的关系非常像运动团队的主教练和团队负责人的关系：使用 Scrum 帮助负责人取得最大的业务成果，管理预期，确保负责人提供团队的必需品，倾听负责人的抱怨和变更请求，最终将这些信息转换为团队可以落实的改进措施。

服务型领导

ScrumMaster 经常被形容为 Scrum 团队的服务型领导。即使作为团队的教练，ScrumMaster 首先也是 Scrum 团队的一个服务者，其服务要确保能满足团队最高优先级的需要。服务型领导从来不会问："那么，今天你要准备为我做什么呢？"相反，服务型领导会问："那么，为了帮助你和团队更加有效，今天我能做什么？"

过程权威

ScrumMaster 是 Scrum 团队的过程权威。在这个身份上，为了确保 Scrum 团队使用特定的方法实施并遵循 Scrum 的价值观、原则和实践，ScrumMaster 需要被充分授权。只要有可能，ScrumMaster 就要持续帮助 Scrum 团队改进过程，实现交付的业务价值最大化。

在这种情形下，ScrumMaster 的权威不同于职能经理或项目经理。例如，ScrumMaster 不招人或裁人，也不命令团队做什么任务或者怎么做这些任务。ScrumMaster 也不负责确保工作一定能完成。相反，ScrumMaster 帮助团队定义并遵守自己的流程，从而确保工作完成。

"保护伞"

ScrumMaster 保护开发团队免受外部干扰，让团队可以集中精力在每个冲刺交付业务价值。干扰有各种来源，可能是经理在冲刺执行过程中想给团队成员安排其他工作，也可能是其他团队引起的问题。不管干扰来自哪里，ScrumMaster 都能把它们挡在外面（实地考查，解决管理问题，解决纷争），让团队专注于价值交付。

“清道夫”

ScrumMaster 还要承担“清道夫”的职责，扫清妨碍团队生产效率的一切障碍（当团队成员自己搞不定的时候）。例如，我观察过一个 Scrum 团队，他们一直达不到冲刺目标。他们的障碍是团队在测试（作为完成标准的一部分）时使用的生产服务器不稳定。团队自己对这些服务器没有控制权——那是运营副总的职责。因为团队自己不能搞定障碍，所以 ScrumMaster 通过和运营副总以及其他实际能解决这个问题的人一起改善服务器的稳定性。

变革代言人

ScrumMaster 必须积极推动变革，当然是比问题服务器或类似障碍更深远的变革。优秀的 ScrumMaster 能够帮助大家转变思维。Scrum 对于现状来说可能具有很强的破坏性，成功实施 Scrum 所需要的变革可能很困难。ScrumMaster 要帮助他人理解变革的需要、在 Scrum 团队之外 Scrum 所带来的影响以及 Scrum 能帮助达到的广泛而深远的收益。ScrumMaster 还要确保组织的各个层面都发生有效的变革，不仅能够促成短期的成功，而且更重要的是通过使用 Scrum 得到长期的收益。在大型组织中，ScrumMaster 可能要联合起来以形成更有效的变革力量。

特征/技能

ScrumMaster 的重要特征如图 10.2 所示。

见多识广

为了做好一个有效的过程教练，ScrumMaster 必须精通 Scrum 方方面面的知识。ScrumMaster 还要理解团队需要解决的技术问题以及团队用来创建解决方案的技术。ScrumMaster 并不需要有技术主管（tech-lead）或开发主管（dev-lead）级别的知识，但是适当的技术知识是有益的。ScrumMaster 也并不一定是业务领域的专家（产品负责人是），但是同理，业务领域里工作中用到的知识很有帮助。

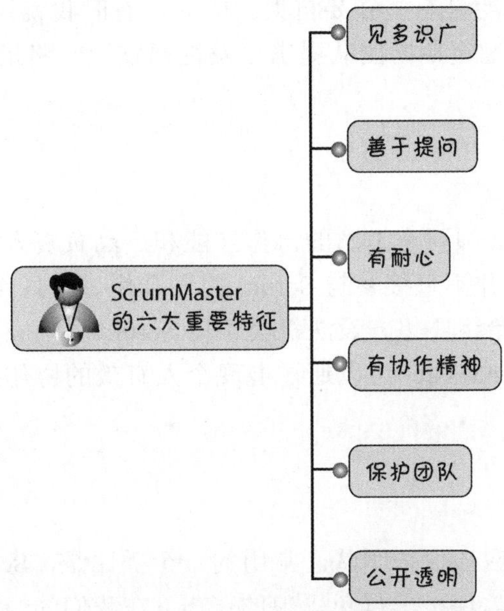

图 10.2　ScrumMaster 的六大重要特征

善于提问

ScrumMaster 运用他们的教练技能，结合流程、技术和业务方面的知识，提出重要的问题。他们会参与提出一些启发性的问题，听到这些问题之后，人们会停下来说："嗯，我从来没那么想过。现在既然你问这个问题，我想可能有另外的做法。"优秀的 ScrumMaster 几乎从来不会直接回答问题，相反，他们会反问——不是恼人的问题，也不是为了问问题而问的问题，而是有思想的、有深度的、探索式的问题——从而能够帮助大家意识到他们有悟性，能够自己找到答案（苏格拉底式提问的一种形式）。

有耐心

因为 ScrumMaster 不倾向于公开答案，所以他们需要很有耐心，留时间让团队自己找到合适的答案。有时，让我来做一个 ScrumMaster 比较困难，因为我看到团队正在处理的问题是我已经"知道"答案的。好吧，至少我认为自己知道答案！对我来说，相信我比团队的集体智慧更聪明是有些狂妄自大。因此，有时我就只好保持沉默，耐住性子，通过定期向团队提出启发性问题而一路指导，让团队找到解决方案。

有协作精神

ScrumMaster 必须要有杰出的协作技能和产品负责人、开发团队和其他各方甚至并不直接参与 Scrum 的人合作。同时，作为过程教练，ScrumMaster 始终要想方设法机会帮助 Scrum 团队成员彼此之间高度合作。ScrumMaster 可以通过展现个人有效的协作技能协助团队开展工作。

保护团队

ScrumMaster 应该保护团队。常用的一个类比是，ScrumMaster 就像一只牧羊犬，保护羊群免受狼的袭击。在我们的情形中，狼可能是组织障碍或者有不同日程安排的人。ScrumMaster 善于在注重业务决策经济合理的大环境下保护团队。因为对团队保护和业务需要非常敏感，所以 ScrumMaster 能帮助 Scrum 团队达到健康的平衡。

ScrumMaster 还要帮助落后的团队成员。遇到困难的时候，人们很容易退回到原来熟悉的非敏捷工作方式。在这种情况下，ScrumMaster 有责任帮助引导掉队的团队成员，通过强化如何更有效地使用 Scrum，帮助他们克服困难。

公开透明

最后，ScrumMaster 在所有形式的沟通中都是公开透明的。和团队成员一起工作的时候，没有秘密的议程；团队成员得到的就是从 ScrumMaster 那里看到或听到的。我们对服务型领导的期待莫过于此。ScrumMaster 也会在 Scrum 团队之外推进透明的沟通。如果信息不透明，组织很难使用 Scrum 检视和调整以得到期望的业务结果。

日常工作内容

在一个冲刺当中，ScrumMaster 的日常工作到底是什么样的呢？图 10.3 表示了（并非精确表述）一个新建团队的 ScrumMaster 在一个冲刺中执行每项活动花了多少时间。有多年合作经历的高效能团队中，ScrumMaster 执行活动的时间比例分配不一样。

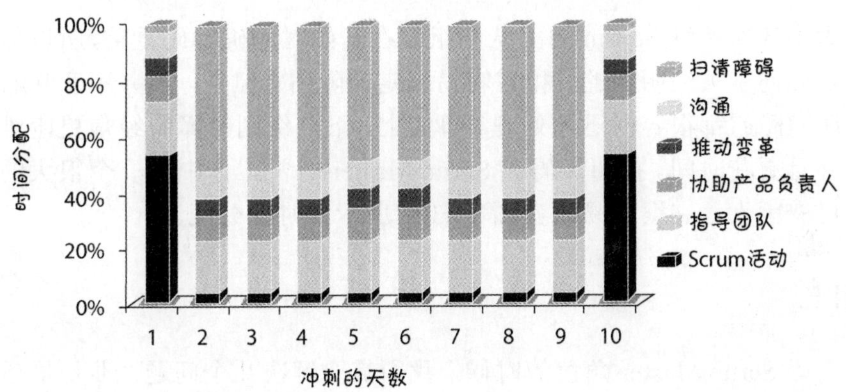

图 10.3　ScrumMaster 的日常工作内容

如图 10.3 所示，ScrumMaster 每天都要花时间组织并推进 Scrum 活动，包括冲刺规划、冲刺执行、冲刺评审、冲刺回顾和每日例会。其中包含准备相应的活动，管理执行过程，使 Scrum 团队其他人的工作过程能取得高价值的结果。

ScrumMaster 每天还要花时间指导团队成员，帮助他们提高使用 Scrum 和技术实践的能力。ScrumMaster 可能还要组织复习练习，例如，要估算 PBI 的时候，提醒新建团队规划扑克的规则。然后，每天还要花时间专门进行沟通（例如，更新冲刺与版本的燃烧图和燃尽图，和非 Scrum 团队成员进行讨论）。

在整个冲刺过程中，ScrumMaster 需要花时间和产品负责人一起执行产品列表梳理活动（例如，写新的 PBI 并排列优先顺序）。关于重要的可变因素（诸如特性、日期、预算和质量等），ScrumMaster 还要和产品负责人一起做出权衡，以确保经济上可行。

ScrumMaster 也是一个变革推动者，帮助组织在整个价值链（销售、市场、人力资源、外包商等）中更好地拥抱 Scrum。

ScrumMaster 需要一些灵活的时间来扫清障碍。她可能每天预留固定的一段时间来扫清障碍。当然，障碍可能随时出现，并且可能较大且有时效性，所以 ScrumMaster 可能需要从其他活动中重新分配机动时间。

大多数新接触 Scrum 的团队和组织在开始时的确障碍重重，所以他们倾向于关注明显的、相对容易搞定的障碍。但是，那并不意味着所有障碍都很容易迅速处理。事实上，下一级别的障碍经常更困难并且更花时间。扫清障碍在 ScrumMaster 日常工作中是一个很大的可变因素，它很容易改变图 10.3 中所示的时间分配。

履行角色

考虑 ScrumMaster 角色的时候，我们需要解决几个问题：谁是最适合的人选？这个角色是全职的，还是可以兼任其他 Scrum 或非 Scrum 角色？下面逐一考虑。

谁来担任 ScrumMaster？

新接触 Scrum 的组织不会有 ScrumMaster 这个角色。那么，我们怎么物色 ScrumMaster 呢？我见过优秀的 ScrumMaster 来自现有的很多不同角色。一些 ScrumMaster 之前是项目经理或者产品经理（虽然产品经理更有可能转做产品负责人）。其他 ScrumMaster 来自开发、测试或其他有技术背景的人。只要一个人具有之前我提到的六大特征并且愿意接受这个角色，就可以成为一个高效的 ScrumMaster。

一些组织认为技术主管或开发主管应该是 ScrumMaster。这些人事实上可能成为很棒的 ScrumMaster，但也许并不是最佳人选。技术领导岗位上的人成为 ScrumMaster 是有原因的——因为在技术上他们很擅长。但是，ScrumMaster 角色本身并不需要充分发挥技术特长。任何时候，技术主管做 ScrumMaster 时都只能有很少时间贡献技术领导力。所以，让他们做 ScrumMaster，可能会对技术方面产出影响。本章后面将针对开发团队成员能否兼任 ScrumMaster 进行探讨。

职能经理或人力经理如果具备 ScrumMaster 的技能，也会很成功。不过，这样的经理最好不要保留管理职责，至少不能管理自己的 Scrum 团队成员。因为 ScrumMaster 是没有管理权力的，在具体情况下，团队成员会角色混乱，搞不清楚自己是 ScrumMaster 还是经理。我宁愿避免这种情形，也不让团队成员向 ScrumMaster 汇报。但是，在一些组织里，这可能无法避免，所以我们要尽量学着处理潜在的利益冲突。

ScrumMaster 是全职工作吗？

每个 Scrum 团队都有一个 ScrumMaster，但 ScrumMaster 是全职角色吗？可能不是。合作时间长并且已经精通 Scrum 的团队，和一个新建的从来没有用过 Scrum 的团队相比，需要的指导工作可能更少。

随着团队的逐渐成熟，虽然 ScrumMaster 每天花在团队上的时间越来越少，但 ScrumMaster 角色对组织内 Scrum 的成功依然至关重要。通常情况下，当 Scrum 团队对 ScrumMaster 的需求减少，就要求 ScrumMaster 更关注较为广泛的组织层面的障碍，并在整个组织价值链增长的过程中成为变革推动者。

在大多数情况下，ScrumMaster 都要全情投入，保证百分之一百有时间。在不需要全职投入的情况下，可以考虑让她身兼多职。

ScrumMaster 兼任其他角色

如果精力允许，一个人既是有才的 ScrumMaster，又是能干的团队开发成员，那么他可以担任两个角色。不过这样一来，一个人尝试同时戴两顶帽子时，就得忍受利益冲突。例如，如果这个人有重要的 ScrumMaster 活动（如扫清障碍）要执行，同时也有重要的任务级别的工作要做怎么办？因为两个同等重要，向任何一个妥协都会降低 Scrum 团队的效率。另一个事实使这个权衡更加复杂化，即突发性的障碍，解决起来非常耗时。ScrumMaster 究竟有多少时间来做任务级别的工作，会变得更加不可预期。

然而，还是有另一个更好的方法。如果 ScrumMaster 真的有多余的精力，我往往让她做几个 Scrum 团队的 ScrumMaster（如图 10.4 所示）。

优秀的 ScrumMaster 需要具备一系列有价值的独特技能。我倾向于让具备这些技能的人在多个团队中发挥作用，而不是让她花时间做一些非 ScrumMaster 的工作。但是，这是我个人的倾向。我见过一些 Scrum 团队，使用这两个方法的其中之一都获得了成功。虽然在特定组织背景下可能有正确或错误的答案，但一般并不是那么绝对。

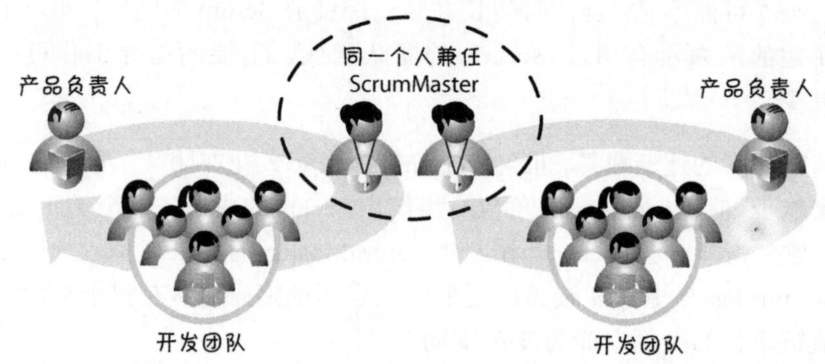

图 10.4　同一个人担任多个团队的 ScrumMaster

正如第 9 章提到的，最不鼓励的角色组合就是同一个人既担任 ScrumMaster 又担任产品负责人。ScrumMaster 是 Scrum 团队的教练，也就意味着 ScrumMaster 是产品负责人的 Scrum 教练。自己做自己的教练，实在太困难啦！而且，产品负责人是真正的产品权威，能够向团队提出要求。ScrumMaster 通常要担任中间人，平衡产品负责人需求和开发团队的不足与特长。让一个人同时担任产品负责人和 ScrumMaster，会依然增加不必要的混乱。

结语

本章描述 ScrumMaster 角色。强调了 ScrumMaster 的职责，包括作为教练、服务型领导、过程权威、保护团队、“清道夫”和变革代言人等。接着讨论 ScrumMaster 应该精通 Scrum、善于提问、能够耐心等待团队自己解决问题，和大家协作、保护团队免受过分的干扰，能够用公开透明的方式沟通。接下来描述 ScrumMaster 的时间在一个冲刺中是怎样分配的，以加深我们对这个重要角色的理解。最后，我们讨论组织中哪些人可以成为 ScrumMaster，这个角色是否全职，ScrumMaster 这个角色如何兼任其他角色。

在下一章，将探究开发团队在 Scrum 中发挥的作用。

第 11 章 开发团队

本章描述开发团队这个角色。首先描述该角色的五个主要责任，然后描述开发团队应该具备的十个特征。

概述

传统软件开发方法定义了不同的工作类型，如架构师、程序员、测试员、数据库管理员和界面设计师等。Scrum 则定义了开发团队这个角色，简单来说就是这几类人的跨职能集合。开发团队是 Scrum 团队的三个角色之一。开发团队成员整体具备的技能足以实现产品负责人要求交付的业务价值。

对于不止包含开发人员的团队，开发团队这个称号貌似不贴切。我们曾经还用过其他称号，比如交付团队、设计-构建-测试团队或直接叫团队。所有这些称号都不如开发团队合适、明确、简单。目前，Scrum 社区主要使用开发团队这个术语，我在本书中要用这个术语。

专职团队

许多组织习惯有意拆分不同工作类型为专职团队，比如设计团队、开发团队和测试团队。完成自己的工作后，这些团队将手头工作移交给其他团队，并且各个团队或多或少都是独立运行的。

在 Scrum 中，每个冲刺都产生可工作产品的一个或多个功能切片，开发团队必须做完所有相关的工作：包括产品功能的设计、开发、集成和测试。因此我们需要能够熟练完成所有这些任务的团队。

有些组织在用 Scrum 的时候，会尽量保留一个单独的测试或质量保证团队。现在，我承认有时有一个独立团队专注于测试可能真的有必要——例如，监管需求可能要求一个独立团队执行某些特殊类型的测试。但大多数情况不必如此。测试是每个冲刺期间不可或缺的一部分工作。在冲刺中，开发团队也要做测试工作。

只要可能，我们就要建立跨职能团队。把工作分配到多个专职团队是靠不住的，并且可能严重阻碍 Scrum 取得成功。我们要确定是否真正需要（除了习惯之外）保留任何一个专职团队。

主要职责

图 11.1 描述了 Scrum 活动并标注了开发团队的主要职责。

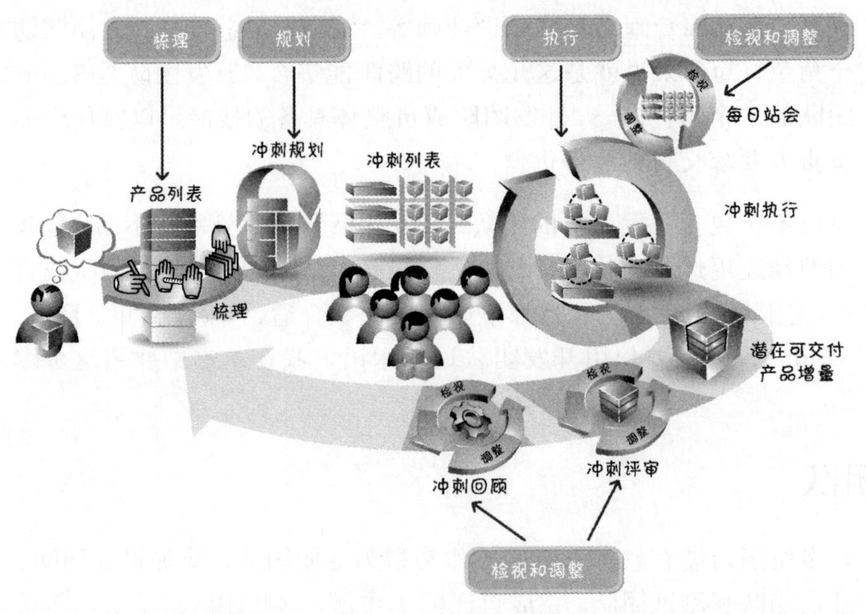

图 11.1　Scrum 活动中开发团队的职责

下面逐一描述这些职责。

冲刺执行

在冲刺执行期间，开发团队完成实际动手的创造性工作，包括设计、构建、集成并测试 PBI，生成潜在可发布的功能增量。为此，团队自组织并共同决定如何规划、管理、执行和沟通工作（详情参见第 20 章）。开发团队的大部分时间都花在冲刺执行上。

每日检视和调整

每个开发团队成员都应该参与每日站会，在会上，团队成员一起检验冲刺目标的进展情况，根据当天的工作情况调整计划。如果某个团队成员没有参会，团队就会漏掉部分信息而可能无法达到冲刺目标。

梳理产品列表

每个冲刺都必须花一部分时间来准备下一个冲刺，主要用来梳理产品列表，包括 PBI（详情参见第 6 章）的创建和细化、估算和排列优先顺序。开发团队每个冲刺最多分配 10%的可用生产能力来协助产品负责人做这些工作。

冲刺规划

每个冲刺开始的时候，开发团队参与冲刺规划会。在 ScrumMaster 的协助下，开发团队与产品负责人合作为下一个冲刺建立目标。接着，团队确定要构建哪一个高优先级的 PBI 子集才能达到冲刺目标（参见第 19 章）。对于两周的冲刺，规划会通常要花半天时间。四周的冲刺，规划会则可能最多需要一整天。

注意，规划活动是迭代发生的。相比开发工作一开始就集中制定一个非常庞大的、不确定的且过于详细的计划，团队更愿意在每个冲刺开始时，制定一系列更小的、更确定的且更具体的及时计划。

检视和调整产品与过程

每个冲刺结束的时候，开发团队都要参加两个检视和调整活动：冲刺评审会和冲刺回顾会。在冲刺评审会上，开发团队、产品负责人、ScrumMaster、利益干系人、投资人、客户和其他团队中感兴趣的成员一起评审当前冲刺刚刚完成的特性，并讨论下一步改进措施（参见第 21 章）。在冲刺回顾会上，Scrum 团队检视和调整自己的 Scrum 过程和技术实践，进一步改善团队使用 Scrum 来交付业务价值的方法（参见第 22 章）。

特征/技能

图 11.2 描述了开发团队的十大重要特征。

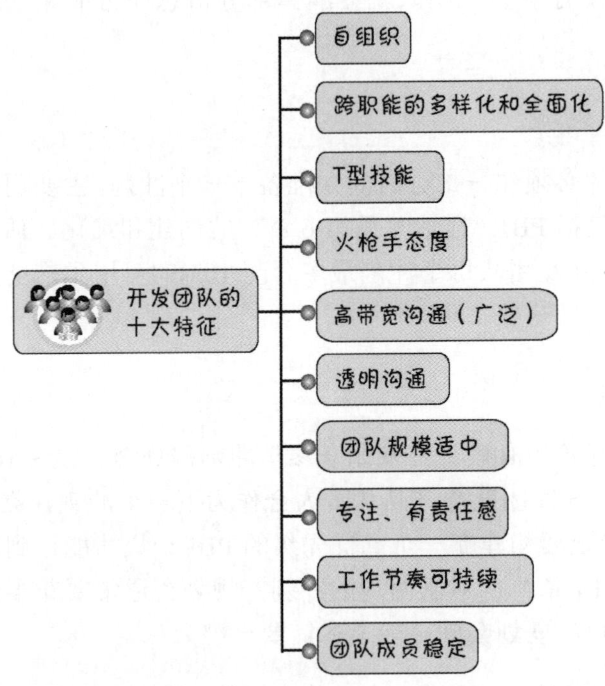

图 11.2　开发团队的十大特征

自组织

团队成员自组织决定实现冲刺目标的最佳方式。没有项目经理或者其他经理告诉团队怎样开展工作（ScrumMaster 也不该冒昧这样做）。自组织是系统自下而上、自发的属性——没有外部的统治力量采用传统的自上而下、命令与控制的管理方式。

举个例子来说明。我住在科罗拉多的时候，小区门口有一个池塘。一到冬天，就有一群加拿大雁迁徙而来。每年都有好几百只加拿大雁同时挤到这里，看起来很漂亮。我有两只狗，分别叫 Letti 和 Toast，它们通常呆在后院的篱笆内。偶尔我们也放它们出去撒欢。它们一看到池塘边的大雁就会跑过去。我认为它们不会伤害大雁，但是大雁一看到 Letti 和 Toast 跑过来，就会离开池塘，全都飞走了。

你是否想知道，当鸟儿飞起来的时候，怎么知道要组成 V 字形图案（成群飞行图案）？你认为有一只带着活动挂图的“经理鸟”在池塘边开会、指导其他鸟如何成群飞（如图 11.3 所示）？

图 11.3　成群飞行不是自上而下规划的结果

我在池塘边住了很多年，不记得见过这样的会议。（尽管几年前我儿子 Jonah 宣称："爸爸，它们在晚上开会，所以你从来没见过！"嗯。可能我儿子知道点什么。）

不，除非我儿子说得对，否则鸟儿比我想象的更机灵，大雁其实是通过自组织——一种复杂自适应系统的自下而上、自发的属性来实现成群飞行的。在这个系统中，不同的个体采用不同的方法彼此交互，遵循一个简单的、局部的、在不断反馈环境下作用的规则。如图 11.4 所示。

图 11.4　成群飞行：简单规则和频繁反馈

这类系统表现出很有意思的特点，比如拥有非凡的稳定性和产生惊人的新颖性。

就像成群结队飞行的鸟一样，开发团队没有自上而下、命令与控制的权威告诉他们如何工作。相反，跨职能多样化的团队成员自组织，以最合适的方式完成工作。结果，涌现出来的是团队自己的 V 型图案。

然而，经理在 Scrum 中的确至关重要。他们负责为自组织团队创造

（以及再造）环境。在第 13 章中将详细描述经理这个角色。

跨职能的多样化和全面化

开发团队成员应该是跨职能多样化的，他们共同拥有必要的、足以完成工作的技能。结构良好的团队可以从产品列表中取出下一个条目，然后产出满足 Scrum 团队完成标准的高品质可工作特性。

技能单一的人所组成的团队（传统的职能团队）最多只能完成工作的一部分。所以，一个职能团队做完自己的工作后，工作产品就被移交给其他职能团队。例如，开发团队把代码移交给测试团队，或者用户界面团队把屏幕设计移交给业务逻辑团队。移交代表着极有可能产生误解和高成本的错误。拥有多样化技能的团队可以减少移交次数。创建多样化团队并不妨碍我们在相同学科（比如 Java 或 C++开发或测试）拥有多个技术高超的团队成员。

跨职能多样化的团队还能带来更多视角，得到更好的成果（如图 11.5 所示）。

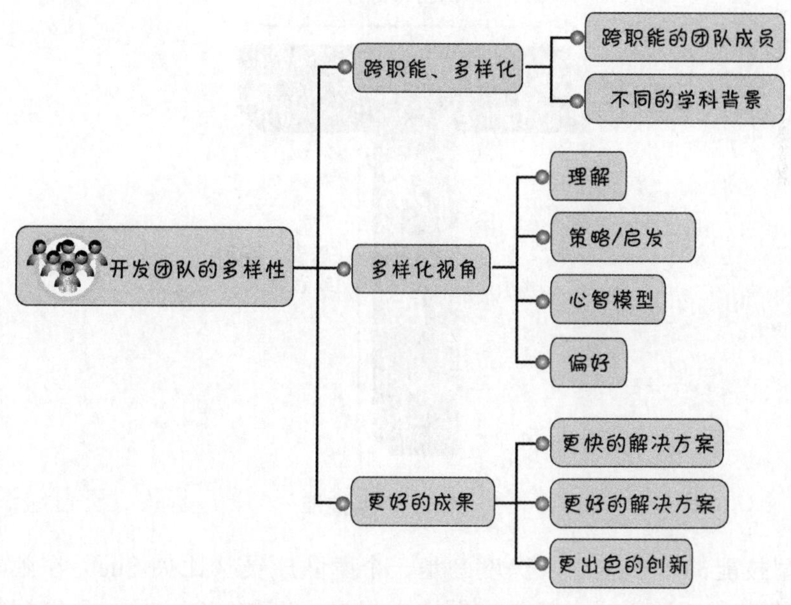

图 11.5　团队的多样性

跨职能多样化团队的成员拥有不同的背景。每一位团队成员都带来一套解决问题的认知工具；这些工具包含（对相同数据的）不同理解、解决问题的不同策略（或启发）、不同的心智模型以及方法和解决方案的不同偏好。这种多样化通常会带来更好的成果，表现为更快的解决方案、更高品质的交付物以及更出色的创新，所有这些都转化为更好的经济价值（Page 2007）。

我们还应该通过在同一个团队中合理搭配资深员工和资历浅的员工来实现团队的多样化。资深员工太多可能引起不必要的动荡，就好比厨房里的大厨太多。但是，如果资历浅的员工太多，团队可能没有足够丰富的技能完成工作。新老合理搭配有利于营造一个健康、协作的学习环境。

T 型技能

灵活的开发团队是由 T 型技能的成员组成的，如图 11.6 所示。

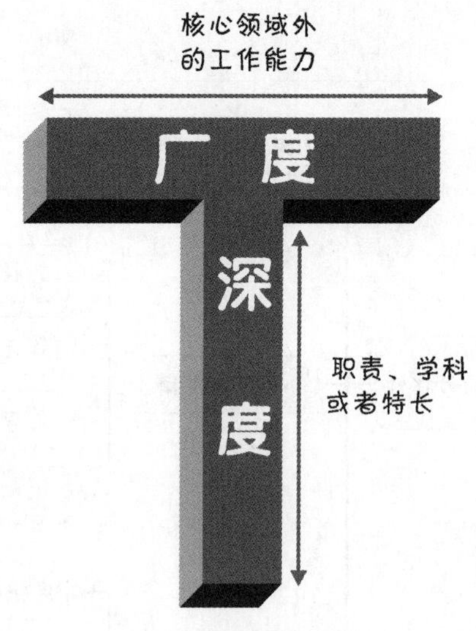

图 11.6　T 型技能

T 型技能的一个意思（深度）是一个团队成员（比如 Sue）在她喜欢的职责、学科或者特长方面造诣很深。例如，Sue 是一个很棒的用户体验（UX）设计师——她的特长和她喜欢做的工作。T 型技能的另一个意思（广度）是 Sue 也可以做超出其核心特长的工作，比如完成一些测试和文档工作。比起擅长测试或者文档的人，她可能不够优秀，但如果团队遇到瓶颈需要召集人一起完成工作的时候，Sue 可以帮助测试或者写文档。在这种情况下，Sue 拥有广泛的技能使她可以做其核心领域外的工作。

团队中不可能每个人都可以做每项任务。这只是一个崇高目标。例如，在非常专业的领域，如视频游戏开发，团队可能拥有美术师、动画师、音频工程师、人工智能（AI）程序员和测试人员，每个团队成员可以做每项工作就是不合理的。在一个开发视频游戏的团队中，我可能做人工智能和一些测试工作，但不可能做美术设计工作。并且你肯定也不想让我做！）然而，我可以帮助美术师从事一些非艺术的设计工作，比如使用 Photoshop 转换文件格式或创建操作多个文件的脚本。

经理应该专注于把现有人员组成最好的 T 型团队。然而，想一开始就能刚好找到想要的团队技能组合，是不太可能的，理想的技能组合需要假以时日在产品开发过程中日益成熟。因此，重要的是要有一个促进学习和增加技能组合的环境，不论是领域知识、专业知识、思考技能或者其他能力。经理要支持团队成员花时间学习和试验（参见第 13 章）。

团队中拥有纯粹的专家可以吗？我们来看一下前面 Sue 的例子，假设 Sue 是一个很棒的用户体验设计师并且她只会做这类工作。而且，因为我们只有少数几个用户体验设计师，所以我们真的不想让 Sue 去做关键用户体验设计工作以外的其他事情。我们的团队离不开她的专业技能，但团队在这方面的工作只占她 10%的时间。在这种情况下，很明显的解决方案是把 Sue 的时间分配到多个团队。

然而，我们必须实际一点。如果 Sue 把她的时间以 10%为单位一次性分给很多个团队，她的工作就太零散了。她很快就会成为瓶颈（参考本章后面的“专注、有责任感”小节）。回想第 3 章提到的，我们的目标不应该是人（比如 Sue）不能闲着。相反，我们应该更多考虑过分依赖于过度使用的资源时出现的闲置工作（掉在地上的接力棒）。因此，我们可以把 Sue 作为专家分配到数量合理的产品，但不能多到使她成为接力棒掉地的原因。

另外，因为我们的目标是拥有 T 型技能团队成员一起达到良好的工作流，所以要鼓励 Sue 帮助其他团队成员掌握一些用户体验设计的相关知识，让我们不会过度依赖于她的专业知识。

那么，总结一下，我们的目标是组成这样一个团队：团队成员拥有合适的技能，覆盖各个专业领域，并且总体上技能有一些重叠，团队有额外的灵活性。为了达到这个目标，许多团队成员应该具有 T 型技能，不过我们仍然会搭配一些专家。

火枪手态度

开发团队（以及整个 Scrum 团队）的成员需要具备三个火枪手的态度——“人人为我，我为人人。”火枪手态度强化了这个观点：团队成员共同承担完成工作的责任。成败是整个团队的事情。

在一个运作良好的 Scrum 团队中，绝对没有任何人会说：“我那部分做完了。你那部分没有。所以我们失败了。”这种态度说明团队成员并不齐心（如图 11.7 所示）。

图 11.7　团队成员必须一起行动，同舟共济

团队成员必须充分意识到他们必须合作才能兑现承诺，因为失败最后是团队中每个人的问题。团队成员都具备火枪手态度是获得共同成功的关键。

拥有 T 型技能的团队成员容易培养火枪手态度并使团队合作更密切，因为人们能够做多种类型的任务。在这样的团队中，不会听到任何有能力完成某工作的人说："那不关我的事。"

然而，因为一个人不可能样样精通，所以有些人可能会说："我没有能力做那个工作。"在这种情况下，团队可能选择让有技能的人教这个没有技能的人一起做，使团队以后总体能力能强。

即使技能局限妨碍人们跨职能工作，团队成员仍然可以组织各自的工作，确保整个冲刺中工作流顺畅，没有人负担过重。例如，冲刺把所有测试工作都留到冲刺结束以前由"测试人员"完成注定会以失败收场。请参见第 20 章，了解在冲刺执行中团队应该如何管理工作流。

有了火枪手态度，就没有人会"滥竽充数"。每个团队成员都有责任确保全天候完全投入工作。这通常也意味着在自己并不擅长的领域大胆发言和积极参与活动，从更多角度讨论问题。例如，尽管一个团队成员的专长可能是测试，但如果她认为团队某个特性的设计想法有问题，就有责任大胆说出来，而不是耸耸肩说："那不是我的事，他们懂得肯定比我多。"

沟通广泛

开发团队成员相互之间以及他们和产品负责人、ScrumMaster 之间，需要进行广泛的沟通，彼此之间以最低的成本快速、高效地交换有价值的信息。

广泛沟通提高了信息分享的频率和质量。最后，Scrum 团队有更多机会进行检视和调整，从而做出更快更好的决定。因为信息的经济价值是有时效性的，所以加快信息分享的速度可以使团队充分利用信息的价值。通过快速利用涌现的新机会以及快速识别浪费，团队可以避免在错误的方向上花更多的资源。

有许多方法可以帮助团队获得广泛、深入沟通。敏捷宣言（Beck et al. 2001）提出面对面的沟通是首选方法。相比在同一地点可以实时现场协作的团队成员，没有坐在一起的或者主要使用非交互沟通方式（比如文档）的团队成员肯定处于劣势。

只要有可能，我就会让团队成员坐在一起。然而很多组织因为不同的业务原因，建立的是分布式团队，所以团队坐在一起不可行，也不现实。我和很多受益于高带宽沟通的分布式团队工作过，知道面对面并不是达到目标的唯一方法——但如果业务状况允许的话，会是一个很好的起点。

对于分布式团队，一定程度的技术支持有助于增强广泛的沟通。我曾在一些团队成员分布很广的组织工作过，通过使用一些令人印象深刻的电话会议设备，参与讨论时我感觉大家是坐在一起的。这样做的效果与团队坐在一起一样吗？当然不是。但是这些技术对于改善团队成员之间的沟通确实很有帮助。

打造跨职能团队是迈向高带宽沟通的关键。这样的团队拥有更精简的沟通渠道，只因他们很容易找到完成工作的合适人选。另外，跨职能多样化的团队不太可能把工作从一个团队正式移交（通常表现为书面文档）到另一个团队。各个角色在同一个团队内，工作移交的频率和手续减少，因而沟通速度也加快了。

我们还应该减少花在繁文缛节上的时间。在这些繁文缛节中，团队成员执行的是增值很少或者毫无价值的过程。例如，如果团队成员在和真正的客户或用户交谈之前，必须经过三层传递，这种“与客户谈话”的流程可能就是高效沟通的一个严重障碍。不得不写低价值或毫无价值的文档或需要冗长的可有可无的审批签字流程，这些都降低了沟通的带宽。我们需要识别并消除这些障碍，增强整个团队的沟通效果。

最后，控制团队规模也能提高沟通带宽。团队的沟通渠道和成员数量不是线性关系，根据公式 N(N-1)/2，沟通渠道是按人员数量的平方增长的。所以，如果团队有 5 个人，就会有 10 条沟通渠道。而如果团队有 10 个人，就会有 45 条沟通渠道。人越多，意味着沟通成本越高，由此而来的沟通带宽更低。

透明沟通

除了广泛沟通（用最小的成本快速有效地沟通），团队内部沟通也要透明。沟通透明能够使所有成员都清楚现状，不会觉得意外，另外还有助于建立互信。我一直认为团队应该用符合“最小惊讶原则”的方式沟通。简而言之，人们坦诚、靠谱。例如，我记得曾经指导过一个 Scrum 团队，某人在每日站会的时候总是推三阻四说不清楚他做了什么以及计划做什么。人们经常感到惊讶（“震惊”），后来才认识到他是有意不透明和故意误导人的。这导致其他团队成员不信任这个人，反过来也阻碍着团队自组织和达到冲刺目标。

规模适中

Scrum 推崇小团队。一般规则是团队最好有 5 到 9 名成员。研究表明，小团队效率更高（Putnam 1996；Putnamand Myers 1998）。以我过去 25 年的经验，5 到 7 人的团队对快速交付业务价值最有效。

Mike Cohn 列举了控制团队规模的一些原因，如下所示（Cohn 2009）。

- 可以弱化社会惰化现象（即“三个和尚没水喝”，指一个人如果认为其他人会同时参与，就会有意偷懒）。
- 小团队更有或能进行有建设性的互动。
- 协调所花的时间更少。
- 没有人可以消失在幕后。小团队中，成员的满意度更高。
- 不太可能出现过分专业化的有害因素。

我们的团队也可能太小了。比如，如果没有完成工作必需的人或者人太少而使团队不能有效运作，就说明人手不够。

Scrum 推崇小团队并不意味着我们不能在更大的开发工作中使用 Scrum。Scrum 经常用来构建至少需要 9 个人的产品。然而，相比拥有一个庞大的 Scrum 团队，比如有 36 个开发团队成员，我们更倾向于拥有 4 个以上的 Scrum 团队，每个开发团队少于 9 个人。

Scrum 项目不是通过拥有一个更大的团队而是通过组建多个团队来扩展的。多个 Scrum 团队用不同的方式彼此协调。常用的方法称为 scrum of scrums，即每个 Scrum 团队的成员聚在一起参加更高层的每日站会（更多细节参考第 12 章）。

专注、有责任感

团队成员需要对团队目标保持专注、有责任感。专注是指需要每个团队成员参与并集中精力关注团队目标。有责任感是指不论情况好坏，每个团队成员都会致力于完成团队共同的目标。

如果一个人只做一个产品，就更容易做到专注、有责任感。做多个并行的产品开发工作时，时间被分到不同的产品上，会降低她对每个产品的专注和责任心。

如果随便问做多个产品的人怎么看待专注和责任心，她可能会告诉你："我有很多工作要做，只能尽最大可能做好每个产品中我份内的工作，接着转到下一个产品。我从不觉得有时间专注于任何一个产品并把它做好。如果几个产品都有紧急情况，我不可能同时做好所有产品。"

团队成员如果必须在多个产品之间切换，就很难做到保质保量，更难真正同时承诺做多个产品。多任务的团队成员是在多条船上跳来跳去，而不是和其他团队成员在同一条船上。如果许多船同时漏水，她该选择帮助哪条船的成员呢？如果一个人不在那里往外舀水，就表明她并没有承诺那个团队，充其量只是参与那个团队而已。为了对其他团队成员公平，参与的团队成员应该清楚声明，她只是参与团队，关键时刻很可能不在场。

大量数据表明一个普遍的共识：做多个产品（或项目）或跨多个团

队会降低生产力，如图 11.8 所示（Wheelwright and Clark 1992）。

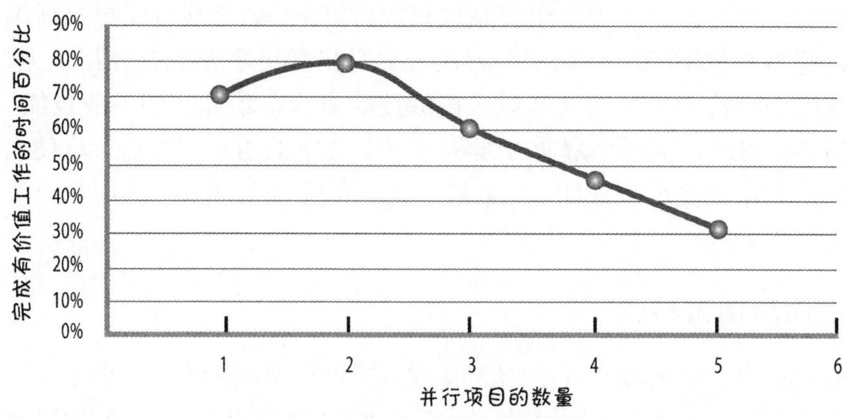

图 11.8　多任务的成本

这组数据表明，没有人能有 100%的产能——单纯做好企业良民就需要花很多时间。实际上，做两个项目的生产力看起来高于做一个项目。因为一个项目受阻，还可以切换到另一个项目，以此进一步提高产能。

基于这组数据，同时做三个以上的项目经济效益最差，因为更多时间被花在协调、回忆和查找信息上，真正花在有价值的工作之上的时间却减少了。这么说来，一个人应该同时参与多少个项目、产品（或团队）呢？最好不要超过两个。我强烈建议一个，因为在当今这个被邮件、网聊、Twitter、Facebook 和其他方式充斥的高度互联、信息丰富的世界，做好一个企业良民所花的时间可能相当于做一个项目的时间！

同时做多个产品的专家怎么办？前面我用过 Sue（用户体验设计师）的例子，她分配 10%的时间给一个团队（剩下的时间给其他团队）。我们想让 Sue 尽可能专注于一两个产品，但假设我们又需要她同时兼做 5 个产品，怎么办？一个实际可行的做法是，让专家自己决定同时可以承诺和专注做多少个产品。如果她说不能承诺更多产品，就不要再硬性指派。如果从业务角度必须要她再承担另一个产品（比如 Sue 做三个产品），或许应该想想其他替代方案。

这里有几个解决方案。第一，控制并行项目的数量。这通常是正确的解决方案，因为许多组织都选择同时开始 N 个项目（更多详细讨论参见第 16 章）。第二个解决方案是招聘更多专家来分担压力。第三个解决方案是帮助其他人拓宽技能组合，培养新的专业技能。另外，当然，第四个解决方案是前三个方案的组合。最后，迫使人们同时做太多项目或团队，会降低他们的专注与承诺，进而危及业务成果。

工作步调可持续

Scrum 的一个指导原则是团队成员必须以可持续的节奏工作。（不再进行死亡行军！）这样做，团队可以在交付世界级产品的同时维护一个健康：有趣的环境。

采用顺序开发时，我们把集成和测试等重要活动推迟到最后，此时临近交付日期，通常有大量问题需要解决。结果，在开发后期，工作强度陡然上升（如图 11.9 所示）。

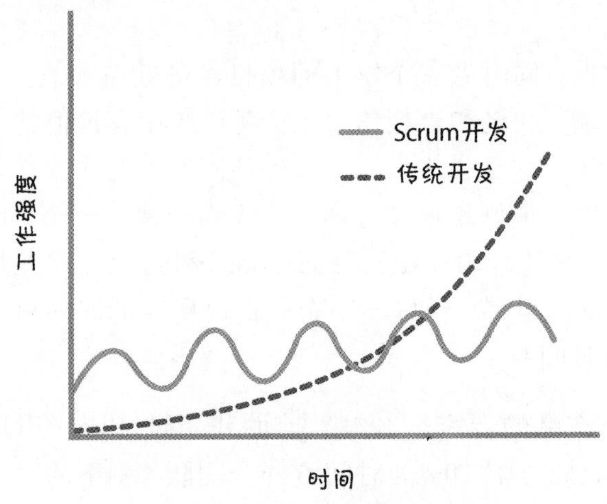

图 11.9　随时间的可持续节奏

高工作强度期间的象征是超级英雄通宵熬夜和周末工作，力争发布新版本。有些人以此为乐，喜欢受人关注，想通过加班获得奖励。然而，这种工作强度会把其他人压垮。作为组织，我们要自问：“为什么必须在晚上和周末工作，哪些地方可以改进？”

与典型的工作强度分布相比，采用 Scrum 的时候，每个冲刺我们一直在开发、测试和集成可工作的特性。为了确保团队可以频繁、定期交付价值，又不至于忙到吐血想死，每个冲刺团队成员都应该使用良好的技术实践，如重构、持续集成和自动化测试。

因此，在一个冲刺内，临近冲刺结束时，强度稍有增加，因为我们要确保已完成强完成定义包含的所有工作。然而，每个冲刺的整体工作强度应该与前一个冲刺相似，我们强调团队以可持续的节奏工作。

综合起来，就可以达到工作的平衡，不会突然出现大量高强度的工作，特别是在项目后期，这对团队的伤害最大。平衡意味着 Scrum 团队少加班，当然也因此不太可能筋疲力尽。

团队人员稳定

有效运用 Scrum 需要的是团队，而不是小组。团队是由多样化、跨职能协作的一些人组成的，他们瞄准一个共同的愿景并齐心协力达到这个愿景。小组是有共同称号的一群人。除了共享小组名字，各个成员没有多少共同的东西，不会有效地履行前面描述的开发团队角色的职责。

原则上来讲，团队应该保持稳定。只要经济上合理，我会一直保持我的团队不变。稳定团队是有经济优势的。Katz 的研究表明，稳定团队比新组建的团队生产力更高（Katz 1982）。此外，Staats 的研究也表明团队的熟悉度（团队成员以前的共同工作经验）对团队产出的效率和质量有积极影响（Staats 2011）。生产力、效率与质量的提升会带来更好的经济成果。

如果是一组彼此间没有任何合作经历的人，我们得花时间和财力让他们凝聚成一个真正的团队。大多数小组需要经过组建期、激荡期、规范期和执行期等阶段才能转变为高度职能化的团队（Tuckman 1965）。一旦拥有高效能的团队，我们就拥有了真正的资产。团队成员知道如何合作，并且他们已经赢得了彼此的信任。另外，团队还积累了重要的历史信息，比如团队开发速率和共同的估算历史（参加第 7 章）。如果解散团队或显著改变团队成员的组成，这些有价值的、团队特有的历史信息就无法直接用了。

我看到很多组织都没有意识到团队也是一种资产。大多数组织都习惯于临时抽调专业人员组成“团队”（实际上是小组）。依我之见，这样的实践错失了 Scrum 的关键——价值在于团队。团队才是敏捷的“价值源泉”。实际上，敏捷宣言的核心价值之一就是“个体与交互。”换句话说，团队是宝贵的资产。

在不同团队之间借调人员会破坏团队的完整性。我就不信纽约警察特种武器与战术部队（SWAT）会以任何频率重组。他们的团队成员已经学会了如何合作并且在危机时背靠背作战。团队人员更换频繁会危及信任、完整以及运作效率（在我们的案例中是开发速率的下降，在 SWAT 团队这个特殊案例中，就是安全性下降）。

大多数组织中，如果认可至少保持团队核心成员的稳定并把团队从一个产品移到另一个产品，情况就会好很多。整体调移稳定的团队在经济效益上几乎总是高于移动个人。

我并不是说在相当长时间内始终应该并且可以保持团队稳定。例如，如果有一个团队确实不能像我们希望的那样有凝聚力，或团队出现功能失调，那么解散团队通常危害更小而且经济上更合理。

在另一个案例中，我指导过一个组织，为了在组织内进一步推广 Scrum，我们有意打散了一个高效率 Scrum 团队，把他们作为“分离播种”策略的一部分。我们不会因为团队完成工作和需要重新分配人到新团队做下一个开发工作而拆分团队。相反，我们拆分团队是因为我们相信组建 6 个新的 Scrum 团队且每个团队都有一个 Scrum 经验丰富的人比保留原来的团队更有价值。

最后，因为团队是资产，所以要以团队为能力单位来帮助建立合适的 WIP 限制。这方面的更多论述请参见第 16 章。

结语

本章描述团队这个角色，同时也强调团队如何负责把 PBI 变成潜在可发布的产品增量，还论述了每个冲刺中团队的职责。接着列举团队的十大理想特征。尤其是，我们希望团队成员自组织、职能多样化以及具备完成工作的技能。鉴于团队必须完成的工作，我们希望他们有综合性的 T 型技能，能让我们在短时间内做完所有工作（即高效率的群体行为，也称“蜂拥式”）。如果团队技能广度不够，我们希望他们有兴趣多学。

我们还希望团队成员有“同舟共济”的火枪手态度。打造好的团队，使其能够做到并鼓励高效沟通。同时，我们更倾向于小团队（而非大团队）。为了保持专注、有责任心，我们倾向于团队同时只做一两个产品。从长远而看，我们倾向于选择可以长期合作的成员来组成稳定的团队。

在下一章中，我将关注各种 Scrum 团队结构，在组织内推广 Scrum 时，可以用到这些结构。

第 12 章

Scrum 团队结构

Scrum 团队是 Scrum 组织的重要资产。团队的组织方式和相互之间的关系，对组织成功采用 Scrum 有重大影响。本章将讨论几种组建 Scrum 团队的不同方式。首先讨论特性团队和组件团队的区别。然后重点讨论多个合作性 Scrum 团队的协调问题。

概述

如果是小产品，就用不着看本章内容。按照第 11 章描述的特点建立一个跨职能开发团队并确保找到合适的 ScrumMaster 和产品负责人，足矣！从 Scrum 团队的角度来看，现在就可以开始大干一场了！

但是，假如跨职能团队成为交付商业价值的高效引擎并且组织开始成长壮大。或者，你们已经是一个大型组织，在使用 Scrum 开发完第一个产品后，开始推广 Scrum 了。不管是哪一种情况，都会很快发现需要协调多个 Scrum 团队的工作，要求他们通力合作，持续交付更大的商业价值。

如何组织团队才能让他们表现出色并协调一致呢？我处理这个问题时，会考虑特性团队还是组件团队，考虑哪些方法可以用来协调多个团队的活动。

特性团队与组件团队

特性团队是一个跨职能、跨组件的团队，能够从产品列表中抽取并完成最终客户想要的特性。另一方面，组件团队专注于开发组件或子系统，这些组件或子系统只能实现最终客户想要的部分特性。

在第 6 章中，我讨论了一个 GPS 厂商如何通过建立路线组件团队来管理复杂的、与确定起点到终点路线相关的代码。每次要求开发涉及路径算法的新特性时，与路线相关的部分会被分配给路径组件团队开发。

组件团队有时称为资产或子系统团队。由专业技能相近的人组成的团体在运作方式上也常常类似于组件团队（参见图 13.4）。在这些团队中，所有成员可能都向同一个职能经理汇报工作，他们是其他团队共享的集中化资源。比如一个集中管理的、为其他团队设计界面的 UX 部门。

Scrum 更倾向于组建特性团队。遗憾的是，很多团队都喜欢组件团队，往往只是因为他们认为对于特定的代码区域，只有专业团队才能做出安全而有效的改动，因为专业团队才是拥有代码的人。他们认为，不熟悉代码的人会在无意中以不可预测的方式破坏代码。他们更喜欢让组件团队负责开发并代表其他人修改代码。

假设我们正在开发一个产品，它的特征切分为三个组件区域（参见图 12.1）。

在这个例子中，没有一个特性团队负责开发全部 PBI 的，都是从产品列表顶部选择一个特性，在组件级分成几部分（图 12.1 虚线框中显示的是三部分）。这种分解可能由组件 Scrum 团队成员集体完成，也可能由一位架构师完成。

接下来，把特性的各个部分放入组件团队各自的产品列表中（例如，第一部分放到组件领域 1 的产品列表中——图中的“组件领域 1 的产品列表”）。每个组件团队针对自己的、特定组件领域的列表执

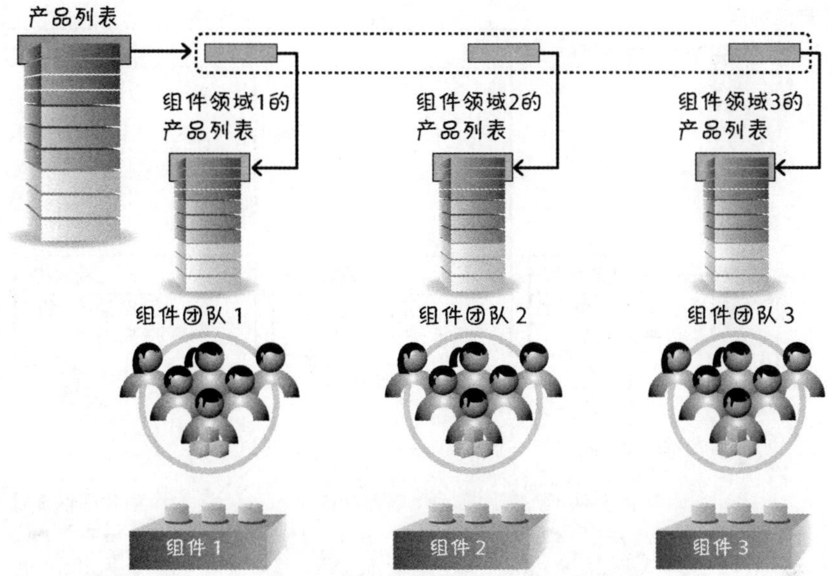

图 12.1　一个产品和多个组件团队

行 Scrum 活动，完成最终客户想要的部分特性。使用后文要介绍的 Scrum of Scrums，组件团队将他们各自负责的组件级的各个部分重新集成在一起，然后交付完整的最终客户想要的特性。

如果只能通过一个渠道向组件团队提交请求，这种方法也许行得通。但是，大多数组织常常都围绕着他们打算重用于多个产品的组件领域来建立组件团队。图 12.2 表明了通过两个渠道向相同的组件团队提交产品请求时工作的流动情况。

每个特性级的产品列表都包含一些对最终客户有价值的、可能跨多个组件领域的条目。在图 12.2 中，组件团队现在需要在特定的组件级完成两个产品。

假设你是其中一个组件团队的产品负责人。现在必须对两个产品中竞争性请求排列优先顺序，同时还要和其他组件级团队进行协调，确保各部分能够在适当的时候集成在一起。

如果是两个产品，这个问题的后勤工作或许还可以管理。但是，如果组织同时在做 10 个或 15 个产品，每个产品都有一些组件级的特

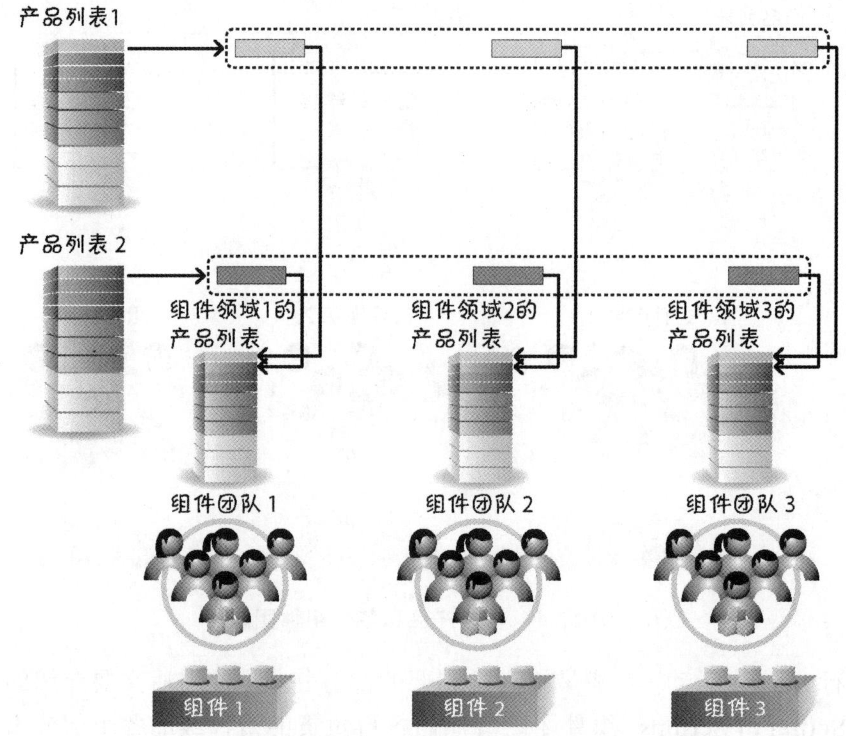

图 12.2　两个产品和多个组件团队

性放入组件团队的产品列表，怎么办？对于这样的规模，需要在特定的组件团队列表中分析出每一部分合适的工作顺序，同时还要和所有其他组件团队协调、集成，此时后勤工作就不太容易管理。

根据我的经验，使用组件团队的大多数组织都认识到事情刚开始有结果（接力棒放下了，导致交付价值的工作流中断）就会出现问题。这样的事情屡见不鲜。有一位高级经理问特性级产品负责人：“客户所需的特性为什么没有完成？”答曰：“嗯，只有一个组件团队没有完成分配给他们的任务，其他团队都完成了。因为还差一个团队，所以这个特性没有完成。”经理可能继续问：“那个团队为什么没有完成你交给他们的任务？”回答可能是：“我问了，他们告诉我他们的组件领域中还有 15 个竞争性请求，因为技术原因，他们觉得在做我们的任务之前先完成那些请求更有意义。不过他们仍然承诺会完成我们的任务，也许是在下一个冲刺。

这样打理业务是行不通的。我们根本不知道什么时候能够交付特性（甚至不知道是否能够交付）——因为交付的职责分到两个或多个组件团队中，而每个团队为此指定的优先级可能差异非常大。按照这种方式使用组件团队时，因为现在可能是多点失败（每个组件团队）而不再是单点失败（单个特性团队），所以某个功能无法完成的几率陡增。

这个问题有什么解决办法吗？有。一个很好的办法是组建一个跨职能的特性团队，成员具备完成多个特性的技能和能力，不必将完成的部分特性转包给组件团队。但是大多数团队建立组件团队(让一个值得信任的团队在组件领域中工作)的主要原因是什么？特性团队不会给可重用产品的开发和维护工作带来混乱并招致大量技术债吗？如果是结构合理的特性团队(他们随着时间的推移逐渐共享代码所有权并成为代码的可信任集体监护人)，就不会。

对于这种完全共享代码所有权的多特性团队模式，有一种临时方案，如图 12.3 所示。

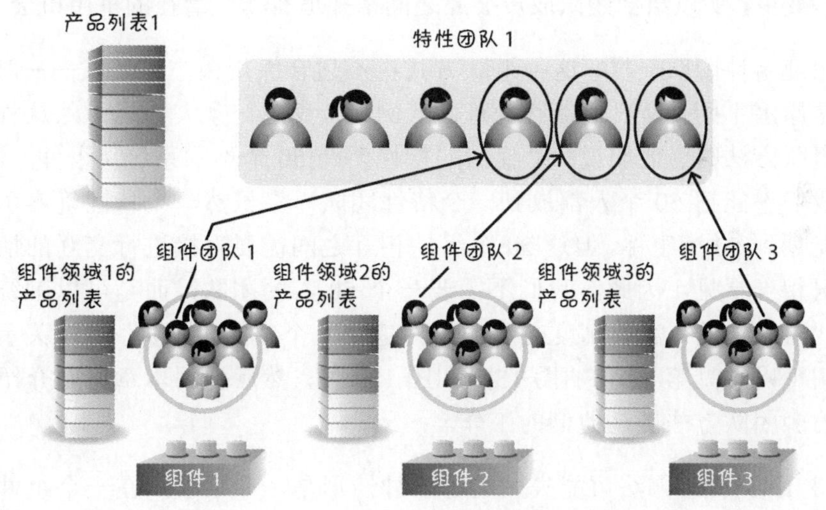

图 12.3　特性团队和组件团队的组合

它以一种新的方式提出特性团队的概念。现在只有一个特性团队从产品列表中抽取出对最终客户有价值的特性。这个特性团队全面负责完成特性所需的工作及后勤管理。

在这种模式中，仍然有一个值得信任的组件团队帮助维护各组件领域的完整性。这些组件团队仍然有一个产品列表，一般包含需要在组件领域完成的、偏技术的工作（也许是偿还技术债的工作）。

另外，如图 12.3 所示，组件团队成员也可以成为特性团队的成员。他身兼二职，既授粉，又收获（Goldberg and Rubin，1995）。

在授粉这个角色中，组件团队成员向特性团队传授组件领域知识，在组件团队中进一步帮助落实共享代码所有权。在收获角色中，组件团队成员收集特性团队在组件领域内需要做的变更并与组件团队中的同事讨论。也可以由每个人负责收集同一组件领域的内容。通过这些讨论，组件团队成员可以确保很好地协调组件领域所做的修改，使其能够满足多个特性团队的请求。此外，对组件领域进行修改的人可以以一致的、和谐的方式来进行改动，这样可以进一步保证组件领域在概念上的完整性。因为每个人都理解组件领域有哪些变更，所以组件团队成员彼此之间都知道有哪些潜在的重用机会。

像纯组件团队一样，这种组队方式也不适合大规模产品开发——但是原因不同，是我们能够处理的。例如，我在一家大公司引入这种组队方法时，他们说：“我们的特性要跨 50 个不同系统（组件）。我们不能把 50 个人都放到一个特性团队。”虽然一个特性确实可能划到 50 个组件，但这 50 个组件相互之间需要直接进行交互的情况相当罕见。因此，我们不需要一个 50 人的团队，而是可以围绕几组较小的、需要高度交互的组件建立几个“特性团队”（相关示例可以参见第 13 章的图 13.5 和图 13.6），然后使用本章后面介绍的多团队方法协调他们的工作。

图 12.3 所示方法可能失效的另一种情形是，如果组织在一个组件领域中同时做 40 个不同的产品，却只有 4 个团队成员。1 个人不可能同时分配到 10 个不同的特性团队。不过，有几个办法可以解决这个问题：减少并行开发的产品（参见第 16 章），培训（或招聘）更多具备该组件领域专长的人，或者更好的办法是推动共享代

码所有权（这是长期愿景）。

根据我的经验，对于特性团队还是组件团队，没有一个普遍适用的方法。大多数大型和成功的 Scrum 组织往往采用混合模式，以特性团队为主，把组件团队作为资源集中使用时更加经济合理，偶尔有个别组件团队。但糟糕的是，很多组织都喜欢采取相反的模式——以组件团队为主，偶尔有特性团队。这些组织因为工作流频繁中断而导致延期，并为此付出巨大的代价。

多团队之间的协调

Scrum 规模扩大不体现在开发团队逐渐增长，而是体现在有多个规模适中的 Scrum 团队。不过，在 Scrum 团队不止一个时，我们面临的一个问题是如何协调这些团队。协调多个团队的两个方法是 SoS（Scrum of Scrums）和另一个更全面的方法“版本火车”。

SoS

在第 2 章中，我曾经说过，在执行冲刺期间，开发团队每天都要开每日例会。每个 Scrum 团队的每日例会只包含本团队的成员。

协调多个团队之间工作，一个常见的方法是 SoS（参见图 12.4）。

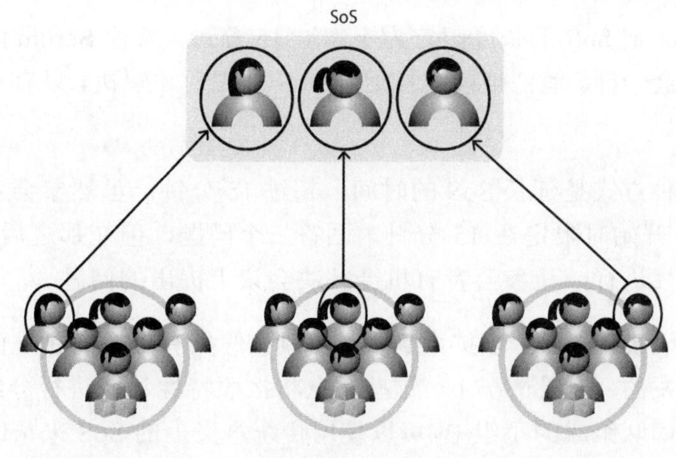

图 12.4 SoS

SoS 可以使多个团队协调彼此之间的工作。执行 SoS 的团队由各个开发团队中的成员组成。每个开发团队根据哪个成员能最清楚说明团队依赖问题来指派参会人员。虽然我赞成参会代表始终都为同一个人，但可以随着时间的推移换人，只要他当时是团队的最佳代言人，能够清楚阐述团队的问题。

有些团队会派一名开发团队成员和 ScrumMaster（可能同时担任两个或几个 Scrum 团队的 ScrumMaster）参加 SoS——大家都这样做的时候，要控制参会人员的人数。SoS 级别也可以有 ScrumMaster。如果有，可以由来自这些团队的 ScrumMaster 承担，也可以由非团队成员的 ScrumMaster 担任。

执行 SoS 的方式很多，参会者应当确定最合适的方式。不论采用哪一种方式，SoS 一般都不会每天都开，而是根据需要每周开几次。SoS 的参会者回答的问题与每日例会上回答的问题相似。

- 在上次会议之后，我的团队做了哪些可能影响其他团队的事情？
- 在下次会议之前，我的团队将做哪些可能影响其他团队的事情？
- 我的团队存在哪些问题可以在其他团队的帮助下解决？

有些团队把 SoS 的长度限定为不超过 15 分钟，就像 Scrum 团队的每日例会一样。他们把问题推迟到 SoS 开完后才解决，只有相关人士参加。

还有一种方式是延长 SoS 的时间，超过 15 分钟。虽然参会者在每次 SoS 开始时限定在 15 分钟内回答三个问题，但在那之后，SoS 可以继续进行，让参会者有机会解决会议上提出的问题。

从理论上讲，SoS 可以扩大到多种级别。假如有一个产品是由很多团队开发的，一般情况下，这些团队将按照特性领域进行分组。在由每个团队组成的小组中，可以使用传统意义上的 SoS 来帮助协调特性领域中的工作。还可以有一个级别更高的 SoS 叫 Scrum of

Scrum of Scrums（让人更容易想到并念成“项目群级的 Scrum！”），可以帮助协调各小组的工作。这个方法虽然可行，但还有其他方法可以对数量庞大的团队进行协调。最值得关注的是版本火车。

版本火车

版本火车根据按照一个共同的节奏协调跨团队的合作，使多个团队的愿景、规划和相互依赖关系保持一致。版本火车关注的是在大型的产品级别上实现快速、灵活的工作流。

火车的隐喻暗示特性“出站”时间有一个公开的时刻表。所有参与产品开发的团队都需要在约定的时间把东西放到火车上。像任何一个火车时刻可靠的国家，版本火车总是准时出发，谁也不等。同样，如果团队错过火车也无需懊恼，因为后面还有另一列火车定点出发。

Leffingwell 定义的版本火车规则如下所示（Leffingwell 2011）。

- 频繁、定期规划和解决方案的发布（或潜在可发布增量，PSI）日期是固定的（日期固定，质量固定，范围可变）。
- 各团队的迭代时间长度相同。
- 建立大小适中的、全局的、客观的里程碑。
- 在顶层、系统级以及特性和组件级做持续的系统集成。
- 版本增量（PSI）可以定期（一般是 60 天到 120 天）提交客户进行预审、内部评审和系统级的 QA。
- 系统级固化迭代，用于减少技术债并为特殊的版本级验证和测试提供时间。
- 对于构建类似构件的团队，某些特定的基础设施组件（接口、系统开发工具箱、公用的安装程序和许可证工具、用户体验框架、数据和 Web 服务等）一般都必须提前准备就绪。

图 12.5 展示了一部分版本火车图（基于 Leffingwell 的定义）。

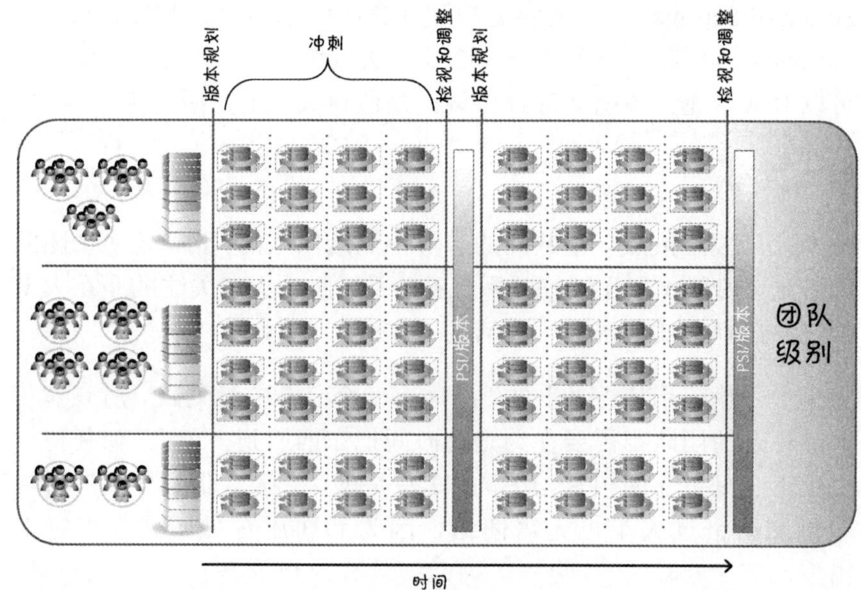

图 12.5 版本火车的结构

这个版本火车概念丰富，由包含组合级和版本级在内的多个级别组成。第 6 章说过，这个版本火车是根据一个包含三层的企业列表模型制定的：组合列表（包含组合管理负责的篇章故事）、项目群列表（包含项目群管理负责的特性）和团队列表（包含产品负责人负责的、可以进入冲刺的用户故事）。图 12.5 只描述了团队级。组合规划和版本规划的细节分别在第 16 章和第 18 章讨论。

图 12.5 的团队级版本火车一共有 9 个团队，3 个特性领域。特性领域中的每个团队各自做自己的冲刺，从相关特性领域列表中抽取工作。使用 SoS 之类的方法，同一个特性领域中的所有团队都齐心协力并集成所有工作成果。

另外，只要可行，就应当执行跨特性领域的系统集成与测试。有些团队预留火车出站前的最后一个冲刺，在此期间强化前几个冲刺的开发成果并对跨不同特性领域的成果进行集成和测试（例如，图 12.5 中的冲刺 4 可能是用来做强化工作的）。随着团队技能的成熟，这种强化冲刺的使用会越来越少。

参与版本火车的团队所有冲刺持续期都一样长，并且所有冲刺的步调都一致。因而，每个团队开始和结束冲刺的日期都一样。这不仅能在给定的特性领域做到同步，参与开发产品的所有团队都能够同步。

最后，完成几个固定数量的冲刺后（比如图 12.5 中是经过 4 个冲刺），就可以得到 PSI（版本增量）。因为知道可靠的发布时间，所以组织能够安排其他活动使其能与未来的已知日期同步。在这些时间点，（如果从业务上适合）组织可以选择把 PSI 部署到客户那里，或者用它来确认每个特性领域进行的工作已经跨领域集成和测试以收集内部评审意见。

每个版本火车开始于版本规划会议，所有参与 PSI 工作的团队都参加（参见图 12.5）。这意味着可能有几百个人同时参与规划活动。我得承认这个场面颇为壮观。下面我概述在这个规模下如何制定计划。

首先，需要一个大会议室！产品总负责人（参见图 9.13）主持这个活动，一般也由他宣布活动开始。各个 Scrum 团队的成员坐在房间为同一张桌子旁或聚在同一个区域（最好是靠近墙的空地，以便悬挂东西）。同一组特性领域的 Scrum 团队挨在一起。在产品总负责人介绍 PSI 整体情况后，各团队与其他特性领域的团队聚在一起。接着，特性领域的产品负责人从整体上介绍下一个版本火车要做的特性领域。

接下来，各个 Scrum 开始做冲刺映射，把特性分到特定的 冲刺中。这个活动称为冲刺映射（详见第 18 章）。因为 Scrum 团队实际是在做一个更大的、多团队的交付成果，所以团队间会有依赖关系。为了帮助管理这些依赖关系，Scrum 团队成员可以随时站起来走到另一个 Scrum 团队那里（也许还会带上一张记事卡或报事贴），向其他 Scrum 团队询问下一个版本火车中能否完成卡片上识别出来的工作。如果能，提出请求的团队就可以对有依赖关系的特性做出承诺。

在整个过程中，身兼多个团队职责的人，例如产品总负责人、特性领域的产品负责人和跨小组的架构师，可以在各个桌子之间随意走动，确保大家理解全局并且能为下一个版本火车制定一个周密的总体计划。当然，Scrum 团队始终都可以请这些跨小组的人帮帮忙。

版本火车冲刺结束后，就到了 PSI 发布点（火车出站），然后执行版本火车级的“检视-调整”活动。首先对放入版本火车的所有东西进行 PSI 评审。接着是版本火车级的回顾，重点关注如何让今后的版本火车更有效。然后为下一个版本火车做版本规划。

结语

在本章中，我讨论了组建 Scrum 团队的各种不同方式。首先描述特性团队，这种团队是跨职能、多样化，足以从产品列表抽取并完成最终用户想要的特性。接着，我对把特性团队与从事特定组件、资产或架构领域工作的组件团队进行对比，组件团队只完成需要集成到最终用户特性中的部分工作。接着展示特性团队和组件团队混合模式，并说明它如何帮助一个组织过渡到以特性团队为主，每个团队都有共享代码所有权。

接下来，我讨论如何协调多个 Scrum 团队之间的工作。在介绍 SoS 这种传统的 Scrum 实践之后，我描述了版本火车的概念，它用来协调数量庞大的 Scrum 经理在团队的活动。下一章将结束讨论传统的 Scrum 团队角色，开始讨论 Scrum 组织中的角色。

第 13 章

经理

在自组织团队的世界里，还有经理的位置吗？当然有。虽然 Scrum 框架中并没有明确提及经理的角色，但是，经理在敏捷组织中依然发挥着重要的作用。毕竟，还有不少非 Scrum 角色，而且他们对公司的运营至关重要。（会计不是 Scrum 角色，但是我可没有见过哪个 Scrum 团队成员不想领报酬！）

本章讨论职能经理（也称“资源经理”）在 Scrum 组织中的职责，例如开发经理、质量保证（QA）经理或艺术总监。最后，讨论一下 Scrum 组织中项目经理的角色。

本章与大型组织密切相关，这些组织中都有职能经理和项目经理。如果组织规模小、经理较少，可以跳过本章。然而，你可能也会发现有阅读价值，因为随着组织的逐渐成长，这些知识会变得越来越重要。

概述

根据 2011 年行业内的一项敏捷调查，采用 Scrum 最大的顾虑就是感觉管理失控（参见图 13.1，来自 Version-One 2011）。

担心经理的角色变得无关紧要是毫无根据的。在 Scrum 组织中，经理依然承担着重要的职责（参见图 13.2）。

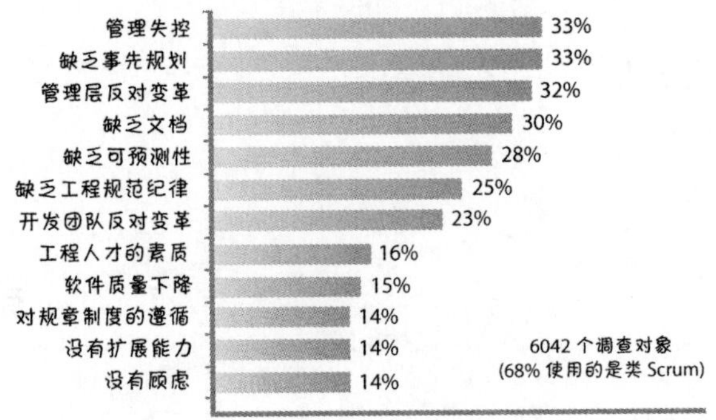

图 13.1　采用敏捷的前几大顾虑

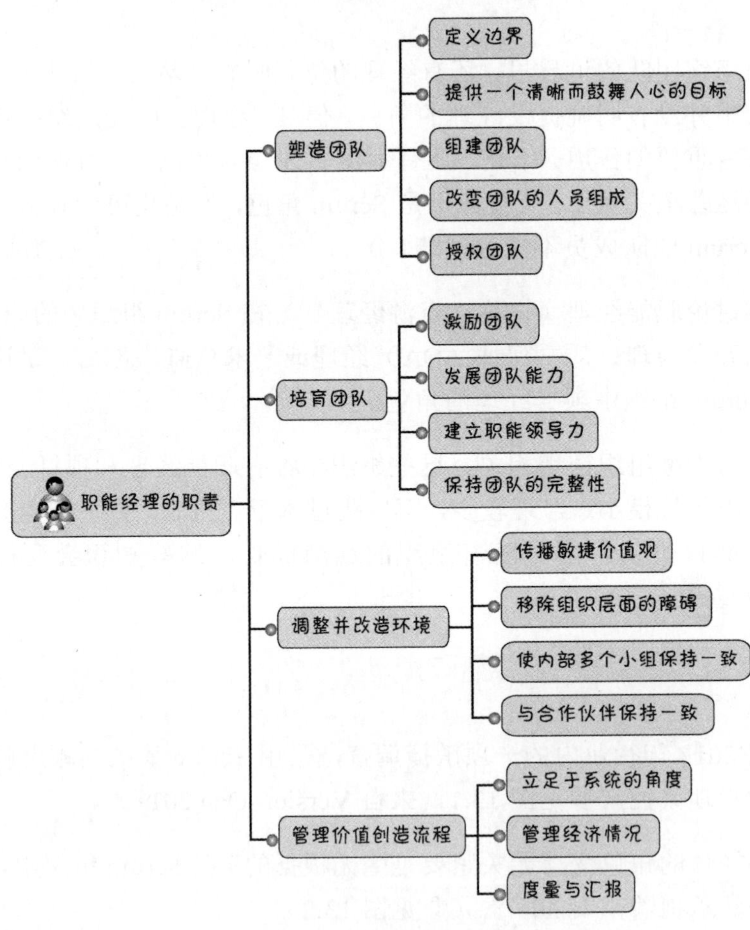

图 13.2　Scrum 组织中职能经理的职责

具体地讲，Scrum 组织中的职能经理负责塑造团队、培育团队、调整并适应环境并且管理价值创造的流程。

塑造团队

经理塑造团队，这个过程包括定义边界、提供一个清晰而鼓舞人心的目标、组建团队、改变团队成员组成以及授权。

定义边界

第 11 章描述了自组织团队如何自我管理，对所处环境做出响应。不过，团队所处的环境会受到经理的影响（参见图 13.3）。

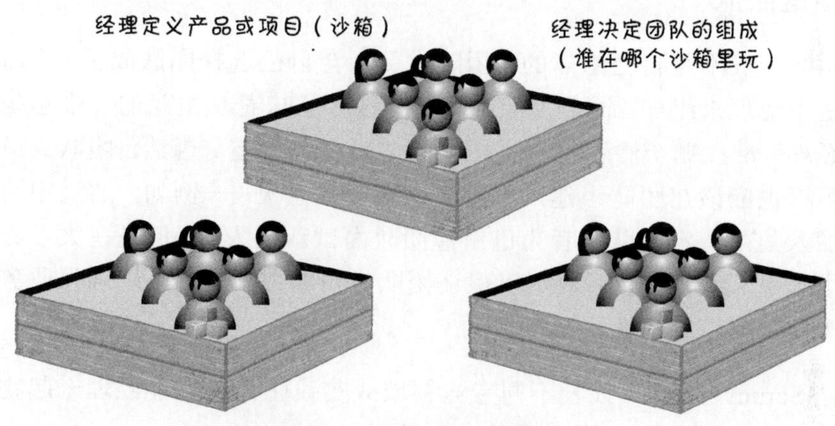

图 13.3　经理定义边界

自组织团队自行决定想做什么产品或项目，这是非常罕见的。例如，如果组织是开发财务软件的，团队肯定不能擅自决定想开发交通灯控制软件。经理几乎总是做这样的决定——经理要定义团队允许自组织的沙箱或边界。

例如，如果团队在建造沙堡，经理就要决定需要建多少个沙堡（多少个沙箱）以及各个沙箱之间的边界，然后每个团队再以自组织的形式造自己的沙堡。或者举一个 IT 相关的例子，在开发财务软件的组织里，经理可以决定需要开发哪些财务应用，并可以设定边界：比如部署工作交由部署团队后期再完成，还是开发团队在每个冲刺中自己完成。

提供一个清晰而鼓舞人心的目标

经理还要给每个团队提供一个清晰而鼓舞人心的目标。这个目标就是团队的目的和方向。接着沙箱的比喻，经理如果决定要建一个沙堡才能在本周末的沙堡比赛中赢得最佳表现，那么这个 Scrum 团队的产品负责人可能会把这个目标进一步定义为“建一个中世纪的城堡，造炮台、建护城河。”

组建团队

团队一般不是自己组建的（团队成员不会自己选择团队成员），而是由经理来组建。回到沙箱的比喻，这就意味着拿主意的几乎总是经理，谁在哪个沙箱里玩不由团队成员自己决定。当然，团队成员可以也应该在团队组建过程中提供自己的意见——例如，通过申请加入某个特定团队或者为已组建团队面试新的人选。但是在大多数组织里，经理做最后决定以保证团队成员组成合理，可以确保业务需要和约束的平衡。

在 Scrum 环境中，代表不同专业领域或实践团体的职能经理一起物色跨职能的 Scrum 团队成员（参见图 13.4）。

在图 13.4 中，每个水平虚线代表由相似专业技能人员组成的一个职能领域或者实践团体（例如，开发者、用户界面设计师、测试人员或数据库管理员）。每个职能领域都有一个职能经理。

职能经理共同承担图中垂向显示的责任，从各职能领域中选择合适的人组成 Scrum 团队。各位经理力图组建多样化的、技能充分混合的跨职能团队，即团队的每个成员各有所长，彼此所具备的技能能够互补（参见第 11 章）。

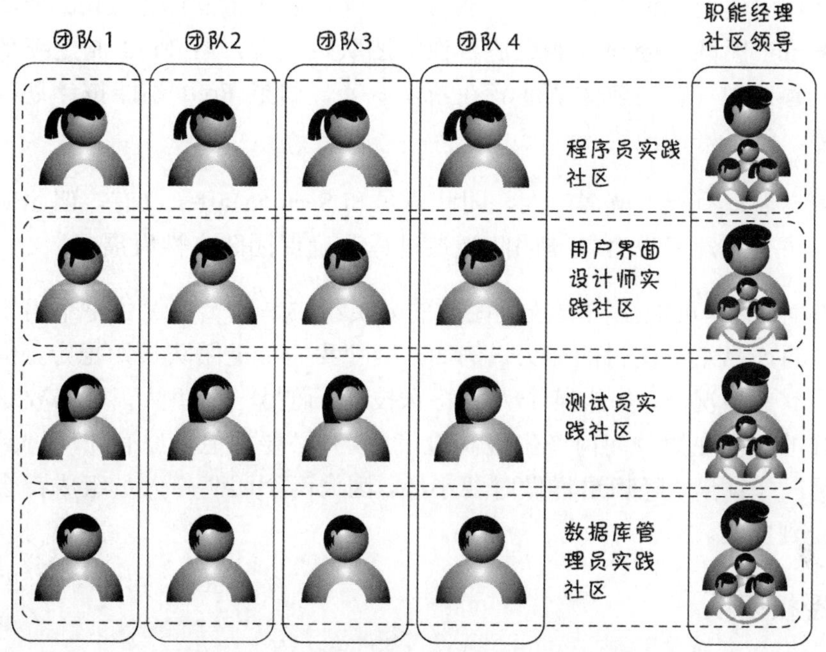

图 13.4　职能经理共同组建 Scrum 团队

改变团队的人员组成

经理还负责改变团队的人员组成，前提是他们相信这么做能够提高团队和整个组织的整体健康情况和绩效。

举例来说，Fred 是团队里绩效较差的人。而且他还态度不端正，对团队的表现有负面影响。Fred 这种情况怎么处理？

首先，我希望 Fred 的队友和他一起讨论，试着帮助他和团队。如果这样行不通，那么作为团队教练的 ScrumMaster，就需要和 Fred 一起努力帮助他提高效率。如果教导也不见效，Fred 这种情况就只能升级到 Scrum 团队之外，让他的经理（Fred 在组织内汇报的那个人）来处理，因为 ScrumMaster 没有权力雇佣或解雇任何人。

这时，Fred 的经理（或许和人力资源一起）用人性化的、合适的方式来处理他的绩效问题。当然，经理要咨询 ScrumMaster 和开发团队，向他们了解具体情况。然后，经理可能决定立即把 Fred 调离 Scrum 团队，分到其他更适合他的团队。或者，给 Fred 制定绩效改善计划（在当前团队或者在新团队），如果 Fred 不能按计划改善，就只好请他走人。

虽然经理有权“解雇”人，团队成员和 ScrumMaster 没有，但团队成员毫无疑问也会参与团队塑造过程，确保团队良性发展。

有时，经理可能还需要改变团队的人员组成来进一步优化整个组织交付产品组合交付的能力。例如，尽管我们希望团队长期稳定，但在有些情况下，如果某个人有特殊技能，而另一个团队正好需要这样的技能在短时间内产生极高价值，就有必要把他从原有团队调到另一个团队。经理这样做时要小心，因为两个团队的人员组成都会受到影响。

授权团队

为了让团队能够自组织，必须授权团队，也就是需要经理放权和信任。授权团队的一个主要方法是经理把职责委托给团队，主要目的是放手让自组织团队更好地管理自己。也就是说，虽然团队不会做所有“管理”决策（如前所述，Fred 的团队不能因为他绩效差就解雇他），但是，授权之后，团队就可以承担一些典型的管理活动。

对于每种活动类型或者具体的事件决策，经理可以考虑委托给团队，并选定合适的授权级别放权给团队。Jurgen Appelo 定义了授权的 7 个级别，如表 13.1 所示，每个都含有一个例子（Appelo 2011）。

这些级别，从一个极端（告诉，即经理决定后通告知团队）到另一个极端（委托，即完全由团队做决定）。

在委托任务时，经理必须相信团队能够如期履行其职责。并且团队还必须相信经理不会越权。例如，经理不该把决策权交给团队之后又自己做决定。

表 13.1 Appelo 的 7 级授权（附例子）

级别	名称	描述	例子
1	告诉	经理决定之后告诉团队	搬到一个新的办公楼
2	推销	经理说服团队并做出决定	决定使用 Scrum
3	咨询	经理在做决定之前征求团队的意见	物色新的团队队员
4	商量	经理和团队一起做决定	为业务部门选择徽标
5	建议	经理的建议影响团队决定	选择架构或组件
6	询问	经理在团队决定之后询问	冲刺长度
7	委托	经理完全把决策权下放给团队	编程准则

经理还要帮助团队成员建立互信。通过为团队工作环境定义合适的边界，设定信任范围，经理可以帮助形成成员之间的互信。经理还要帮助成员理解在自组织团队中兑现个人承诺的重要性，因为团队里没有经理这个角色追着大家完成工作。而且，经理还应该在队员中强化火枪手态度，使他们相信每个人都真的承诺齐心协力实现团队目标。

培育团队

Scrum 团队一旦形成，经理就应该好好培育。培育并不是说由经理来管理团队。相反，经理应该激励成员，关注他们的能力发展，建立职能领导力，保持团队的完整性。

激励团队

提供一个清晰而鼓舞人心的目标是激励团队成员的基础。激励的含义是经理要三不五时地想方设法激发大家内心追求卓越的欲望。我们都想在有趣的、有创造力的、能交付价值的环境中工作，经理就负责培育这样的环境。通过适当的管理，经理能够从正面影响队员内在的动力和能量。

反之，经理也可以采取效果相反的行动——让动力在环境中衰竭，使人们变得消沉。例如，从历史上看，职能经理习惯在其所属领域内分配任务级工作。在 Scrum 环境中如果还这么做，就会挫伤大家的积极性，因为这种方式破坏了团队自组织的基础，降低了团队交付价值的能力。

发展团队能力

在 Scrum 组织中，每个成员仍然向职能或资源经理汇报，他们通常都不是 ScrumMaster 或产品负责人。并且，和非 Scrum 环境一样，经理通过提供能力发展的机会和频繁、可行的绩效反馈，积极指导和帮助下属实现职业目标。

经理需要培养一种环境使大家能够坚持学习和提升技能。经理要明确表示鼓励学习，重视个人、团队以及组织层面的学习。让成员有时间参加培训或参加会议，这样的行为胜于言辞。在这种支持的氛围中，经理能指导队员提高领域知识、技术知识和思维能力等。

经理还必须经常给团队和个人提供反馈。在许多非 Scrum 组织里，工作表现的反馈都来自于年终绩效考核。在使用 Scrum 的组织里，如果也执行年终评审，职能经理肯定也会沿用这个方法。但是，已坚守和内化 Scrum 核心价值观和原则的组织很快意识到一年一次（或两次)的个人绩效反馈和 Scrum 团队短期冲刺的执行和学习节奏不匹配。年终绩效考核也会滋生内耗（破坏互信），而不是鼓励自组织环境中的火枪手态度。个人绩效考核，由于鼓励个体行为而导致人们牺牲团队利益而使自己的指标最优化，因而也会干扰团队的出色表现。成功的 Scrum 组织在意识到年终绩效考核的坏处大于好处之后，会质疑这种做法的价值。

这并不意味着在 Scrum 组织里不评估个人表现。对于直接向自己汇报的成员，经理把对个人的反馈频率调整到与团队学习周期一致即可。一种方法是经理每个冲刺都提供反馈。当然，个人反馈也应该很好地考量个人表现对团队表现的贡献。

建立职能领导力

和非 Scrum 组织一样，Scrum 组织的职能经理也要建立职能领域相关的领导力机制。

职能经理通常有丰富的领域工作经验，因此能在这个领域提供思想领导力。这种领导力不包括给直接下属分配任务或者指导具体工作。这么做只会弱化自组织团队的能力。但是，在职能领域内需要一致性、连贯性和指导的时候，这种领导力就能体现出它的重要性。

例如，在游戏开发公司，设计师汇报给艺术总监，艺术总监自己就是一个技艺高超的设计师。艺术总监作为设计师的领导，帮助制定游戏的艺术标准，然后评审每个设计师的工作，以确保整体的一致性。我们不希望一个 Scrum 团队里某位设计师的作品是哥特式风格的，而另一个团队某位设计师的作品是卡通风格的。艺术总监对所辖范围的整体把握可以进一步确保产生高价值、连贯的结果。

职能经理的领导力表现在设立领域相关标准并鼓励与职能领域相关的行为。例如，假设质量保障（QA）总监想选择新的自动化测试工具用于跨产品开发。为此，质保总监可能会要求从属于不同 Scrum 团队的 QA 人员向自己汇报，如图 13.4 所示。

保持团队的完整性

如第 11 章所述，敏捷的精髓在于团队。作为生产能力的单位，团队代替了个人，所以经理应该积极保持团队的完整性。即不能在冲刺执行过程中从团队中抽调人员去支援更受关注的项目，不能也不必把一个人分配到多个团队。

因为稳定团队所带来的经济效益非常可观，所以，单从经济角度考虑，经理也应该想法让团队保持稳定。在上一轮开发结束的时候，经理的首选是让团队整体进入下一轮开发。或者在把团队拆散之前至少应该先尝试。拆散团队并失去令团队增值的凝聚力，会损害宝贵的软性资产。

第 13 章

整改环境

让一个单独的团队（IT 或开发部门）使用 Scrum，是一个良好的开端。但是，为了充分落实 Scrum 的好处，从供应商到客户整个价值链都需要拥抱敏捷。经理有责任调整和改造环境（价值链），可以采取的方式有传播敏捷价值观、移除组织层面的障碍、协调内部多个团队的工作以及与外部合作伙伴协作。

传播敏捷价值观

首先，经理必须接受敏捷的价值观和原则。他们要理解、真正相信并付诸实践，然后鼓励其他人一起做。在授课或者指导 Scrum 团队的时候，我常常听到人们说："是啊，这些我们觉得都挺好，但需要管理层买账，否则我们真的没法用 Scrum。如果他们也能在这里一起听该有多好。"这些团队说的没错。从长远来看，如果要成功，团队最终还是离不开管理层的支持。

我曾经和一个组织的管理团队进行过一次午间讨论，那时他们刚开始采用 Scrum。在讨论过程中，我谈到经理应该避免从正在干活的团队中临时抽调人员干一些其他的项目，因为这样会产生中断。这时，一位经理很坦诚但又非常小心地说："好吧，但是我一直这么干，过去不认为这样不好。作为敏捷转型组织里的经理，为推广敏捷而调整行为和环境，我还应该知道其他哪些事情呢？"

为了回答她这个问题，我开始讨论敏捷核心价值和原则（类似第 3 章的内容，让她和她的同事了解经理怎样帮助强化敏捷原则，而不是在工作中无意识地违背这些原则。当然，只有通过经理日复一日的行为，才能真正推广敏捷价值。

移除组织层面的障碍

为了移除障碍，经理还需要和 ScrumMaster 紧密合作。虽然 ScrumMaster 是移除障碍的主要动力，但是很多障碍，特别是本质上的组织问题，则需要经理介入才能真正移除。

使内部各个团队一致

工程或者 IT 部门通常首先采用 Scrum。假设经过一段适当的时间之后，首先采用 Scrum 的小组已经可以熟练地在每个冲刺中构建有客户价值的特性。但是，直到客户真正开始用这些特性之前，还没有任何价值交付到客户手里。如果部署团队不用敏捷的方式工作呢？如果部署团队不能或者不愿意每几周把特性推到生产环境呢？如果不能把价值及时交付到客户手里，这个组织真的能声称自己是高效率的 Scrum 组织吗？

如果开发团队的上游部门有这些非敏捷行为，怎么办？也许销售和市场部的运营采用的行为准则不同。如果他们的态度是“你们开发部的同事想用什么流程开发软件都可以。你们只要能回答我事前提出的所有详细问题并能在我们和客户已商定的日期交付即可。”又或者，人力资源部的同事还在招聘的时候套用原来的职位描述，而不是把目标锁定在拥有 T 型技能的、想在自组织团队工作的人。

在这样的环境中，我们无法全部释放 Scrum 的长期优势。为了促进不同团队（部门）（如管理、财务、销售、市场、施工和客户支持等部门）内部完全一致，经理（包括高管）有责任重建环境。经理必须纵观全局，一致向敏捷原则看齐。

使外部合作伙伴一致

为什么止步于内部一致性呢？经理还要帮助组织对供应商管理和外包采取更敏捷的方法。如果我们和外部合作伙伴还使用传统的工作方式，即保持距离、重合同的商业谈判方式，组织就不能充分发挥 Scrum 的全部潜能。

相反，经理要向合作伙伴推广敏捷原则。例如，外包合同最简单的形式是租借一个第三方的 Scrum 团队。不耗费精力打造一个高绩效团队，经理用购买的方式获得其他组织已经组建好的高绩效团队。在这种情况下，这个组织仍然在用本书描述的 Scrum，但是开发团队（或许也包含 ScrumMaster）隶属于第三方公司而不是这个组织。

为了达到这种程度的敏捷合作伙伴合作关系，经理要考虑转变思路，不再和外包商签订固定价格的合同。固定价格合同往往会直接导致这个组织和承包商出现分歧。（承包商想尽可能少交付，只要能满足合同的需要，让自己的毛利润更高，组织则希望在固定价格基础上得到的越多越好。）这根据算不上敏捷。经理应该改变这种合作的方式。

管理价值创造流程

总的说来，Scrum 环境中的经理负责设定战略方向，同时确保以经济合理的方式配置管理组织资源以实现战略目标。这要求经理在管理价值创造流程时做到三点：采用系统化视角；管理经济效益；测量和汇报。

采用系统化视角

为了有效管理价值创造流程，经理必须采用系统化视角。我见过一个阻碍 Scrum 成功实施的大问题是，经理拒绝系统化思考而只关注自己的“一亩三分地”（范围或领地）。我经常听人说：“没错，但如果按你的建议去做，就需要改变组织汇报结构或关键的职位描述。”在我看来，他们的言外之意其实是：“因为无法想象我们真的要这么做，所以我不能（或不会）为了遵守 Scrum 价值观和原则或向敏捷组织其他部门看齐而从我开始改变。”

这种鼠目寸光的思维难以促成任何内部敏捷一致性，会导致组织各部门实际上完全背离系统层面的更高利益。如果想长期受益于 Scrum 的高效，Scrum 组织中的经理必须愿意采用“纵观全局”的视角。

管理经济效益

组织期望经理是值得信任的管家，能够管理好他们手上的财务资源。因此，Scrum 组织中的高管仍然要负责其职务范围内的经济效益（如利润和亏损）。职能经理或资源经理可能不负责盈利，但仍然有责任管好委托他们管理的财务资源。

组织还期望经理（或许高管）在组织的更高层面监管经济状况。这通常体现为他们介入产品组合的管理和公司的治理。通过产品组合管理，他们决定应该投资哪些开发工作、投资多少以及投资的先后顺序。而且，一旦开发工作开展起来，经理就要对增量迭代开发所产生的持续实时反馈进行回顾与响应，并在适当的时间点终止投入其经济效益已不值得追加预算的项目。详情参见第 16 章。

测量和报告

许多指标和报告都是应经理的要求而收集和产生的。对经理来说，正好趁此机会确保只采集和报告与价值创造流程相关的指标。这个目标是可以实现的，确保指标和报告坚守 Scrum 核心价值和原则即可。

第 3 章提到 Scrum 的几个原则，这些原则可以指导经理进行测量和报告。下面是几个例子。

- 关注闲置工作，而不是闲置员工。为此，要衡量工作流受阻的时间点和频率，而不是衡量你有多擅长让大家忙得团团转。生产周期这一类指标会展现工作开始和结束之间的间隔。如果生产周期在增长，就需要调查原因。
- 通过可工作的、经过验证的资产来衡量进度。如果无法交付人们想要的产品，在预算内按时交付还有什么意义？重点衡量交付的价值（可工作的、经过验证的资产），但也不忽视交付价值所需要的参数（时间、范围、预算和质量）。
- 组织快速反馈机制。通过衡量可以用来判断认知循环的完成速度（假设、构建、反馈、检视和调整）。

最后测量的是创新核算[1]的核心，创新核算适用于任何极端不确定条件下新创产品或服务的组织（Ries 2011）。创新核算使用可行指标（评价认知速度）作为创造商业价值结果进度测量的关键。创新核算基于以下三个步骤。

- 创建一个最小可行产品（MVP），对组织或产品目前状况可实施的基准测量指标。
- 一系列产品改进增量，使指标在基准线向着理想或期望的价值进展。
- 如果可实施的测量显示产品正向着期望目标有明显的进展，就坚持走当前的路；否则，转到新的策略并重新开始这个过程。

我将在第 14 章、第 16 章和第 17 章详细介绍转型和坚持这两个概念。

项目经理

目前为止，我们一直在讨论职能经理或资源经理。项目经理呢？在 Scrum 组织里还有这个角色吗？

Scrum 团队中的项目管理职责

一种常见的误解是，ScrumMaster 其实就是“敏捷项目经理”或者就是改头换面的项目经理。表面上看，ScrumMaster 和项目经理有一些相似之处——例如，都需要积极扫清障碍。但是，ScrumMaster 作为服务型领导，显示有别于更倾向于命令控制型的项目经理。

为了回答“项目经理的位置在哪儿？”这个问题，让我们了解一下项目管理的核心职责，这些职责是由项目管理协会（PMI 2008）定义的，表 13.2 做了总结。

---

① 编注：这是一种定性方法，能让我们看到努力是否有效，能使我们建立一个“阶段性认知目标，该目标对创业者很有用，可用于准确、客观地评价创业者的进展情况。另外，它也对经济理人和投资值也有重要价值”。（摘自中国管理传播网）

表 13.2 传统的项目管理职责

项目管理活动	描述
集成	识别、定义、合并、统一和协调各种过程和项目管理活动
范围	定义和控制项目里的内容范围（什么在其中，什么不在其中），确保项目包含所有必要的工作
时间	通过定义做什么，什么时候做，需要哪些资源，促使项目及时完成
成本	评估、预算并控制成本以符合核准预算
质量	定义质量需求和（或）标准，执行质量保障，监测和记录质量相关活动
团队（人力资源）	组织、管理并领导项目团队
沟通	产生、收集、分发、存储、回溯和处理项目信息
风险	计划、识别、分析、响应、监测和控制项目风险
采购	从项目团队外面获得需要的产品、服务或结果

当然，这些职责还是很重要，仍然需要有人打理。那么，如果没有项目经理，谁来监管这些活动呢？

表 13.3 显示这些传统的项目经理职责被分配给 Scrum 团队不同的角色或者其他经理。

根据表 13.3，以前做项目经理的人可以承担 Scrum 三种角色里的任意一种，取决于他的技能和意愿。如果肯放弃命令控制式管理风格，很多项目经理都可以成为优秀的 ScrumMaster。

不过，从表 13.3 中也可以看出，产品负责人承担的项目管理职责和 ScrumMaster 一样多。所以，如果有足够的领域知识及其他技能足以履行产品负责人的角色，项目经理也可以转做产品负责人。或者，有技术背景的项目经理也可选择成为开发团队的一员，只不过这种情况很少见。

表 13.3 Scrum 组织中项目管理职责的映射

项目管理活动	产品负责人	ScrumMaster	开发团队	其他经理
集成	√			√
时间	宏观层面		冲刺层面	
范围	宏观层面	帮助 Scrum 团队有效利用时间	冲刺层面	
成本	√		故事/任务评估	
质量	√	√	√	√
团队（人力资源）			√	编队
沟通	√	√	√	√
风险	√	√	√	√
采购	√			√

保留单独的项目经理角色

看起来，项目经理有可能成为 ScrumMaster、产品负责人或者团队成员。不过也不尽然。公司如果有较多复杂的开发工作，可能会决定保留单独的项目经理一职，比如在后勤和协调任务太多的时候，不能指望团队能够时时跟进。

通常，处于同一开发工作的 Scrum 团队应该自己负责后勤和协调。Scrum 团队不应该指望团队外面的人代劳。因为那样会导致队员认为："如果有其他人负责协调，就用不着我们插手。"

如果是只有几个 Scrum 团队、规模小一些的开发工作，后勤和依赖可以通过每天的团队活动协调，也比较容易处理（使用 SoS，参见第 12 章）。但是，假如开发工作有数十个甚至数百个 Scrum 团队，有数百甚至成千个开发者呢？

与第 6 章里"一个产品一个列表"的原则很像，基本出发点应该是"团队应该自己协调"。但是，随着规模的扩张，可能导致我们不再拘泥于“一个产品一个列表”。在这种情况下，我们可能会保留一个或多个项目或项目群经理，帮助协调所有可变因素。

只是因为有很多团队而保留一个专门协调的角色？在匆忙决定之前，我们应该后退一步，先看看团队之间的沟通渠道。对此，我的经验是，团队之间的沟通并不顺畅（参见图 13.5）。

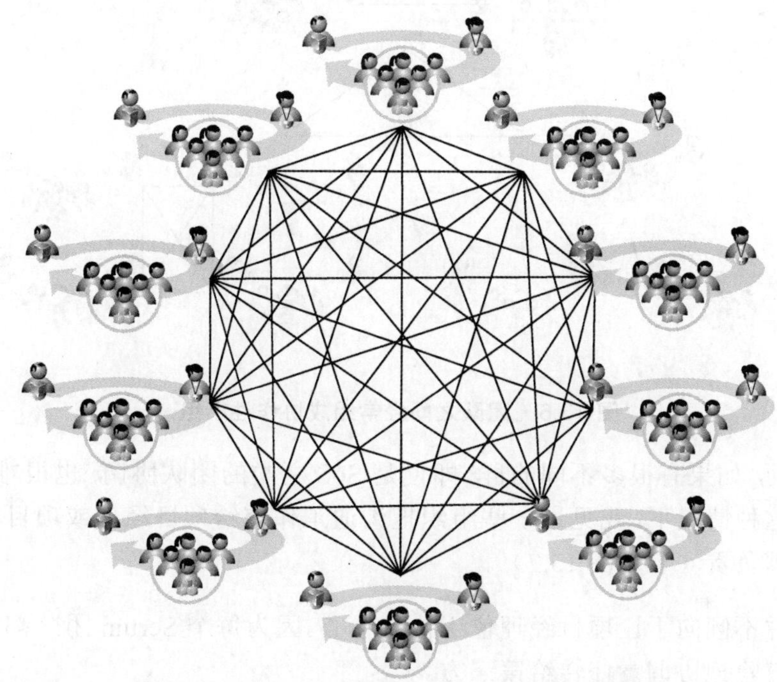

图 13.5　团队之间基本上没有完全打通的沟通渠道

常见的情形是，几个团队根据特性或类似特性的领域聚（或许也应该聚集）在一起，成为一个群，他们在一个群内沟通更加紧密，在不同群之间却较为松散（参见图 13.6）。

这种情况下，Scrum 团队可以容易管理自己内部的协调。但是谁来负责群与群之间的协调呢？默认的答案是团队自己。很多情况下，这种方式很见效。它和 SoS 很像，每个群派一位代表和其他群的代表讨论彼此之间的依赖和协调。

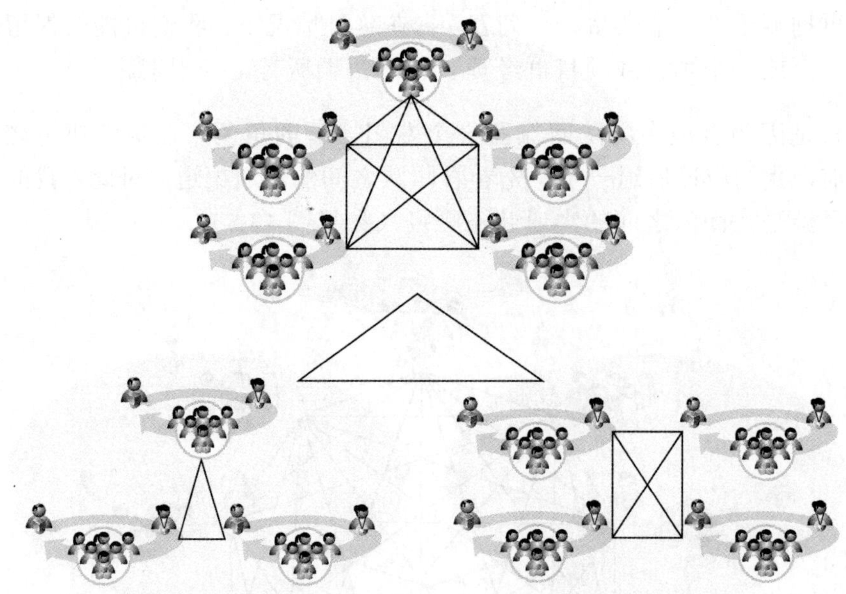

图 13.6　团队之间经常组成协作性小组

然而，如果有很多不同的群，即便是 SoS 之类的团队协调，也很难。在这种情况下，我见过一些组织把沟通工作交给项目经理或项目群经理负责（参见图 13.7）。

我并不倾向于让项目经理位于协调中心。因为每个 Scrum 团队都是在冒险把协调责任转给第三方。

话说回来，在规模相当大的情况下，我必须承认：有一个或一些人全职监管后勤和负责协调，能够让我们觉得舒适，也就是说接力棒不会掉。但我有必要再次澄清，各个团队不能把群与群之间的协调责任委托给别人，我倾向于把项目经理当成协助多个 Scrum 团队的助理（像服务型领导）。在这个角色上，项目经理应该有全局视角并能够和每个群或团队一起努力工作，确保每个人都能正确理解跨团队协调需要做哪些工作——但团队始终还是得自己负责协调。

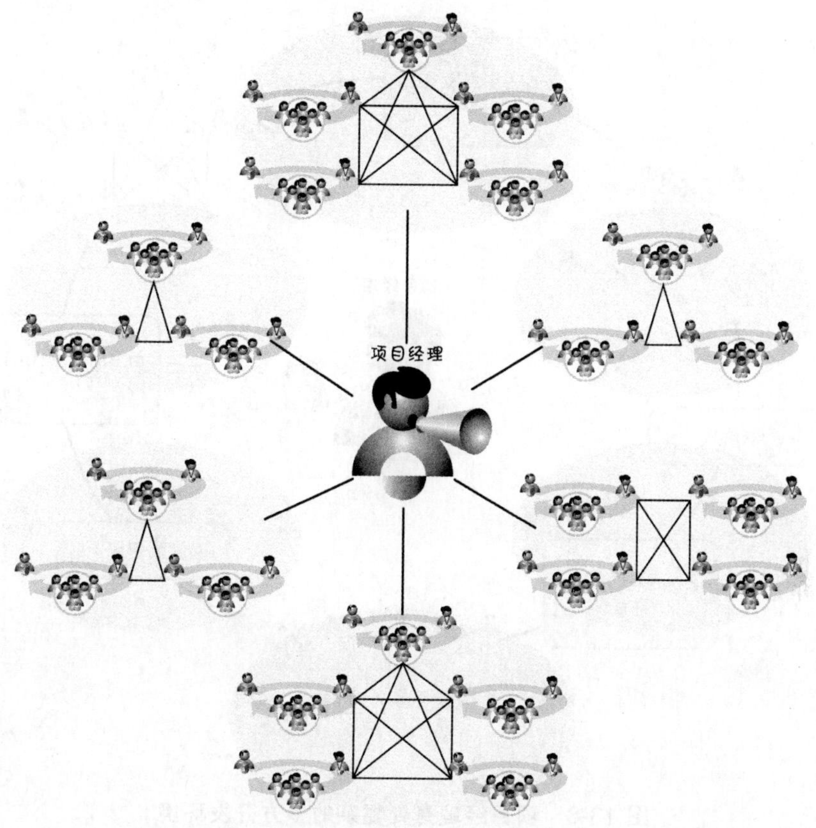

图 13.7　项目经理或程序经理负责各小组之间的传达

同样，项目经理还可以在另一种情形下发挥作用：在大型产品或服务开发中只有小部分工作采用了 Scrum。例如，在交付产品的相关事务上，可能有承包商、内部非 Scrum 团队和其他内部组织参与。处理承包商或供应商的相关后勤事务可能复杂又耗时间。有这么多可变因素，有人专门关注后勤还是很有帮助的（参见图 13.8）。

再强调一次，目标不是让项目经理主管协调沟通。确保团队能够理解不同领域的相互依赖，加强有效沟通，以便团队能够最有效地协调和其他团队的工作，这才是项目经理最应该关注的事。

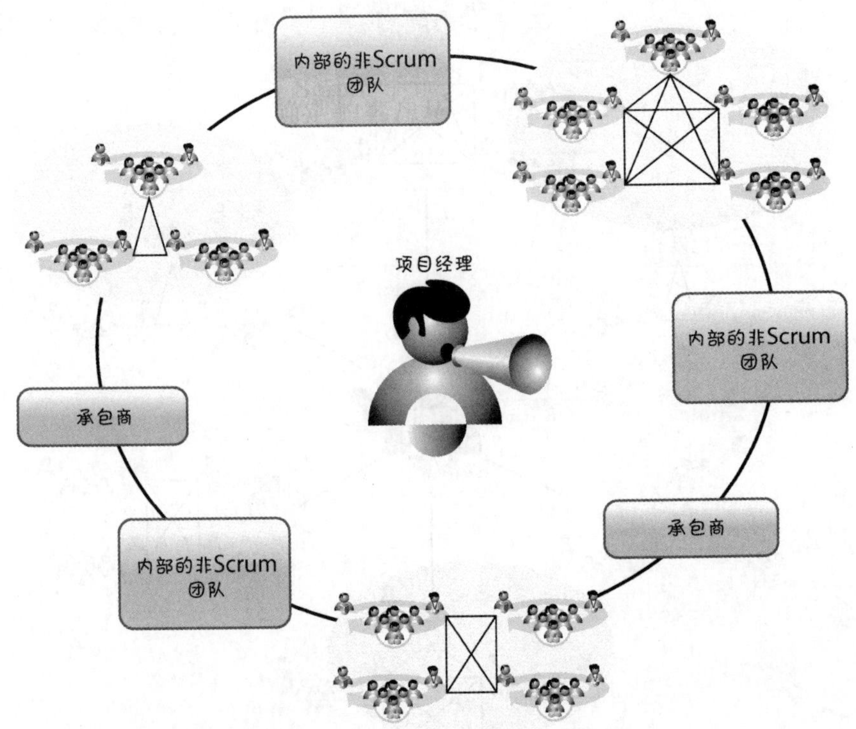

图 13-8　项目经理身处复杂的多方开发环境

结语

本章介绍 Scrum 组织里职能经理的角色。接着把管理职责分成多个类别，如组建团队、培育团队、整改环境以及管理价值创造流程。

表 13.4 总结了传统组织中职能经理的职责和 Scrum 组织中职能经理的职责。

表 13.4　传统环境和 Scrum 环境中职能经理的比较

传统环境	Scrum 环境
分配人员到项目	协作塑造优秀团队
招聘和解聘	相同
关注人员的发展	相同

续表

传统环境	Scrum 环境
绩效评审	仍然参加，但反馈更加频繁，而且反馈与团队绩效密切相关
将任务分配给团队成员（有时）	让团队成员自组织并定义和选择自己的任务
在职能范围内建立跨项目的标准	相同
鼓励职能范围内的主动性	相同
有良好的职能工作经验，必要可以帮忙	相同
善于在不同团队之间调动人员	重点关注团队的完整性
扫清障碍	相同
关注自己的职能范围	纵观全局，向敏捷价值观和价值创造流程看齐
管理经济效益（P&L）	相同
监测测量指标和报告	测量和报告向敏捷原则（即关注价值创造流程）看齐

虽然本章大部分都在讲职能经理的角色，但本章末尾以项目经理的讨论结束。集中讨论项目经理这个角色的传统职责如何分摊给三个 Scrum 团队角色。在复杂的开发工作中，一些组织发现，除了三个 Scrum 角色，再加一个或多个项目经理是很有帮助的。

本章是第 II 部分的最后一章。在下一章中，我要描述重要的 Scrum 规划原则，以此来开始讨论规划。

第III部分

规划

第 14 章

Scrum 的规划原则

有一种荒谬的观点认为，Scrum 不需要做规划。只要开始第一个冲刺，我们就能弄清楚所有细节。事实并非如此。在 Scrum 中，我们其实也制定计划。事实上，我们会在不同时间点制定细节程度不同的计划。对某些人来说，由于 Scrum 多半是及时做规划，而非力求在前期完成，所以看似 Scrum 很不重视规划。然而，根据我的经验，与传统开发团队相比，Scrum 团队通常花更多时间做规划，这可能与大家的感觉不太一样。

本章继续讲第 3 章描述的 Scrum 原则，重点介绍如何将这些原则运用于规划活动，从而为第 15 章奠定基础，第 15 章将探讨 Scrum 如何在不同层级做规划。在后续几章中，将进步探索产品组合计划、产品计划、发布计划以及冲刺计划相关的细节。

概述

第 3 章描述了 Scrum 的关键原则，其中一些是我们使用 Scrum 时做规划的根本原则。本章要重点强调图 14.1 所示的原则。

后面几章讲规划时再着重讲其他 Scrum 原则（比如说短持续期、节奏调谐等）。

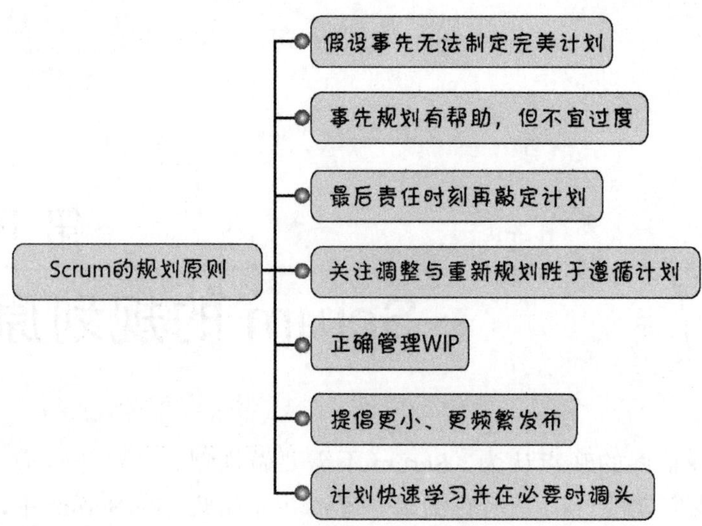

图 14.1　Scrum 的规划原则

假设事先无法制定完美计划

传统的预期式规划方法是，在开发工作开始之前，就创建一个详细的计划。目标是正确制定计划，以便后续工作可以按部就班地推进。有些人辩称，没有计划就不知道方向，也无法协调人员及相关的活动，多团队的大型开发工作更是。有时的确如此。

Scrum 的规划方法与其检视和调整这个经验根基一致。Scrum 开发过程中，我们不相信能够在前期做好计划，因此也不会试图在前期做所有规划文件。但我们仍然会在早期制定一些规划，以取得前期规划与及时规划的平衡。

事先规划有帮助，但不宜过度

我们来看一个可以诠释这个原则的例子。

我居住在世界级滑雪胜地科罗拉多。偶尔也玩一玩休闲滑雪，但并不是专家。我的朋友 John 是一名极限滑雪者。坦白地说，有时我也挺希望自己能像他一样，但我不如他技艺娴熟，更不如他疯狂。

有一次，John 给我看他在一座险峰冒险的照片。我好奇地问了他一个简单的问题："当你在山顶上准备滑行时，会先计划好整条下山线路吗？"

约翰轻笑："不会，那样做简直就是找死。"他接着说，"我会在山峰下不远处选择一个点。第一个目标是滑到那个点。或许我会计划眼前两三个转弯。事实上，规划太多不只是不可能，还很危险。"

"为什么？"我问。

"受光线或其他因素的影响，实际地形不同于我们在山顶上看到的。另外，滑雪路线上某些地方可能有树，但你在山顶上是看不到的——如果我在山顶上决定某个点右转，并且也确实照着做，很可能会快速撞在那些树上。同样也不可能预测一个有 15 年滑雪经验的人会飞过我头顶大喊'当心，老兄！'你根本不知道什么时候必须改变线路或者为什么改变。"

听他解释完，我才回过神来："哇，听起来这很像我做过的每一个有趣的产品开发项目。"根本无法准确预测什么时候必须改变线路或者为什么改变。如果公司要求创建详细的前期产品计划，我就做一个。但我可不记得这个方法有过任何效果。我们完成产品后，没有一次会回头看最初的计划还会说："圆满完成计划！"从某种意义上来说，尝试做太多前期规划好比尝试在山顶上计划每一个转弯。规划得这么细实在是很浪费，盲目相信计划的准确性以至于无视实时数据，更是危险之极。

我们大多数人都经历过前期规划详细得近乎荒谬的产品开发。是否意味着我们不应该做前期规划？不是，这难免有疏忽大意和有勇无谋的嫌疑。John 肯定也做过一些前期规划——在开始滑之前先研究地形的主要特征以增强自信。然而，等到应对实况已经很难或很费钱才做计划，同样是鲁莽的行为。我们必须像 John 那样，在前期预测和及时适应之间找到合理的平衡。

最后责任时刻才敲定计划

为了达到前期规划与及时规划之间的良好平衡，我们必须要遵循最后责任时刻前仍可改变重要选项的原则。这意味着我们会把适合及时进的规划留到有了更佳信息时再做。为什么基于不良信息做出早期规划决策呢？正如约翰所说，不成熟的决策除了代价非常高之外，还很危险。

关注适应与重新规划胜于遵循计划

许多产品开发工作都有一个问题，就是太过强调前期规划而不够重视持续规划。如果我们前期花费大量时间制订高度预测性的计划，而且自认为做得正确，就会使我们习惯性地遵循计划而非为了响应变化而更新计划。相反，如果在用 Scrum 时认为无法在前期做好计划和杜绝变化，就注重响应变化和重新规划而不是遵守前期计划。

20 世纪 80 年代，我曾参与过开发大型计划应该作为顾问帮助其他公司开发此类计划。你知道我说的计划，就是往往打印出来粘在一起挂到墙上的大型甘特图（多达好几页），如图 14.2 所示。

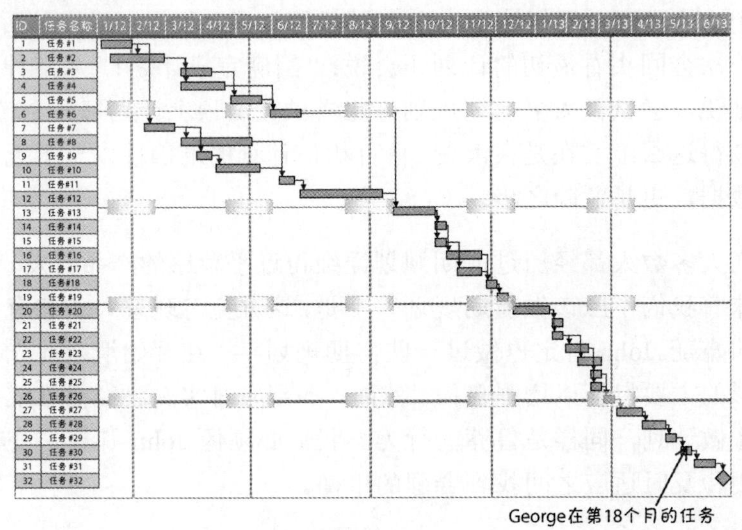

图 14.2　大型的前期甘特图

其中有几次开发工作中，我们花了长达 6 周的时间制订高预测性的前期计划。这些计划一经做出，就会变成项目地图。正如法律系统会假设“无罪推定”那样，这些计划是“正确推定”。在这里，有句话很适合，少数聪明人认为它出自瑞士军队，更多人则认为它源自 SAS 生存指南（Wiseman 2010）：“在森林中迷路时，若地图与地形不符，请无条件地相信地形。”如图 14.3 所示。

图 14.3　地图与地形不符时，务必相信地形

对于任何产品，盲信地图都会引导我们认为可以按照计划的吻合度或偏离度来衡量进度。计划出现偏离时，对计划吻合度的渴求使我们罔顾地图本身可能有错这个事实。如果地图比地形更重要，就脱离了我们必须探明的现实。

使用 Scrum 时，我们认为前期规划固然有益，但读懂并适应地形也很有必要。这种看法很合理，想想看，任何前期计划都是在我们对产品所知最少时制订出来的。前期计划同样也恰如其分地隐藏了我们早期的无知。

Scrum 倾向于通过频繁的重新规划来验证假设。我们基于经验认知持续制定更好、更有帮助的计划。不必担心计划出错，因为我们知道很快会用更准确的计划替代它们。因为我们是按照长约几周到一个月的冲刺来开展工作的，即使错了，也不至于太离谱，还来得及调整方向。

虽然我见过的 Scrum 团队大多数都没有使用甘特图，但他们也做计划，也注重进行一定的中长期规划。实际上，我在第 15 章会谈到，Scrum 团队会制订多个细节层次不同的计划。我们最不愿意见到的是，固守原计划，即使事情发生了变化或已经了解到一些必须采取行动的信息，也不愿重新做计划。

正确管理规划库存

第 3 章讨论了 Scrum 的库存管理（WIP）关键原则。在判断前期规划与及时规划是否平衡时，最关键的见解是，创建大量预测性、未经证实的规划工件库存可能非常浪费。正确管理这一类库存是经济合理的份内之事。

沿用我们前面提到的前期制作超大型甘特图的例子。随着开发工作陆续展开和在工作中获得的经验认识，我们可以得知最初的计划错在哪里。有错只能改，而改必然会产生浪费。

这会产生三种形式的浪费。第一，浪费精力做了一些现在不得不丢掉的部分计划。第二，可能还得浪费大量精力修订计划。第三，错过机会，没有能够把时间投入价值更高的活动（比如交付高价值、可工作的软件），而是做了一堆后期还得修订的前期工作。

我一直在努力平衡这两者之间的关系：在给定时间内要做多久的规划和因变化而导致浪费的可能性。例如，图 14.2 的甘特图把 George 的名字放在 18 个月后才开始的任务旁边。你认为 18 个月后 George 做那个任务的几率是多少呢？很可能接近于零！

那么，既然过于遥远的计划可能出错，为什么要计划那么远呢？这通常都是因为我们试图回答“什么时候可以做完？”或“完成这项开发工作需要多少人？”之类的问题。除非可以预测到所有工作，否则我们怎么确定这些问题呢？

产品何时交付、哪些特性可于既定日期进入产品，这都是需要解答的问题。然而，我们不能因为曾经做过低确定性的长期猜测就自欺欺人觉得自己已经有了正确答案。接下来的几章我会讨论这些规划问题。

提倡更小、更频繁发布

Scrum 提倡更小、更频繁发布，因为它们可以提供更快的反馈并可提高产品的投资回报率（ROI）。结合增量开发和更小适销特性子集的多次发布，我们可以改善产品的生命周期利润。

图 14.4 显示了一个单产品的经济状况（来自 Denne，Cleland-Huang 2003）。开发初期，我们都在花钱（投资期开始），没有任何回报。产品发布发生在投资期曲线下行坡段。等到产品收入与研发成本持平，我们就做到了自筹资金。等到收益超过成本，我们就进入了投资回报期，开始收回投资。总收益与总成本持平的时候，我们就达到盈亏平衡点。从这一点开始，我们终于开始获利了！

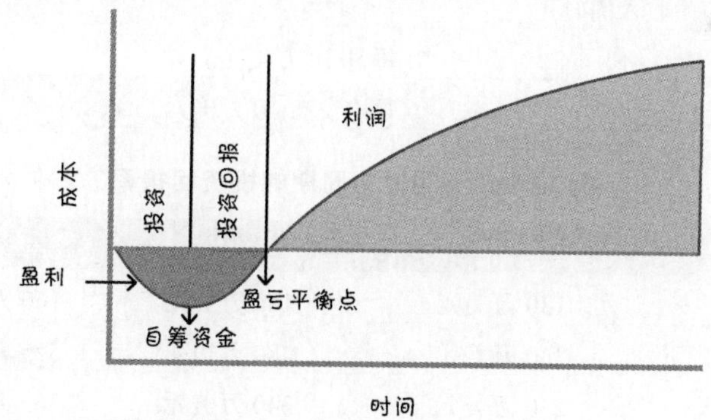

图 14.4 单发布的经济状况

为了说明更小、更频繁的好处，假设我们发布两次而非一次（如图 14.5）。在这个例子中，我们更早达到自筹资金、盈亏平衡和盈利期，因而总的产品投资回报率有所改善。

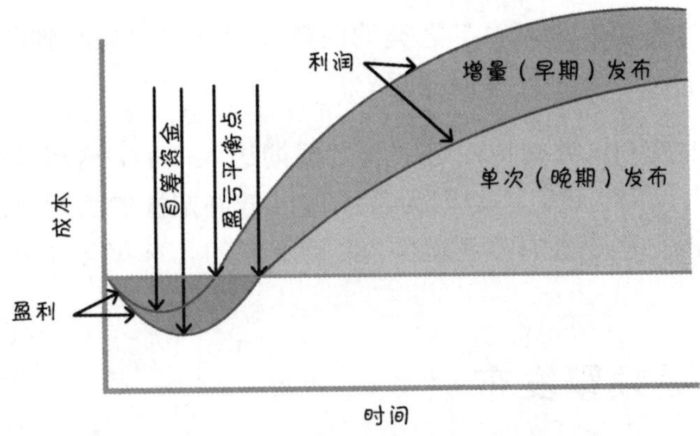

图 14.5　多次发布的经济效益

举一个具体的例子（改编自 Patton 2008），请见表 14.1 所示的提高投资回报假想模型。

表 14.1　投资回报假想模型

变量	值
收入（所有的特性）	每月 30 万美元
收入（1/2 的特性）	每月 20 万美元
收入（1/3 的特性）	每月 15 万美元
从交付到产生收入的时延	1 个月
开发成本	每月 10 万美元
发布成本	每次发布 10 万美元

表 14.2　不同发布周期的投资回报率

	单发布（12 个月）	每半年发布	每季度发布
总成本	130 万美元	140 万美元	160 万美元
两年总回报	360 万美元	480 万美元	525 万美元
两年纯回报	230 万美元	340 万美元	365 万美元
现金投资	130 万美元	70 万美元	45 万美元
内部回报率（代替投资回报率）	9.1%	15.7%	19.5%

表 14.2 所示结果说明，单发布在 12 个月后会有 9.1%的投资回报。如果我们一年发布两次，投资回报就能提高到 15.7%；一年发布 4 次就会达到 19.5%的投资回报。

这个方式也有一些局限。首先，任何产品都有最小可发布适销特性集。因此，我们不可能永无止境地减小首次发布的规模，因为它终究会变得太小而无法销售。而且，更小、更频繁的版本在某些市场可能行不通。不过，如果所处市场可以接受尽早收获部分价值，就务必遵守交付更小更频繁、可上市发布的重大原则。

计划快速学习并在必要时调头

前期预测或猜测再多也无法代替行动、快速学习并在必要时调头。调头指的是，根据我们的认知来改变方向。Ries 将此定义为“有条理的改变方向，用来测试对新产品、战略和增长引擎所做的基础假设。”（Ries，2011）。就像滑雪者 John 一样，一旦得知当前计划不再有用，就需要准备快速调头。

正如第 3 章所述，我们的目标是快速以经济合理的方式获得认知。因此，通过学习来制定计划是我们的关键目标。获得快速反馈之后，我们就可以判断计划所指的方向是否可行。如果不可行，就转型或改变方向。

结语

本章讨论和概述了 Scrum 的几个规划原则。在这些原则指导下，我们可以用经济合理的方式制定计划，即事先做适量的前期规划，等了解更多工作内容和工作方式之后，再结合更详细、及时的规划加以平衡。在接下来的五章，我将用例子来阐述在 Scrum 多层级规划背景下如何进一步应用这些原则。

第 15 章

多层级规划

对于 Scrum 项目，在整个产品开发过程中，我们要在多个层级上多次进行规划。本章将对各种 Scrum 规划活动及其彼此之间的关系自上而下地进行概要描述。在后面几章中，将更详细地探讨产品组合规划、产品规划（构想）、版本规划和冲刺规划。

概述

在使用 Scrum 开发产品时，需要在多个层级上制定计划（参见图 15.1）。

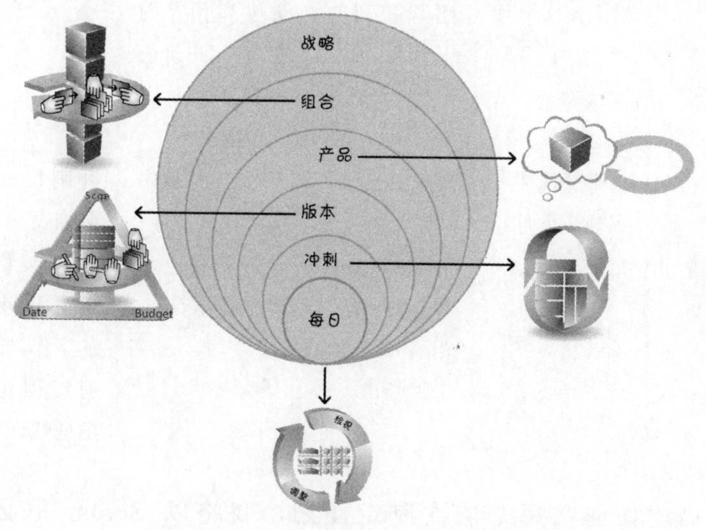

图 15.1　不同层次的规划

处于最高层的是战略规划，这种规划对组织来说至关重要，但不在本书讨论范围之内。在 Scrum 中正式明确的只有冲刺规划和每日规划（通过每日例会制定）。不过，大多数组织都受益于组合规划、产品规划和版本规划，所以本章分别概述在每个级别上制定计划的方式并在接下来的几章中进行详细讨论。

表 15.1 总结了五种类型的规划，重点说明在一般情况下每种类型的时间跨度，每个层次由谁参与，工作重点是什么，交付物是什么。

表 15.1　各层次规划的详细说明

层次	时间跨度	谁	关注点	交付物
组合	可能要一年或更长时间	利益干系人和产品负责人	管理产品组合	组合列表及正在开发的产品集合
产品（构想）	可能要很多个月或更长时间	产品负责人和利益干系人	产品构想以及随着时间推移而演进的产品	产品构想、路线图和概要特性
版本	3 个月（或更短）到 9 个月	整个 Scrum 团队和利益干系人	持续根据范围、进度和预算约束，在客户价值与整体质量之间做出平衡	版本计划
冲刺	每个迭代（一周到一个月）	整个 Scrum 团队	下一个冲刺中交付什么特性	冲刺目标和冲刺列表
每日	每天	ScrumMaster 和开发团队	如何完成已承诺的特性	为了以最好的方式开展当天的工作，检视现有过程并进行适应性调整

为了描述如何在每个层次制定计划，我将以 Scrum 联盟网站（*www.scrumalliance.org*）的重新设计过程为例。Scrum 联盟，致力于在世界范围内推广 Scrum 的非盈利组织，在 2006 年时网站做

得很糟糕。网站不好看，信息也很难找，内容更是乏善可陈。我在 2006 年底担任 Scrum 联盟管理负责人时，董事会要求我做的首要任务中，就包括设计一个比以前好看得多的新网站。我当时是这个工作的产品负责人，所以下面我描述我们为实现新网站而做的规划。

组合规划

产品组合的规划（或组合管理），这个活动用来确定要完成什么产品、按照什么顺序完成以及持续多长时间。虽然从概念上讲，组合规划的层次高于产品规划（因为组合处理的是一个产品集），但组合规划的一个主要输入是来自于产品规划活动构想出来的产品概念。

Scrum 联盟在 2006 年还是一个新组织，它的组合列表只包含继续开发现有网站。在完成 Scrum 联盟新网站最初的构想后，董事会（Scrum 联盟组合列表的利益干系人）批准开发新网站的第一个版本。

产品规划（构想）

产品级规划（我把这个活动也称为构想）的目的是获得潜在产品的基本特性并为创建该产品而制定大致计划。构想工作一开始是建立愿景，接着建立概要产品列表，常常还要一个产品路线图。

愿景

产品愿景清楚描述要从哪些方面为用户或客户之类的利益干系人提供价值。对我们来说，用户是 Scrum 联盟当时遍布全球的 1 万名会员（到 2011 年底，全球已经有 15 万名会员）。出资做新产品的客户是代表所有会员的 Scrum 联盟董事会。

我们对 Scrum 联盟新网站的愿景如下：

> **针对全球各地对 Scrum 感兴趣的人，Scrum 联盟的新网站将成为**

> 他们获取 Scrum 知识的可靠来源。网站有特内容丰富，是他们上网进一步了解 Scrum 知识或进行 Scrum 相关合作的第一站。

概要产品列表

在确立产品构想后，下一步制定在概要产品列表。以重新设计 Scrum 联盟网站为例，在 2006 年底，对于利益干系人和用户需要实现的新的、改进后的网站特性，我们已经有了一个不断增长的产品列表，其中加入的特性是利益干系人和用户希望改进后的。

PBI 包含下列史诗级的用户故事：

> 作为认证的 Scrum 培训讲师，我希望能够把我的 Scrum 公共课放到 Scrum 联盟网站上，这样可以让社区详细了解我何时在何处授课。

> 作为未来的学员，我希望能够看到所有 Scrum 公开课，这样可以找到适合我参加的课程。

如果当时做的是一个全新产品，我们在开始时就必须产生一些最起码的需求来填充产品列表，并至少得对高优先级条目进行估算。但我们的情况是，已经有一些 PBI，所以新版本网站要包含哪些内容，是有一定基础的。

产品路线图

在确立产品愿景和概要产品列表后，建立一个产品路线图（有时称为版本路线图）是有帮助的。产品路线图传递的信息是产品随着时间的推移如何以增量方式构建和交付，以及驱动每一个版本的重要因素。

今天，很多组织都在争先恐后地推广持续部署，在特性可以部署时就马上部署到生产环境中。如果组织注重这种技术实践，就可能不需要建产品路线图。不过，即使打算做持续部署，产品路线图也可能是一个有用的工具，帮助组织考虑更大的特性集，考虑哪些特性必须大致在同一时间完成，哪些特定的特性应当何时完成。

图 15.2 显示的是一个产品路线图，采用的是 Luke Hohmann 提倡的格式（Hohmann 2003）。

	2007年1季度	2007年2季度	2007年3季度
市场图	发布新版本 老版本下线		
特性/收益图	课表 CST支持	批量装入 会员信息	搜索过滤
架构图	Ruby on Rails		RegOnline 集成
市场活动		Scrum Gathering	Agile 2007
版本日程表	0.5	1.0	

图 15.2　版本火车的结构

这个路线图显示了两个版本，2007 年的一二季度各有一个版本。2007 年一季度的版本“0.5”是新网站的第一个版本，我们选择这个版本号是因为在第一个版本中，计划做的特性数量上不到 Scrum 联盟老网站特性的一半，但又要增加一些比老网站好的特性。这个版本希望实现的特性重点集中于列出世界各地所有的 Scrum 公开课，并向认证的 Scrum 培训师（CST）提供基本支持。因为我们知道，在替换老网站之前，新网站要包含哪些特定的特性，所以说版本 0.5 是一个固定范围版本。我们根本不知道发布那些特性需要多长时间。在第 18 章中，我将讨论针对固定范围版本，如何确定交付日期。

版本 1.0 是固定日期的。我们知道需要在俄勒冈州波特兰 2007 年 5 月 7 日举行的 Scrum 联盟大会（Scrum Gathering）同时发布。我们的目标是在大会开幕前准备好一些激动人心的特性。我们当时也无法确定那个版本包含多少特性。在第 18 章中，我将讨论如何为固定日期版本确定内容。

总之，在 Scrum 联盟网站最初的产品路线图中，我们同时识别出固定范围版本（0.5）和固定日期版本（1.0）。

不论构建什么产品，在快要结束产品级规划时，都应当有一个产品愿景、一个概要产品列表（含有经过估算的用户故事）和一个产品路线图（可选）。此外，可能还会产出其他工件，让决策者能够信心十足地着手开发产品。

产品级规划的输出将成为组合规划的输入，在做组合规划时，董事会批准了重新设计网站最初的版本 0.5。

版本规划

版本规划是主要是针对增量交付取得范围、日期和预算之间的平衡。

在大多数开发工作中，在完成愿景（产品规划）之后、开始第一个和版本相关的冲刺之前，初步版本规划是合理而且必需的。此时，可以建立一个初始版本计划，在这个版本能开发多少内容和何时完成之间做出权衡。

对于在固定日期前能够交付什么内容或何时能够交付一组固定的特性，为了获得一些想法，需要建立足够数量的 PBI 并进行估算。

让版本发布可视化，一个简单的办法是在产品列表中间画一条线（参见图 15.3）。线上方所有的条目是这个版本计划要做的，线下方的所有条目是这个版本不计划做的。在对产品有更深入的了解后，可以在产品列表中上下移动这条线。第 18 章将讨论如何确定这条线的位置。

现在，很容易把产品路线图和产品列表联系起来，从而清楚地了解产品路线图中确定的近期版本中有哪些具体的内容，（参见图 15.4）。产品路线图中的一个版本对应于产品列表中的一组特性。

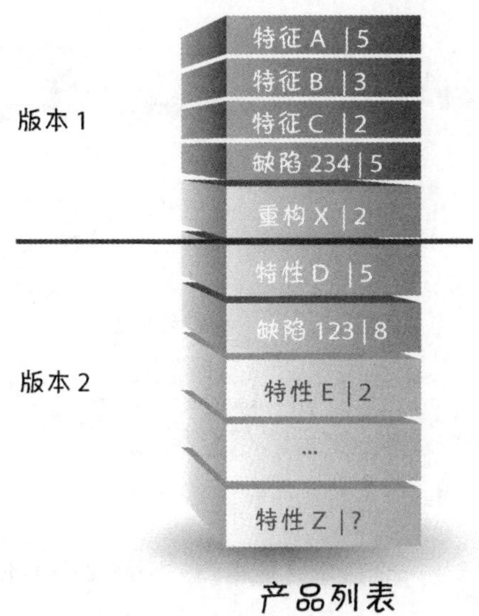

图 15.3 产品列表中的版本线

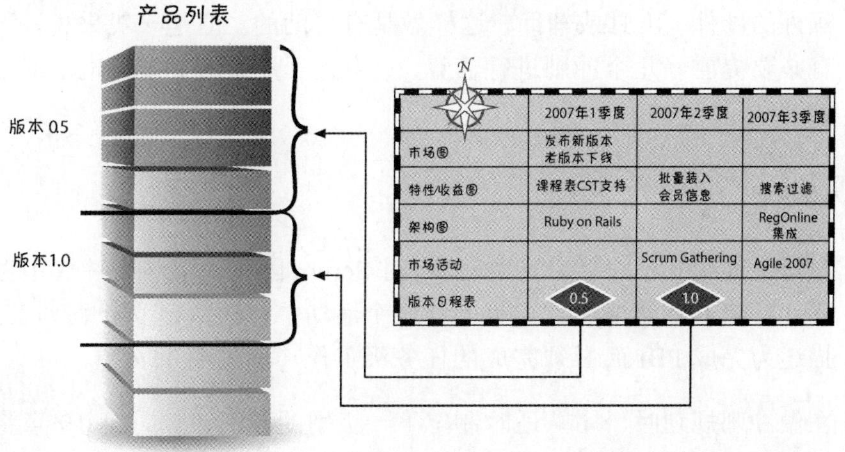

图 15.4 产品路线图的版本与产品列表的对应关系

版本计划还必须有相关联的时间维度，可以用完成该版本所需的冲刺数来表达。大多数版本都比较大，包含的特性得在多个冲刺中完成（参见图 15.5）。

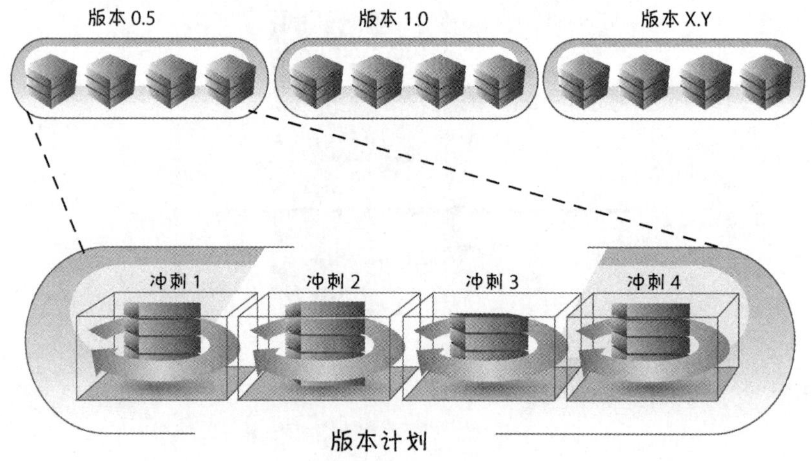

图 15.5　一个版本可能得跨一个或多个冲刺

在做版本规划时，可能需要采取一些极端方法用前两个冲刺来估算要交付多少特性。如果多个团队需要协调工作或一个团队需要申请额外的硬件、工具或辅助，这样做是有帮助的。但是一般来说，没有必要提前好几个冲刺进行估算，这有悖于制定计划要适时、够用的原则。

冲刺规划

在每个冲刺开始时要做冲刺规划，对 Scrum 团队在下一个冲刺中做哪些特定 PBI 达成一致意见。在这个活动中，团队建立冲刺列表，描述为完成 PBI 而必须完成的任务级工作（参见图 15.6）。

在做冲刺规划时，团队适时制定下一级别的详细计划。第 19 章将详细讨论冲刺规划。

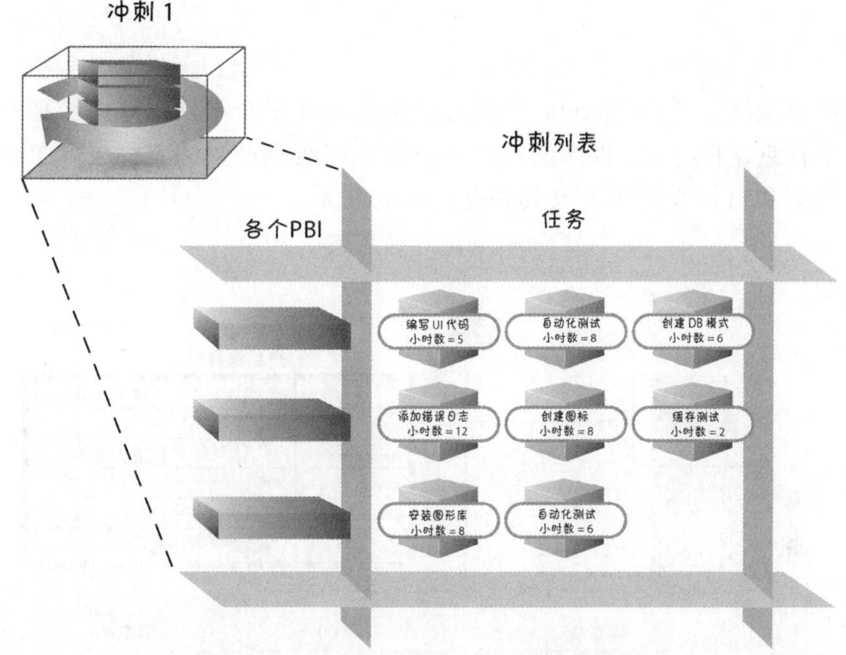

图 15.6　每个冲刺都有一个冲刺列表

日常规划

最详尽的计划出现在团队的每日例会上。回忆一下，在这个活动中，团队成员聚在一起，每个人依次讲述自己在上次每日例会后做了些什么，今天准备做什么，是否遇到了任何阻碍。

在每日例会中，团队成员一起以一种非常直观的方式告诉大家当天计划做什么。这也可以让团队利用资源预警。例如，有人可能说："今天我将执行存储过程任务，在午饭前应当能够完成。如果谁要执行业务逻辑任务，请记住，业务逻辑任务在完成这个冲刺的关键路径上，午饭后就得准备做了。"这样的交流能够很快定位到可能阻碍工作进展的地方，使冲刺工作的流动更顺畅。

第 15 章

结语

本章描述在使用 Scrum 开发过程中如何在多个不同的详细级别制定计划。图 15.7 以图的形式总结在这些级别产生的工件（除组合规划和日常规划外）及其相互之间的联系。

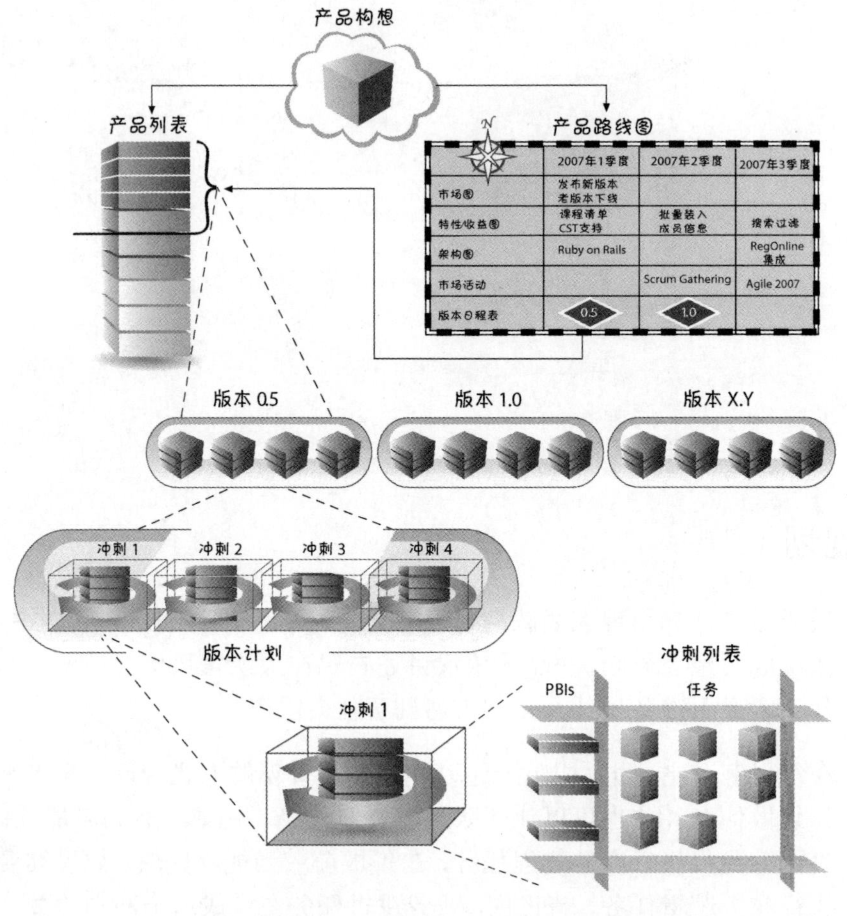

图 15.7　Scrum 层级式规划

接下来几章将深入探讨组合规划、产品规划、版本规划和冲刺规划四大主题。

第 16 章

产品组合规划

大多数组织都想或需要同时生产多种产品。他们需要合适的方法来对产品组合的管理做出种种经济合理的选择。他们还需要产品组合管理或管理过程向敏捷核心实践看齐，使其不至于与单个产品级别上使用的敏捷方法完全脱节。本章从日程安排、产品流入和流出这三个角度阐述 11 种组合规划策略。最后讨论这个问题：如何判断是否应该进一步投入流程中的产品（in-process product）。

概述

组合规划（或组合管理）是一个活动，用以确定组合中哪些条目的工作需要花多长时间以什么顺序完成。这些条目可以是产品、产品增量（产品的一个版本）或项目（如果企业更倾向于项目运作方式的话）。本章一般用“产品”一词来指代各种类型的组合条目。

根据我的经验，大多数组织（敏捷的或其他形式的）在组合级别的规划都做得很糟糕。很多组织都有组合级别的规划过程，但和敏捷的核心原则完全不一致。发生这种情况时，在组合级别做出的决策会破坏快速、灵活的工作流程。在本章中，我要讨论如何避免这种脱节，即以核心的敏捷实践为准绳，对产品组合进行合理的规划。

时间安排

组合规划是一个永无休止的活动。只要有产品需要研发或维护，就需要进行组合管理。

如图 16.1 所示，组合规划涉及的是一系列产品，所以相较于单个产品级别的规划（愿景），范围更广，层次也更高。不过，虽然层次更高，但并不意味着组合规划要先于产品规划。事实上，规划或构想新产品所得到的输出正是组合规划的重要输入。组合规划使用构想产品时所产生的数据，决定是否给它拨款以及以怎样的优先顺序把加入组合列表。但是，组合规划并不仅限于刚构想出来的产品。对流程中的产品（开发中、已上线或动销中的产品）进行审核时，也会以特定的时间间隔进行组合规划。

参与者

因为组合规划聚焦于新产品和流程中的产品，所以参与组合规划的人包括合适的内部利益干系人、各个单独产品的产品负责人和（可选但往往都会出席的）高级架构师和技术主管。

利益干系人必须有相当宽广的商业视野，能够为 WIP 正确安排 PBI 的优先级并做出决策。在一些组织中，利益干系人团体由决策委员会、管理委员会或一些负责监督组合管理过程的相关人员共同组成。

产品负责人也要参加组合规划，为各自的产品代言并争取必要的资源。

在组合规划活动中，往往需要高级架构师和技术带头人提出建议，以确保重要的技术限制会被纳入组合规划决策的考量中。

流程

组合规划活动如图 16.1 所示。

如前所述，组合列表的输入包括新构想的产品（组合列表的候选）和流程中的产品。新产品附带构想阶段收集到的各种数据，例如成本、时限、价值和风险等。流程中的产品附带自己的一套数据（例如中间顾客的反馈、更新成本、进度安排和范围预估）、技术债债务状况和有助于组织找到产品未来出路的市场相关数据。

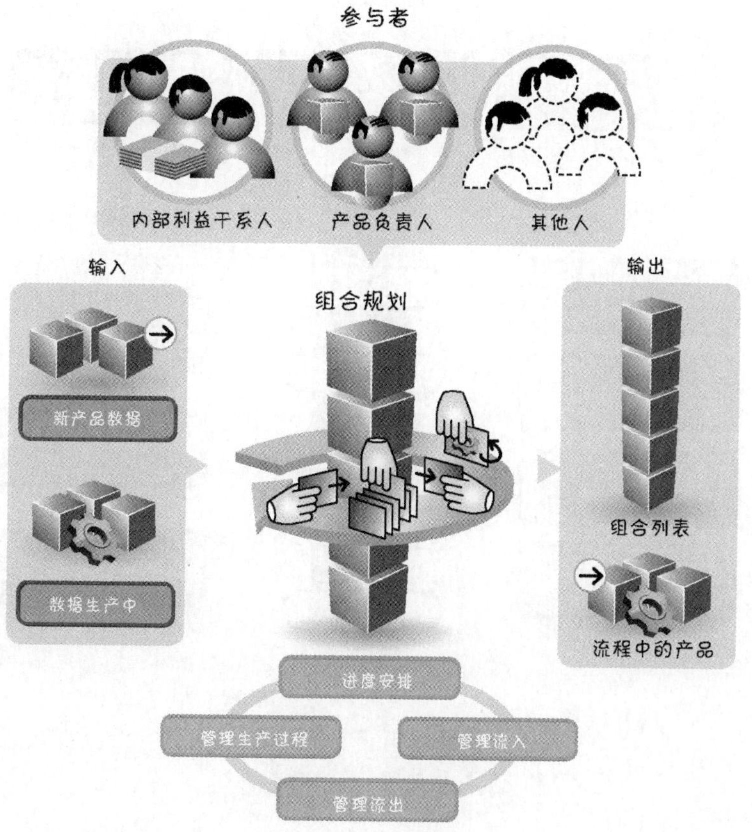

图 16.1 组合规划活动

组合规划活动有两种输出。第一种是组合列表，即已经确定优先顺序的未来产品的具体工作事项清单，它已经通过批准但还没有开始进行开发。第二种是一系列活动的产品，包括已经批准并立即开发的新产品，也包括目前处于生产过程中的产品和已经批准可以继续开发的产品。

为了获得这两种输出，参与者要进行四种类型的活动：进度安排、管理流入、管理流出和管理流程中的产品。图 16.2 总结了与每种类型相关联的具体策略。

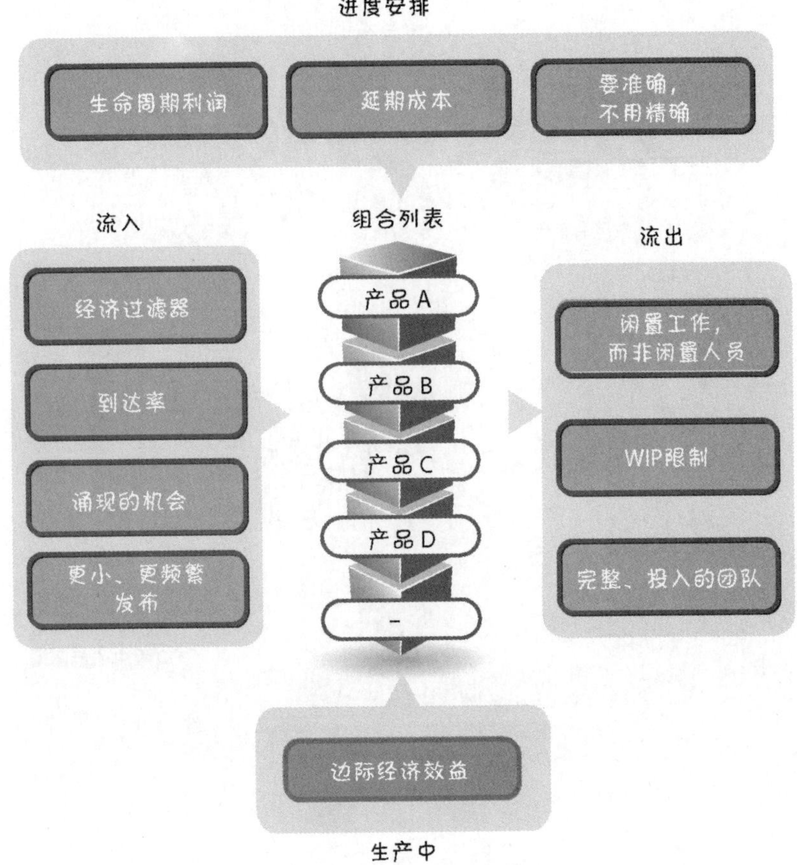

图 16.2 组合规划策略

进度安排策略有助于确定组合列表中各个产品合适的优先顺序。流入策略指导参与者了解何时向组合列表里增加新的条目。流出策略提示参与者何时从组合列表里拿出一个产品。WIP 策略用来确定何时坚持、转型、交付或终止当前正在生产的产品。

本章剩余部分将讨论 11 项策略，它们是这四类活动的组成部分。

进度安排策略

组合规划活动中，必须用经济合理的方法为产品分配组织内有限的资源。虽然决定产品优先顺序的方式很多，但本章主要关注以下三种策略。

- 优先考虑生命周期利润。
- 计算延期成本。
- 估算要准确，不必精确。

优先考虑生命周期利润

为了优化组合内各个产品的优先顺序，我们需要确定使用哪个变量来衡量最有利于判断我们的优化工作是有效的。Donald Reinertsen推荐我们使用一种经济框架，在这个框架里我们以一个标准而有效的衡量单位来考虑所有决策和取舍：生命周期利润（Reinertsen 2009b）。基于这个推荐，我们的目标就应该是确定组合列表中产品的优先级顺序，使其整个生命周期利润最大化。

针对具体产品，生命周期利润指的是产品整个生命过程中可能产生的所有利润总和。在组合规划活动中，我们感兴趣的是优化整个产品组合的生命周期利润，而不是单个产品。因此，我们可能为了优化整个组合而必须局部优化单个产品（Poppendieck，Poppendieck 2003）。所以，生命周期利润优化策略的目标是，在整个组合里，确定组合列表中各个产品的最佳优先顺序，力求生命周期利润最大化（参见下一节计算延期成本的例子）。

Reinertsen 进一步指出，评估生命周期利润最重要的两个变量是延期成本和持续时间（常用来替代工作量和产品规模）。基于整个组合中各个产品之间这些变量的相似（或不相似）程度，他建议从表 16.1 所示的三种进度安排方法中选择一种。

表 16.1　不同的组合进度安排原则

（如果）延期成本	（并且）期限/规模	（那么）进度安排方法
所有产品都相同	因产品而不同	最短任务优先
因产品而不同	所有产品都相同	延期成本高的优先
因产品而不同	所有产品都相同	加权最短任务优先

当所有产品的延期成本都相同时，首选进度安排策略是先做期限最短的工作。当产品规模相同时（持续时间相同），更可取的进度安排策略是首先完成延期成本最高的产品。当延期成本和持续时间都可变时（这种情况在产品开发过程中很普遍），可以通过使用加权最短工作优先法（WSJF）获得经济上的最佳优先顺序，延期成本除以持续时间（或者实现需要的工作量）就可以算出。

下面讨论产品组合的延期成本以及如何估算工作量（或成本）。

计算延期成本

在为组合列表中的条目排列优先顺序时，肯定有必要先从一些产品开始，然后再排其他产品。没有立即排序的工作一开始就被延后，所以交付日期也会被延后，这里面有可以量化的成本。

如第 3 章所述，延期成本提供的基本信息有助于我们做出明智而经济的决策。然而，对于这样简单的问题："如果我们的产品部署延期一个月，生命周期利润里的延期成本是多少？"大多数组织甚至都无法回答。

大多数组织对延期成本视而不见，而选择使用简单的（常常是错误的）方法即"高利润优先"这个简单法则（参见表 16.2）。

在这个例子里，项目 A 有 20%的投资回报比，而项目 B 有 15%的投资回报比。使用高利润优先的进度安排策略，我们会先做项目 A，再做项目 B，因为项目 A 的投资回报比更高。虽然这个方法看似合理，但是没有计入每个产品的延期成本，如果计入的话，可能会从根本上改变生命周期利润的计算结果。例如，假设项目 A 的延期成本为每个月 5000 美元，而项目 B 的延期成本为每个月 7500 美元（如表 16.2 所示），会怎么样？在这种情况下，先做项目 A 而延后项目 B，会对组合生命周期的盈利能力产生更大的影响。

表 16.2　使用延期成本为产品组合排序

	项目 A	项目 B
投资回报比（ROI）	20%	15%
延期成本（1 个月）	5000 美元	7500 美元

延期成本体现的是这样的事实：时间的确影响或可以影响大多数变量。在之前的例子中，项目 A 和项目 B 的投资回报比是用具体的时间相关假设来计算得出的（例如，开发的开始时间和结束时间，当时有哪些可用资源，这些资源的成本是多少，随着时间推移人们愿意付多少钱来买这个产品，有哪些技术或商业风险，出现的概率如何，它们对成本的影响有多大）。延后或加速开发，这些变量可能有变数，而且大多数情况的确都有变。所以，在给产品组合列表中的条目排列优先级时，延期成本并不是唯一需要考虑的因素；而是必须考虑时间维度，因为它影响着其他所有确定优先级顺序的变量，如成本、收益、知识和风险等。

我所听到的对延期成本最常见的抱怨是，搞不清楚这个成本到底是怎么计算出来的。在大多数情况下，这种担心都是不成立的，因为通过两个不同的计算盈利能力的电子表格模型（一个有延期，另一个没有），可以有效算出延期成本。

Dean Leffingwell 提出一个计算延期成本的模型，它汇聚三个产品属性（Leffingwell 2011）。

- 用户价值——用户所看到的潜在价值。
- 时间价值——用户价值随时间衰减的程度。
- 风险降低/商机乍现——在缓解风险或利用商机方面所具有的价值。

为了计算产品的延期成本，这三个属性中每个都分配到一个单独的延期成本数值，范围从 1（最低）到 10（最高）。产品延期总成本是三个单独延期成本之和。

如何做出明智的进度安排决策，另一个通常也有效的方法是，对延期成本概况进行分类（参见图 16.3）。

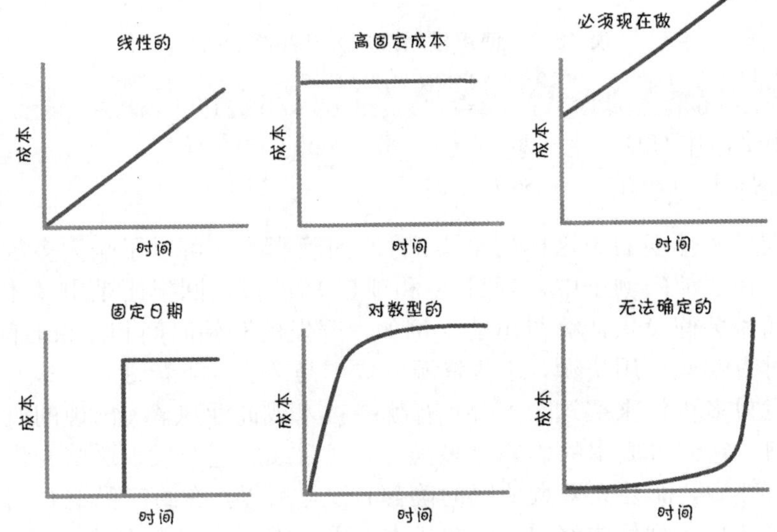

图 16.3　延误成本概况

表 16.3 描述了每个概况的细节。

表 16.3　延期成本概况

概况名称	描述
线性的	延误成本以恒定速率增加的产品
高固定成本	如果没有立即行动就会积累一次性成本的产品；例如，只有在产品交付后我们才能收到一大笔钱
必须现在做	我们“必须现在做”的产品，因为我们会经历直接而严重的延期成本上升；例如，没有这个产品我们就会造成直接的收入损失或者成本节约损失，并随时间持续增长
固定日期	必须在未来的固定日期交付产品，所以在这个固定日期到来之前没有延期成本。过了这个固定日期，会增加初期延期的全部成本
对数型的	一个产品非常早就积累了大部分延误成本，之后只有很少增量延期
无法确定的	一个产品（或工作本身）在相当长的一段时间内并没有“明显”的延误成本，后来却突然产生非常高的延期成本。一个例子是很多组织都不能正确处理技术债。今天，未清偿技术债所造成的延期成本看似很少或基本没有任何延期成本。但是，正如第 8 章所述，当技术债到达一个临界点时，其他工作的延期成本就很明显，而且非常高

如果算出一个非常精准的延期成本非常耗时间或容易出错，可以考虑选择一个合适的延迟概况（或者新建一个），要做进度安排决策时，使用概况而不是具体的数字。

延期成本适用于在高管制行业开发产品的组织吗？例如医疗设备或者卫生保健等产品，遵守法规及病患安全都很关键。这些关键的因素在确定产品优先级时必须考虑；然而，这些因素的重要属性可以使用生命周期利润相关的延期成本来说明。

例如，在美国，健康医疗计划或医疗保健服务机构必须使用特定的代码来识别具体的诊断和临床过程，这些过程适用于申报、准备表格及其他电子事务。在我写这本书的时候，代码标准为国际疾病分类，第 9 版（ICD-9-CM）。不过，新标准 ICD-10-CM 在 2013 年 10 月 1 日替换 ICD-9-CM。到那时，归美国健康保险与责任法案（HIPPA，Health Insurance Portability and Accountability Act，1996 年）管辖的组织必须遵守 ICD-10-CM。很多这样的组织都有一个产品组合需要补救——使用的方式和新千年时的千年虫问题惊人的相似。因为补救组合里的所有产品都有一个固定日期延期成本的概况（如图 16.3 所示），为了对补救工作进行合理的排序，这些组织需要考虑一点：如果补救工作在 2013 年 10 月 1 日没有完成，每个产品会产生多少延期成本（在生命周期利润里）。例如，一个关键的产品如果不符合标准，会产生每年 1 亿美元的损失，然而另一个产品则可能产生每年 500 万美元的损失。所以，要想以经济合理的方式对组合中的各个产品排定优先顺序，计算延期成本就是一个关键变量。

估算要准确，不必精确

为了正确安排组合列表中各条目的优先顺序，我们还需要理解它们的工作量或成本（因为成本影响着生命周期）。在估算组合列表的大小时，我们希望准确，而不是精确，因为在做初始估算时，我们得到的数据相当有限。

在第 7 章里，我讨论了一些组织倾向于用 T 恤衫的尺码而非精确数字来估算组合列表。每个 T 恤尺码对应于一个相关的成本范围（参见表 16.4 中某组织的具体例子）。

在表 16.4 里，大概的成本范围包含劳动力成本（通常代表组织里一个产品的主要成本），也包含资本支出和其他任何产品开发工作的相关物质成本。

表 16.4　T 恤尺码估算的例子

尺码	大概的成本范围（万美元）
超小码（XS）	1～2.5
小码（S）	2.5～5
中码（M）	5～12.5
大码（L）	12.5～35
超大码（XL）	> 35

用 T 恤尺码来估算，好处就是快，通常也比较准确，还能在组合层面提供可操作的信息。

多准确才算足够准确？我们来看一个例子。在之前提到的组织里，工程部过去已经花好长时间给出了一个非常精确的估算。虽然他们不太确定 T 恤尺码是否足够准确，但每个人都同意试一下。之后不久，市场部找工程部商量对某个项目的想法，工程部稍微讨论了一下，就分配了一个规模大小：中等。

然后，市场部就能决定做这个项目的利益是否能够超出中等项目的成本（5 万到 12.5 万美元）。这种方式和过去的方法一样有帮助，过去工程部要花大量时间才能得出一个听似更精确却并不准确的 72381.27 美元这样的估值。该组织发现，这些范围足够准确并能消除浪费，不会让人产生太高的期望或有一种不真实的安全感。

流入策略

正如我将在第 17 章中讨论的，产品构想过程会进一步细化新产品的愿景并收集一系列信息，决策者需要这些信息来帮助判断并做出批准或否决拨款的决策。流入策略处理的是如何应用组织的经济指标来做出批准或否决的决策。流入策略还要处理其他几个问题：如何平衡新产品插入组合列表的比率和原有产品被拉出去的比率；如何快速抓住新涌现的商机，如何使用更小、更频繁的版本发布来防止产品组合产生瓶颈。

应用经济过滤器

构想阶段的输出是产品愿景和必要的信息，在这些信息的支持下，构想（产品规划）活动中存在的疑虑得以消除，信心得以增强（参见第 17 章）。这个输出是新产品数据，是组合规划的一项输入（参见图 16.1）。基于这些数据，组织得做出决策，批准或否决对产品进行后续的开发。我把这项活动称为“对新产品应用经济过滤器”，看它是否符合组织的拨款要求（参见图 16.4）。

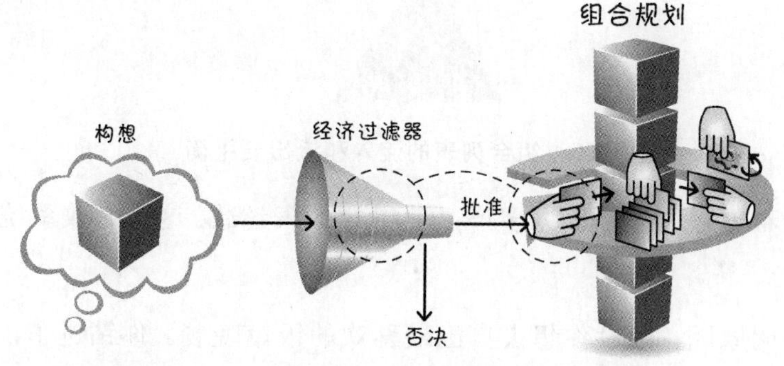

图 16.4　应用经济过滤器

虽然每个组织都需要定义一个经济指标（与其特定拨款策略相吻合），但一个好的经济指标应该很快揭示所有相对于成本有更大价值的商机；其他大多数机会都会被否决（除非有情有可原的情况）。如果开发产品所得到的价值远远超过开发成本，就不必花太多时间讨论，批准并把它按优先顺序排入组合列表。如果在做决策之前发现内部对成本或价值有些分歧，就应该否决这个产品，因为开发该产品并没有绝对的经济依据。在大多数组织内部，都有很多高价值的产品开发机会，用不着浪费时间讨论不靠谱的机会。

到达率和离开率要平衡

在实践中，我们希望的是，流入组合列表的产品能够与流出组合列表中的产品达到平衡（参见图 16.5）。

图 16.5　组合列表的流入和流出要平衡

我们不希望一次性插入太多产品使组合列表超载。这会导致系统不堪重负。

为了说明原因，假设你想去自己最喜欢的饭馆晚餐。你钻进车，然后开车过去。到达后，你注意到一群饥肠辘辘的老年人刚刚走出一辆旅游大巴，一窝蜂地走进饭馆。

怎么办？你会走进饭馆，试着在那里用餐吗？如果是，你觉得那些饥饿的老人同时全部涌入这个饭馆有什么后果？他们很可能坐满饭馆的餐位。如果冒险在这里用餐，可能会等很长时间，而且用餐体验也会很差。或许该回到车上，换一家饭馆！

很多组织都做年度战略规划，通常在财年第三个季度的某个时间。战略规划的成果之一往往是组织在下一个财年要做的一个完整的产品列表。接着，这些产品被插入组合列表，一般都会使组合规划过程不堪重负。

我并不是说组织不做战略规划。他们应该定义战略方向，但不要定义达成战略的所有具体细节（产品级）。在年度大会上决定下一个财年或更长期的所有工作，然后同时把这些条目插入组合列表，这是一个很危险的决策（并且在一些组织里，这个决策不可推翻），不只是因为不确定性太高，还违背了“不到最后责任时刻不做决定”这个原则（参见第 14 章）。

一次性确定所有产品组合还违背了使用经济合理的批量大小这个原则（正如在第 3 章讨论的）。处理一大批产品，决定如何排列它们的优先顺序并把它们插入组合列表，成本高而且还可能很浪费（因为我们是在提前一年或者更长时间做计划）。说它成本高，是因为不仅有很多产品需要处理，还因为组合列表里条目太多而造成进度安排工作很复杂，正如本章之前所论述的一样。如果需要排序的条目少一些，更容易确定合理的优先顺序。事实上，如果组合列表中只有少数几个条目，只要不是明显傻冒的优先级顺序，通常就够了。

为了一次性搞定组合列表，建议以更频繁的间隔引入产品，例如，每月（或至少每季度）而不是每年。这样做可以显著减少评审新产品并将其插入组合列表的工作量（和成本），使组合规划整体上更稳定、可预见性更高。

我们还要关注更小的产品（参见更小、更频繁发布策略）。这样一来，可以稳定、连续产出成品，留出精力定期从组合列表里取出新产品。这种频繁的取拿产品对平衡产品的流入和流出也有帮助。

最后，组合列表的规模开始增大时，我们可以开始限制产品流入组合列表。对此，我们可以调节经济指标提高产品审批标准，价值更高的产品才放行。这样做会降低新产品插入比率，帮助建立更好的进出平衡。

快速拥抱新涌现的机会

组合规划需要拥抱新涌现的机会。新涌现的机会是指之前不知道或者认为不太可能发生以至于目前认为不值得花钱的机会。

例如，与我合作过的一个组织参与在线赌博市场。该组织的业务受当地法院高度监管，在管制下提供赌博交易。世界各地的监管机构多少都有些不可预测的——特别是对于赌博——很难知道在特定司法辖区是否可能以及何时可能提供一种产品。在这种环境下工作，需要为新涌现的机会做好准备，因为监管机构可能随该国执政党的改变而改变。

曾经有一个这样的机会，在加州为赛马提供在线赌博交易。加州的跑马场相当多，如果监管制度发生改变，就会有非常赚钱的机会（顺带提一下，监管制度确实变了——虽然多年以来在线赌博交易都是非法的，但在 2012 年 5 月以后合法化了）。如果这个组织有每年 10 月份做一次战略规划的习惯（在法律变更之前），就会失去这个难得的商机——除非它愿意出钱建一个交易市场，但以前不存在而且永远不可能繁荣起来。

这类新涌现的机会需要尽快利用。在加州做在线赌博交易，如果是第二个进入市场，市场份额肯定会少很多。图 16.6 说明的正是这种常见的情况，说明一个新涌现的机会在经济价值上会随着时间快速衰减。

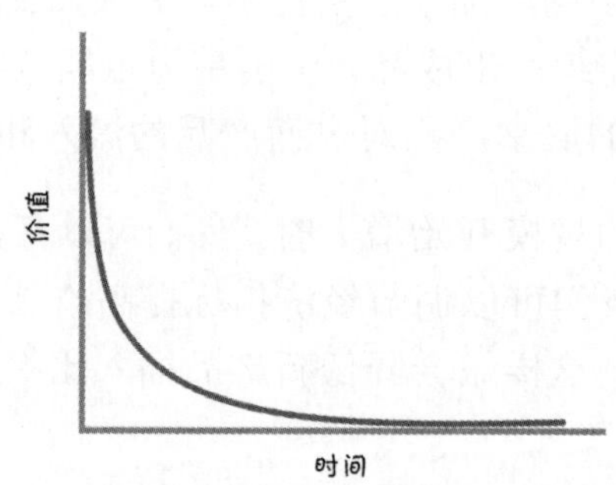

图 16.6　很多涌现机会的价值随时间快速衰减

如果行动不够敏捷，一旦机会已经昭然若揭，我们马上就会丧失所有经济价值，选择后期（比如下一个年度战略规划会）跟进这个机会就是一个糟糕的决策。

如果组织使用常规、频繁的日程安排来评估机会，例如每个月安排一次，并且有一个有效的经济指标，同时使用小版本发布和 WIP 限制，就不会错过新涌现的机会。

为更小、更频繁发布做计划

如第 14 章所述，更小、更频繁发布有诱人的经济效益。图 14.4、图 14.5 和表 14.1 表明，如果把产品分成一系列更小的、增量式的版本，基本上都能提高产品的生命周期利润。

除了这个引人注目的好处，我们使用更小、更频繁发布来管理组合还有另一个原因——避免车队效应（参见图 16.7）。

图 16.7　组合列表里的大产品会形成一个车队

如图 16.7 所示，假设开车行驶在一条单行的乡间小路上，前面是一辆大型农用车，你被困在后面，怎么办？很有可能，你和一队小车都被行驶缓慢的大车困了很长时间。车队形成的原因很明显，因为大型农用车独占了马路（共享资源）。

如果在组合列表里允许有大型产品，就会发生同样的情形。大型产品需要很多资源，也需要大量时间。对于很多其他较小的产品，由于排在大型产品之后的队列里，所以用不到那些资源。而且，在队列里等待的时候，每个较小的产品都会积累延期成本。把所有小型产品的延期成本累计起来，并把更小、更频繁发布颇具吸引力的经济效益这个因素计算在内，大型产品对生命周期利润所产生严重的经济破坏就显而易见了。

为了搞定这个问题，一些组织在组合规划期间制定了规模策略，明确限制产品开发工作量的规模。我遇到过这样的例子：产品开发工作量不能超过 9 个月。如果产品提案中提到的工作量过大，会被立刻驳回并被告知，提倡使用更小、更频繁的发布方法来交付产品。

我也曾经和这样一些组织工作过，他们的组织文化是“我们从不假设任何产品都会有第 2 版。”这种信念与更小、更频繁的发布完全不一致。如果我们相信可能永远不会有第 2 版，自然会想到在第 1 版里把需要的东西全部都做进去，另外再加上我们认为某一天可能需要用到的所有特性。在这种情况下，不仅会产生更大的产品开发工作量，而且在开发更多低价值特性的同时，耽误其他产品高价值特性的开发。这种方式对经济具有破坏性。组织需要清楚认识到由于其独特的经济价值，可以而且也需要做后续的版本，不鼓励只计划做一个版本。

流出策略

管理流出策略可以帮助组织决定什么时候从组合列表里取出一个产品。具体有以下三种策略。

- 关注闲置工作，而不是闲置人员。
- 设立 WIP 限制。
- 等待整个团队一起行动。

关注闲置工作，而非闲置人员

如何在适当的时机从组合列表里取出产品？一种关键的策略是谨记第 3 章讨论的原则——关注闲置工作，而非闲置人员。这个原则表明闲置工作比闲置人员更浪费，而且经济破坏性更强。很多组织都做不到用这种方式来管理组合。

开发团队常用以下这两种错误的方法来发布产品。

1. 从组合列表里拿出最上面的产品，然后分配给大家动手做。
2. 人员已经 100%利用了吗（达到 100%的生产能力）？如果没有，重复第 1 步。

这种方法会让每个人都非常忙碌。最后还会造成每个产品的工作进展都很慢而且容易出错。一种更好的策略是，只有在明确两点之后，才开始做新产品：新产品的良好开发流程；新产品不会扰乱其他 WIP 的流程。这种策略要和下一种策略“设立 WIP 限制”结合使用。

设立 WIP 限制

考虑一下这种情境。你有没有去过一个饭馆，明明看到有空位，服务员却不让你坐呢？碰到这种情形，你肯定很沮丧。暗想：“他们为什么不让我坐呢？他们明明有空位。难道不想做我这笔生意？”

我们假设那天有几个服务员请病假。在这种情况下，聪明的餐馆老板是不会让你就坐的。如果让你就坐下，会发生什么情况呢？也许得等 45 分钟才有服务员来招呼你。我不知道你会怎样，但如果让我等 45 分钟，才有人来招呼我，我可不高兴！我更希望他们提前告诉我：“对不起，先生，今天我们有 4 个服务员请病假，所以您需要 45 分钟之后才能就座。”这个信息至少能让我选择继续等待还是离开。

还有更糟的，如果他们真的安排我找位置坐下，然后尝试为我们提供服务。如果真的这么做，餐馆里其他客人就遭罪了。如果入座的人远远超过服务员，就意味着所有服务员都会过度劳累，每个客人的体验也都很差。所以说，小餐馆一般不会超出自己的能力招待大量客人。

在组合规划过程中，我们也应该向聪明的餐馆老板学习。量力而行，不要从组合列表里取出超过我们能力范围的产品。这样不仅会降低我们投入到每个产品的生产能力（造成每个产品都延迟），还会影响到每个产品的工作质量。交付延期和质量下降，并不是一个上策。

这么说来，如何确定合适的 WIP 限制呢？第 11 章谈到一个想法，即以团队为生产能力单位来设定 WIP 限制。已知有多少 Scrum 团队，已知他们有能力做哪些类型的产品，就可以推算出可以同时进行多少开发工作、做哪些类型的开发工作。（参见图 16.8）。

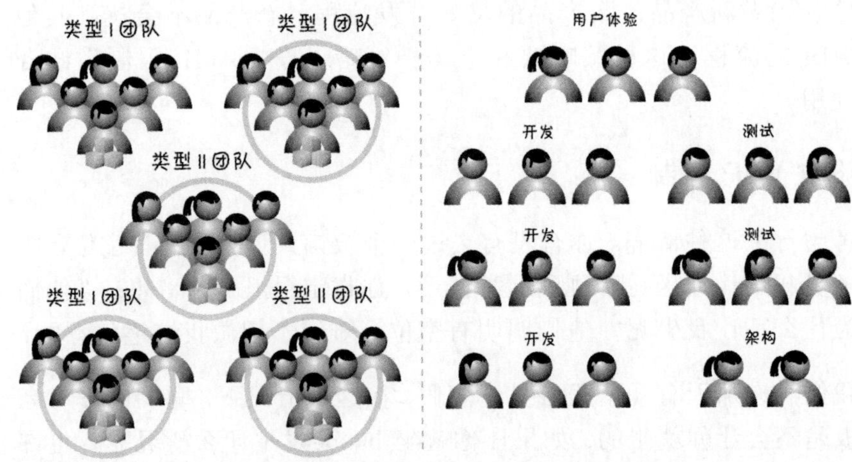

图 16.8 团队是设定产品 WIP 限制的能力单位

图 16.8 左图显示，我们有三个团队能够开发 I 类产品，有两个团队能够开发 II 类产品。根据这个信息，可以合理得出我们组织能够同时开发每种类型的产品的最大值。不难想象，只根据特定技能型人才的数量来确定同时做多少开发工作，会非常困难（图 16.8 右图）。

等待整个团队一起行动

最后一个流出策略是在开始开发一个产品之前，等着一个完整的 Scrum 团队可用。违背 “关注闲置工作而非闲置人员”原则的组织，往往人手不齐就开工做新产品。他们的想法基本如此：“嗯，有一两个开发人员的工作量不饱满，没有发挥其 100%的产能，就让他们先开始下一个产品，至少先取得一些进展。”

这个策略是有缺陷的，因为这样做会导致其他更多产品的工作出现瓶颈，减慢所有产品的交付，从而产生严重的延期成本。

因为在 Scrum 里生产能力的单位是团队，所以如果没有一个完整的 Scrum 团队，就不应该开始做新的产品。从 Scrum 的角度看，这样做没有任何意义。人手不齐的 Scrum 团队缺乏足够的能力把特性做到完成状态。

对此，我想到一个变化形式，做需要多个 Scrum 团队来完成的产品。假设我们有一个产品需要三个 Scrum 团队。如果有一个完整的 Scrum 团队已经准备就绪，而且由一个完整的团队开始开发合情合理，我就会考虑开始整个产品的开发。一旦其他整个 Scrum 团队空出来，再让他们陆续参与。

WIP 策略

WIP 管理策略可以指导我们对当前流程中的产品做出合适的决定：保留、转向、交付或终止。我们需要定期做这些决策，在非周期时间内偶尔做这些决策，比如有异常事件发生而要求我们回头审视 WIP 时。

这里我们有很多不同的策略可以考虑，而且每个组织的监管部门肯定也都自己的一套 WIP 管理准则。不过，我只关注一个策略：边际经济效益。这应该是支配一切的策略，可以指导决策过程，而且与本书谈的 Scrum 及敏捷核心原则也是一致的。

使用边际效益

从经济学的角度，在决策点之前在为指定产品所做的所有工作都属于“沉没成本”。我们只关心采取下一步行动有多少边际效益。只有下一笔资金所产生的投资回报是合理的，我们才会认真考虑如何做出正确的决策。最让人犯难的是，在做出相关决策时，如何才能不担心已经花出去的钱成为心头的负担。

使用边际效益，我们可以对当前正在开发的产品做出具体的行动决策。对于每个产品，我们把它放在边际效益透镜下仔细检查，有以下四个主要的选择：

- 保留——继续开发产品。
- 交付——停止产品开发，上市。
- 转向——接受我们学到的东西，然后改变方向。
- 终止——停止开发，结束这个产品。

图 16.9 表明了和这四个选择相关联的决策流。

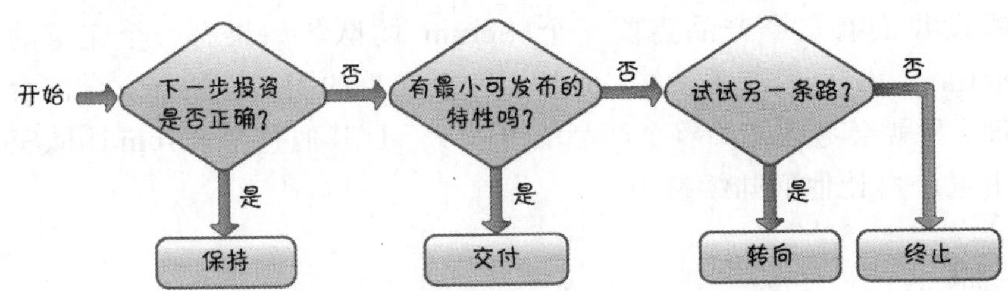

图 16.9　基于边际效益的 WIP 决策流程

如果对当前产品进行下一轮投入是经济合理的，就选择保留。在这种情形下，我们对 WIP 进行审议，得出结论应该继续投钱进行后续开发。

如果从经济角度来说继续投资产品开发不正确，就应该决定交付、转向还是终止该产品。

如果当前完成的产品包含最小可发布特性集（MRF），我们就可以考虑交付。如果还没有，而且我们的方向有错，就想想是否可以探究其他方向，转向并切换到另一个新的产品路径，可能的选择是返回构想阶段认真考虑新的路径（参见第 17 章）。

如果不值得进一步投入，加之我们对现状也不满意，不看好成功转向的前景，那么终止该产品就是一个可行的选择。

忽略边际效益会引发愚蠢的行为。考虑这个问题："在组织里，在第一次投钱开发产品之后，是否可能有某些情况导致你终止产品开发？"很多人告诉我他们组织一旦投了一次钱就绝不会（或非常少）停止产品，对此，我感到很惊讶。看来，他们的策略是开弓就没有回头箭。

在有一个组织，他们对不终止产品开发所做的解释让我感到很惊讶。我问 IT 主管："假设你开始做一个自认为对所有客户都有价值的产品，预算是 100 万美元。接着，你花 100 万美元开始开发，随后认识到该产品只对 10%的客户有价值，花销却需要 1000 万美元。你还会额外再花 900 万美元做完这个产品吗？"他们的回答是："会。"我反问："在我看来，这没有什么意义。该产品的性价比已经降低了 100 倍。为什么还要坚持做完呢？"他们回答说："你不理解我们的财务系统。如果花了 100 万美元之后就终止这个产品，但该产品又没有上生产环境，IT 部门就得承受 100 万美元预算的打击。如果我们花了另外 900 万美元，而在某一天让系统上线，那么系统的所有成本都会计入业务部门，业务部门可以把这项开支处理为资本。"

这个例子非常清楚地说明赢过财务系统远远比常识重要。

边际效益是一个强大的工具，可以保证做对事和暴露愚蠢、浪费的行为。在考虑如何处理 WIP 时，这个工具是备选的主要策略。

结语

本章讨论用于组合规划（组合管理）的 11 个重要策略。我的意图不是提供一个自助餐厅，让你随便挑选合适的策略。这 11 个策略相辅相成，如果全部都用，会获得最大的收益。也就是说，如果因为一些原因只能用其中某一种策略，我会更关注延期成本、更小、更频繁发布、WIP 限制和边际效益。

下一章将讨论产品规划（构想）。这一过程的输出是组合规划期间可以考虑的备选产品。

第 17 章

构想（产品规划）

在开始第一个能创造客户价值的冲刺之前，我们需要一个初步的产品列表。而且，为了能得到一个初步的产品列表，我们需要一个产品愿景。很多组织还发现，确立一个初步的产品路线图很有用，可以在路线图中定义一系列可能的增量版本。有些组织可能还有其他前期工件。创建这些工件的活动，我称为“构想”（envisioning）或“产品规划”。

在本章中，我会描述一种与 Scrum 原则非常一致的产品构想方法。这种方法也很适合试用 Scrum 但仍然必须整合前期非敏捷审批流程的组织。

概述

我们假设你对新产品或现有产品的下一个版本有一个新的想法。产品构想的目标是详细阐述这个想法，描绘潜在产品的精髓，然后建立一个粗略的完成计划。在构想阶段结束时，有足够的信心将这个想法纳入组合规划的范畴（参见第 16 章）并在组合规划期间决定是否投资进行下一步更具体的开发。

不要把 Scrum 项目的产品构想和重量级的、重仪式的、计划密集的立项活动混为一谈。在使用 Scrum 的时候，我们认为事先无法（或应该尝试）了解产品的所有细节。但是，我们的确理解这几个事实：

不提出产品构想，通常就得不到拨款；需要细节相当丰富，足以帮助我们理解客户、特性和概要解决方案；需要大致了解产品可能需要多少成本。

我们不会花过多时间或精力来构想产品，因为我们希望快速前进，越过猜测阶段（在这个阶段，我们**认为**自己知道客户的需要和可能的解决方案），进入快速反馈阶段（在一系列连续的冲刺中创造客户价值）。毕竟，只有真正开始通过持续的与复杂环境交互的循环来实现解决方案，我们才能基于实际情况获得经验认知，使产品得以存在并进而茁壮成长。

时间安排

构想和产品级规划密切相关，是一项持续性的活动，不是一次性事件（参见图 17.1）。

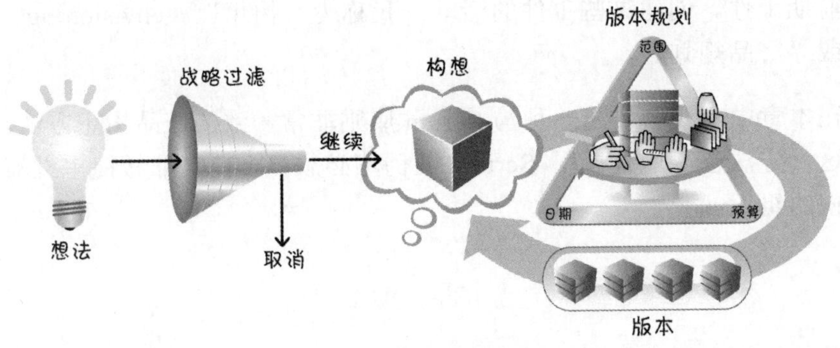

图 17.1　构想是持续不断的活动

构想开始于某个人或某个团队对产品产生的一个想法（这个过程通常称为“构思”）。这个想法首先得通过组织的战略过滤，确定是否与组织的战略方向相符，如果相符，就值得进一步研究和投入。

一旦这个想法通过战略过滤，我们就可以进行初步的构想。在初步构想阶段，我们对预期的未来产品产生足够的认识，并在此基础上定义最小化的第 1 版。这样一来，我们就可以快速以低成本交付价值。这样做的另一个好处是可以尽快向实际用户或客户交付具体的东西，进而基于反馈意见采取行动的反馈，进一步确定或否定我们对目标客户、特性集和总体解决方案的假设。用户反馈可能和我们的预期一致，足以让我们有信心坚守当前愿景。但是，得到的反馈也可能与我们预期的完全不一致，导致我们赶紧调头，重新构想当前正在做的产品并对计划进行相应的修改。

参与者

在初步构想阶段，只需要产品负责人参加。不过，产品负责人通常都会邀请一个或多个内部利益干系人和自己一起粗略看一看初步的产品构想，让他们协助自己。此外，市场研究、商业案例开发、用户体验设计和系统架构方面的专家也常常参与各种各样的活动。构想活动如图 17.2 所示（可选的参与者和工件用虚线标出）。

在理想情况下，负责执行（创造客户价值）冲刺的 ScrumMaster 和开发团队也会参与初步产品构想，一是为产品愿景提供有价值的反馈，二是避免把产品愿景移交给另一个团队去完成。但是，组织通常一直到初步构想阶段完成才组建 Scrum 团队，因此不可能在初步构想活动中包含 Scrum 团队。一旦产品开发阶段开始，整个 Scrum 团队（产品负责人、ScrumMaster 和开发团队）都应该参与所有重新构想新产品。

过程

初步构想阶段的主要输入是一个经过战略过滤的想法。另一方面，重构阶段的主要输入是转换思路之后所形成的想法。它可能已经根据这些情况进行更新或修正：用户或客户反馈、拨款变化、竞争对手的突击或者想法所依赖的复杂环境内部已经发生其他一些重大的变化。

我们还需要其他方面的输入。首先，需要指出规划期（时间跨度），即要为多远的将来做计划。我们还需要了解构想活动的预计完成日期，（如果有的话）需要知道有多少以及哪些类型的资源可以用来进行产品构想。最后，如果愿意，还要了解信心门槛（confidence threshold）——针对构想的“完成的定义”。信心门槛指的是一系列信息，决策者有这些信息作为依据才有足够信心做出批准/驳回投资后续开发的决策。本章稍后将讲述合理的信心门槛由哪些要素构成。最后，图 17.2 所示的所有构想输入也要同时考虑，而不是按顺序考虑。

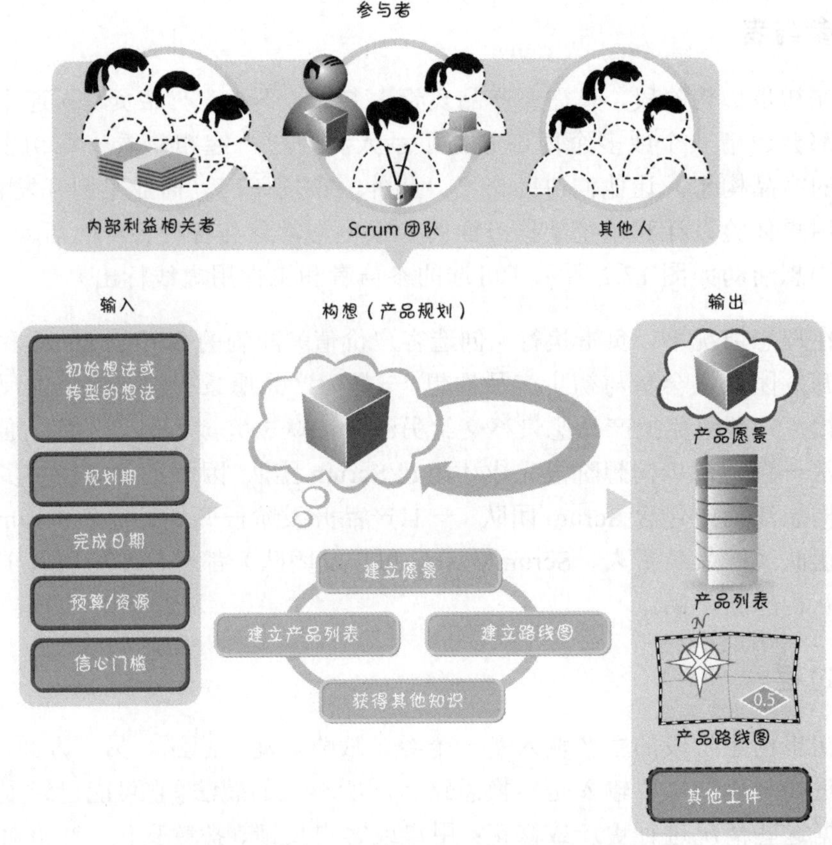

图 17.2　构想（产品规划）活动

构想本身由若干个不同的活动组成，每个活动产生一个重要的输出，例如产品愿景或初始产品列表。通常，还要创建一个简单的表示近期版本增量集的产品路线图。在构想阶段，还可以执行其他活动，只要它们有助于我们以经济合理的方式达到信心门槛所确定的目标。

示例：SR4U

为了说明构想包含哪些活动，我在这里以虚构产品想法 Smart-Review4You（简称 SR4U）为例。Review Everything 公司是在线产品和服务评论领域的领跑者。公司的核心业务是提供一个交流产品和服务评论的论坛。Review Everything 的收入在过去几年稳步增长，一直在盈利。但是，它有很多竞争对手也在以惊人的频率发布一些创新特性。Review Everything 确实需要提供一种新的、创新服务来超越竞争对手。

Review Everything 有一个专门的市场团队负责动态监控社交媒体，了解客户对当前服务的评价。团队了解到很多用户报告说他们在 Review Everything 网站上花太多时间来分辨真实评论和可疑评论。而且，很多用户说特定产品（例如，一个 DVD 播放器）或服务（例如，大街上的中国餐馆）评论太多，导致他们很难在看完所有评论之后得到一个准确的整体评价。

这些市场信息产生的灵感就是 SR4U，以一种革命性的方式来鉴别、过滤和显示在线评论，即包含一个训练搜索代理。市场团队认为这个想法能够提供一种创新服务，正好符合 Review Everything 的需要。市场团队用一页纸描述了 SR4U，包括概要目标特性、目标客户和主要优势。然后，团队发到新产品审批委员会，委员会在例行的想法评审会（每个月的第二个周三）进行评审。

高管（新产品审批委员会成员）认同 SR4U 是代表 Review Everything 公司与众不同的一个重要机会。然后，委员会任命市场战略部的业务代表 Roger 担任 SR4U 的产品负责人。

管理层批准用两周时间完成构想，在此期间，委员会成员要对构想阶段的成果进行评审，并决定批准或驳回投入 SR4U 初步开发。除了 Roger，管理层还任命了两位过滤领域的专家（SME）、一位市场研究员和其他几个利益干系人。不过，在构想阶段，他们没有批准拨更多资金组建一个完整的 Scrum 团队。

要求 Roger 使用拨给他的资源产生以下内容。

- 初步的产品愿景、产品列表和产品路线图。
- 验证基本假设，即“用户更喜欢 SR4U 过滤后的结果而非未过滤的结果”（本章随后要描述 Roger 与其同事怎样提供经验认知）。
- 描述其他几个需要验证的重要假设，这些假设与该产品第 1 版的潜在用户和特性集有关。
- 少数几个关键、可行的测量指标，用来验证其他假设和了解 SR4U 第 1 版是否符合预期。
- 亟待解决的问题清单（已知未知的问题）。

没有这些信息，高管就没有足够的信心做出明智的决定，批准/驳回初步开发提议。

建立愿景

Roger 和利益干系人的首要任务是为 SR4U 建立一个共同的、令人信服的愿景。在 Scrum 框架中，愿景不是一个精心制作的几百页文档。如果需要这么长的篇幅描述，就说明我们可能并不理解自己的愿景。即使是复杂产品，其愿景也应该能够简单描述，也应该能给实现这些愿景的人提供一致的方向。例如，美国前总统肯尼迪的愿景是登月：“I believe that this nation should commit itself to achieving the goal, before this decade is out, of landing a man on the Moon and returning him safely to the Earth.”（Kennedy 1961）肯尼迪能用 31 个单词表达出这样一个愿景：一个积极进取的、无争议的、笃定会实现的愿景，最后需要成千上万的人齐心协力建立很多复杂的、成百上千个组件彼此关联的系统。

在开发产品或服务时，愿景往往表述为利益干系人如何得到商业价值。例子可能包括图 17.3 所示类别中的一到多个价值区域。

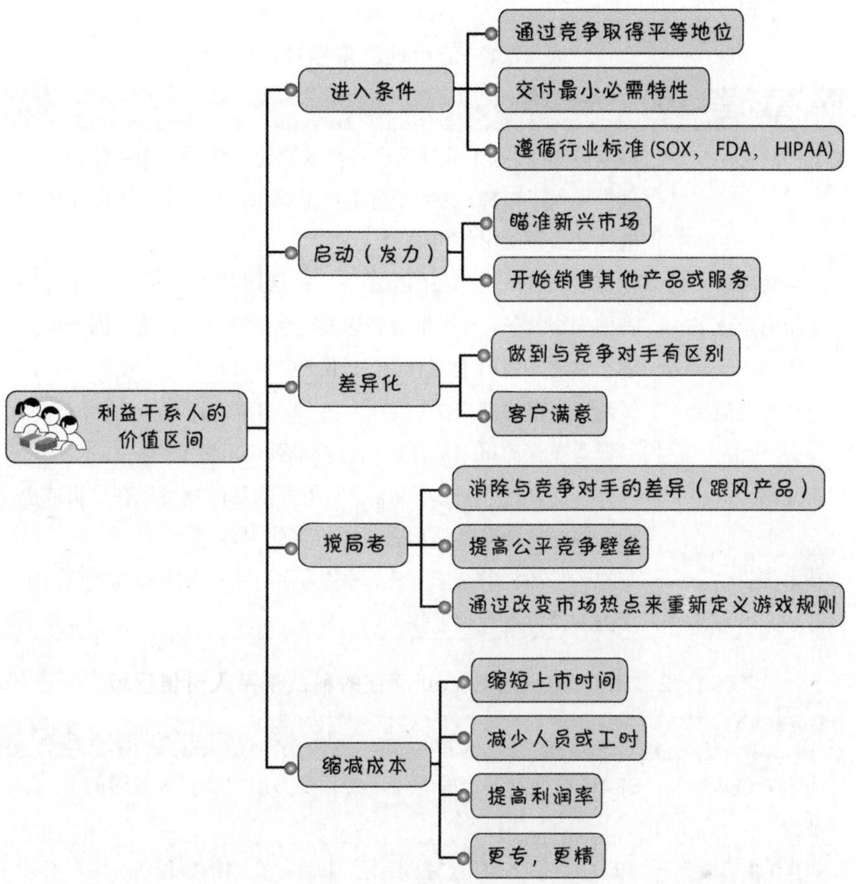

图 17.3　利益干系人的价值分类

愿景的格式本身可以是多种多样的，从肯尼迪似的声明到科幻杂志上的评论。表 17.1 描述了一些热门产品或服务的愿景格式（部分基于 Highsmith 2009）。可以选择最适合组织、构想小组以及想法的格式。

在 Review Everything 公司，Roger 和利益干系人用新闻稿来描述 SR4U。他们首先确定 SR4U 要交付的几个价值区域（参见图 17.3）。相关领域的描述可以参见表 17.2。

表 17.1　流行的愿景格式

格式	描述
电梯游说	写一份 30 秒或 1 分钟的产品愿景快速宣传语。想象你和一个风投步入了电梯，必须把你的产品愿景讲给他听。争取在搭乘电梯这么短的时间内做到
产品数据表	在第一天就写出产品的数据表。尽量控制在一页
产品愿景盒子	画出一个盒子，盒子里放着你要交付的产品。提出三四个要点进行说明（写出 15 个点比三四点更容易）
用户大会简报	做两三张演讲简报，在用户大会（或相似的活动）上介绍产品。尽量避免在简报上放任何项目符号列表
新闻稿	一有产品，就写一份新闻稿。写得好的新闻稿可以在一页或更少的篇幅内清楚传达出有报道价值的内容
杂志评论	草拟一份虚构的杂志评论，署名为你所在行业内最知名商业杂志的解决方案评论家

表 17.2　SmartReview4You 潜在的利益干系人价值区域

区域	描述
成本降低/时间节约	SR4U 在搜索评论的时候，必须要为用户节省大量时间
差异化/客户满意	SR4U 必须要为用户提供让人眼前一亮的绝妙体验。用户必须能感到该服务执行的任务令人印象深刻，可以帮他们做出明智的购买决定
搅局者/提高公平竞争壁垒	SR4U 将为竞争对手造成实质性的混乱。通过比较，用户一眼就能看出竞争对手的解决方案是过时的。SR4U 将为在线评论服务建立一个新的基准，其他竞争者无法企及，只能仓促跟随

基于这些价值区间，Roger 和利益干系人草拟了以下新闻稿（愿景声明）：

> 今天，Review Everything 公司成功发布全新的 SmartReview4U 服务。这项服务为所有在线用户提供属于个性化的训练代理，可以搜索互联网进而识别出客观的、无偏见的产品或服务评论信息。

在线评论热心用户 Doris Johnson 说道："我现在有一个非常个性化的助理代替我发现和过滤在线评论。真的很赞——我教她我喜欢或不喜欢什么样的评论，然后 SmartReview4U 就快速扫描网络，找到产品或服务评论并自动过滤掉有偏见的或虚假的评论。它能用闪电般的速度做到这一点，在过去我需要很长时间。它真是一个节省时间的利器！"

Review Everything 公司的首席执行官 C. J. Rollins 说："我们很高兴能提供世界上第一款真正的智能评论服务。自从互联网发明以来，人们已经充分利用着网民的集体智慧。但是，集体有时可能非常嘈杂，而且鱼龙混杂。筛选海量在线评论，消除可疑评论，只返回相关的，这种苦力活儿交给我们超级智能的服务来做，你只需要读你选择的评论。"

新亮相的 SmartReview4You 服务可以在以下网站免费提供：www.smartreview4you.com。

创建概要产品列表

一旦有了愿景，就可以创建粗略的 PBI。虽然有很多方法可以用来表示 PBI，但我更喜欢用用户故事（详情参见第 5 章）。根据用户故事的说法，在构想阶段，我想创建史诗，即与产品规划一致的、真正非常大的用户故事。这些史诗级的故事与愿景一致并为高管和 Scrum 团队提供产品的下一步细节。

写故事的人通常也是建立愿景的人，包括产品负责人、利益干系人，最好还要有 ScrumMaster 和开发团队。一般来说，我希望所有 Scrum 团队成员都参与写故事。但是，正如我之前提到的，如果产品开发还没有通过审批或获得投资，那么在构想阶段可能还没有成立一个完整的 Scrum 团队。在这种情况下，产品负责人可能要请人帮忙，邀请几个对这个产品领域感兴趣的技术人员帮助写故事。

在 Review Everything 公司，SR4U 还没有通过审批，所以还没有为它分配开发团队。鉴于此，Roger 和利益干系人邀请一位经验丰富的架构师 Yvette 加入故事头脑风暴会议。在会议过程中，他们创建了一系列初始的史诗，包括如下内容：

作为一个典型用户，我想教 SR4U 过滤掉哪样类型的评论，这样 SR4U 就知道在代表我过滤评论的时候使用哪些特征。

作为一个典型用户，我想要一个简单的、谷歌那样的界面来请求评论搜索，这样我不必花费太多时间描述自己的想法。

作为一个典型用户，我想使用 SR4U 来监测产品或服务的相关新评论并为我进行自动过滤和发送报告，这样我就不必一直要求 SR4U 这么做。

作为一个高级用户，我想让 SR4U 知道在代表我执行搜索时要使用哪些来源，这样我就不会再看到我不喜欢或不信任的那些网站的评论。

作为一个供货商，我想显示我网站上所有产品的 SR4U 品牌的评论总结，这样人们就可以立刻了解这款产品的 SR4U 口碑。

定义产品路线图

一旦有初步愿景和概要产品列表，就可以定义初始产品路线图，一系列实现部分或全部产品愿景的版本。在使用 Scrum 的时候，我们一直在进行增量开发。如果合适，还要尝试增量部署，这意味着我们关注更小、更频繁的版本，在这些版本里，我们交付的是部分而非全部解决方案。产品路线图是对这些增量部署的初步总结。当然，如果只是为一个单独的小版本制定计划，就不需要产品路线图。

频繁的版本发布并不意味着设置过分激进的最后期限，这种最后期限的结果往往是错过发布日期。相反，我们关注最小可发布特性集（minimum releaseable feature，MRF）的每一个版本，利益干系人社区对这个特性集有着高度的共识。最小可发布特性代表最基本的“必须有的”特性——如果要满足客户对价值和质量的预期，就必须在该版本中包含这些特性。有人把这个特性集称为“最小可行产品”或者“最小适销特性”。虽然我们也许会选择交付更多特性（超出特定版本中最小可发布特性集的内容），但少交付，客户也不会觉得有太大价值差异。因此，定义最小可行产品一直都很重要。

作为最小可发布特性集的补充，有些组织还使用固定周期版本策略，例如，每个季度一个版本，旨在简化产品路线图（参见图 17.4）。

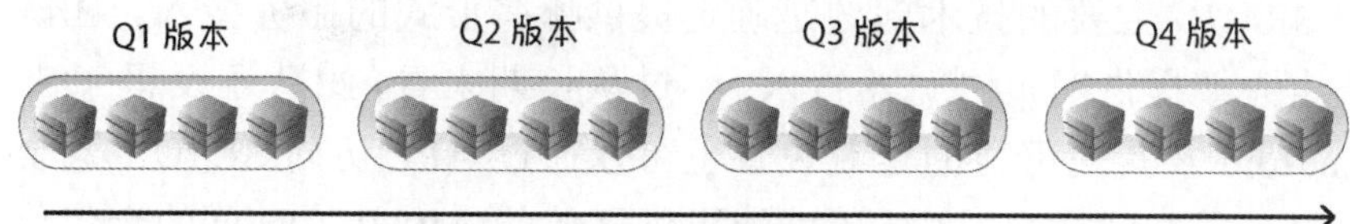

图 17.4　固定周期版本

这种方式有几个好处。首先，容易理解并能够为每个参与者（内部或外部）提供可预测的版本。而且，它还建立了一个发布节奏或韵律，能够以可预测的方式帮助整合资源，使不同小组之间可以同步计划。

如果使用这种策略，我们仍然要为每个版本确定最小可发布特性集。如果最小可发布特性集需要的时间少于固定版本需要的时间，就再做一些高价值特性。如果版本发布受制于外部事件（例如会议或者合作品牌产品的固定午餐日期），可能不适合使用固定周期版本，但它的好处值得考虑。

路线图中的每个版本都有明确定义的版本目标，说明版本的目的和期望的产出。建立版本目标时，需要考虑很多因素，包括目标用户、概要架构问题和重大的市场事件等。

创建产品路线图时，要考虑客户及其市场细分依据。路线图应该能表达，如何以及何时考虑不同的细分客户。对于 SR4U，最初的客户市场是个人，他们在购买产品或服务之前很喜欢看可以帮助自己做决定的评论。SR4U 构想团队将这个市场进一步细分为“普通用户”和“高级用户”（喜欢通过更多细节来控制 SR4U）。团队决定，初期目标锁定为普通用户。

SR4U 构想团队还能设想未来产品或服务的供应商用户群，这些商家也想在自己网站上提供网上对其产品或服务的所有客观评论。但是，在商家看出有足够价值为这个服务和品牌付费之前，Review Everything 公司首先得把 SR4U 建成一个值得信赖的评论聚合和过滤品牌。

在制定产品路线图时，还要考虑概要架构或技术问题。例如， 对于 SR4U，主要的技术问题是确定提供哪些形式的服务接入。团队决定先期提供网页浏览器接入。不过从长期来看，团队还设想 iOS、Android 及其他可能的定制设备也可以通过 APP 访问 SR4U。甚至再过一段时间之后，团队还可能提供开放的 API 让 SR4U 的合作伙伴接入。

在定义产品路线图时，可能还需要考虑到任何重大的市场事件都会影响我们交付特性的时机。例如，Review Everything 一直都参加年度社交媒体展览会。Roger 和利益干系人都认同，在今年年度大会之前（大约还有三个月）发布一个版本是获取反馈意见的良机。

确立产品路线图时，我们的目标是考虑所有相关因素，只要它可以帮助我们定义该产品的一系列版本。但要记住，路线图只是一个或少数近期版本的第一个近似品。一旦有更多优质信息，我们还必须有权进行更新。

我们还必须考虑产品路线图的时间跨度。愿景也许宏大，需要很多年才能完全实现，但我们不可能制定出一个详细的路线图，使其足以跨越整个愿景。使用 Scrum 时，产品路线图的时间跨度合理、够用就行。路线图的时间跨度怎样才合理，取决于具体的情形，但最少应该比请款（筹资）阶段长。

Roger 和 SR4U 的利益干系人认为，他们的愿景可能需要好几年才能完全实现，但考虑到经验认知不足和在线评论市场变化莫测的现状，Roger 认为路线图的时间跨度不必扩展到太遥远的未来。所以，Roger 和利益干系人最后定了一个简单的、时间跨度为 9 个月的产品路线图，如图 17.5 所示。

	Q3—第一年	Q4—第一年	Q1—第一年
市场图	首次发布	更好的结果， 更多的平台	高级用户
特性/利益图	基本的学习 基本的过滤	学习得到改善 复杂的查询	定义来源 通过实例学习
架构图	100万个并发 用户	iOS 和 Android	Web 服务接口
市场事件	社交媒体展览 (Social Media Expo)	Review Everything 用户大会	
发布计划	1.0	2.0	3.0

图 17.5　SmartReview4You 的产品路线图

其他活动

构想阶段可以包含其他任何类型的活动，只要参与者认为这些活动有助于他们达到目标信心阈值。也许要对目标客户或用户做最基本的市场研究。或者对提议产品和市场上已有产品做一个快速的竞争性分析。再或者，建立一个粗糙的商业模型帮助我们确定该产品是否能通过组织的经济过滤器。

一些组织甚至可能决定把产品构想分到一个或者多个冲刺中进行。此时，负责构想的团队（Scrum 构想团队，如果愿意这么称呼的话）维护着一个与构想工作相关的任务清单，这些任务有优先级排序并在一个短期冲刺中完成（或许是一周冲刺）。这些冲刺中，有一些可能包含知识获取，就像第 5 章描述的一样。知识获取冲刺的例子可能包含创建产品界面（或关键架构特性）的原型（或概念验证模型）。

对 SR4U 来说，Roger 和团队（包括专家）决定在构想阶段执行一个知识获取冲刺。在投入自动化系统开发工作之前，Roger 首先想做一个简单的比较测试来验证最核心的假设，即 SR4U 过滤后的评论比未过滤的评论对用户实际更有帮助（参见图 17.6）。

图 17.6　SR4U 知识获取冲刺的故事板

在构想冲刺中，团队要做一个网页模型（SR4U 的 HTML 网页，和 Google 一样简单），抽样小组用户可以在这个页面提交查询，选择一个产品或服务后得到两组结果。第一组是未过滤的评论，即查询正常返回的结果。第二组结果是经过过滤的，已排除 “可疑的评论”。用户不知道哪一组是经过过滤的，哪一组不是。

抽样用户会被提前告知查询结果一天之后才可以得到（通过电子邮件），因为他们并不知道 Roger 现在还不想开发必要的技术来自动过滤查询结果。相反，他要求两个专家手工过滤后再提供给用户已过滤的结果和未过滤的结果。然后，Roger 和团队与所有抽样用户组的成员见面，了解他们喜欢哪一组结果，为什么喜欢。

这个早期测试的目标是对 SR4U 核心价值定位进行基本的验证，即用户喜欢 SR4R 过滤后的评论。如果专家通过手工方式产生的过滤结果不能够充分吸引用户，我们就有理由怀疑 Review Everything 是否能够创建一个专家系统类型的产品来交付市场价值。

高管也要求 Roger 描述一下其他未经验证的对潜在用户的核心设想或假设，检测这些假设的特性集和关键测量方法。他要和市场团队及其他人合作完成这个工作。不同于做一个耗时长、范围广的市场研究，Roger 计划用开发出来的第一个版本作为实验工具，探明人们对 SR4U 的真正想法以及他们真正需要哪些特性。

从经济合理的角度构想产品

要从经济合理的角度构想产品。构想是一种投资，因为在此过程中获得的信息可以帮助管理层做出明智的决策（即是否支持后续开发工作）。如果构想工作做得太少，可能会仓促执行第一个客户价值创造冲刺。另一方面，如果构想工作做得太多，会产生一大堆产品规划，但随着经验认知越来越多，最后可能得重做或丢弃。

在很多组织里，产品构想工作可能称为“立项”、“项目启动”或者“项目开始”。在一些组织里，立项过程是一个综合性门径管理模型的一部分。在这种情况下，立项往往是一种基于预测数据集、重量级的、重仪式、计划密集的过程。这种详细但未经验证的数据形成的是不确定的计划，它对批准/否决决策提供的只是一种“确定的”幻象。

另外，重量级的上游方法也很难和敏捷的下游 Scrum 开发过程一致。这种严重失衡似乎表明“你可以用 Scrum 开发产品，但在我们批准开发之前仍然需要以前那些工件：大量事前需求、整个预算和精确的进度安排。”如果存在这种不一致，组织很难借助于 Scrum 取得长期、高价值的收益。

在 Scrum 开发过程中，我们坚持尽可能简化构想过程。根据产品的属性、规模大小和风险级别，我们只做刚好够用的事前计划和知识获取工作，允许以刚好够用的方式确定其他工件的细节。我们的目标是利用已获得的信息（优先考虑经济和时间因素）做出当下最好的决策。我们承认，一旦真正开始做并交给客户和用户审查，我们对产品的理解可能会变化进而导致产品有变化。

我发现有几个指导方针可以帮助我们以经济合理的方式构想产品（如图 17.7 所示）。

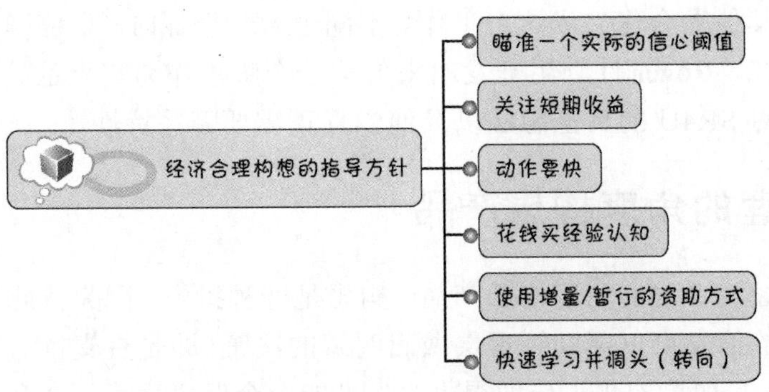

图 17.7 经济合理构想的指导方针

瞄准一个实际的信心阈值

信心阈值（也称信心门槛）定义最起码的信息及其类型，有了这些信息，决策者就可以有足够的信心做出批准/否决决策。信心阈值是我们结束构想阶段并把产品纳入组合规划管理之前必须跨越的"一道坎儿"，在组合规划期间，我们要用经济过滤器来权衡产品，确定它是否满足组织的投资标准。而且，如果满足，就继续，着手验证关键假设并构建产品。

信心阈值的高度有实际的经济后果（参见图 17.8）。

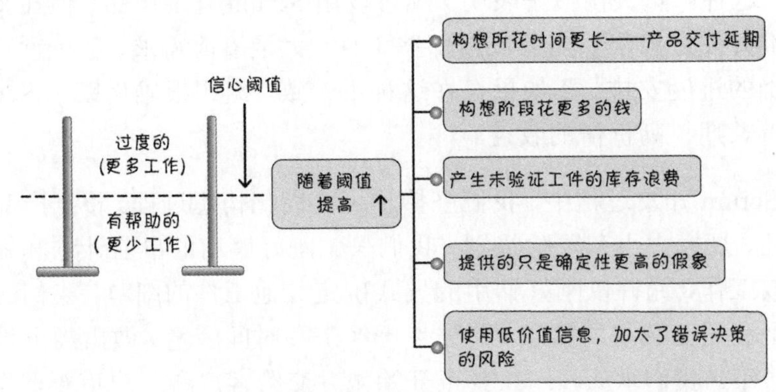

图 17.8 信心阈值过高的后果

信心门槛设得越高，就越需要花更多的时间清除。在构想阶段花过多时间可能会导致产品延期上市，这种延期是有成本的（参见第 3 章）。构想阶段所花的时间也要花钱的，所以，如果信心门槛设得越高，就越需要更高的代价清除。预测性工作越多，产生的 WIP（库存）也更多，一旦情况有变化，就很容易造成浪费。而且，大多数 WIP 并没有经过验证（例如，预测未来动态的计划性工件），所以，额外增加信心门槛的高度并不能让我们更确定未来的工作量。最终，构想工作做得过多，可能越发加大了决定继续投资的风险，因为这个过程中产生的计划性工件一直都在增加，使我们错误地认为确定性越来越高。要知道，更多的计划性工件并不意味着我们能做出更确定或更好的投资决策。

正如我在第 14 章提到的，事前计划只要不过量，还是有帮助的，所以信心阈值应该设置到恰到好处，不宜太过。那么，怎样才能做到这一点呢？这与具体的组织和产品密切相关。有些组织比较适应在极端不确定的条件下做出决策，其他组织则更愿意三思而后行，在行动之前必须相当有把握。越是需要增强确定性，就越需要做更多工作收集数据和产生经验认知。在着手开发之前，需要有多少经验认知呢？有一个比较现实的限制，先着手构建一些，然后让用户进行实际的验证。设置信心门槛的时候，现实一些。

而且，相对于为一个新的、革命性的高端产品立项，在为核心的老牌系统下一个版本立项时，信心门槛应该设置得低一些。

Review Everything 公司再也不做重量级的事前产品级规划。审批委员会已经同意，信心阈值可以设为“刚刚好”或“勉强够用”，之后可以进行初步开发，让用户来验证假设。审批委员会不要求看到任何详细到具体人员、具体任务和具体时间的完整项目计划。他们只需要下一组开发工作目标清晰和 Roger 计划如何测量工作成果，以便他们可以在此基础上决定最好的下一步行动计划。

关注短期收益

不要尝试一次性做太多构想。主要关注第 1 版必须有的特性。如果计划太长远，就有浪费时间的嫌疑。而且，如果开发的是前所未有的创新产品，则说明大部分假设都是没有经过验证的，如此一来，产品很可能受制于不确定的客户环境，这更要求我们多了解重要的信息，积极调整愿景和工作计划。

以 SR4U 为例，Roger 的概要路线图是一个 9 个月的规划，但它确实是我们关注的第 1 个版本。参与构想工作的人都知道，在真正有可供客户使用和点评的评论服务之前，都只是在猜哪些特性才是用户想要的。这样一来，试着构想太遥远的未来就要求他们在原有假设的基础上提出更多假设，这显然违背了使用更少、短期重要假设的原则。

动作要快

产品构想不是一个耗时长的拉锯式过程。它应该是快速、高效的。行动越快，就会越早开始构建有形的产品，越早验证我们的理解和假设。

构想工作所花的时间包含在总体交付时间之内。一旦确定商机（产生想法时），上市时间就开始滴答计时，直到我们交付产品。如果构想过程耗时长，可有可无，就会导致产品延期交付，而且延期成本还很高。在构想阶段快速行动在经济上很有说服力，就像 Smith 和 Reinertsen 所指出的，在可以缩短周期时间的种种机会中，它的成本是最低的。（Smith and Reinertsen 1998）

快速行动还可以增强产品决策的紧迫感。这种紧迫感有助于确定找到合适的资源并让他们承诺及时完成构想工作。

有一种促发快速行动的方式是为构想团队提供一个预期完成日期（构想活动的输入之一）。并不是每个想法都需要花同样长的时间来思考。如前所述，新的、创新产品的想法（和核心老牌产品的改进或更新相比）可能需要花更多时间来思考。但是，在这两种情况下，都要对构想工作设置合理的边界，以便快速通过真实反馈来验证假设。

以 SR4U 为例，Roger 和其他人有两周时间完成构想工作。Roger 得全力以赴才能赶上最后期限。SME 在执行知识获取冲刺的时候，在第 2 周需要一半的时间来做过滤工作。市场研究人员在第一周需要两天时间。

花钱买经验认知

根据它们对经验认知（关于目标客户、目标特性集或解决方案）获取所做的贡献，我们从经济角度来评估构想活动。执行预测活动时，一定要谨慎，因为这些活动产生的信息非常不确定，虽然我们认为有效，但事实上并没有经过客户或用户验证。这些活动得到的是低价值信息，并且投资回报比不高。再有这些活动甚至还可能相当浪费，因为一旦我们得到经验认知，就会丢掉这些错误的、高度不确定的信息或者推翻原有假设，从头再来。

同时，大量低价值却高度确定的信息会让我们做出误判，导致我们误以为自己完全了解现状。最后，根据确定性幻象做出重要决定（参见图 17.9）。

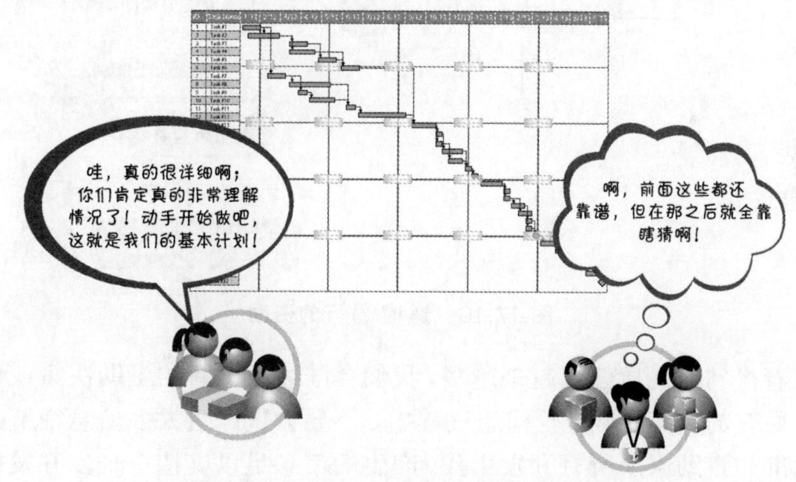

图 17.9　在确定性幻象的误导下做决策

以 SR4U 为例，产品列表中的内容和产品路线图代表的是不确定的信息。Roger 认为他的工作成果很好地表达了两个假设：用户想要什么；什么时候想要。然而，这两个工件的内容都受团队开发过程中所获得的经验认知的影响，所以这一次，他对要达到怎样的详细程度很谨慎。

在 SR4U 构想阶段，针对“用户喜欢已过滤结果胜于未过滤结果”这个核心假设，高管愿意花钱获得这方面的经验认知。他们认为，在构想阶段为这些信息花钱是经济合理的，可以避免后期投入更多资产获得同样的信息。如果花很多钱做出 SR4U 的第 1 版到最后才发现用户并不那么特别想要过滤后的结果，就太不合算了。

使用递增/暂行的资助方式

坚持考虑递增/暂行的资助方式进行产品开发（参见图 17.10）。

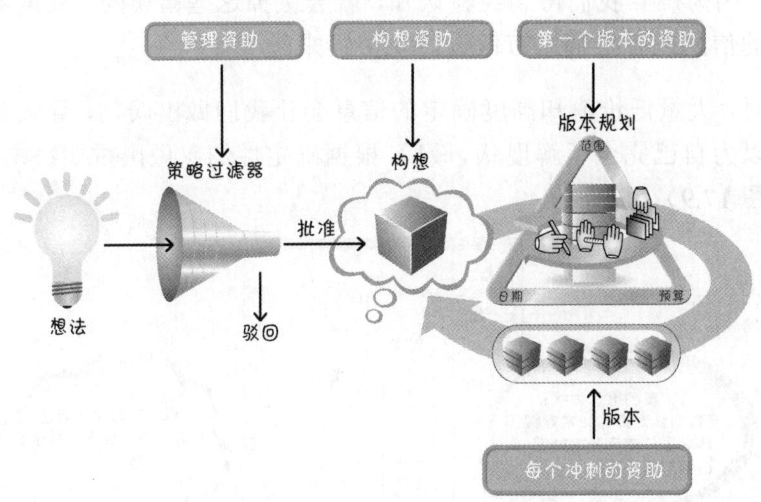

图 17.10　递增/暂行的资助

随着得到的优质信息越来越多，我们会陆续做出新的资助决策或修订原有的决策。第一轮构想过程中，不要尝试产生太多信息细节来批准和资助未来所有开发工作，产生的信息足以支持下一步开发即可，在下一步开发工作中，我们要获得更多重要、关键的真实信息和反馈，这些信息和反馈与客户、特性或解决方案相关。

使用递增资助，我们只资助最开始那部分开发工作，有重要的经验认知之后，再重新审视资助决策。使用递增资助方式时，可以缩小减构想活动的范围和时间。

另外要记住，有资助，并不意味着必须花光这笔钱。随着开始从每个冲刺获得反馈，我们可以选择调头，转向新的愿景或终止产品开发工作（详情参见第 16 章）。

以 SR4U 为例，Review Everything 采取的策略是资金要流动，因此从来不会大手笔，资金足以验证下一个重要假设即可。基于反馈和学习，高管可能会继续花已划拨的款项、追加资金或停止资助后续开发。

快速学习并调头（即快速失败）

构想相关活动属于“快速学习并调头”这个循环。有时也指“华丽丽地快速失败”。简单说，我们快速响应并有效管理资源，快速以低成本进行产品构想。然后，快速以低成本验证我们对客户、特性和解决方案等的认知和假设，通过这种方式来了解愿景和产品计划是否符合业务预期。如果意识到它们达不到预期，就快速调头，转而产生一个更合适的产品愿景或就只是简单停止产品开发并停止资助。

如果愿意根据合理的信息做出明智的决策并在事实证明产品愿景有误时调头或终止开发产品，我们可以大幅减少财务支出。通常情况下，快速开始，快速认识到错误，在成本上远远低于事先花大量时间和金钱来确保所谓的（最后证明有误的）“正确”决策。这种快速失败方法只适用于已经开始资助开发产品但愿意停掉产品的情况（参见第 16 章对边际经济的讨论）。

以 SR4U 为例，目标是快速以低成本方式让第一个具有评论学习和过滤功能的版本上线运行，以此来获得用户的反馈，让人们可以开始使用这个服务。如果团队通过早期反馈了解到目标用户群认为过滤后的结果并不见得比未过滤的结果好，可能就需要投入更多时间增强过滤算法。然而，如果公司投资更多也得不到更好的过滤结果集，就应该调头或停掉该产品或者考虑转向，继续充分利用已经获得的经验认知。

结语

本章详细描述了产品构想（产品级别的规划）。通过展示一个虚拟公司如何为 SmartReview4U 服务确立产品愿景、概要产品列表和产品路线图，我对一种产品构想方式进行了阐述。同时还说明了构想过程中的知识有冲刺如何帮助我们获得足够信心完成构想工作。然后，针对如何以经济合理的方式进行产品构想，使事前产品规划工作能够与后续 Scrum 客户价值创造工作保持一致，我提供了一些具体的指导。

在第 18 章中，我将探讨如何在版本规划中使用构想活动所取得的成果。

第 18 章

版本规划（长期规划）

版本规划是一个长期规划，能够让我们回答这些类似问题：何时可以完成？到年底能够得到哪些特性？需要花多少钱？在进行版本规划时，必须综合考虑和平衡客户价值、整体质量与范围、进度、预算等限制条件。本章将讨论如何在 Scrum 框架的指导下进行版本规划，如何对固定日期的版本和固定范围的版本进行规划。

概述

每个组织都必须确定一个合适的节奏，有规律地向客户交付特性（图 18.1）。

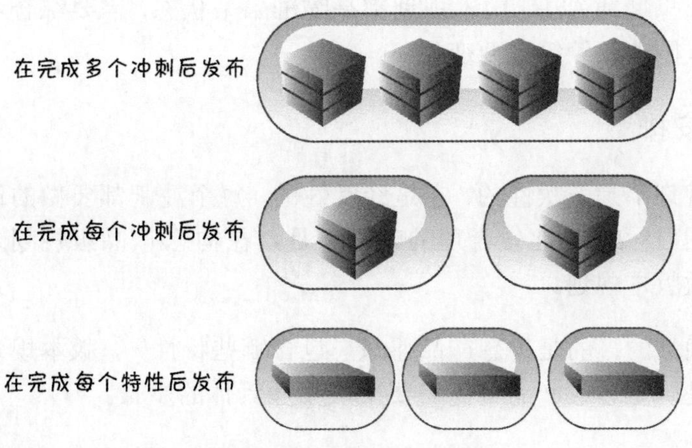

图 18.1 不同的发布节奏

虽然冲刺的输出结果是潜在可发布的，但很多组织的选择是不在每个冲刺之后发布新特性，而是把多个冲刺的结果合并为一个版本进行发布。

其他一些组织的做法是发布节奏与冲刺节奏保持一致。因此，他们在每个冲刺结束时发布在此期间创建的潜在可发布产品增量。

有些组织甚至等不到冲刺结束，每次做完一个特性就发布一个，这种做法就是我们通常所说的持续部署（或持续交付）。这一类组织在完成一个特性之后，一般都是马上向部分或所有客户发布特性或对特性所做的更改，非常频繁，有时甚至可能一天发布好几次。

不论是打算每个冲刺部署一次，每几个冲刺部署一次，还是持续部署，大多数组织都发现最好能够稍微做一些长期规划。我把这一类计划称为“版本规划”。如果觉得版本规划这个术语不适合，可以换用别的说法。我知道有些组织用过下面这两个同义词。

- 长期规划——表明目标放眼于多个冲刺。
- 里程碑驱动的规划——采用这个术语，是因为各版本一般与重大里程碑保持一致，例如与重要的用户大会保持一致，或完成一个最小可行（适销）特性集。

不论选择哪种说法，版本规划都是瞄准未来状态，需要综合考虑日期、范围和预算等重要变量。

时间安排

版本规划不是一次性的，它是经常性的、每个冲刺都要做的例行活动（图 18.2）。比较合理的时间点是，在构想/产品级规划之后就开始做版本规划。

产品规划的目的是构想产品愿景（包含哪些特性），版本规划的目的则是确定达成产品目标需要采取哪些具体的步骤。

图 18.2　版本规划开始

在开始一个版本之前，很多使用 Scrum 的组织都要进行初期版本规划，先确定一个初步的版本计划。版本规划一般持续一两天，不过根据规模、风险和参与者对产品的熟悉程度，持续时间可以不同。

如果是开发新产品，这个初步的版本计划可能不完整或不精确。在做版本相关工作期间，随着经验认知"浮出水面"，版本计划是可以改变的。版本计划的修改可以在每次冲刺评审时进行，也可以在平时为后续每一个冲刺做准备或执行每一个冲刺时进行。

参与者

版本规划涉及干系人和整个 Scrum 团队的合作。在某个时间点，这些人都得在场，因为他们需要兼顾商业和技术，以取得价值和质量的平衡。随着时间的推移，每个人的参与情况可能不同。

过程

版本规划活动如图 18.3 所示。

版本规划的输入包括从产品规划活动中得到的信息，例如产品构想、概要产品列表和产品路线图。我们还需要知道参与版本开发的一个或多个团队的速率。对于老团队，使用其已知速率；对于新团队，则需要在版本规划期间预测团队的速率（参见第 7 章的描述）。

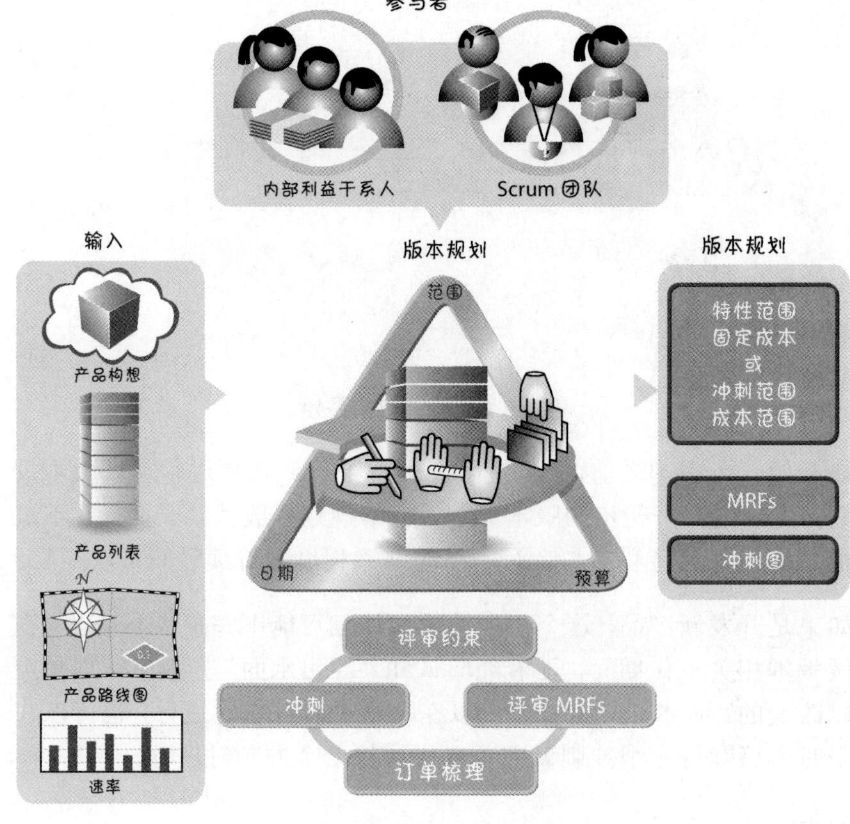

图 18.3　版本规划活动

在版本规划过程中，一个反复进行的活动是确认版本的范围、日期和预算等约束并进行审核，看随着时间推移以及我们当前对产品和该版本的了解，是否需要对它进行任何修改。

在版本规划过程中，另一个活动是梳理产品列表，包括细化每个 PBI 并进行估算和排列优先顺序。这些活动可能在以下时间点发生。

- 在产品规划之后，但在初步版本规划之前。
- 作为初步版本规划活动的一部分。
- 根据需要，在每个冲刺中进行（要想进一步了解产品列表，可以阅读第 6 章）。

每个版本都要有一个明确的最小可发布特性集。在构想产品期间，可能已经定义了它最初的最小可发布特性集。即便如此，也要在版本规划期间审核各个 MRF，确保它们从客户角度来看的确能够代表最小可行（适销）产品。

在版本规划期间，很多组织还会产出冲刺图，说明哪个冲刺可能创建一些或多个 PBI。冲刺图无意于展现遥远的未来。它只用于体现近期情况，帮助我们更好地管理团队内部的依赖关系和资源约束，同时协调多个合作团队之间的工作。

版本规划的输出统称为“版本计划”。该计划以合理的准确程度说明根据开发工作的现状何时以多少成本可以完成哪些特性。它还清楚表明该版本要包含哪些 MRF。最后，它往往还可以显示一个版本的某些 PBI 是如何安排到各个冲刺中的。

版本约束

版本规划的目标是确定下一个版本中最有价值的特性，确定预期质量。范围、日期和预算等是最影响我们达到目标的重要变量。

我们可以根据产品规划来确定其中一个或多个约束。第 17 章引入一个虚拟公司 Review Everything。我们设想了一个训练代理 SR4U，用于搜索在线评论。在 SR4U 的产品路线图中，Roger 和团队认为，在马上到来的社交媒体展览会上首发 SR4U 可以取得先机。这样一来，SR4U 1.0 版就有了一个固定日期的约束——该版本必须在某个日期前准备发布，即社交媒体展览会开幕前。其他约束（范围和预算）是可变的。

表 18.1 描述了不同的组合，其中有些约束是固定的，也有可变的。

我们审视一下不同的组合，看它们对版本规划有哪些影响。

固定一切

如第 3 章所述，传统的计划驱动式预测开发方式基于这样的假设：需求是事前已知的或可以预测的，范围不变。基于这些想法，我们确立一个完整的计划并估算成本和进度。在表 18.1 中，这个方法称为“固定一切”。

表 18.1　开发约束的各种组合

项目类型	范围	日期	预算
固定一切（不推荐）	固定	固定	固定
固定范围和日期（不推荐）	固定	固定	可变
固定范围	固定	可变	固定（实际上做不到）
固定日期	可变	固定	固定

在 Scrum 中，我们认为不可能事前确定所有特性和范围。因而也认定“固定一切”这种方式行不通。在做版本规划时，这些变量中至少有一个是可变的。

固定范围和日期

一种方式是范围和日期固定，预算可变。它会引发很多问题。首先，在很多组织中，开发工作一旦开始，就不太容易或不太可能追加预算。其次，根据我的经验，这种方式锁定的是事先很难确定的两个变量。而且在实际工作中，就算我们开始的时候相信版本范围和日期是固定的，但最终其中某个变量也会让步。

以千年虫（Y2K）问题为例。面对这个问题，很多组织都有一系列应用程序需要在 1999 年 12 月 31 日前完成更新。他们认为时间和范围是固定的，预算可变。但到了最后才发现，无论怎样追加预算，都无法赶在 12 月 31 日这个不可变的截止日期前完成工作。日期不能动，就只能动范围。从某种意义上讲，日期和范围这两个变量一直都在博弈！（参见图 18.4）。

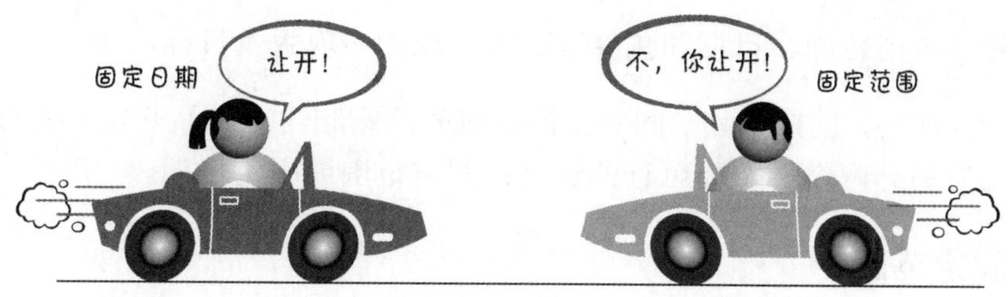

图 18.4　固定日期和固定范围在博弈

等到时间快要用完的时候，范围或日期任何一方必须做出让步。如果双方都不让步，最后就会欠下严重的技术债。

范围和日期固定但允许预算可变，它假设在解决问题时可以用更多资源来增加工作量/缩短工作时间。当然，这种情况在产品开发过程中确实存在。例如，我们可以选择多花钱快速完成某个工作（也许是向子承包商多付些钱，让他们优先做我们的工作）。此时，我们是用钱来买时间。

但是，花钱买时间或买范围的好处仅此而已。产品开发工作往往无法压缩——意味着增加更多资源或花更多钱也无济于事，甚至还有害。Fred Brooks 曾经巧妙地举例说明这种情况："即使 9 个女人，也不可能在 1 个月之内把孩子生下来。"（Brooks 1995）

在产品开发过程中，"预算可变"往往变为"增加人手"。不过，正如 Brooks 指出而且我们很多人也都亲身经历的那样："在已经延期的项目中增加人手只能使项目一拖再拖。"（Brooks 1995）有时，在版本开发早期增加有合适技能的人的确有帮助。但到问题后期才加人，很难帮助固定范围和日期的版本取得成功。

很多组织的实际情况是，即使预算可变，往往也并不意味着增加人手，而是"祭出神器"——加班，尤其是拿工资的员工。受制于固定范围和固定日期而大量加班，最后必然会导致员工筋疲力尽。这显然有悖于 Scrum 可持续步调的原则。

如果一开始时就限定当前版本的范围和日期，那么在遇到困难时，可以通过 Scrum 的迭代和增量方法更快了解情况，从而有更多时间综合考虑范围、日期和预算等约束，成功实现版本目标。

如前所述，固定一切、固定范围和时间严重制约着产品开发。我们还有另外两个更实际可行的选择：固定范围或固定日期。

固定范围

固定范围这种方式适用于范围确实比日期更重要的情况。如果采用这种方式，在时间已经用完但所有特性并没有完成的时候，为了满足 MRF（最小可发布特性）标准，做完必须完成的特性，我们可以延长时间。这种方式，我没有称之为“固定范围和固定预算”，因为预算实际上并不可能真正限死。（想想看，如果我们要让团队投入更多时间完成工作，难道还能指望他们不要报酬？！）换句话说，如果要用更多时间完成固定范围的版本，还是得追加预算，付加班工资。

在很多时候，往往会因为整体范围太大而不得不用固定范围。一个更好的解决方案是考虑更小、更频繁的固定日期版本。另外，在一个组织中，如果多个团队（例如开发、市场和支持）之间需要协调，改变日期就会对其他部门的计划造成很大的破坏。不过，在有些情况下，范围的确比日期更重要，本章后面将讨论如何使用 Scrum 对固定范围版本进行规划。

固定日期

固定日期是表 18.1 显示的最后一个方法。很多人（包括我在内）都认为它最符合 Scrum 原则。一句话，日期和预算可以固定，但范围必须灵活。

首先创建优先级最高的特性。这个 Scrum 原则减轻了因为必须删除某些特性而带来的痛苦。对于固定日期的版本，如果时间用完，说明任何未完成的特性在价值上都低于已完成的特性。如果缺的是低价值特性，我们更容易做出交付决定。如果缺的是高价值特性，我们一般会尽可能延长时间。

不过，这个原则只适用于我们真正按照之前一致同意的“完成”定义完成高优先级的特性时。我们不想看到这种情况：高价值、必须有的特性实际只完成了 75%到 90%，但为了确保其他特性 100%完成，我们还得从这个版本中去掉一两个特性。

固定日期版本与 Scrum 强调的时间盒限制也高度吻合。为版本设置一个固定的时限，可以限定我们能够完成的工作量并强制人们在举棋不定的时候强制确定 PBI 的优先顺序。

可变质量

如果过度约束范围、日期和预算，质量就“可变”了。这会导致我们交付的解决方案达不到客户的期望。或者，就像我在第 8 章讨论的那样，质量可变会让我们欠下技术债，使我们未来更难提升产品质量或更难调整产品。

更新约束

持续版本规划的一个重要环节是利用当前的认知重新考虑约束条件，看是否会再次取得平衡。例如，如果 SR4U 版本 1.0 的截止日期临近但最小可发布特性集显然完不成，Review Everything 公司的 Roger 和团队怎么办？因为这是一个固定日期版本，所以我们首先想到的一个可行策略是去掉一些低价值的特性。假设他们为了满足日期约束，只好去掉最小可发布特性集中必须有的特性。

正确的解决方案是从最小可发布特性集中再定义一个更小的特性集。例如，SR4U 最初的版本可能只关注从几个有限的来源过滤餐馆评论。Roger 和团队需要评估缩小范围是否会使客户价值降至不可接受的程度。并且，如果认为 Review Everything 不可以删掉任何不严重影响客户价值的特性，也许可以考虑增加人手（改变预算）或放弃在社交媒体展览会上发布这个服务的打算（改变日期）。

开发任何产品期间中，我们都必须持续做出决定、重新考虑并进而推翻之前的决定。

梳理产品列表

版本规划的一个基本活动是梳理产品列表，使其能够体现我们的目标价值和质量。我们在构想（规划产品）阶段确定了一个概要的产品列表（也许是史诗故事）并用它定义每个版本的最小可发布特性集。这样的概要产品列表包含的很多条目都太大，对版本规划没有用。

例如，在 SR4U 构想阶段，针对社交媒体展览会之前可以完成哪些大概的特性，Roger 给出了自己的初步设想。假设他的路线图表明版本 1.0 关注对应于以下“基本学习”和“基本过滤”特性：

> 作为普通用户，我想教 SR4U 过滤掉哪些评论，这样它就知道在代表我过滤评论时应该依据哪些特征。
>
> 作为普通用户，我想在一个简单的、谷歌那样的界面提交我的评论搜索请求，这样我就不用花太多时间描述我的想法。

在做版本规划时，这两个条目太大了，不能用。为了细化这两个条目，Roger 和团队打算组织一次用户故事写作研讨会（参见第 5 章），这个活动可以纳入版本计划会，也可以在会前单独安排。通过研讨会得到详细的 PBI，例如：

> 作为普通用户，我想要 SR4U 忽略我认为含有某些偏见字眼的评论，这样我看到的评论就不会包含那些字眼。
>
> 作为普通用户，我希望选择一类产品或服务，这样可以帮助 SR4U 只关注相关的评论。

一旦故事足够小，团队就可以进行估算（参见第 7 章）并交流彼此对成本的初步想法。（对于初期版本规划，需要做一定的估算。而且在版本开发过程中，随着新故事的出现，也要求我们在持续版本规划活动对它们进行估算。）参与版本规划的人接下来根据版本目标和约束对估过的故事排列优先顺序。确定产品列表的优先顺序之后，参与者要保持警觉，确保最小可发布特性集始终能够被识别出来并得到大家的一致认同。

细化最小可发布特性

第 17 章说过，最小可发布特性（MRF）代表一组最基本的“必须有的特性”，是满足客户价值和质量期望而必须包含在当前版本中的特性。版本规划活动的一个重要工作是反复细致地重新评估和细化当前版本真正必须要有的 MRF。从冲刺中得到快速反馈并获得经验认知之后，我们会持续调整 MRF。

我经常看到一个问题，在有些组织中，无法对最小可发布特性集的组成取得共识。有竞争关系的各方利益干系人就是互不相让。在版本规划期间，MRF 定义得很差或人们只是消极认可 MRF，都会影响我们做出明智的决策。例如，假设时间用完了，我们该拿掉哪个特性呢？对 MRF 缺乏进一步的澄清，只能使我们的决策进一步复杂化。

在 Scrum 框架中，产品负责人最终负责定义 MRF。当然，他也可以和合适的利益干系人与 Scrum 团队紧密合作，一起来定义。

有些时候，MRF 的概念也许让人觉得费解，为什么要在一个版本中尽可能包含最多特性（最大化特性集），而不是最少特性（最小化特性集）呢？对此，最简单的回答是最多特性可能花钱最多，花时间最多，而且风险也最大。反之，交付较少的特性花钱最少，耗时最短，而且风险也最小。最简思维能够使我们遵循“更小、更频繁发布”原则，第 14 章对此有进一步的描述。

MRF 用特性大小来定义，是在产品列表梳理期间确定的。不过这并不是大家公认的。有些人认为 MRF 应该独立于成本进行定义——意味着 MRF 是这个版本中要包含的、能满足客户价值底线的最少可发布特性（而且这也是独立于成本数据的）。不需要成本数据，也能通过构想得到最初的 MRF，但因为我们所有的版本规划决策都需要在一个经济合理的框架下进行，所以，如果知道特性的成本，我们就能够对 MRF 的经济可行性进行重要的审查。如果我们确定 MRF 在经济上不可行，也许就需要转向，进行合理的调整。

冲刺映射（PBI 归位）

在每个冲刺，团队都要做一系列 PBI 的相关工作。在冲刺规划会之前，团队和产品负责人不会确定在指定冲刺要做哪些具体的 PBI。这是否意味着我们用不着在冲刺规划会之前把 PBI 映射到指定的冲刺中呢？

绝对不行！有些团队认为，能够使近期 PBI 快速、尽早映射（或插入）特定的冲刺中是很有帮助的。例如，在多团队的环境中，排出少数几个冲刺也许更能够帮助于各个团队更好地协调彼此的工作。

在进行冲刺映射之前，我们需要产品列表具有这三个特征：详略得当的、估算合理的以及排定优先顺序的。使用团队的速率，如果条目的大小总和与团队平均速率大致相当，我们就把它们归入一组，这样就得到每个冲刺的所有 PBI。结果如图 18.5 左图所示。有人更喜欢水平放置的冲刺映射图（如图 18.5 右图所示），使其看上去更像时间线。我曾见过某些团队在甘特图这样的标准项目计划（用于说明非 Scrum 团队的工作）之上放一个水平的 Scrum 团队冲刺映射图，以更直观的方式对应 Scrum 开发工作与非 Scrum 开发工作。

与 Scrum 团队一起做开发工作的时候，我们可能会在初期版本规划做冲刺映射，大致了解当前版本需要创建哪些确定的特性。这种冲刺映射活动还可以让我们重新组织产品列表，以更自然或有效的方式来 PBI 进行分组。我们还可以选择重新组织工作，确保冲刺结束时得到的结果足以让我们获得经验认知和有可行性的反馈意见。

如果是多个团队一起开发，则需要提前把一些条目映射到特定的冲刺中，这有助于管理不同团队之间的依赖关系。一种方法是使用滚动式向前计划（Cohn 2006），这样一来，每个团队不仅要考虑下一个冲刺要做哪些，还要考虑今后至少两个冲刺（有时候更多）要做的条目。通过这种方法，不同 Scrum 团队就知道哪个团队要做哪些条目，大致什么时候做。

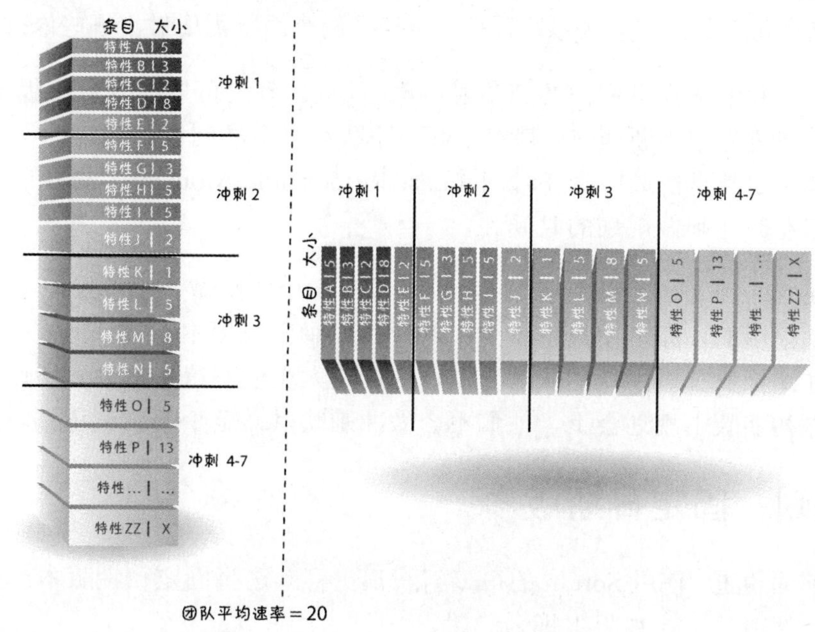

图 18.5　把 PBI 划分到合适的冲刺中

例如，假设 SR4U 有三个 Scrum 团队。团队 1 的工作重点是端到端处理用户请求。该团队的任务是确保用户能够指定评论查询条件、执行查询并得到评论结果。团队 2 的工作重点是人工智能（AI）引擎，包括如何分析和识别不同评论的逻辑。团队 3 的工作重点是连接到网上不同的数据源并检索相关评论。

这三个团队必须同心协力，确保开发出最小可发布特性并在社交媒体展览会前准备就绪。让所有 3 个团队一起参与联合版本规划会是有意义的。

在初步版本规划会上，每个团队都大致说说他们何时开始做自己承诺的 PBI。在随后的讨论中，团队 1 可能会说：“我们想在冲刺 2 工作特性‘忽略含有特定关键字的评论’。不过，在冲刺 2 开始前或刚刚开始时，我们需要团队 3 至少能够从一个网上来源取得数据。”随后，团队 3 的成员可以仔细检查他们的冲刺映射图，看当前是否计划在冲刺 2 之前至少有一个网上来源。如果没有，两个团队就可以讨论依赖关系，看是一个还是两个团队需要做出哪些修改。

如果我们选择早期做冲刺映射，就必须认识到它可以而且会在版本创建过程中不断演进。最终，每个团队在指定冲刺做哪些特性，这些决定都是在最后责任时刻（Last Responsible Moment）做出的，即在为冲刺做规划的时候。

还有一种方法是很多组织（特别是只有一个团队做产品开发时）喜欢采用的，即早期只安排少数 PBI 到冲刺中或根本不做任何安排。在这样的公司中，团队认为交付的价值太少值不得花精力。所以，在初期版本规划会上，他们不会做冲刺映射，至少不会刻意做。

版本规划：固定日期版本

前面说过，使用 Scrum 的很多组织都更喜欢选择固定日期版本。表 18.2 概述了这种版本规划步骤。

表 18.2　固定日期版本的规划步骤

步骤	描述	说明
1	确定该版本有多少个冲刺	假设所有冲刺的长度都相同，因为已知第一个冲刺开始的日期和已知交付日期，所以很容易算出有多少个冲刺
2	确立各个 PBI，估算大小并排出优先顺序，通过这种方式来充分梳理产品列表	因为要确定固定日期之前能得到哪些 PBI，所以要得到日期计划，就需要足够多的列表信息
3	测量或估算团队的速率范围	为团队确定一个较快平均速率或一个较慢平均速率（参见第 7 章）
4	用较慢平均速率乘以冲刺数。在产品列表中倒数这个点数并画出一条线	这条线表明“将要有的特性”
5	用较快速率乘以冲刺数。在产品列表中倒数这个点数并画出第二条线	这条线表明“必须有的特性”。

以 SR4U 为例。版本 1.0 的发布日期与社交媒体展览会的开始日期是同一天，9 月 26 日，星期一。公司决定在会上展示第一个版本，这是一个理想的实现产品构想的里程碑。

前面假设 SR4U 有 3 个团队，但在这个例子中，我们回到最初的假设，即只有一个团队在开发产品。因为 Roger 和团队要在 7 月的第一周开始第一个冲刺并在 9 月 23 日前（星期五，展会开始前）完成所有工作，所以很容易算出这个版本需要做多少个冲刺。假设该版本整个过程中每个冲刺的长度相同（在 Scrum 中，这是正常情况），SR4U 的版本 1.0 将有 6 个两周（10 天）的冲刺。图 18.6 将这些冲刺对应到日历中。

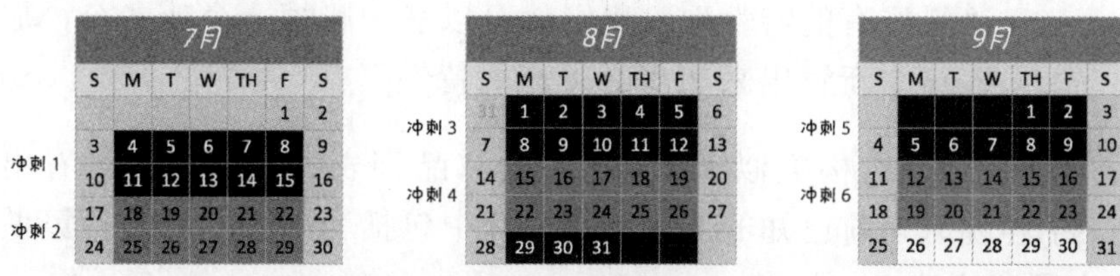

图 18.6　SR4U 的冲刺日历

接下来，他们确定在 6 个冲刺中团队能够完成多少工作。使用第 7 章讨论的方法，假设他们算出团队速率是每个冲刺能够完成 18 到 22 个故事点。因此，Roger 和团队在这个版本过程能够完成 108 到 132 个故事点。

现在，他们需要确定这些故事点对应于哪些特性。在产品规划结束时，Roger 和团队已经得到一个概要产品列表，其中有一些史诗级和主题级的用户故事。前面说过，SR4U 团队随后组织了一次用户故事写作研讨会，确定了更详细的 PBI。接下来，团队进行估算，产品负责人根据开发团队和利益干系人提供的信息排列各个 PBI 的优先顺序。

在这个过程中，Roger 和团队必须确定组成一组最小可发布特性（MRF）、必须有的特性。一个简单的规则是，对于固定日期版本，我希望 MRF 所花的时间少于为版本工作分配的时间。出于以下两个原因，我认为 60%到 70%比较好。

- 如果为这个版本分配的时间用完了，但该版本中指定要完成的特性都是必须有的特性，去掉哪一个呢？按照定义，如果特性都是必须有的特性，那就说明一个都不能少。如果我们版本中定义的特性有 60%到 70%是“必须有的特性”，其他是“最好有的特性”，那么如果可以缩减一些范围，则可以删掉“最好有的特性”。
- 如果为这个版本分配的全部都是“必须有的特性”，万一突然出现一个必须有的特性，怎么办？换句话说，有一天突然冒出一个之前不知道的新特性，当前版本没有它不行。如何把它纳入当前版本呢？如果该版本中定义有一些“最好有的特性”，我们就可以从中删掉一个或多个，加入这个新冒出来的“必须有的特性”。

最后得到一个结构类似于图 18.7 的产品列表。从图中可以看出 Roger 和团队当前已知的产品列表，其中包括当前版本还不打算做的主题和史诗。

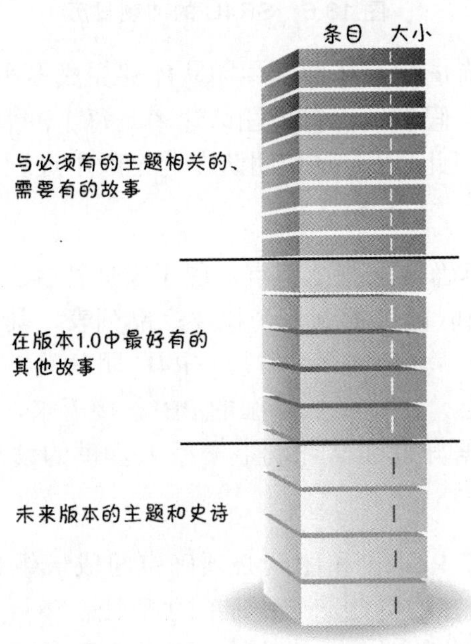

图 18.7　为版本规划准备好产品列表

Roger 和团队估算的速率是 6 个冲刺工作能够完成 108 到 132 个故事点。接下来，利用之前估算的这个速率，从上往下数 108 个点，然后从上往下数 132 个点，看看处于产品列表的什么位置(参见图 18.8)。

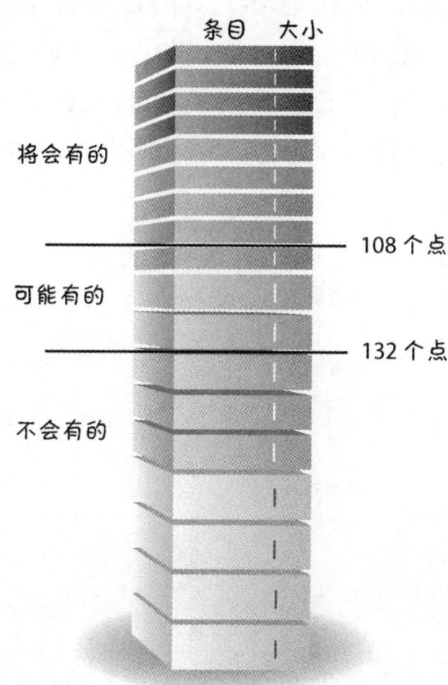

图 18.8　为固定日期版本确定特性范围

注意，这两条线把产品列表分成三部分（将会有的、可能有的和不会有的），可以从中看出在发布日期之前能够得到哪些特性。在版本工作早期，我们很难准确知道具体的，我们知道大致的范围，但并不知道具体要交付的特性——范围越广，越不确定。

要想知道当前版本计划的情况，Roger 和团队只需要把（图 18.7 中的）“必须有的特性”这条线加在（图 18.8）产品列表中。图 18.9 显示了一些可能的结果。注意，“必须有的特性”这条线把线上方最小可发布特性（MRF）与产品列表的其他部分分开了。

图 18.9 中，左侧产品列表表明非常有把握，可以解释为“我们会得到‘必须有的特性’”。我们要继续进行版本相关工作。

图 18.9 中，中间列表表明“我们会得到大多数‘必须有的特性’，但可能得到、也有可能得不到所有特性。”显然，它的风险比前一个大。一个选择是接受无法得到所有“必须有的特性”这个风险，继续往下做。因为我们计划快速学习，所以可能会决定启动当前版本并开始试做几个冲刺。到时再评估，确定继续还是取消当前版本（如前所述）。另外，已完成工作给出的反馈也许还表明最小可发布特性集最初包含的某些特性其实并不是必须的，说不定没有更好。

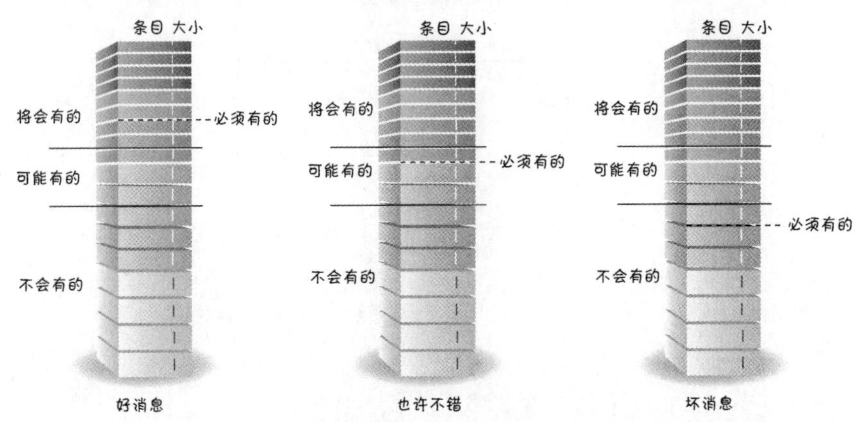

图 18.9　必须有的特性之于可交付特性范围的位置

还有一种方法是，考虑设置一个新的、推迟发布的日期（很容易算出来），或者（如果认为有用的话）建议增加人手参与开发工作以提高速率。此时，有些组织可能会选择让团队抄近道，只要能保证在指定日期交付所有必须有的特性，牺牲一些质量又何妨，这样做的后果是技术债越积越多。不过，当前版本欠下技术债，如果要在下一个版本清偿，肯定会减少下一版本交付的价值。

图 18.9 中，最右边可以解释为“我们不会得到‘必须有的特性’。”也许不该继续做当前这个版本，或者该改变发布日期或考虑追加更多资源。如果这时选择欠技术债，债务可能会越积越多。

当然，假设继续做这个版本，就必须在每个冲刺重新考虑版本计划并根据当前的知识进行更新。

例如，如果是新团队或团队以前的工作方式和现在相差很大，就没有太多历史数据可以参考，因此，在每个冲刺结束时，一旦得到更多速率数据，我们就会重新计算团队每个冲刺能够完成的平均故事点。我们知道，产品列表中的条目是变化的。可能会冒出新的条目，或者从当前版本中取出或干脆删除现在和今后都不需要的条目。为了直观地显示修订后的版本计划，我们宁愿重新画一个图，就像图 18.8 那样。

版本规划：固定范围版本

虽然固定日期版本在 Scrum 中很常见，但如果产品范围确实比日期重要，怎么办？如果最小可发布特性集中有大量“必须有的特性”并愿意为得到所有这些特性而推迟交付日期，怎么办？

如果是这样，就想想筛出的“必须有的特性”特性是不是确实少得不能再少？我偶尔也听到这样的说法：“我们是在照着标准做，交付的产品不能只满足一半标准。”这也许是对的，但在大多数标准中，仍旧有可选的、不必现在就实施的特性（例如，考虑一下网页浏览器对修订后或新的 HTML 或 CSS 标准的支持）。在其他情况下，也许用不着完全符合标准也可以进入市场，只要告知我们的产品支持或不支持哪些标准即可。

我的看法是，如果能够以增量方式思考，主动锁定真正的最小可发布特性，通常能够把一个固定范围的版本转为一系列小的、固定日期版本。在最小可交付特性集变小之后，其他约束（比如时间）一般就变为主要约束。

假设“必须有的特性”已经删减到不能再少的程度，但版本的主要约束仍然是完成日期，怎么办？碰到这种情况，我们可以按照表 18.3 制定版本计划。

如果是固定范围版本，就必须在版本开始时明确要做哪些特性。对于简单或很熟悉的产品，我们可能知道包含哪些特性。但在开发创新产品时，开发过程中会出现很多新特性，而且它们会不断演进。对于希望有的特性，我们事先肯定有一些了解，所以在制定初步版本计划时，就可以运用这些认知。但随着我们越来越了解必须要有哪些特性，必须准备好随时修改版本计划。

表 18.3　固定范围版本的规划步骤

步骤	描述	说明
1	建立、估算并排列各个 PBI 的优先顺序，梳理产品列表，至少包含当前版本需要的 PBI	因为是固定范围的版本，所以需要知道这个固定范围中包含哪些 PBI
2	确定当前版本要交付多少 PBI	如果产品列表已经做过估算，就将当前版本要做的所有 PBI 的大小估值加在一起
3	测量或估算团队的速率范围	确定团队的较快平均速率和较慢平均速率
4	用 PBI 大小的总和除以较快速率并向上取整	表明交付当前版本的所有特性最少需要多少个冲刺
5	用 PBI 大小的总和除以较慢速率并向上取整	表明交付当前版本的所有特性最多需要多少个冲刺

如果在版本开始时举行版本规划会，就必须像做固定日期版本规划那样，首先梳理产品列表。两者的差别在于，在做固定日期版本规划时，“必须有的特性”要尽量少于 100%，为不确定因素留出一定的缓冲。在做固定范围版本规划时，版本的整个特性范围都是“必须有的”特性。对于固定范围版本，我们的目标是及时完成所有“必须有的特性”。如果突然冒出新的“必须有的特性”，把它加入当前版本的特性范围然后推迟发布日期即可。

在做固定日期版本规划时，可以准确地知道有多少个冲刺。在做固定范围的版本规划时，要计算交付固定的特性集需要做多少个冲刺。

为了进行计算，我们需要知道团队的速率范围（像制定固定日期的版本计划一样）。假设团队速率是两周冲刺能够完成 18～22 个故事点。为了知道何时可以得到固定特性集，用这些 PBI 的大小总和除以团队的较高速率和较低速率，得到一个冲刺范围（交付所有这些 PBI 需要多少个冲刺）。

假设下一个版本要完成 150 个故事点的特性。如果用 150 除以 18（团队较慢的速率）并向上取整，得到的结果是 9 个冲刺。如果用 150 除以 22（团队较快的速率）并向上取整，得到的结果是 7 个冲刺。图 18.10 以视觉方式用来呈现结果。

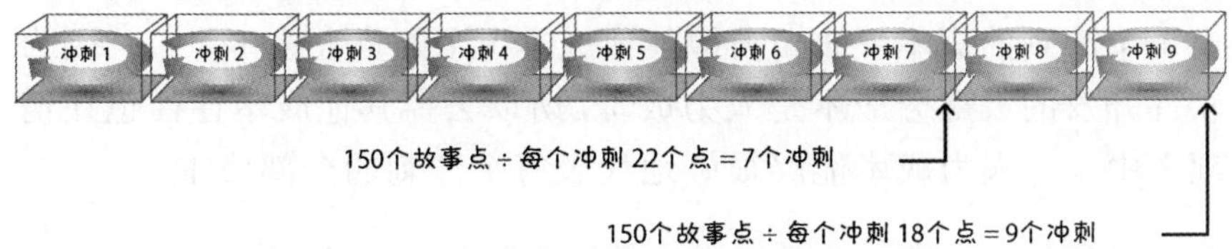

图 18.10　固定范围版本的规划

注意，给出的答案只是一个范围。前面例子中的问题是“完成一个 150 个故事点的版本，需要多少个冲刺？”我们的答案是 7～9 个冲刺。因为是两周冲刺，所以答案也可以是 14 周～18 周。

计算成本

固定日期版本和固定范围版本，成本都很容易计算（参见表 18.4）。

表 18.4　计算成本

步骤	描述	说明
1	确定团队中有哪些人	假设在一个冲刺内或从一个冲刺进入下一个冲刺时，团队的人员组成不会有很大变化
2	确定冲刺的长度	假设所有冲刺的长度都相同
3	根据团队的人员组成及冲刺长度，确定执行一个冲刺的人力成本	如果前面所做的假设都成立，就很简单；如果团队的人员组成或冲刺长度不稳定，也不会太复杂
4a	对于固定日期的版本，用它的冲刺数乘以每个冲刺的成本	对于当前版本，得到的是固定的人力成本
4b	对于固定范围的版本，同时用冲刺范围（较高值和较低值）乘以每个冲刺的成本	得到的是当前版本的人力成本范围。一个代表当前版本最低成本，一个代表当前版本较高成本

假设参与开发工作的团队人员很稳定。换句话说，我们既不从团队中抽调人员，也不会增加新人。或者，即使人员有变，变动也很小，不会影响到整个团队的人力成本。

因为我们知道团队的人员构成和每个冲刺的长度，所以，很容易算出每个冲刺的成本。如果去掉其他成本（比如资金成本）——因为软件开发的大部分成本是人力成本，所以去掉其他成本往往也在情理之中——人力成本能够很好地代表每个冲刺的全部成本。

为了进行计算，我们需要知道当前版本要做多少个冲刺。对于固定日期版本，我们精确地知道冲刺的数量，所以用它乘以每个冲刺的成本就能算出当前版本的成本。

对于固定范围版本，我们已知冲刺的数量范围。前一个例子算出的结果是 7～9 个冲刺，所以该版本的成本是每个冲刺成本的 7～9 倍。因为该版本实际可能需要 9 个冲刺才能完成，所以大多数组织都会按照这个范围的较大值来做预算。如果只为 7 个冲刺做预算，可能就没有足够的资金完成这个版本。

如果已知每个故事点的历史成本，就可以用另一种方法来计算成本。如果数据显示前一段时间（比如一年）完成多少个故事点的工作，就可以拿它除以团队所有人的人力成本，从而算出每个故事点的成本。如果认为它可以用于当前版本，那么即使还没有制定初步版本计划，也能大致算出 150 个点的总成本（用 150 乘以每个点的历史成本）。

沟通进展情况

版本规划的重点之一是沟通进展情况。虽然可以使用任何一种视觉冲击力强的图来表示进度，但大多数团队还是用某种形式的燃尽图和/或燃烧图作为主要的信息雷达，用它来显示版本的状态。下面来看看固定范围版本和固定日期版本是如何表达版本状态的。

固定范围版本如何沟通

对于固定范围版本，我们大致知道我们希望完成的工作范围。因此，目标是沟通当前工作进展。

固定范围版本的燃尽图

固定范围版本的燃尽图表明，为达到当前版本目标，每个冲刺还剩余多少未完成的工作。在图中，纵轴采用的单位与我们用来表示 PBI 的单位相同（一般是故事点或理想天数）。横轴代表冲刺（图 18.11）。

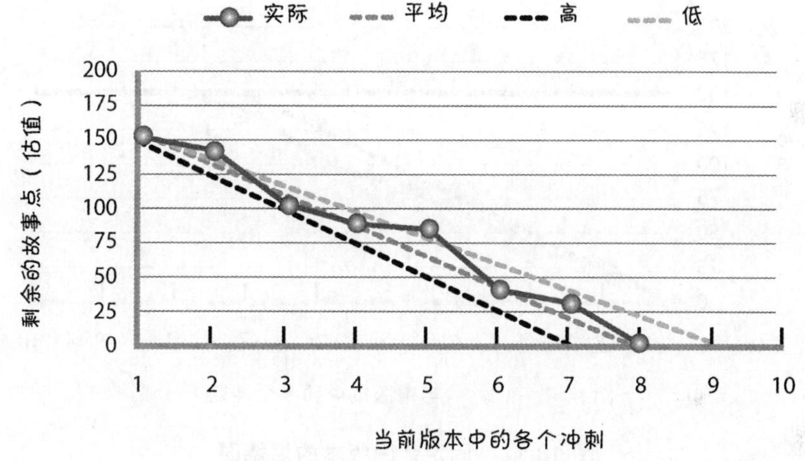

图 18.11　固定范围版本的燃尽图

我们使用本章前面的例子，在开始开发时（初步版本规划结束时）是 150 个故事点，与冲刺 1 开始时的故事点一样。在每个冲刺结束时更新此图，显示当前版本余下的总工作量。冲刺开始时的剩余工作量与冲刺结束时的剩余工作量之差，就是冲刺的速率，图 18.11 中，标有“实际”的那条线。

还可以在燃尽图中显示预测结果。在图 18.11 中，有 3 条线预测版本的完成日期，每条线对应一个预测的团队速率。如果每个冲刺都能够达到较高的速率 22 点，就可以预计在第 7 个冲刺结束前完成工作。如果只有较低的速率 18 点，预计需要 9 个冲刺。如果团队能以平均速率 20 点工作，则预计需要 8 个冲刺。

基本燃尽图有好几种变化形式，不过都差不多，都表明实现版本目标还余下多少工作量。

固定范围版本的燃烧图

固定范围版本的燃烧图是把当前版本的总工作量显示为目标线，显示实现目标过程中每个冲刺的进展情况（参见图 18.12）。图中的横轴和纵轴与版本燃尽图的横轴和纵轴相同。

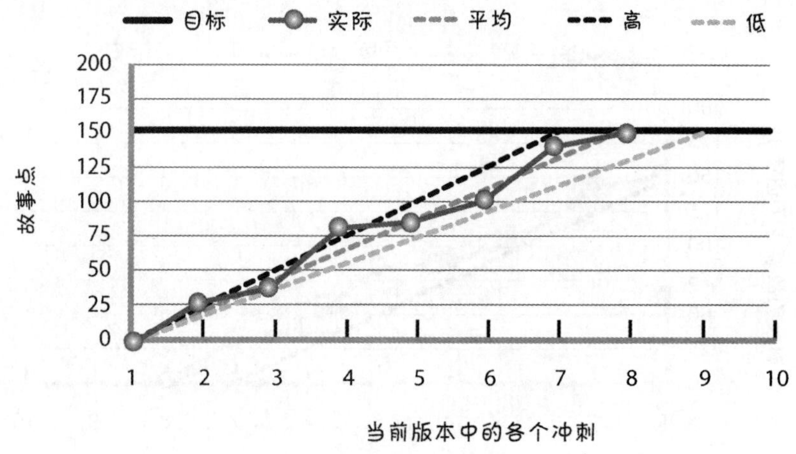

图 18.12　固定范围版本的燃烧图

在图中，每个冲刺结束时都把当前冲刺中完成的总的故事点累加到已完成的故事点上。目标是向上燃烧以实现当前版本的目标故事点总数。而且，它像燃尽图一样，也有三条预测线，说明实现版本目标还需要多少个冲刺。

在燃烧图中很容易看出版本范围的变化情况，所以有些人更喜欢用它。例如，如果在当前版本中增加范围（还能称“固定范围”吗？！），就在新增范围的冲刺中上移目标线，从这一点往后显示一个新的、更高的目标（参见图 18.13）。

在燃尽图中还可以显示版本范围的变化情况（参见 Cohn 2006）。

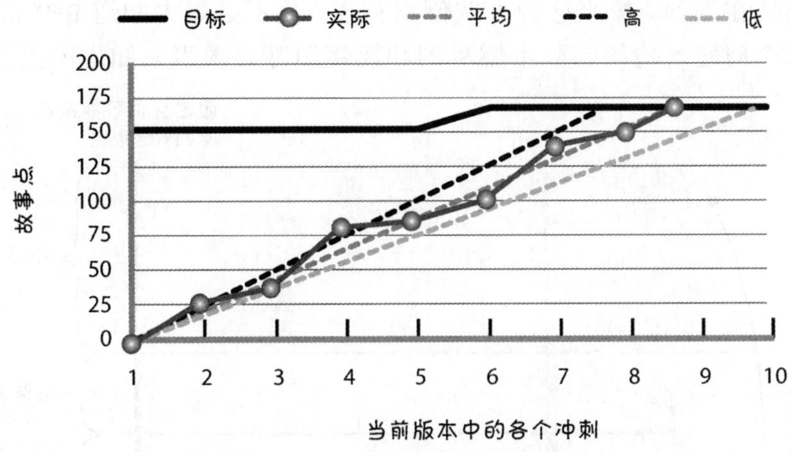

图 18.13 可变范围版本的燃烧图

固定日期版本如何沟通

在固定日期版本中，已知当前版本有多少个冲刺，所以我们的目标是沟通特性范围和每个冲刺的进展情况。对于固定日期版本的规划，传统的燃尽图或燃烧图不是一个有效的工具，因为它的前提条件是已知燃尽或燃烧的总体范围。记住，这是固定日期版本，所以我们要随时间的推移尝试算出或表示在固定日期之前能够交付的、不断变小的特性范围。

图 18.9 表明如何以一种形象的方式表示一个特性范围，在固定日期版本中我们希望实现这些特性。如果在每个冲刺结束时更新图 18.9 中的图表，就可以通过一种非常有效的方式来表达在固定发布日期之前要完成哪些特性。还可以了解发布日期之前有多大的概率能够得到“必须有的特性”。

如果想维护一个图表，用它来显示在达到最终版本目标之前的历史进展情况，我们就可以建一个专门的燃烧图，如图 18.14 所示。

这个图和图 18.9 中的所有要素一样。不过，在图 18.14 中，产品列表是倒置的（有意这样做的），这样一来，优先级最高的条目实际并不在产品列表的顶部，而是在底部。现在，低优先级的条目反而出现在顶部。按照这种方式倒置列表，就不必事先知道 PBI 范围这个问题（传统的版本燃尽图和燃烧图都要求事先知道范围）。

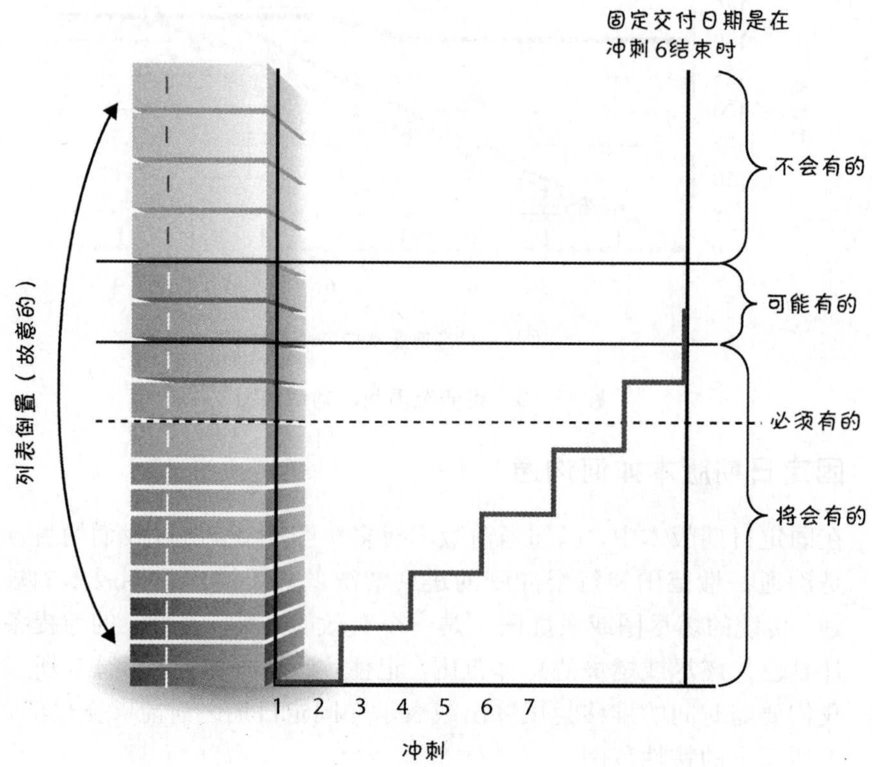

图 18.14　固定日期版本的燃烧图（产品列表故意倒置）

从这个图中可以看出我们希望在冲刺 6 结束前得到哪些特性。每个冲刺向上燃烧表示完成的特性。所以，冲刺 1 结束（冲刺 2 开始）时会有一条竖线，其长度表明冲刺 1 完成了多少个特性。使用这种方法，我们可以看到完成目标特性范围这个过程的进展情况，了解“必须有的特性”进展如何。为了简单起见，图中没有趋势线，但很容易加上，我们可以从前几个冲刺推测得出最后可能完成的特性范围。

结语

本章全面介绍版本规划，讨论何时做版本规划，哪些人参加，包含哪些活动，最终得到的版本计划包含哪些要素。本章还详细讨论了固定日期和固定范围的版本如何规划，在具体执行版本工作期间如何沟通进展情况。

第III部分的内容到此为止。下一章将讨论下一个级别的规划：冲刺规划。冲刺规划和具体的冲刺活动都放到第IV部分详细描述。

第Ⅳ部分

冲刺

第 19 章

冲刺规划

一个版本通常由好几个冲刺组成，每个冲刺都能交付客户或用户价值。每个冲刺都从冲刺规划开始，Scrum 团队成员聚在一起商定冲刺目标，并确定在下个冲刺中交付哪些特性。本章将讨论如何将冲刺规划融入 Scrum 框架，如何执行。

概述

产品列表可能代表好几周甚至好几个月的工作，一般不可能在一个短期冲刺里完成。为了确定下个冲刺中要构建的、最重要的 PBI 子集，Scrum 团队会做冲刺规划。在冲刺规划期间，Scrum 团队对冲刺目标达成一致，开发团队确定与目标一致的具体各个 PBI，同时确定确实能在冲刺结束之前交付。为了获得交付信心，开发团队创建一个 PBI 完成计划。PBI 和计划共同组成冲刺列表。

时间安排

冲刺规划是重复出现的适时活动，一般发生在每个冲刺开始，这时我们可以充分运用最优信息来决定在下个冲刺做哪些 PBI（参见图 19.1）。

对于长度为两周至一个月的冲刺，冲刺规划一般为 4 到 8 个小时。

参与者

冲刺规划由整个 Scrum 团队协作完成。产品负责人分享初始冲刺目标，展示排定优先级顺序的产品列表，回答团队对 PBI 提出的任何问题。开发团队用心确定可以交付哪些特性，然后在冲刺规划结束时做出一个靠谱的承诺。ScrumMaster 作为 Scrum 团队的教练，观察规划活动，提出深入细节的问题，引导并且帮助团队确保有成果。因为 ScrumMaster 不管理开发团队，所以不能代替开发团队决定做出承诺。不过，ScrumMaster 可以挑战团队的承诺，以确保承诺切合实际并且是适当的。

流程

冲刺规划活动如图 19.2 所示。

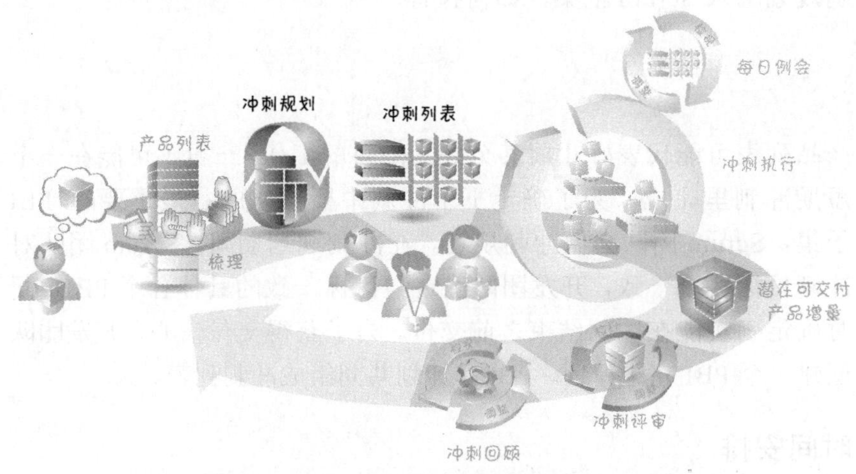

图 19.1　冲刺规划开始

冲刺规划依赖于一组输入，这组输入可以指导开发团队确定冲刺结束时能实际交付的价值。表 19.1 描述了这些输入。

冲刺规划首要的输入是产品列表，它应该在冲刺规划开始之前就已经梳理完毕，因此最上面的条目符合 Scrum 团队对就绪的定义（参见第 6 章）。这通常意味着最上面的条目有定义良好的接收条件，并且是大小合适、经过估算而且有优先顺序的。

表 19.1　冲刺规划的输入

输入	描述
产品列表	在冲刺计划之前，最重要的 PBI 已经梳理到就绪状态
团队速率	团队的历史速率是团队在一个冲刺里能实际完成多少任务的指标
约束	识别出业务或技术的限制，这些限制可能严重影响团队的交付能力
团队生产能力（容量）	生产能力要考虑到团队成员，每个团队成员都有哪些技能以及在下个冲刺中他们的可用情况
冲刺目标	产品负责人希望在这个冲刺内完成的业务目标

有责任心的产品负责人也会参加冲刺计划，他们清楚自己在冲刺结束时希望团队交付哪些特性。他们也许已经清楚有一组具体的、高优先级的 PBI（“我真的想在这个冲刺里实现前 5 个 PBI”）或者他们只是有个大体的想法（“在这个冲刺结束的时候，我希望普通用户能够提交简单的关键字查询”）。了解冲刺目标可以帮助团队平衡竞争特性的优先顺序。产品负责人应该与开发团队交流自己对初始冲刺目标的想法，但不得过度影响开发团队，使其做出过于乐观的、不靠谱的承诺。

然而，摆在我们面前的事实，虽然产品负责人知道自己想要什么，但并不一定意味着开发团队就能够在那个冲刺交付。实际承诺只能由产品负责人和开发团队成员协作（有时是协商）产生。参与冲刺规划的人必须有机会评审和讨论产生价值的种种方式，并且考虑团队的能力、预测速率以及任何已知约束来决定做出实际可行的承诺。

开发团队为了有信心完成任务，要为完成冲刺目标制定实施计划。选中的 PBI 和计划一起组成冲刺列表（如图 19.2 所示）。大多数团队把每个目标 PBI 分解成一系列经过估算的任务，这些任务共同组成了计划。使用这种方法的团队通常都遵循一个有用的任务分解规则，即分解后的任务都不会超过 8 个小时的工作量，不过有一些可能稍微大一点。在这个粒度级别上，团队非常清楚实际需要做什么以及在可用的时间内是否能完成。

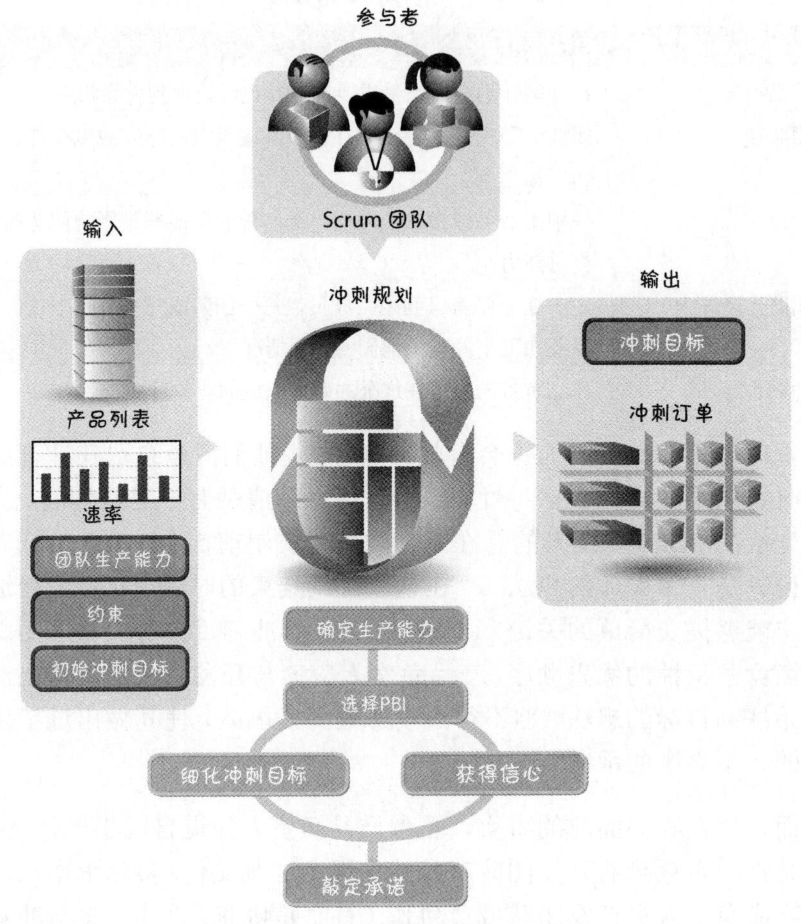

图 19.2 冲刺规划活动

在冲刺规划结束时，开发团队通过最终敲定的冲刺目标和冲刺 列表来做出承诺。

冲刺规划的两种方式

下面描述两种冲刺规划方式：两段式冲刺规划和一次性冲刺规划。

两段式冲刺规划

做冲刺规划的一种方法是把它分成两个阶段（参见图 19.3）。在第 1 阶段（工作内容），开发团队确定其完成工作的生产能力，预估在冲刺结束时能够完成的 PBI。所以，如果团队相信能完成 40 故事点，就会选择大约 40 故事点的工作。

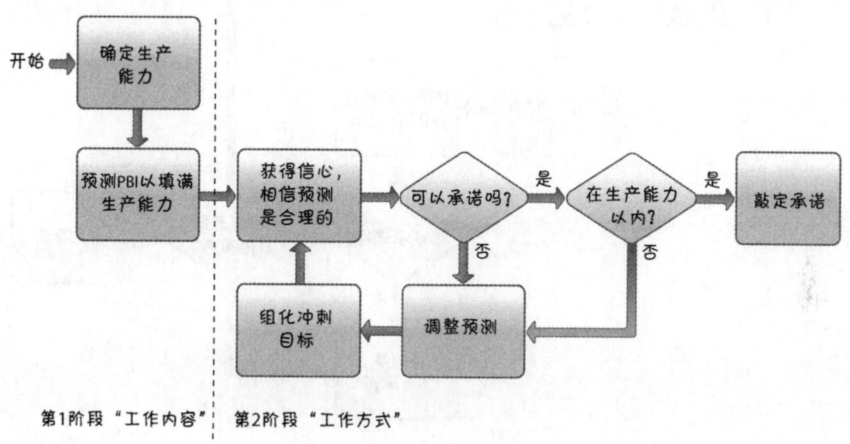

图 19.3　两段式冲刺规划

在第 2 阶段（工作方式），团队通过制定计划来获得有能力完成第 1 阶段预测条目的信心。大多数团队把 PBI 分解成一系列任务，然后估算（以小时计）完成每个任务需要多少工作量。然后团队比较任务估算的小时数和团队以小时计的生产能力，了解当初的承诺是否现实。

如果团队发现选取的条目太多或太少，或者选取的条目由于种种限制而实际不能在一个冲刺里一起开发，则可以调整预期或重新细化冲刺目标，以满足现有生产能力和相关约束。当团队的预期与生产能力范围以及约束能够较好吻合，团队就可以最终敲定承诺，结束冲刺规划活动。

一次性冲刺规划

冲刺规划的另一种方法，也是我见得最多的一种，是一次性规划，即选择条目和获得交付信心这两个活动交替进行。如图 19.4 所示。

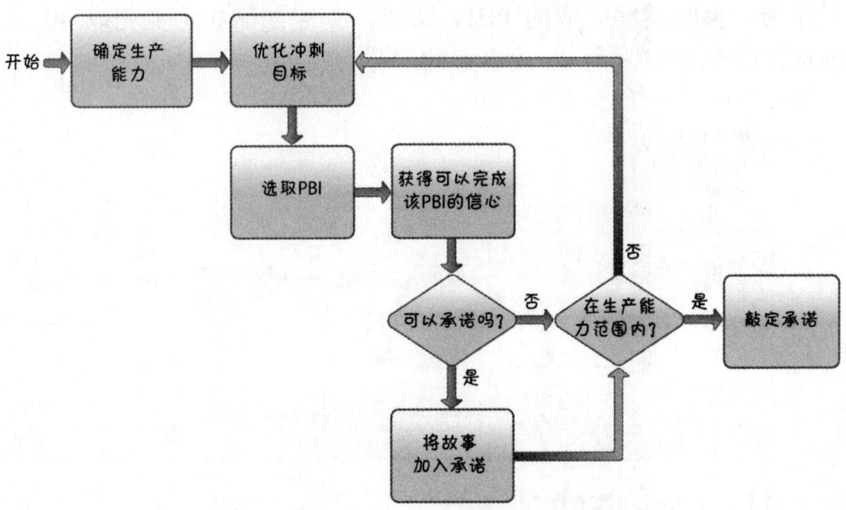

图 19.4　一次性冲刺规划

使用这种方式时，开发团队首先确定自己有多少生产能力可以用于完成工作。基于可用的生产能力，冲刺目标可能需要细化。接下来，团队选择一个 PBI，然后表示有信心在当前冲刺做完它（假定其他 PBI 已经有团队陆续做出承诺）。重复这个过程，直到团队没有余力再做更多工作。这时，最终敲定承诺，结束冲刺规划活动。

确定生产能力

在做冲刺规划的过程中，第一个重要活动是确定可用的团队生产能力，了解团队 Scrum 团队在这个冲刺里能完成多少工作。了解生产能力有助于确定能够交付哪些特性。

什么是生产能力？

图 19.5 所示的五个因素都会影响团队在下个冲刺完成 PBI 工作的

生产能力，包括其他 Scrum 活动需要的时间、冲刺无关的承诺、个人休假和缓冲需要。

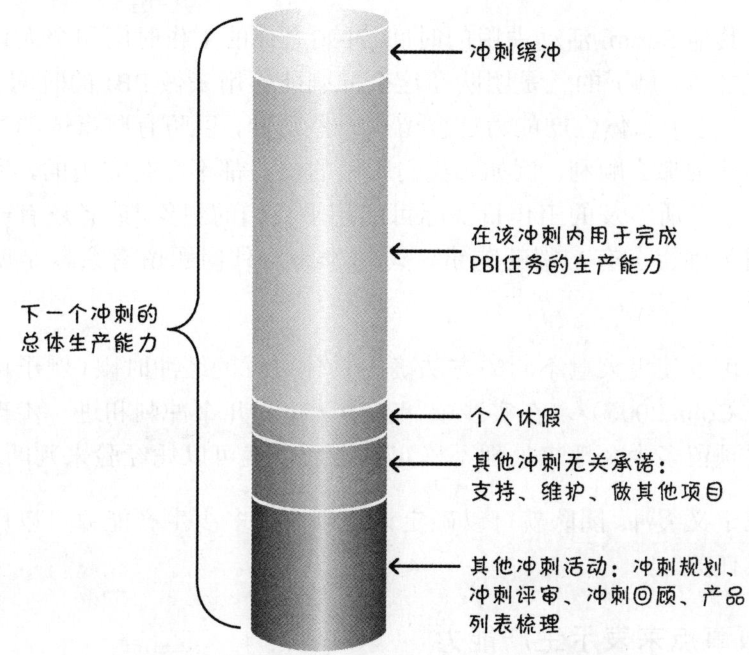

图 19.5 一个冲刺中开发团队的生产能力分配

假设有个团队在做一个两周（10 天）的冲刺。我们立刻意识到团队实际上并没有 10 天时间专门用于冲刺执行。例如，我们知道在一个两周的冲刺里，大约得留出约 1 天的时间来做冲刺规划、冲刺演示和冲刺回顾。我们也知道，团队至少应该留 10%的时间协助产品负责人梳理（写、优化、估算和排序每个 PBI）产品列表，帮助确保 PBI 达到就绪状态。

团队还必须确定应该给冲刺之外的工作留多少时间，比如支持当前产品、维护另一个产品或者其他与当前冲刺无关的工作。团队还应该想到，在 1 天 8 小时里，团队成员实际上并没有完整的 8 小时来做 PBI。要成为好员工，少不了做一些日常事务——参加会议、回复邮件以及各种干扰等。

接下来，团队需要知道在一个冲刺里是不是有人会休假，因为这也会导致团队总体生产能力下降。

去除其他 Scrum 活动占用的时间、冲刺之外的工作时间和个人休假时间之后，剩下的就是团队在这个冲刺能够用来做 PBI 的时间。然而，在这个总体生产能力还要留出一些缓冲，以防有些事情的进展不如计划那么顺利。例如，我们所做的估算都不会是完美的，所以有些条目所涉及的工作量实际可能超乎我们的想象。或者还有一些（通常确实会有）别的差错。习惯于为意外问题留有余地是明智之举。

团队可以使用大量不同的方法确定具体可行的缓冲时限（例子可以参见 Cohn 2006）。在实践中，在团队执行几个冲刺和进一步理解需要预留多少余地来处理不确定性之后，就可以凭经验来判断了。

一旦定义缓冲，团队就可以确定该冲刺内有多少生产能力可以用来完成任务。

用故事点来表示生产能力

我们应该使用什么单位来衡量生产能力呢？有两个明显的答案：和 PBI 相同（通常是故事点或者理想人天）；和冲刺列表中的任务相同（工时）。

团队速率用 PBI 的单位来表示（比如故事点）。所以，如果我们用故事点表示生产能力，那么确定生产能力就相当于预测团队在下个冲刺的目标速率。

为了确定生产能力，可以从团队长期的平均速率开始或从团队前一个冲刺的速率（有时也称“昨日天气”）开始，以这两个速率的任何一个作为新一轮冲刺的初始估算速率。然后考虑它是否不同于通常的或之前的冲刺（也不一定不同）。由此得到的结果就是一个合理的、经过调整的新一轮冲刺的生产能力（预测速率）。

例如，假设团队平均速率在一个两周的冲刺里是 40 故事点。然而，我们现在正在计划的冲刺发生在美国 12 月份的最后两周，这意味着许多团队成员都要休假。如果使用平均速率 40，我们就会承担太多工作；如果假定这个速率接近 20（或上下）是团队在这个冲刺更实际的生产能力，我们就会比较从容。

用工时来表示生产能力

表示生产能力的另一个方法是使用工时。表 19.2 显示了在一个两周或 10 天的冲刺里如何确定团队执行任务级工作的（工时）生产能力。

表 19.2 显示的生产能力是通过以下步骤推算出来的。首先，团队成员表示在下一个冲刺里有多少天可以用（不可用时间的数量等价于图 19.5 中"个人休假时间"）。Betty 和 Rajesh 都计划参加为期两天的培训课程，所以他们两个人这个冲刺只有 8 天可用。Simon 计划了一个 3 天的周末，所以他有 9 天可用。

接下来，团队成员确定为其他 Scrum 活动留出多少时间。他们预留一天时间来做冲刺规划、冲刺演示和冲刺回顾。他们还要除开协助产品负责人梳理产品列表活动的时间。这些算在一起，意味着每个人可以用于执行任务级工作的时间又减少 2 天。

接着，团队成员确定他们每天有多少小时能够完全投入该冲刺的工作。每个人都给出一个范围，这个范围要考虑任何与 PBI 无关的其他类型的工作（等价于图 19.5 中"其他冲刺无关的承诺"）。例如，Simon 在这个产品上只有一半的时间，所以他估计在这个冲刺里一天只有两个小时做这个产品的相关工作。

在计算完个人休假时间、其他 Scrum 活动以及冲刺无关承诺之后，如表 19.2 所示，团队估算出能够用于做 PBI 的生产能力为 140～197 人时。

我会警告这个团队，不要承担 197 个工时的工作，因为那样做的话，工作量太饱和了，无法为其他活动留出缓冲。对于这个团队，更好的策略是使用一个大于 140 但肯定小于 197 的工时数作为这个冲刺能承诺的生产能力。

选取 PBI

在做冲刺规划时，无论哪一种方法都要求我们选取并对合适的 PBI 做出承诺。可以有几种选取方法。如果我们有冲刺目标，就选取与目标一致的 PBI。如果没有正式的冲刺目标，就默认从产品列表的顶部选取。我们从最上面的条目开始，然后逐渐移到下一条，以此类推。如果团队不能承诺完成下一个最高优先级的条目（也许因为技能的问题），就选取下一个合适的、次优先级的、看似能在约束条件下完成的条目。

我选取 PBI 的规则之一是，绝对不开始做完不成的条目。所以，如果下一个 PBI 太大，并且考虑到我们已经同意完成其他条目而无法在一个冲刺内完成它，就该试着把它分解成两个或者更多小的条目，每个对客户都有价值，或者考虑做我们能完成的其他条目。同时，如果就绪定义太好，也会妨碍我们选取 PBI，因为产品列表中的 PBI 要么定义糟糕，要么缺乏足够资源，要么受制于其他依赖，这些情况都会阻止我们在一个冲刺内完成它们。

“能完成才开始”这个规则基于我们应该限制 WIP 和“开工但完不成”会产生各种形式的浪费。我在第 4 章探讨了这两个原则。而且，把未完成的条目从一个冲刺带到下一个冲刺，并不能在所有各个冲刺结束时达到有一个潜在可发布产品增量的目标。

获得信心

为了获得信心，一种方法是使用预测速率来看承诺是否实际。如果预测冲刺速率是 25 故事点，团队选取的工作有 45 故事点，就该担心了。起码应该开始问为什么我们认为这个承诺靠谱。使用这种方式时，可以用速率对团队做出的承诺进行检查和权衡。

使用速率作为建立信心的唯一手段是有风险的，因为数字看起来不错，但根本无法兑现承诺。例如，如果预测冲刺速率是 25 故事点，而团队的承诺总共是 21 故事点，这就很合理。但是，除非我们深入任务级别，否则真的无法准确知道是不是真的能完成 21 故事点的 PBI，因为依赖问题、技能问题或其他问题都会导致团队实际无法按时全部完成。

大部分 Scrum 团队为了获得必要的信心，会把 PBI 拆分成多个任务，要求这些任务的完成符合 Scrum 团队认同的完成的定义。然后这些任务的工作量（通常用工时）从团队的生产能力中减掉。把 PBI 分解成任务需要精心设计，适时规划。

冲刺规划活动的结果是冲刺列表。图 19.6 就是一个例子，它表示 4 个 PBI（共 21 点），团队认为能在当前冲刺结束时完成它们。它还展示了一个计划（以任务形式），表明为实现冲刺目标要交付哪些 PBI。

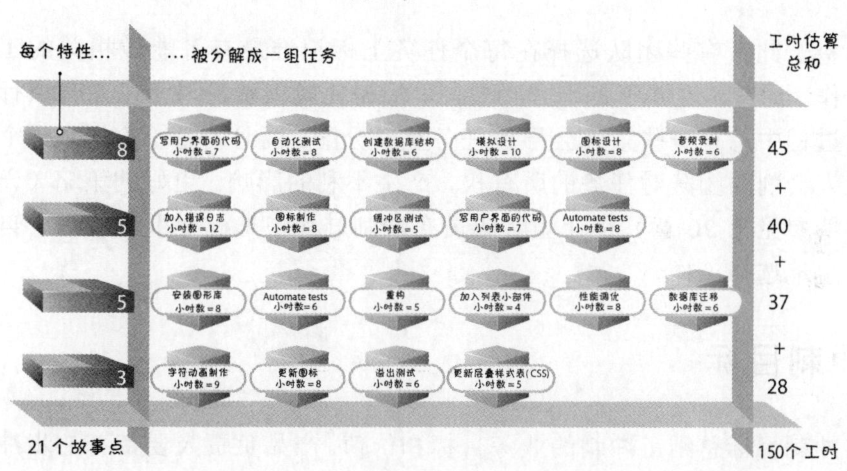

图 19.6　冲刺列表包含的 PBI 和任务计划

团队有没有做出合理的承诺呢？

如果团队预测速率是 25 故事点，承诺完成 21 故事点就看似合理。但是，让我们从任务级看一下承诺是否真的合理。这个 4 个 PBI 的任务总和是 150 个工时。假设做这个冲刺的团队就是表 19.2 中的团队，总共有 140～197 个任务工时的生产能力。承诺做 150 个工时比较安全——很可能还有合理的冲刺缓冲来处理可能的差错。

但是，只是因为 150 个小时是在 140～197 之间并不能保证承诺是靠谱的。回忆一下表 19.2，Simon 在这个冲刺总共 10 天的 9 天可用时间里，每天只有两三个小时做这个冲刺的工作。这意味着 Simon 在这个冲刺只有 14～21 个可用工时。如果 Simon 是唯一一个能做用户界面任务的人，怎么办？在这种情况下，团队可能就不能承诺图 19.6 所示的 4 个 PBI，因为它可能会在“Simon 生产能力”不足的情况下产生“用户界面生产能力”不足。

即使是在 Scrum 环境中，我们也通常不会在冲刺规划期间分配任务（注意，任务中并没有团队成员的名字），至少得快速考虑一下技能，否则会做出不靠谱的承诺。我们的承诺恰好在估算的总生产能力范围之内，并不意味着可以由此判断我们不会出现特定技能领域生产能力短缺的情况。

鉴于此，有些团队选择在每个任务上标记谁最有可能做相关的工作。通常，这并不是十分必要，可能也比较浪费，因为在冲刺执行过程中总有一些意外会导致任务重新分配。而且，把任务分配到个人会削弱团队对任务的所有权，产生不利的影响。更好的策略（详情参见第 20 章）是让团队成员在冲刺过程中见机行事，适时、自主地选择工作。

细化冲刺目标

冲刺目标总结了冲刺的业务目标和价值。产品负责人要带着初步冲刺目标参加冲刺规划活动。不过，初始目标可以在冲刺规划期间重新优化，因为冲刺规划的参与者可以一起决定实际能够交付哪些 PBI。

敲定承诺

在完成冲刺规划之后，开发团队敲定承诺，表明团队在冲刺结束时能够交付业务价值。冲刺目标和选取的 PBI 就是这个承诺的具体体现。

正如我在第 2 章提到的，有些人倾向于用“预计”来描述开发团队相信能在冲刺结束时产生的业务价值。我倾向于用“承诺”。不管你喜欢用哪种说法，都可以运用本章描述的冲刺规划方式。

这两种说法的微妙区别可能只影响开发团队确定交付的范围以及 Scrum 团队如何处理冲刺执行期间新涌现的信息（参见第 4 章对冲刺变更的讨论）。

结语

在本章中，我通过讨论冲刺规划的时间安排和参与者来详细描述冲刺规划活动。我讨论了两种冲刺规划方式。在第一种方式中，团队先选取一组 PBI，然后获得的确能够全部交付的信心。第二种方式选取一个 PBI 和同时获得信心，直到确定所有条目及获得相应的信心。我还解释如何用两种不同的方法确定开发团队有多少生产能力完成工作。在下一章，我将详细讨论规划完成之后的冲刺执行过程。

第 20 章

冲刺执行

为实现冲刺目标，Scrum 团队全力以赴执行冲刺任务。本章阐述的原则和技巧可以指导 Scrum 团队在冲刺执行期间的规划、管理、执行和沟通工作。

概述

冲刺执行有点儿像一个迷你项目——为交付一个潜在可发布产品增量而必须完成所有的工作。

时间安排

冲刺执行在一个冲刺中占大部分时间。它开始于冲刺规划之后，结束于冲刺评审开始之时（参见图 20.1）。

在一个为期两周的冲刺里，冲刺执行可能占 10 天里的 8 天。

参与者

在冲刺执行期间，开发团队成员自组织并想方法设达成冲刺规划期间确立的目标。

ScrumMaster 作为教练、引导师和“清道夫”参与冲刺执行，尽一切可能帮助团队取得成功。ScrumMaster 不会为团队分配工作或具体指导团队开展工作。自组织团队必须自己想办法。

图 20.1　冲刺执行

产品负责人在冲刺执行过程中必须在场，回答需要澄清的问题，检视工作进展，为团队提供反馈，在条件允许时讨论冲刺目标调整，验证 PBI 是否满足接收条件。

流程

冲刺执行活动如图 20.2 所示。

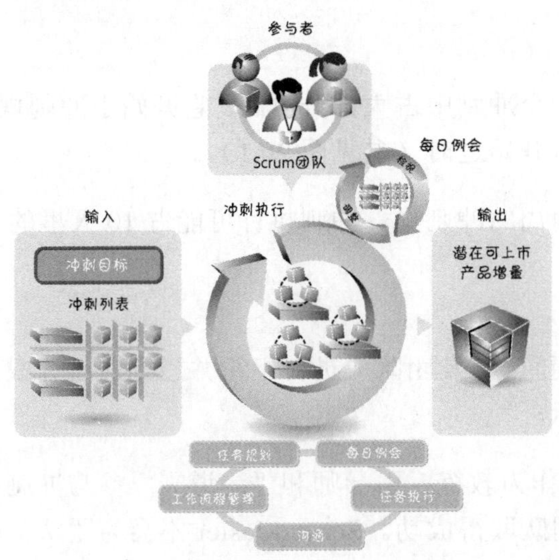

图 20.2　冲刺执行活动

冲刺执行的输入是冲刺规划期间产生的冲刺目标和冲刺列表。冲刺执行的输出是潜在可发布产品增量，即一组有高度信心的已完成的PBI——每个条目都满足 Scrum 团队认同的完成的定义（参见第 4 章）。冲刺执行包含规划、管理、执行和沟通工作，以确保创建这些可工作的、经过测试的特性。

冲刺执行规划

在冲刺规划期间，团队产生了一个达成冲刺目标的计划。大多数团队创建的是一个冲刺列表，其中通常列出 PBI、相关的任务以及估算的工时（参见图 19.6）。虽然团队可以创建完整的任务级冲刺执行计划（相当于冲刺的项目计划，或许以甘特图形式），但很难证明这么做有什么经济效益。

首先，我们并不清楚一个 5 到 10 人的团队是否真的需要一个甘特图来描述在下一个短期冲刺里谁应该在什么时候做什么。其次，即使团队想要甘特图，等团队开始工作的时候它很快也会变得不准确。冲刺执行才是关键的考验。大量的认知汇集并来源于实际的构建和测试。这种认知足以扰乱堪称最完美构想的早期计划。结果，团队不只是浪费宝贵的时间做计划，还得浪费更多时间调整它使其能够体现冲刺的实际执行。

当然，为了揭示重要的任务级依赖关系，最好能够稍做一些前期规划。例如，在冲刺期间，如果我们知道正在构建的特性必须专门做一个为期两天的压力测试，那么对团队来说，明智的做法是把工作安排一下，让这个测试至少在冲刺执行结束前两天开始。

冲刺执行的理想原则是见机行事，逐步明确任务规划，而不是试着事先列出一个完整而详细的工作计划（Goldberg and Rubin 1995）。在冲刺执行期间，团队为了适应环境变化，可以持续进行任务规划。

第 20 章

工作流程管理

在冲刺执行期间，为达成冲刺目标而管理工作流程是团队的责任。团队必须决定团队应该并行做多少工作，何时开始做某个具体条目的工作，如何组织任务级的工作，要做哪些工作，谁来做。

在回答这些问题的时候，团队应该抛弃原有的这些行为：试着让每个人都 100%忙碌（第 2 章阐述了这样做的后果）；相信工作必须按顺序完成；让每个人都只管自己的“一亩三分地”。

并行工作和蜂拥式

管理工作流程的一个重要环节是确定团队应该并行做多少个 PBI 才能最大化冲刺结束时交付的价值。一开始就做太多条目会使团队成员手头任务太多，反而导致完成单个条目的时间变长，质量降低。

图 20.3 是我在培训课上使用的一个简单例子，用来说明多任务并行的成本。

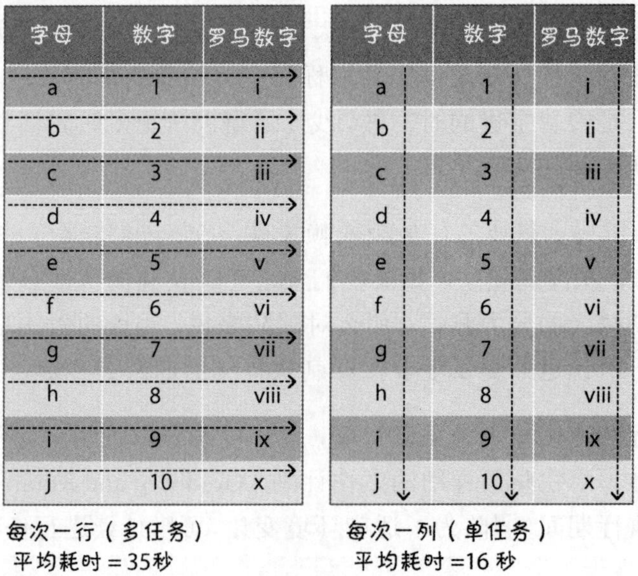

字母	数字	罗马数字
a	1	i
b	2	ii
c	3	iii
d	4	iv
e	5	v
f	6	vi
g	7	vii
h	8	viii
i	9	ix
j	10	x

每次一行（多任务）
平均耗时 = 35秒

字母	数字	罗马数字
a	1	i
b	2	ii
c	3	iii
d	4	iv
e	5	v
f	6	vi
g	7	vii
h	8	viii
i	9	ix
j	10	x

每次一列（单任务）
平均耗时 =16 秒

图 20.3　多任务并行的成本

这个例子的目标是完成两个相同的表格，在表格上写出字母 a～j，数字 1～10 以及罗马数字 i～x。一个表格每次按行来完成，而另一个则每次按列来完成。按行完成的表格代表多任务模式（先做字母任务，然后是数字任务，最后做罗马数字任务，接着重复这个顺序做下一个字母、数字、罗马数字）。按列完成的表格代表单任务模式。

图 20.3 说明，大多数人做按列完成的表格时，所花的时间是按行完成表格的一半。自己试试，记一下时间，就明白是怎么回事了！而且，如果有人出错，都是错在做按行完成的表格里。所以，即使最简单的多任务也需要很高的额外成本。可以想象，在做复杂的项目时，多任务会造成多少浪费啊！

同时做多个条目很浪费，同理，手头做的条目太少也很浪费。太少会造成团队成员的技能和生产能力得不到充分利用，导致完成的工作和交付的价值减少。

为了达到合理的平衡，我推荐团队做适量的条目，力求充分利用团队的 T 型技能（参见第 11 章）和可用生产能力（参见第 19 章），但又不至于负担过重。目标是减少完成单个条目的时间，同时最大化冲刺期间交付的总体价值（通常是冲刺期间完成的条目数）。

这种方法的常用术语是“蜂拥式”（swarming），是指有余力的团队成员聚在一起合力做完一个已经开始的条目之后再继续转做其他的条目。拥有火枪手态度和 T 型技能的团队会采用蜂拥式。仍然持有“各人自扫门前雪”态度的团队，必然有一些人会早早完成工作而其他一些人还深陷于未完成的工作。对于这种态度，比较有代表性的想法是“测试人员也许有‘他们自己的’工作要完成，但我完成这个特性的编码就可以接着给下一个特性编码了。”在一个鼓励蜂拥式开发的团队里，大家都知道最好保持专注并帮忙做完测试工作，而不是自己向前冲，开始做新的特性。

有些人误以为蜂拥式是一个保证团队成员都 100%忙碌的策略。它的目标不在于此。如果想确保每个人 100%忙碌，我们一开始就做所有 PBI 好了！我们为什么不那么做？因为那样会导致并发任务太多，最终减缓已完成条目的流动。从另一个方面说，蜂拥式有助于团队保持对目标的专注，而不是任务，这也意味着能更快完成更多工作。

虽然蜂拥式提倡同时少做一些条目，但并不一定意味着一次只做一个。在特定情况下，一次只做一个条目可能是对的，但只一味强调所有团队成员应该一次共同做一个条目，可能很危险。如果考虑实际要完成的工作、团队的技能和同时存在的其他条件（需要决定是否开始做其他条目），多做几个不同的条目可能更合适。

另一种危险的方式是，把瀑布式思维应用于冲刺级别，把冲刺执行当成一个迷你瀑布项目。使用这种方式，我们一开始就会同时做所有 PBI。首先，分析这个冲刺要做的所有条目，按顺序完成全部设计、然后编码和测试（参见图 20.4）。

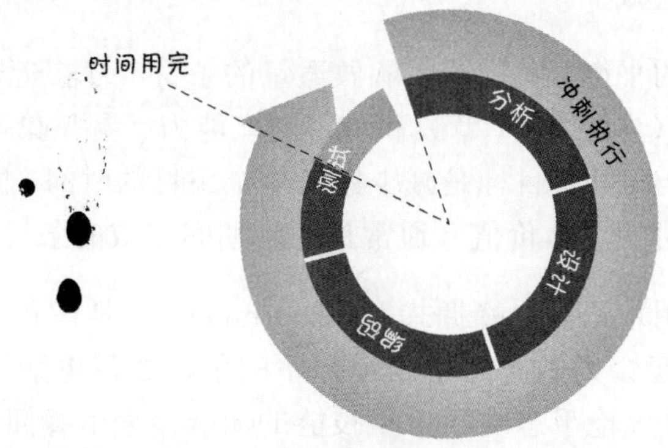

图 20.4　冲刺执行过程中的迷你瀑布方式（糟糕的主意）

虽然这种方式看似符合逻辑，但实际上非常危险。如果团队的时间不够完成所有测试，怎么办？我们有一个潜在可发布产品增量吗？没有，因为一个合理的完成的定义绝对不接受未经测试的特性。使用迷你瀑布策略，我们最后可能完成每个特性的 90%，但就是没有任何一个特性能够做到全部 100%完成。对产品负责人而言，部分完成的工作没有任何经济价值。

从哪个 PBI 开始

假设不同时开做所有 PBI，团队就得在某个时间点决定下一步做哪个 PBI。

挑选 PBI 最简单的方法是，选择产品负责人认为优先级最高的条目（通过它在产品列表中的位置确定）。这种方法有一个明显的优点，即能确保当前冲刺中未完成条目的优先级低于已完成条目的。

遗憾的是，由于技术依赖或技术能力的限制，可能无法按这个顺序来选，因而这种最简单的方法并不见得总有效。开发团队需要见机行事并做出合适的选择。

如何安排任务

一旦决定开始做一个 PBI，开发团队就必须确定如何执行该条目的任务。如果对一个单独的 PBI 使用瀑布方式，我们就需要分析、设计、编码，最后测试。

如果团队认为有一个预先确定的、符合逻辑顺序的工作安排（例如，在测试之前必须先构建），会使团队没有机会用其他不同的、可能更有效的方式做事。例如，我经常听到新团队说："我们的测试人员在冲刺前期等着测试特性时做什么呢？"我的回答通常是："对测试优先的开发团队，测试是在真正开发之前写的，测试人员才是最开始做特性工作的人（Crispin and Gregory 2009）！"

传统的角色思维定势长期困扰着很多团队。我们需要关注价值交付思维，拥有这个思维的团队成员灵活，组织任务并安排合适的人选来做这些任务。这样一来，等待时间少了，工作交接的规模和频率也少了。比如，这可能意味着两个人在冲刺执行的第一天结对，以一种高度交叉的方式工作，使用快速循环来创建测试、创建代码、执行测试，优化测试和代码，然后重复这个循环。这种方式能够使工作一直流动（没有阻塞的工作），也支持快速反馈，因此能够快速发现问题和解决问题，并使团队成员有机会发展 T 型技能，进而能够以蜂拥式完成一个条目。

需要完成哪些工作？

为了完成一个 PBI，团队需要做哪些任务级别的工作？这最终由团队决定。产品负责人和经理必须信任团队成员，他们是认真负责并有志于建功立业的专业人士。因此，他们需要授权团队个体，放手让他们竭尽所能以经济合理的方式构建创新解决方案。

当然，对完成哪些任务级别的工作，产品负责人和经理可以提供有影响力的意见。首先，产品负责人要确保定义特性范围及相应的接收条件（第 6 章描述了就绪的一部分定义），两者一起提供任务级工作的边界。

产品负责人和经理还要为完成定义提供业务要求。例如，如果业务要求每个冲刺开发的特性需要在冲刺结束时发布给最终客户，就会影响到团队要做哪些任务级工作（更侧重于让特性在生产环境下运行的工作，而不仅仅是完成构建并测试）。

总之，产品负责人必须和团队一起工作，确保以经济合理的方式做出具有重要业备价值意义的技术决策。在这些决策中，有一些会被纳入完成定义中的技术细节。例如，Scrum 团队可能共同决定做自动化回归测试（有成本效益优势）很重要，那么这个决定就会影响到任务级的工作（构建和运行自动化测试）。

其他决策和特性相关。团队需要投入多少精力做一个特性，通常都很灵活。例如，增强和优化一个特性可能在技术上很有吸引力，但从产品负责人的角度看，目前或者将来都不值得额外投入成本。反之，设计上的一些捷径或对测试的时机、位置与方式抄近道也有不容忽视的经济后果，必须加以（参考第 8 章的对技术债的相关讨论）。团队要和产品负责人一起探讨这些取舍并做出经济合理的选择。

谁来做具体工作？

每个任务应该由谁来做？明显的答案是能够最快且正确完成这个

任务的人。如果这个人不在怎么办？或许她正在做其他更重要的任务，或许她生病了，但这个任务需要马上完成。

有许多因素影响着哪些人负责做哪些具体任务，团队成员都有责任考虑各种因素，然后做出较好的选择。

如果团队成员有 T 型技能的时候，每个任务，团队里都好几个人都能做。如果成员在某些技能上重叠，团队就能够在冲刺执行期间几个人合力完成制约 PBI 流程的任务，使团队更高效。

每日例会

每日例会是一个关键的每日检视-调整活动，可以帮助团队以更快、更灵活的工作流完成解决方案。正如第 2 章所述，每日例会每 24 小时一次，每次控制在 15 分钟以内。每日例会的目的是检视、同步和调整每日计划，帮助自组织团队把工作做得更好。

每日例会的目标是聚集想要达到冲刺目标的人，分享迭代进展的全貌，从集体的角度理解有多少工作要做、要开始做哪些条目以及各成员之间如何最好的方式组织工作。每日例会还有助于消除等待。如果有阻碍工作流的问题，团队绝对当天就可以讨论。不难想象，如果团队成员每周只开一次会，肯定体会不到快速反馈的好处（参见第 3 章）。总之，每日例会是工作流管理必不可少的活动。

任务执行：强调技术实践

我们寄希望于开发团队成员在工作中发挥自己的技术特长。我并不是说只有明星团队才能用好 Scrum。但是，短期、时长固定的迭代（总期望交付潜在可发布的产品增量）确实会对团队施加适当的压力，让他们能够完成工作并很好地控制技术债。如果缺乏恰当的技能，团队成员很可能敏捷不起来，无法交付长期、稳定的商业价值。

如果使用 Scrum 来开发软件，团队成员需要熟练应用软件开发技术实践。我不是指深奥难懂的技能，而是已经用了数十年但仍然决定着 Scrum 或（存在一些争议）其他任何软件开发方法（例如持续集成、自动化测试、重构和测试驱动开发等）成败的技能。现在，敏捷社区把这些技术实践称为“极限编程”（Beck and Andres 2004），但大多数实践其实在此之前就有（参见图 20.5，极限编程技术实践的一个子集）。

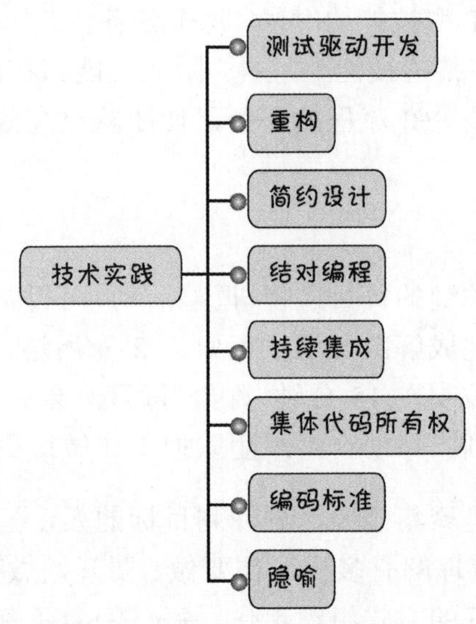

图 20.5　极限编程的技术实践子集

例如自动化测试，它对图 20.5 中的几种实践非常必要。不重视自动化测试，开发团队很快就会慢下来并面临着越来越大的风险。到某个时候，会达到这样的程度：团队必须用整个冲刺来重新以手工方式对之前开发的特性进行回归测试。此时，如果团队选择不在每个冲刺重新运行所有手工测试，就会导致缺陷往前传递，系统的技术债越积越多。如果不开始做自动化测试，你肯定不可能顺利走上敏捷的“康庄大道”。

针对其他核心技术实践，也可以做出相似的论断。大多数团队在做任务级工作的时候，只有积极采用良好的技术实践，才能体会到 Scrum 的长期好处。

沟通

在短时间内以小团队方式工作，好处之一就是不需要复杂的图表和报告来沟通进展情况！虽然可以使用任何一种高度可视化的方式来沟通，但大多数团队结合使用任务板和燃尽图和/或燃烧图作为主要的信息雷达。

任务板

对于快速沟通冲刺进度，任务板是一种简单而强大的方式。从形式上看，任务板显示的是冲刺列表随时间的进展状态（参见图 20.6）。

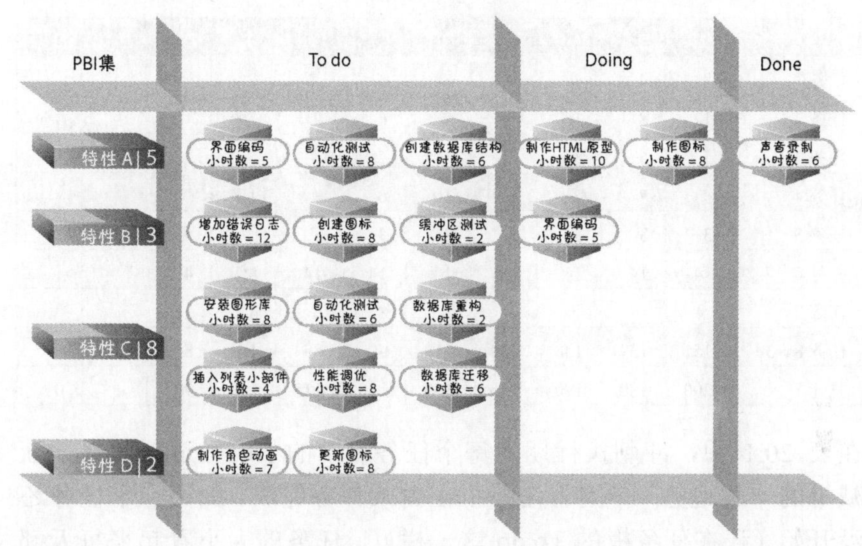

图 20.6 任务板实例

在这个任务板上，显示的是计划在当前冲刺完成的所有条目以及完成此条目所需要的任务集。所有任务开始都在 To do 一栏里。一旦决定适合做一个条目，团队成员就开始在 To do 这一栏选择任务，然后把这些任务移到 Doing 这一栏，以表明哪些工作已经开始。当一个任务完成之后，就会被移到 Done 这一栏。

当然，图 20.6 只是用来说明任务板结构的。如果团队认为其他状态也有助于可视化工作流程，可以选择在任务板上设置。事实上，有一种敏捷方法叫看板（Anderson 2010），它使用详细信息来可视化工作流的不同阶段。

冲刺燃尽图

在冲刺执行期间的每一天，团队成员都要更新每个未完成任务的剩余工作量估算。我们可以创建一个表来使数据可视化。表 20.1 显示了一个 15 天冲刺，开始的时候有 30 个任务（表中没有显示所有的天数和任务）。

表 20.1　冲刺列表中里每天估算的剩余工作量

任务	D_1	D_2	D_3	D_4	D_5	D_6	D_7	D_8	D_9	…	D_{15}
任务 1	8	4	4	2							
任务 2	12	8	16	14	9	6	2				
任务 3	5	5	3	3	1						
任务 4	7	7	7	5	10	6	3	1			
任务 5	3	3	3	3	3	3	3				
任务 6	14	14	14	14	14	14	14	8	4		
任务 7						8	6	4	2		
任务 8～30	151	139	143	134	118	90	89	101	84		0
总计	200	180	190	175	155	130	115	113	90		0

在表 20.1 中，冲刺执行期间每个任务剩余的小时数遵循每天逐渐减少的一般趋势——因为任务正在做或任务完成。如果一个任务还没开始（还在任务板的 To do 这一栏），任务的大小看起来每天都一样，直到开始做。当然，一个任务的工作量事实上可能超过预期，如果是这样，任务的大小规模可能会一天一天增长（参见表 20.1 的任务 1，第 2 天和第 3 天），因为前一天没有做或前一天做了这个任务，但估计的剩余工作量没变。

和承诺的 PBI 相关的新任务也可以随时加入冲刺列表。例如，在表 20.1 的第 6 天，团队发现任务 7 没有做，所以就加上了。没有什么理由不允许向冲刺列表添加任务。它表示团队完成 PBI（团队承诺要做完的）必须做的实际工作。允许把未预见到的任务加入冲刺列表并不是当前冲刺引入新工作内容的漏洞。它只是承认在冲刺规划期间我们无法完全定义整个任务集足以对承诺的 PBI 完成相关的设计、构建、集成和测试。在工作过程中，能够而且也应该根据我们的理解来调整冲刺列表。

如果把表 20.1 中 Total 那一行画出来（即表示特定日期未完成任务剩余工作量的总和），画在一张图上，我们就得到 Scrum 用来沟通进度的另一个工件——冲刺燃尽图（参见图 20.7）。

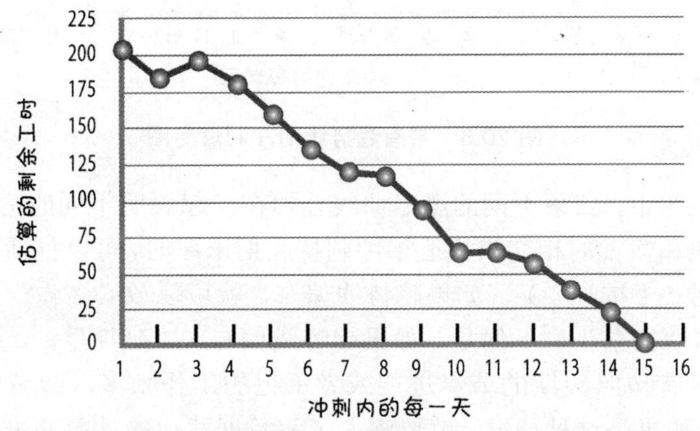

图 20.7　冲刺燃尽图

第 18 章讨论了版本燃尽图，其中，纵轴的单位是故事点或理想天，横轴的单位是冲刺的编号（参见图 18.11）。在冲刺燃尽图中，纵轴单位是估算的剩余工作量，横轴的单位是一个冲刺里的总天数。图 20.7 显示在冲刺第一天估算有 200 个剩余工时，到第 15 天（三周冲刺的最后一天），剩余工时变成 0。冲刺燃尽图每天都要更新，体现所有未完成任务的剩余工作总量。

和版本燃尽图的作用一样，冲刺燃尽图对跟踪进度比较有用，而且也能作为一个主要指标来预测工作完成时间。在任一时间点，我们都能根据历史数据计算出一个趋势线，从中看出如果按照当前节奏范围不变时的预计完成时间（参见图 20.8）。

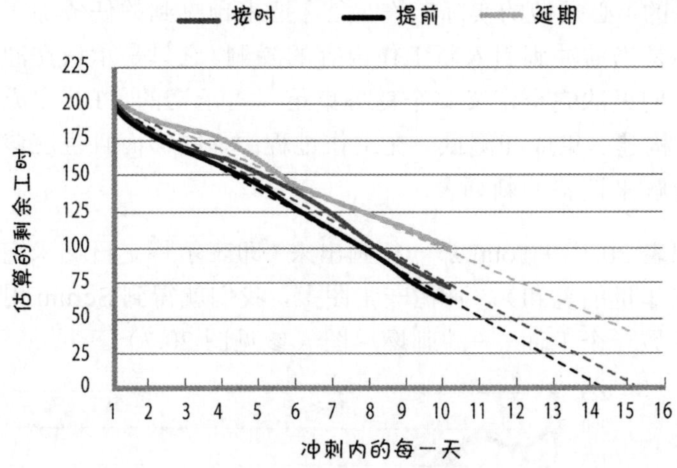

图 20.8　带有趋势线的冲刺燃尽图

在这张图中，三条不同的燃尽曲线叠加在一起表明不同的情况。当趋势线和横轴的相交点接近于冲刺持续期末尾时，可以推断我们干得不错（“按时”）。如果趋势线偏左，就可以放心多做一些其他工作（“提前”）。但是，如果趋势线偏右（“延期”），就说明我们没有按照预期的节奏进展或者承担的工作太多（或者两者兼有）。如果是这种情况，就要深入了解数据背后的故事并采取必要的行动。通过趋势线，我们可以从另一套重要的数据进一步了解如何管理冲刺内部的工作流。

冲刺列表和冲刺燃尽图一直使用剩余工作量。它们不捕捉实际花掉的工作量。Scrum 不特别需要记录实际工作量，但是，组织也许因为非 Scrum 原因（如成本核算或税赋）而希望如此。

冲刺燃烧图

和版本燃烧图（在版本开发过程中可视化进度的一种方式）相似，冲刺燃烧图也是在冲刺过程中可视化进度的另一种方式。两者表示在达成目标过程中所完成的工作量，一个是版本目标，一个是冲刺目标。

图 20.9 显示了一个冲刺燃烧图。

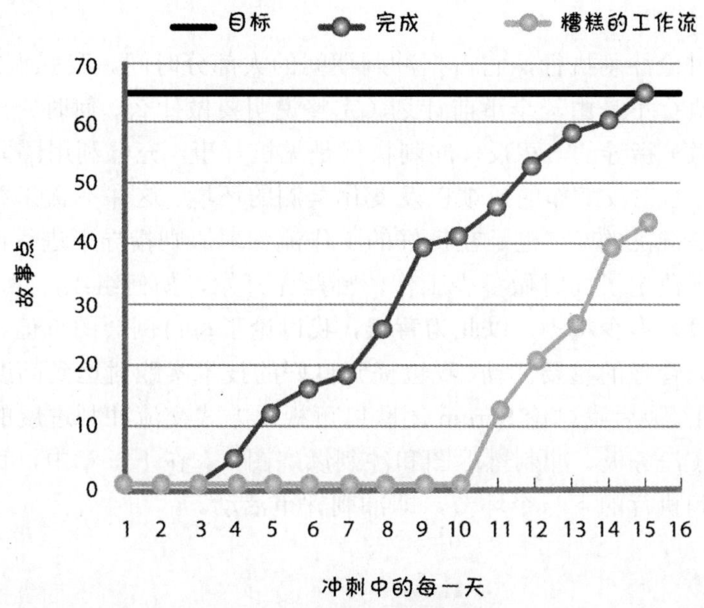

图 20.9　冲刺燃烧图

在冲刺燃烧图中，工作或用工时表示（就像冲刺燃尽图那样），或用故事点表示（如图 20.9 所示）。很多人倾向于在燃烧图中使用故事点，因为在冲刺未尾对 Scrum 团队最有用的就是在冲刺中完成的有商业价值的工作，而这些工作是用故事点（或理想人天）来衡量的，不是任务的小时数。

同样，如果衡量完成 PBI 的故事点，立即能感到工作流和团队完成 PBI 的方式都不错。为了说明这个观点，第三条线（叫“糟糕的工作流”）也被包含在冲刺燃烧图内（这条线一般不会包含在内，加在这里只是做比较）。“糟糕的工作流”表明如果团队一开始同时做太多 PBI，会导致条目被推迟到冲刺后期才完成，从而达不到冲刺目标，因为同时做太多工作会降低生产速率，做大型 PBI 花的时间太长或者由于其他行动而导致工作流糟糕。

第 20 章

结语

本章讨论冲刺执行，它占据冲刺期间的大部分时间。我强调指出，冲刺执行不是由一个事前计划（完整说明要做什么、何时完成、由谁来做）指导的。相反，冲刺执行是见机行事，充分利用团队的技能、对已完成工作的反馈以及变化莫测的环境。这并不意味着冲刺执行是混乱的，它也是在良好的工作流管理原则指导下进行的，这些原则决定了同时做多少工作，哪些先开始，如何组织，谁来做，需要投入多少精力。以此为背景，我讨论了每日例会的价值，它是工作流管理的重要活动。我也提到良好的技术实践对达到高度敏捷的作用。最后我讨论 Scrum 团队以可视化方式交流冲刺进展的不同方法（任务板、冲刺燃尽图和冲刺燃烧图）。在下一章中，我会讨论冲刺执行的下一个环节，即冲刺评审活动。

第 21 章

冲刺评审

临近冲刺结束时，团队要进行两个重要的“检视-调整”活动：冲刺评审和冲刺回顾。冲刺评审的重点是产品本身。冲刺回顾考查的是团队的产品构建过程。

本章描述冲刺评审：目的、参与者、评审需要做的工作。本章最后要讲冲刺评审的几个常见问题。

概述

在冲刺规划期间，我们要制定工作计划。在冲刺执行期间，我们是在实际完成工作。在冲刺评审期间，我们检视（并调整）工作成果（潜在可发布产品增量）。冲刺评审发生在每个冲刺周期快要结束时，在冲刺执行之后、冲刺回顾之前（偶尔也发生在冲刺回顾之后）（参见图 21.1）。

冲刺评审使每个可以对产品开发工作提出建议的人有机会检视和调整当前构建的产品。冲刺评审让人们清楚看到产品当前的状态，包括各种让人头疼的真相。此时可以提问、发表见解或给出建议，讨论结合当前实际最好采取哪些措施。

因为冲刺评审有助于确保组织正在创建成功的产品，所以它是 Scrum 框架中最重要的认知循环之一。而且，因为冲刺持续期很短，所以这个循环也很快，能够频繁校正路线，让产品开发沿着正确的方向前进。如果把这种反馈推迟到很后期，并且假设所有工作都要以某个基线计划来进展，我们会像很多人习以为常的那样惊讶、失望和沮丧。

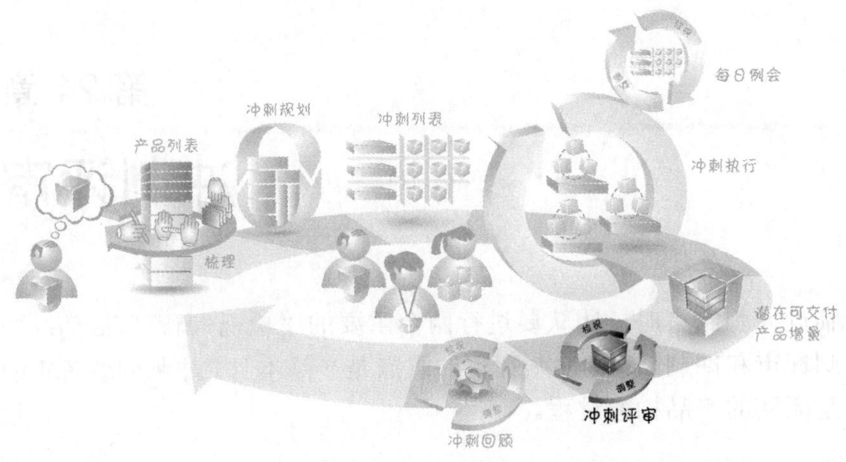

图 21.1　冲刺评审

参与者

冲刺评审为 Scrum 团队提供了一个重要的机会，使他们能从不参加每日例会的人那里得到反馈。对后者而言，冲刺评审则是他们第一次有机会看到和讨论冲刺工作成果。因此，冲刺评审是所有相关人员都应当参加的。像表 21.1 总结的那样，参与者可能来自各方。

表 21.1　冲刺评审参与者的来源

来源	描述
Scrum 团队	产品负责人、ScrumMaster 和开发团队都应当在场，以便都能够听到反馈，能够回答有关冲刺和产品增量的问题
内部利益干系人	业务负责人、管理人员和经理应当亲眼看看进展情况，以便给出校正建议。至少对内部产品开发来说，内部用户、主题事务专家和与产品相关的业务部门运营经理应当参加

续表

来源	描述
其他内部利益干系人	销售、市场营销、支持、法律、法规和其他 Scrum 及非 Scrum 开发团队可能需要参加冲刺评审，提出与领域相关的反馈，或使其团队工作与 Scrum 团队的工作保持一致
外部利益干系人	外部客户、用户和合作伙伴可以向 Scrum 团队及其他参会者提供有价值的反馈

Scrum 团队的所有成员（产品负责人、ScrumMaster 和开发团队）都要参加每次冲刺评审，描述工作成果，回答问题，直接体会第一手反馈所带来的好处。

内部利益干系人，例如业务领域负责人（他们可能是出资人）、管理层、资源经理及其他经理，也都要参加。他们的反馈可以确保团队的工作进展能取得经济合理的成果。而且，冲刺评审也便于我们趁机了解产品开发工作的状态。此外，对于内部开发工作，因为用户也在组织内部，所以用户代表也应当参加评审。主题事务专家能够提出非常好的反馈，所以也应该参加评审。

组织中的其他人可能也想参加。销售人员和市场营销专家往往会到场。对于产品是否畅销，他们会给出非常好的反馈。其他团队，例如支持、法律、法规等，也可以参加冲刺评审，了解团队的进展，及时向团队提供意见，更好地估计何时开始他们那部分相关工作。

其他从事相关开发工作的内部开发团队也可能派代表参加，以便搞清楚产品的进展情况并对正在做的事情以及对现有开发工作可能造成的影响提出相关意见。

一个好的想法是，至少要让外部利益干系人（例如在建产品的实际客户或用户）定期参加评审。邀请他们来到会议室，团队可以从他们那里得到直接反馈而不是通过内部利益干系人得到间接（代理）反馈。也许不必让外部利益干系人每次都参加冲刺评审，如果知道某次评审主要包含一些内部讨论，最好只限内部利益干系人参与。如果想让外部利益干系人参加，除非只有一个利益干系人，否则应当考虑从众多潜在客户或用户中选出最适合的人选，可以依据常识再结合人们的要求和个性来确定。

准备工作

虽然冲刺评审是一个非正式的活动，但 Scrum 团队也需要完成一些起码的准备工作（参见图 21.2）。

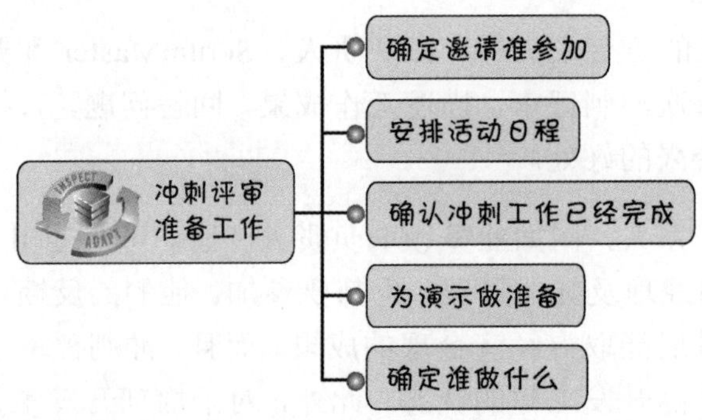

图 21.2　冲刺评审准备工作

准备工作包括：确定邀请谁参加；安排冲刺评审日程；确认冲刺工作已经完成；为冲刺评审演示做准备；确定由谁来主持会议；谁来演示。

确定邀请谁参加

Scrum 团队首先需要确定哪些人要定期参加冲刺评审。我们的目标是把合适的人请到会议室，获得最有价值的反馈。除非有很好的理由不邀请某个人或某个团队，否则目标范围应该大一点，不感兴趣的人可以不参加——如果他们感兴趣，可以到会议室参加会议。

偶尔，团队可能需要限制参会人数。例如，如果觉得某个人或某个团队的意见对这次冲刺评审非常重要，团队就需要重点关注他们。或者，团队在这个冲刺中可能为某个特定客户构建一个特性，所以无法邀请该客户的竞争对手参加评审。

如果估计会出现这些情况，可以确定一个应当邀请参加每次评审的核心小组，然后在每个冲刺分别向某些团队或某些客户发出邀请。

安排活动日程

需要安排冲刺评审的活动日程（何时、何地、多长时间）。在四个需要执行且反复出现的活动中（冲刺规划、每日例会、冲刺评审、冲刺回顾），因为冲刺评审包含 Scrum 团队之外的很多人，所以在时间上最难安排。其他三个反复出现的活动只涉及 Scrum 团队成员，所以可以安排在团队最方便的时候。

为了便于安排时间，首先要确定关键的利益干系人（也就是刚才提到的核心小组）喜欢在什么时候进行冲刺评审——比如，周五下午两点钟——然后围绕这个固定日期安排其他冲刺活动。如果像第 4 章讨论的那样，使用持续期一致的冲刺（比如，每隔两周），我们可以使用固定的节奏（每两周的周五下午两点）安排好所有的或者至少大部分冲刺评审会议。这样做有两大好处：减少管理负担和成本；增加出席率。

取决于几个因素，冲刺评审持续时间的长短是可变的，这些因素包括冲刺长度、团队规模以及是否多个团队参加同一个评审。不过一般来说，冲刺评审不会超过 4 个小时。很多团队发现一个有用的规则：每周冲刺安排一个小时。换句话说，对于一个两周的冲刺，评审时间不应当超过两小时，对于 4 周的冲刺，不应当超过 4 小时。

确认冲刺工作完成

在冲刺评审时，只允许团队展示已经完成的工作——满足认同的完成的定义。关于这个主题更多的内容，请参见第 4 章。这意味着在冲刺评审之前的某个时候已经有人确认每个条目是否已完成。要不然，Scrum 团队怎么知道该展示哪些条目呢？

产品负责人最终确认工作是否完成。第 9 章说过，在冲刺执行期间，当 PBI 可以评审时，产品负责人要根据需要适时评审。这样一来，到冲刺评审时，团队就可以知道哪些条目完成了。

不是每个人都赞同这个观点：产品负责人在冲刺评审前应当对工作进行评审。有些实践者认为，只有在冲刺评审时，产品负责人才应当评审并正式接受工作。他们认为，如果允许产品负责人在冲刺中评审产品，除了澄清疑问之外，他可能还会提出变更，而改变目标这样的变更会破坏冲刺执行（参见第 4 章）。

这是一个潜在的风险，但是产品负责人尽早评审所带来的好处（快速反馈）远远超过任何一种不利因素。而且，如果产品负责人到冲刺评审会才第一次看到团队的工作，未免太迟了。原因如下。在冲刺执行过程中，产品负责人必须能够解答问题并澄清 PBI。在履行这些职责时，产品负责人还要评审团队取得的进展，提供关键的、现场的反馈，这种方式及时、有成效。把这种反馈推迟到冲刺评审会产生不必要的工作，使团队沮丧："这个问题在冲刺过程中很容易修复，你当时为什么不说呢？"还可能使利益干系人恼火："如果在冲刺中处理了这些事情，这个特性本来是有可能交付的！"

不过，除此之外，如果产品负责人在冲刺评审中驳回或质疑工作成果，可能会招致 Scrum 团队其他人的反对。在利益干系人看来，这种脱节是大家都很熟悉的、带有敌意的"我们还是他们"的问题。产品负责人和开发团队属于同一个 Scrum 团队，在评审会上应当表现得像一个团队。

演示准备工作

因为团队在冲刺评审时展示的所有工作都已经完成（潜在可发布），所以在演示前不会花很长时间做准备工作。做准备的目的是以开诚布公的方式进行检视和调整，不是要上演好莱坞大片，更不是为了闪亮登场赢得满堂喝彩。

冲刺评审的目的是举行一次仪式少、价值高的非正式会议。没有必要投入很多时间制作精美的 PPT。而且，我参加冲刺评审的本意是看到可工作的软件，结果看到的却是 PPT，我就会担心。我会想："他们真的完成工作了吗？为什么不把做好的产品给我看呢？"

大多数团队都有规定，对于一周冲刺，冲刺评审准备工作所花的时间不超过 30 分钟到 1 小时。此外，很多人也同意只展示为实现冲刺目标而产出的工件。

当然，这个规定可以有例外。我曾经和一个组织一起做过美国军方的一个合同。大多数时候都是政府雇员（普通士兵）来参加冲刺评审。不过，偶尔也有将军特意来参加冲刺评审。此时多花一点时间精心准备是完全可以理解的！

确定谁做什么

在冲刺评审前，团队需要确定 Scrum 团队中谁负责组织评审工作，谁演示已经完成的工作。一般由 ScrumMaster 来组织，但可能由产品负责人宣布评审开始、致辞欢迎利益干系人团队成员和概要介绍冲刺工作成果。至于演示已经完成的工作，我倾向于让开发团队的每一位成员在某次冲刺评审中都有机会亲自动手演示，而不是每次冲刺评审都由同一个人进行演示。不过，我尽量不干涉。我让 Scrum 团队自己决定，只要评审活动能够取得最好的效果。

方式（方法）

冲刺评审活动如图 21.3 所示。

冲刺评审的输入是冲刺列表和/或冲刺目标及团队实际产生的潜在可发布产品增量。

冲刺评审的输出是经过梳理的产品列表和更新后的版本计划。

执行冲刺评审的常见方式是：总结或概要说明冲刺目标中哪些完成了、哪些没有完成；演示潜在可发布产品增量；讨论产品当前状态；调整产品未来方向。

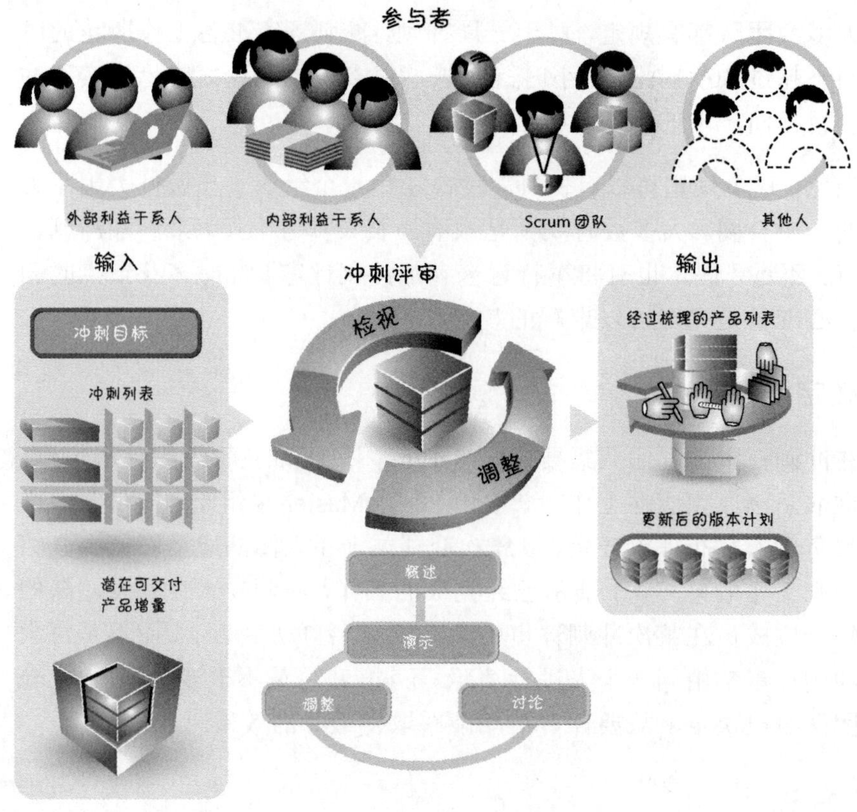

图 21.3　冲刺评审活动

总结

冲刺评审开始时，首先由 Scrum 团队成员（常常是产品负责人）展示冲刺目标并展示与冲刺目标相关的 PBI，概述在冲刺中实际产生的产品增量。这些信息以总结或概括的方式说明当前冲刺的成果，与冲刺目标进行对比。

如果结果与目标不符，Scrum 团队要给出解释。重要的是冲刺评审不要成为一个指责人的场合。如果没有达到目标，每个参会者都不要去指责别人。评审的目的是描述完成的目标，然后利用这些信息确定最佳前进路线。

演示

冲刺评审常常被误认为是“冲刺演示”或干脆被当作“演示”。虽然演示在冲刺评审中很有帮助，但它并不是冲刺评审的目的。

冲刺评审最重要的好处是参与者之间的深入交谈和合作能碰撞得出有建设性的、实际可行的调整建议。演示实际完成的工作成果是一种有效的途径，能使人们围绕着具体的东西展开积极的对话。对话最能够使人们集中精力观察产品的实际运作方式。

正如准备工作中确定的那样，一个或多个 Scrum 团队成员演示产品增量的所有相关内容。在某些组织，例如游戏工作室，更有效的方式是让利益干系人自己做演示，也许还可以试着玩一玩冲刺中开发的游戏增量。

但如果没有可以演示的东西怎么办？如果团队什么工作也没有完成，肯定就没有任何东西可以演示，此时，冲刺评审要重点讨论为什么这个冲刺没有任何工作进展，这对今后的工作有什么影响。不过，如果构建的东西不容易演示，则是另外一回事儿。比如，假设团队在这个冲刺只做架构工作（构建“胶水代码”）。如果是这样，开发团队就可能认为展示胶水代码没有意义。但这种说法绝对不正确。原因如下。

对于只做“胶水代码”工作的团队，需要说服产品负责人让纯技术 PBI 进入冲刺。在第 5 章讨论过，如果产品负责人允许纳入这样的条目，就必须理解做这个工作的价值，必须知道如何判断工作是否完成。另外，大多数团队都会在就绪定义中包含一点，即 Scrum 团队知道如何在冲刺评审中演示 PBI。

团队至少得有一些测试程序来证明完成的工作满足产品负责人的要求。因为团队在冲刺评审时只能展示已完成的工作，所以这些测试程序必须能够跑得通。这样，团队在冲刺评审时至少可以使用这些测试程序来演示。不过在一般情况下，团队成员如果勤于思考，可以做得更好。难以演示不能成为逃避演示的借口。

讨论

产品增量演示会成为深度讨论的焦点。积极鼓励参会者就产品和方向发表言论、评论与合理的讨论。不过，冲刺评审不是用来深入解决问题的，这类工作应当留到另一个会议进行。

热烈的讨论使非 Scrum 团队的参与者能够提出问题，了解产品当前的状态，帮助指导产品的方向。同时，Scrum 团队成员在获得未来客户或用户的反馈意见之后，能够更深入地从业务和市场两方面理解产品。

调整

通过演示和讨论，团队能够提出并回答下面几个问题。

- 利益干系人喜欢他们看到的东西吗？
- 他们希望看到变化吗？
- 产品在市场上或对内部客户来说仍然是一个好的想法吗？
- 我们是否遗漏重要的特性？
- 我们是否在不必要的特性上过度开发 / 投入？

提出并回答这些问题，为调整产品列表和版本计划提供更多输入。

第 6 章说过，大多数团队在冲刺评审会上都会顺带做一些梳理工作。随着每个人都进一步了解当前开发工作和进展情况，常常会建立新的 PBI，重新排列现有 PBI 的优先顺序或删除不再需要的 PBI。这个梳理活动可能影响团队在下一个冲刺中的工作内容。

另外，正如第 18 章所述，冲刺评审期间所做的梳理工作也可能影响更大范围的版本计划。例如，根据冲刺评审会的讨论和结论，我们可能决定修改版本计划的一个关键变量：范围、日期或预算。比如，在评审当前产品增量后，我们可能决定不再开发产品的某个重要特性（更改范围）。这个决定必然会影响当前版本计划。

通过冲刺评审，我们有机会在每个冲刺结束时找出调整方案，响应变化（此时这样做还不需要付出太多代价）。

冲刺评审的问题

不过，冲刺评审也不是没有问题的。我和很多使用 Scrum 的组织合作过，发现冲刺评审有几个常见的问题，包括签字接收、参与不足和大项目相关问题。

签字接收

在冲刺评审中，签字接收可能会有问题。我们首先想到的问题是："在冲刺评审时签字接收（批准）PBI，这种做法是否合适？"前面说过，早在冲刺评审开始之前，产品负责人就必须对工作进行评审，确认工作是否完成（满足大家一致同意的"完成"的定义）。因此，冲刺评审不应当成为正式批准或签字接收的活动。相反，在冲刺评审开始前，PBI 就应当已经通过产品负责人"批准"。

不过，假如在冲刺评审时，有一位级别高的利益干系人不同意接收产品——他认为 PBI 没有完成。这种反馈虽然有价值，但我仍然认为产品负责人宣布最初工作已经完成，那就完成了。第 9 章讨论过，产品负责人必须是具有授权的产品领导力的核心。为此，产品负责人这个位置必须有权批准或驳回，参加冲刺评审的其他人不能行使这个权利，不管他的级别有多高。

这并不是说产品负责人应当忽略某个特性达不到利益干系人预期的评论。如果这样，恰当的做法是把对特性的变更纳入日程表，建立一个新的 PBI，反映级别高的那个利益干系人想要的特性，然后把条目插入产品列表并在今后的冲刺中完成。产品负责人还应当调查为什么自己和利益干系人的观点不一致，然后做出调整，以免今后还有误解。

断断续续地参与

冲刺评审是一个关键的"检视-调整"活动，值得花时间参与。但在有些组织中，却只能断断续续地参加这种活动。

断断续续地参加，一个常见原因是利益干系人有很多事情要做，其他高优先级的事情让他们无法参与冲刺评审。这种情况明显表示组织功能失调，利益干系人手头工作太多，分身乏术。对此，我建议组织停止开发低优先级的产品，直到它们变得足够重要而必不可少，必须要求他们参加冲刺评审为止。如果等不到那一天，则说明与产品组合中的其他产品相比，低优先级产品没有足够的开发价值。

参与不足有时是因为人们认为在短短几周时间内 Scrum 团队做不出什么值得评审的东西。在刚开始采用 Scrum 的组织中，尤其如此。利益干系人习惯于在两次评审之间间隔更长，再有就是他们此前参与的评审可能曾经使他们很失望。

处理这个问题最好的方法是在每个冲刺中实际构建一个有商业价值的潜在可发布产品增量。团队如果这样做，大多数人就会认识到频繁评审值得他们投入时间参与，能使他们快速给出可供 Scrum 团队实际使用的反馈。

大型开发工作

如果是由多个 Scrum 团队共同开发的大型产品，可以考虑联合冲刺评审。这样的评审包含由多个紧密关联的团队完成的工作。

这个方式有几个好处。首先，利益干系人只需要参加一次冲刺评审，用不着参加好多次。其次，如果各团队的工作本来就要集成，就理应把评审重点放到集成后的产品而不是一组独立的产品增量。为此，所有团队都必须确保他们的“完成”定义中包含集成测试。

联合冲刺评审的不足是，因为有多个团队参加，所以需要更长时间和更大的房间。

结语

在本章中，我强调冲刺评审是 Scrum 开发期间的关键性反馈环节。冲刺评审牵涉广泛的参与者，目的是检视和调整当前产品。虽然冲刺评审是非正式的活动，但 Scrum 团队要做最起码的准备工作，确保得到一个有益、有成效的结果。在冲刺评审期间，Scrum 团队概要介绍冲刺中发生的事情和完成的工作。评审时还要演示冲刺期间产出的产品增量。多鼓励参与者彼此之间展开热烈讨论，提出问题、发表见解和建议。通过这样的讨论，产品列表得以梳理，版本计划得以更新。

下一章重点讨论 Scrum 开发过程的“检视-调整”活动，即冲刺回顾。

第 22 章

冲刺回顾

Scrum 在每个冲刺结束时提供两个“检视-调整”机会：冲刺评审和冲刺回顾。第 21 章讨论的是冲刺评审，在这个活动中团队和利益干系人对产品本身进行检视。本章将注意力转向冲刺回顾，在这个活动中，Scrum 团队检查产品构建过程。

本章首先概述冲刺回顾的目的和参与者。接着描述与冲刺回顾相关的准备工作和主要活动，其中最重要的是参与者在冲刺回顾之后能够实际采取的改进措施。

概述

当代回顾运动的创始人 Norm Kerth 在他的《项目回顾》一书的序言中引用《小熊维尼》（Kerth 2001）中的一段内容来总结回顾的目的：

> “那只名叫爱德华的熊来了，跟在克里斯托弗·罗宾后面，只见它后脑勺着地，咚咚咚地一步步往下挪。他只知道一种的方法，就是这样一步步挪下来，但他有时觉得，如果能够停下咚咚的步伐，思考片刻，应当还有其他方法。”

冲刺回顾使整个 Scrum 团队有机会停下急促的步伐，思考片刻（参见图 22.1）。在回顾期间内，团队可以无拘无束地检查发生的事情，分析自己的工作方式，找出改进办法，制定改进计划。任何影响团队产品构建方式的事都可以仔细检查、讨论，包括过程、实践、沟通、环境、工件、工具等。

图 22.1　这只爱德华熊说明回顾是必要的

冲刺回顾是 Scrum 框架中最重要同时也最不受重视的活动实践之一。说它重要，是因为它使团队有机会针对具体环境定制 Scrum。说它受重视程度不够，是因为某些人的观点是错的，认为 Scrum 回顾占用了真正做设计、构建和测试工作的时间。

冲刺回顾是 Scrum 提供的有助于持续改进的重要因素。有些组织可能等到一个大型开发工作结束时再做回顾工作，但 Scrum 团队每一个冲刺都要做回顾（参见图 22.2），让团队能够利用洞见和数据，以免迷失方向。

因为每个冲刺结束时都要举行会议，检视并调整 Scrum 过程，所以 Scrum 团队在整个开发过程中能够进行尽早、循序渐进地认知循环，这会对项目结果有显著的影响。

本章接下来详细描述怎样执行冲刺回顾。不过，不要因为有这么多细节就使你误以为冲刺回顾是一个重量级、重仪式的过程。冲刺回顾可以很简单，比如团队成员走到一起讨论下面几个问题：

- 这个冲刺哪些地方做得好，需要继续发扬？
- 这个冲刺哪些地方做得不好，今后要避免？

- 我们要开始做什么或改进什么？

根据这些讨论，团队成员定制出一些可实施的改进措施，然后用改进后的过程开始下一个冲刺。

图 22.2　进行冲刺回顾

参与者

因为冲刺回顾是用来反思流程的，所以需要 Scrum 团队全体参加。包括开发团队的所有成员、ScrumMaster 和产品负责人。开发团队包括每一个做设计、构建和测试的人。这些团队成员整体具有丰富、多元化的视角，可以从多个角度找出过程中需要改进的地方。

ScrumMaster 要参加冲刺回顾，因为她既是过程中不可或缺的组成部分，也是 Scrum 团队在过程方面的权威（参见第 10 章）。权威并不意味着 ScrumMaster 应该告诉团队如何修改过程，而是说她可以指出团队在哪些地方没有遵循团队一致认同的过程，同时她还是团队知识和想法的重要来源。

有人认为，让产品负责人参加回顾活动会使团队无法完全诚实或无法公开遇到的难题。在某些组织中，这确实有风险，但产品负责人是 Scrum 过程的关键组成部分，所以应当参与对过程的讨论。如果产品负责人和开发团队之间缺乏信任或者大家都没有什么安全感，不愿意坦率说出让人头疼的事情，产品负责人也许还是不参加回顾活动为好，除非 ScrumMaster 能够指导相关人员建立一个安全感更强、相互之间更信任的环境。

假设已经有较好的信任和安全感，那么一个称职的产品负责人就是达成快速、灵活的商业价值流的关键，应该参加冲刺回顾。例如，需求是经过产品负责人流向团队的。如果需求流经 Scrum 过程的方式出了问题，怎么办？或许因为开始进行冲刺规划时没有精心梳理 PBI。对此，如果产品负责人不参加回顾，单靠 Scrum 团队各抒己见，很难讨论得出潜在的过程改进措施。

另一方面，非 Scrum 团队中的利益干系人或经理，受邀才能参加回顾。虽然透明是 Scrum 的核心价值观，但实际情况是很多组织的安全感都不够，做不到让非 Scrum 团队成员定期参加回顾。为了让团队成员能够坦诚讨论，不因外部人员的参与而感到拘谨，就必须让他们有安全感。如果团队感到不够安全，会因为有外部人员在场而不愿意吐露真实问题，这样的回顾活动肯定不会有什么成效。

准备工作

在举行冲刺回顾会之前，需要做好准备工作（参见图 22.3）。

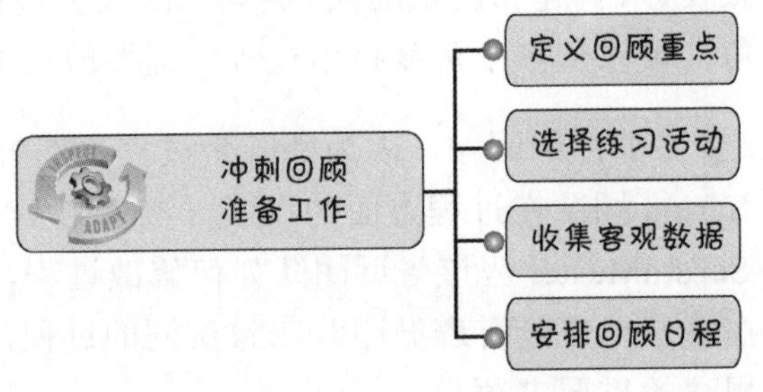

图 22.3　冲刺回顾准备工作

如果冲刺周期很短或者团队回顾工作形式简单且用得很熟练，就不需要用太多时间做准备工作，或者即使需要，也不会太花时间。

定义回顾重点

每次冲刺回顾都要有一个明确定义的重点。默认重点是从各方面回顾 Scrum 团队在当前冲刺中使用的过程。不过，有时根据两种情况（目前对团队来说重要的以及对改进有积极作用的），团队可以选择不同的回顾重点。

- 重点关注如何提高我们使用测试驱动（TDD）开发的技能。
- 重点关注真正的需求，搞清楚为什么我们做的并非客户所想的，即为什么我们构建的产品是我们认为客户想要的，但当他们看到产品时，往往却认为我们误解他们的想法或漏掉了需求中的重点。

在回顾开始之前，确定重点并进行交流，使 Scrum 团队确定是否需要邀请非 Scrum 团队的成员。此外，在回顾开始之前知道重点还可以使团队选择合适的回顾活动并让人们有时间收集和准备数据，确保回顾会议顺利进行。

有能力定义具体重点，可以帮助长期、高效 Scrum 团队一直受益于冲刺回顾。例如，在我指导过的一个组织中，有一个成熟的 Scrum 团队，成员一起默契合作了差不多三年。他们一起做了很多个冲刺。他们开始感到在冲刺回顾中如果只关注刚刚完成的冲刺，价值一般都很低。有一位成员这样说：“一直以来，我们都觉得冲刺回顾必不可少，但现在越来越觉得是为了过程而过程。”我们最后采取的做法是缩短回顾时间，让重点更突出，让团队和受邀而来的外部人员能够深入挖掘具体的问题，进行深入的根因分析。最后，尽管团队已经有丰富的 Scrum 经验，但他们仍然在坚持学习和改进。成长永无止境，只是可能需要重点更明确的回顾来发掘。

选择练习活动

对于即将举行的回顾会，在确定重点和最终参与者之后，就可以确定哪些练习活动可以帮助参与者投入、思考、探索和决策。典型的回顾会议包括下面几个练习。

- 建立并挖掘冲刺事件的时间线。
- 通过头脑风暴获得见解。
- 将获得的见解进行分组并投票表决。

不过，为了支持某个特定的重点或一组特定的参与者，也可以改变这些练习。我们也许还要决定尝试一些新练习，保持新鲜感。需要完成的其他练习可参考《项目回顾》（Kerth 2001）和《敏捷回顾》（Derby and Larsen 2006）。

至于练习活动，我们不要求参与者做任何准备工作。实际上，最好根据参与者的想法和意愿灵活选择一些练习。同时，某些练习，特别是需要数据或其他用品的，最好在准备工作中确定下来。既要做好准备工作，又要保持灵活。

收集客观数据

因为冲刺回顾是在短时间内集中完成的（很多团队都设有时间限制），所以在回顾会议开始之前应当完成数据收集工作。

我们知道回顾会议的重点和练习，所以，如果需要收集客观数据，自然就很清楚需要哪些数据。客观数据是真实可靠的数据（不是主观印象），例如发生什么事情，何时发生，或已经开始但还没有结束的 PBI 的数量，或用来说明工作完成情况的冲刺特性燃烧图。此时，我们不组织或分析数据而只是收集数据，供回顾会议使用。

安排回顾日程

像冲刺评审一样，冲刺回顾也出现在每个冲刺结束时，常常在冲刺评审之后马上进行，而且一般来说，每个冲刺的回顾会都安排在同一个地方、同一天、同一个时间。不过，和冲刺评审不一样的是，为了更好地满足回顾的重点、非 Scrum 团队参与者的要求或计划执行的某些特定练习，偶尔可能也需要改变回顾地点、日期或时间。这也是我喜欢在准备工作中纳入回顾工作安排审核的原因。

冲刺回顾会议的时间长短受一些因素的影响，比如团队中有多少人，团队组建了多长时间，有没有远程的团队成员等。根据我的经验，刚开始使用 Scrum 的团队为回顾会议安排的时间一般都很少。短短 60 分钟以内很难做一次有意义的冲刺回顾。一般来说，在冲刺周期为两周时，我为冲刺回顾安排的时间为大约 1.5 小时，在冲刺周期更长时，等比例安排更长的回顾时间。

执行冲刺回顾时，Scrum 团队选择的地点也要最有助于取得成果。有些团队喜欢在他们通常所处的、放着大挂图的区域进行。这样，他们很容易看到大量的相关信息。其他团队喜欢在团队日常工作区域之外进行，也许是一个不会让人感情用事的地方，不会让人觉得拘谨，可以畅所欲言。再次强调，安全感比具体地点更重要。

在冲刺回顾会议上，ScrumMaster 往往充当引导师，而且效率也很高，但任何一个有能力的团队成员都可以履行引导职责。有时最好从外部引入一个熟练、中立的引导师，帮助团队成员开始做回顾或帮助团队成员完成一次特别困难、特别敏感的回顾，和团队联系紧密的内部协调人不大可能成功完成回顾会议。或者，如果组织中多个 Scrum 团队的 ScrumMaster 不同，可以让一个 Scrum 团队的 ScrumMaster 引导另一个团队的回顾会，这对大家往往更有帮助和启发。在做准备工作时，应当确定负责引导回顾的人。

方式（方法）

冲刺回顾活动如图 22.4 所示。

冲刺回顾的输入信息包括回顾重点和回顾时要用的任何练习活动与材料。此外，大多数回顾活动至少都要有一些预先收集的客观数据。每个参与者都要带的输入信息是她自己对当前冲刺的主观数据。回顾的另一个输入信息是前一次回顾中产生的一系列见解。

冲刺回顾的输出包括团队同意在下一个冲刺执行的一系列具体改进措施。输出还可能包括在当前回顾活动收集的、下一个冲刺不处理但在将来可能选择处理的一系列见解。根据回顾活动的输出，团队成员还可以预期合作氛围会有所改善。

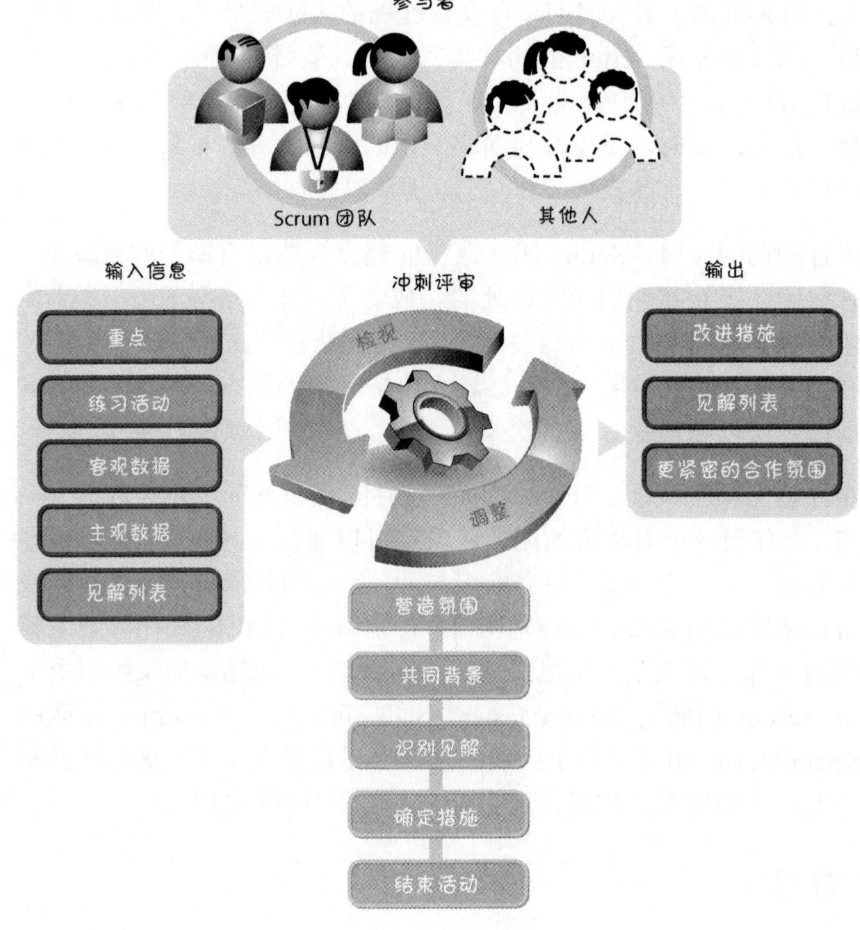

图 22.4　冲刺回顾活动

虽然回顾的方式（方法）有很多，但大多数人寻求的都是以下几个问题的答案：

- 这个冲刺中有哪些做得好的地方应该继续发扬？
- 这个冲刺有哪些做得不好的地方应当停止执行？
- 我们应当开始做什么或改进什么？

我发现，一个有用的方法是营造回顾气氛（和 Derby and Larsen 2006 描述的方法类似），为全体参与者建立一个共同的背景，找出改进建议，确定在下一个冲刺中采取的具体改进措施，然后结束回顾。

这些步骤如图 22.4 所示，接下来几个小节将进一步解释。

营造氛围

在回顾会议期间中，要求人们分析团队的行为和表现，为团队如何进行自我提升给出具体建议。把团队（也包括自己的团队）放到显微镜下探察可能让人不舒服。所以，在做回顾时，最好先营造氛围，让人们能够轻松参与。

人们在表达意见时必须要有安全感，用不着担心受罚。团队应当有一个既定的基本原则或切实可行的协议，明确说明各抒己见、畅所欲言和暴露问题都是安全的。在基本原则中说明回顾侧重于组织体系和过程，不针对个人，可以让人们毫无顾忌地探究问题。

有时，问题出在人身上，但这些问题不应当列入回顾活动中解决。回顾的目的是改进 Scrum 团队的过程，不是用来谴责或责备个人行为的。在营造氛围时，需要确保在基本原则中强化“对事不对人”这个概念。

建立一个积极参与的惯例也很重要。如果人们认为自己是被动参加的，回顾会议就不会取得太好的效果。所以，在营造氛围时，要让人们多参与，让他们多开口。有些团队做的事情很简单，比如让每个参与者用几个单词表达一下她现在的感觉或活力程度。让人们回答什么问题并不重要，重要的是让他们发言，参与讨论。

建立共同背景

虽然有共同经历，但人们对事情的解释仍然可能有很大的差异。为了成功检视当前冲刺，需要让大家达成共识并取得共同背景，这一点很重要。

为了建立共同背景，参与者必须使其各自不同的观点达成一致，形成团队共同的观点（参见图 22.5 中右图）。

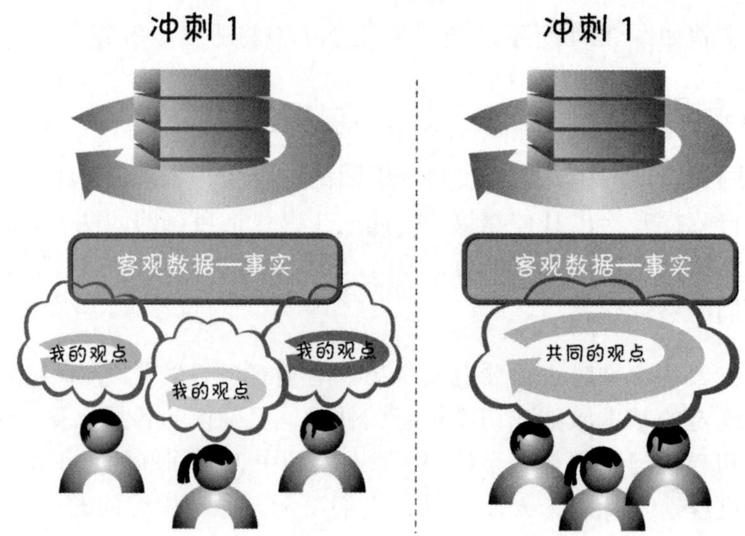

图 22.5 统一观点，形成共同背景

图 22.5 左图表明每个人对冲刺的看法都不一样，他们的依据是自己在冲刺中的感受，而不是全面考虑冲刺事件、取得的成果和存在的不足。如果个人的观点占主导地位，回顾会议的重点就可能退为争执，而不是希望在共同背景基础上得出有实际价值的结果。

所以，在建立共同背景时，回顾活动应该从客观而全面的角度出发，这很重要。每个人都参与讨论后，彼此之间可以分享一些客观数据，例如已承诺的 PBI、已完成的 PBI 和缺陷数等。（究竟哪些具体客观数据与回顾相关，取决于回顾的重点。）虽然大部分客观数据一般都是在做准备工作时收集的，但在回顾时有些客观数据也可以由参与者合作收集。不论是纳入准备工作完成，还是作为团队工作完成，为了根据事实而非主观意见来建立共同的基础，收集客户数据非常重要。

不过，以客户数据为基础并不意味着主观数据没有意义。每个人带入回顾活动的主观数据反映的是她对冲刺的解释。如果不把主观数据呈现出来并加以讨论，参与者可能会认为其他每个人对冲刺也有同感。这种不一致让人们很难理解其他人的意见和建议。

有一些练习活动可以用来同时为客观数据和主观数据建立一个共同背景。两个最常见的是事件时间线和表情图。

事件时间线

事件时间线直观显示冲刺中的事件，建立事件的时间线是产生共同产物的一个简单而有效的方法。这些事件可以包含“构建失败”、“中断工作以修复生产环境中的故障”或“Salina 休假回来”等。

一个常见的方法是在墙上或白板上画一条时间线，让参与者把卡片（或即时贴）放到时间线上，代表在冲刺中发生的有意义的事件（参见图 22.6）。分布式团队可以使用在线共享白板。

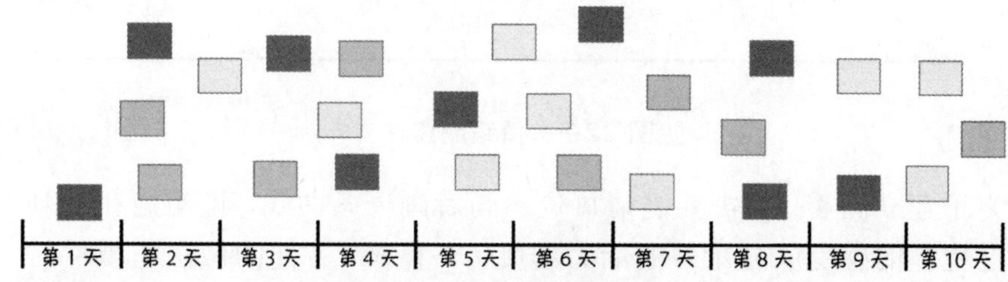

图 22.6　冲刺事件时间线

事件卡片按照时间顺序放到时间线上。这种按时间顺序纵览事件的方式非常直观，可以从中了解冲刺期间的活动流并在这种背景快速找出被遗忘的事件。

为了有助于对事件进行直观的分类，很多团队使用各种颜色的卡片。有些团队用不同颜色代表不同事件类型（例如，绿色是技术事件，黄色是组织级的事件，红色是个人事件）。还有一些团队使用不同颜色表示感情或能量（例如，绿色是正面事件，黄色是中性事件，红色或粉红色是负面事件）。

情绪测震仪

很多团队建立情绪测震仪作为事件时间线的补充，用图释来表达参与者冲刺过程中情绪的波动（参见图 22.7）。建立情绪测震仪有助于在客观数据（发生的事件）之外扩充共同背景，纳入一些主观的数据（团队的感受）。

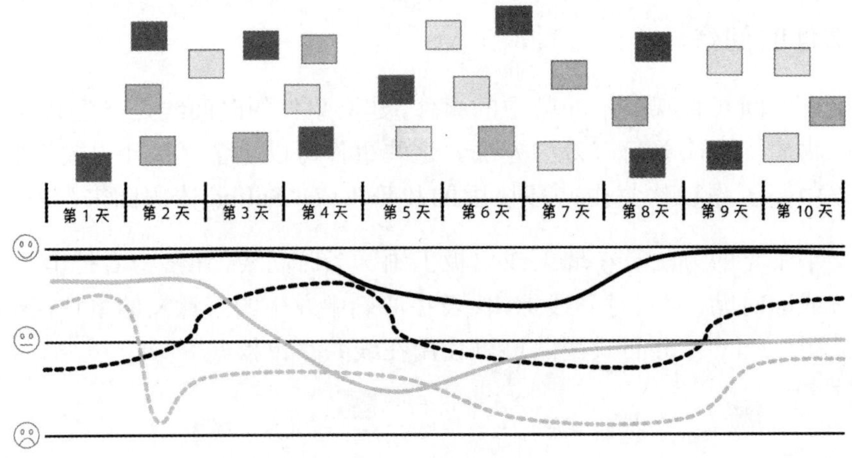

图 22.7　情绪测震仪

为了建立测震仪，需要邀请每位参与者画一条曲线，说明她在冲刺过程中的感受或显示她的活力程度。一个非常方便的做法在事件时间线下面直接画测震仪，将两组数据直观地关联起来。参与者今后可以挖掘这个数据，为过程改进提供有趣的见解。

得出见解

在建立好共同背景之后，参与者可以全面检查、理解并解释数据，找出过程改进见解。为此，需要从系统级（较为全面）视角关注。如果只关注一个方面（更偏向于局部的观点）可能会让团队失去大局观。系统级的关注也有助于团队透过表面找出问题的根源。

开始时，参与者应当首先挖掘共同背景数据。例如，可以看看事件时间线和情绪测震仪，提出下面几个问题来辅助得出见解：

- 哪些事情做得好？
- 哪些事情做得不好？
- 哪些事情可以换一种方式做？

参与者往往需要通过头脑风暴来提出见解，把它记录在卡片上并放到公共墙面或其他平面上，让每个人都能看到（参见图 22.8）。

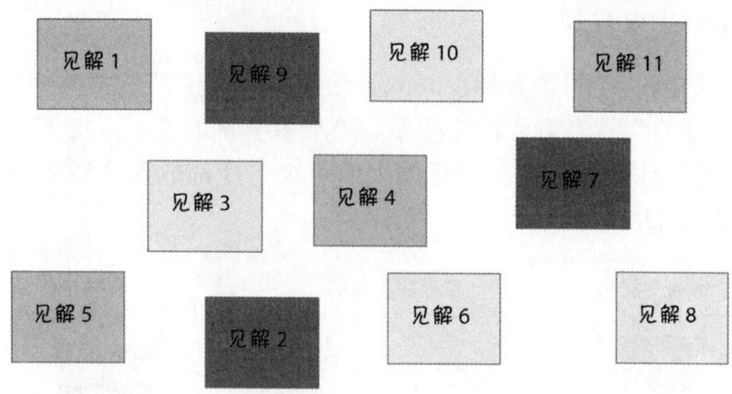

图 22.8　墙上的回顾见解卡

见解的另外一个来源可能是团队的见解列表，是排列好优先顺序的、之前产生但还尚未采取行动的一系列见解。如果有这样的列表，可以深入探讨，看看在当前的回顾中，参与者希望考虑哪些见解。所有见解都用卡片表示并与新见解一起放到墙上。

卡片放到墙上后，需要由参与者进行整理。在整理时，很多团队都选择静默分组，把见解分成一些有意义的组，表示相似或重复的卡片（参见图 22.9）。

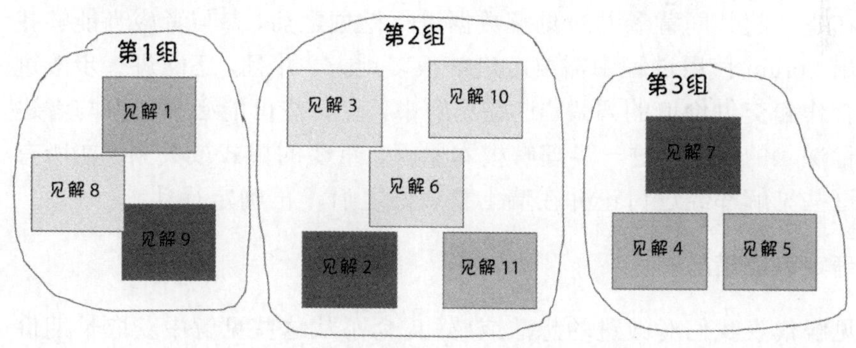

图 22.9　将见解卡片归入相似的组中

在进行静默分组时，人们以协作的方式分组，每个人单独放置、移动卡片，但不出声讨论，用这种方式进行交流和协调。静默分组节省时间，也很有效。

还有一些团队在回顾开始前喜欢把墙面分成几类区域（例如“需要继续发扬的”、“需要停止的”、“准备尝试的”）。接下来，在做好见解卡后，参与者可以把墙上的每个卡片都放入合适的类别中（参见图 22.10）。

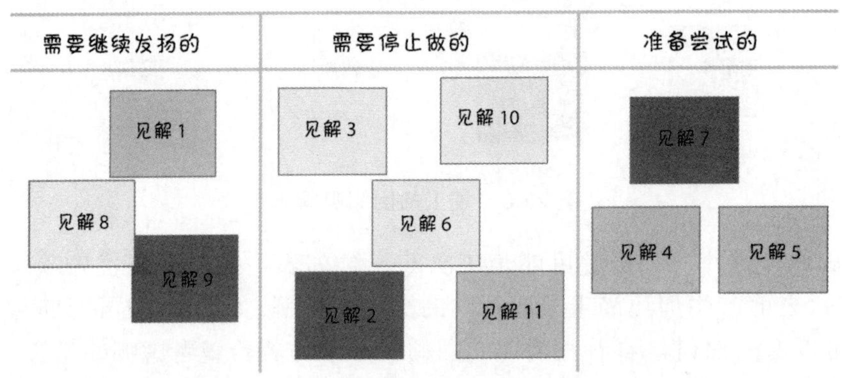

图 22.10 将见解卡片放入预先设定的组

不过，即使有预先指定的类别，让参与者通过静默分组把相似的卡片归入同一个类别也仍然适用、高效。

在建立起共同背景并对见解数据进行挖掘之后，参与者应当能够找出 Scrum 使用过程中需要改进的很多地方，并且，还能进一步改进合作和交付价值的方式。这些见解中，有一些可能必须让参与者进行深入的讨论，进一步理解根本原因、重要的模式或关系。在所有这些见解都经过讨论并在墙上整理好之后，再确定行动。

确定改进措施

见解代表我们对改进的想法或感知。为了从这些见解中获取长期价值，我们需要从讨论见解转向行动落实。例如，如果见解是“因为代码管理系统总是出错，我们浪费了很多时间”，那么提出的改进措施可能是“让 Talya 把供应商给的补丁程序打到代码管理系统上，让系统稳定一些。”开发团队的成员 Talya 在下一个冲刺可以采取这个行动。

参与者还要花一些时间复查上次回顾之后改进措施的落实情况。如果没有落实（甚至没有开始），那么在开始处理新的见解之前，参与者需要知道原因。他们可以选择推进以前的措施，也可以将它们与刚识别的新见解一起排列优先顺序。

选择见解

有这样的意识很重要：回顾活动识别出来的改进见解往往都是 Scrum 团队和组织短期内无法消化并采取措施的。这样，参会者首先要确定哪些改进见解需要立即落实到行动上，哪些见解可以推后。很多团队根据参与者所以为的重要性和意愿的强烈性来排列见解的优先顺序。有时两者不一样。我们可能都认为某个改进见解很重要，但如果大家没有兴趣，也不愿意完成与它相关的工作，就说明当下它可能不是一个好的选择。如果参与者热心于某个见解，可能就会采取具体措施落实它。

对见解排列优先顺序的常用方法是使用数点投票[①]，如图 22.11 所示。

在数点投票中，给每个参与者少量（也许是三五个）彩色的点。参与者同时把点放到他们认为优先级最高的见解卡上。一个人可以把自己所有的点都放到一个卡片上，也可以分放到几个卡片上。在每个人都投票后，得票最多的卡片应当优先考虑。

---

① 编注：这方面的阅读以及延伸阅读，可以参见《Gamestorming：创新、变革&非凡思维训练》。此书取材于孕育着硅谷神话和传奇的“硅谷鸡汤”，从游戏方法和技巧的角度介绍了 80 多个促进商业沟通、激发创意和定位突破点的游戏，力图从游戏风暴的角度帮助企业乃至个人找到创新点、突破点和变革点，从而扩宽思维，洞察商机和先机，最终从容地应对复杂多变的知识和信息时代。这也是写给我们每个人看的游戏活动手册，不仅可以促进人际沟通（包括工作和生活场所），培养创造力，训练创新思维，还能够帮助企业和个人取得成功与保持活力。

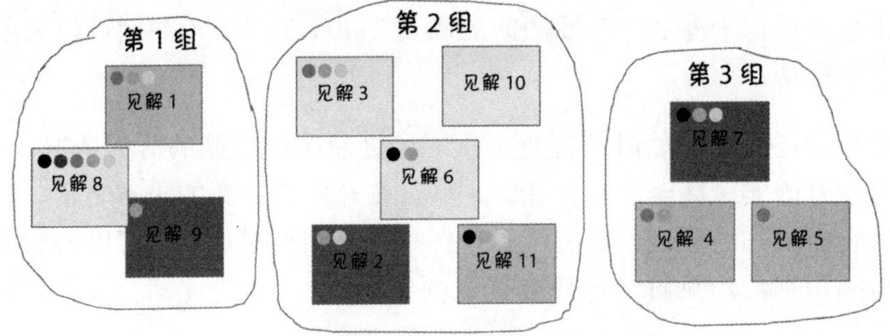

图 22.11 使用数点投票的一个例子

参与者究竟应该选择处理多少个见解呢？嗯，这取决于参与者最多能投入多少人力、需要多长时间完成。

一般是在下一个冲刺完成。所以，如果 Scrum 团队做的是两周的冲刺，很可能会考虑接下来两周时间内可以落实的见解。即使一个见解太大而无法在下一个冲刺中处理完，参与者也可以选择开始落实它并取得明显的进展。

参与者还必须确定下一个冲刺（或他们考虑的其他时间段）最多能投入多少人力来落实见解。如果团队计划在下一个冲刺中投入时间来落实上一次回顾活动中提议的改进措施，显然会影响团队的生产能力，使其无法落实这次回顾中识别出来的新措施。

如果时间花在落实改进措施（新老见解）上，留给开发特性的时间就会少。团队今天应当分配多少时间来落实见解，才能在日后带来更大的回报呢？要回答这个问题，必须考虑产品负责人的意见，这也是产品负责人参加回顾会议的重要原因之一。如果 Scrum 团队不特意为改进见解留出时间，这些见解很可能得不到落实。

知道最多能投入多少人力之后，参与者就能大致知道哪些高优先级的见解可以立即落实。不过，只有在确定具体行动之后，才能真正做出最终决策。

确定采取行动

此时我们已经排列出见解的优先顺序，也基本了解落实这些见解需要投入多少人力。但是，只有在定义具体、可行的步骤来落实见解并改进 Scrum 过程后，才能从回顾活动获得更高的价值。

大多数行动都表现为 Scrum 团队成员在下一个冲刺中要执行的具体任务。例如，如果见解是“在代码构建出问题时，定位问题所花的时间太长了，”则行动可能是“在代码构建出问题时，由构建服务器发送电子邮件。”这个行动需要一个或多个开发团队成员做一些任务级的工作。团队应当确定谁能做这个工作、需要多长时间。只有到这个时候，团队才能确信当前生产能力能够做到落实某个特定的见解。

不是所有的见解都需要具体的任务级工作。例如，像“相互尊重，准时参加每日例会”之类的见解，即使需要团队执行任务级的工作，工作量也微不足道。虽然行动真实（“人们应当尽量准时参加会议”），但不会减小团队的生产能力。

有时，行动可能代表由 ScrumMaster 负责但只能由组织中其他人扫清的障碍。例如，见解也许是“我们需要对第三方供应商的最新版软件进行测试，所以无法完成 PBI。”对应的行动也许是“Nina 将和采购部一起工作，取得供应商最新的版本。”这样，Nina，也就是 ScrumMaster，将与采购部的人一起处理阻碍团队完成 PBI 的、与第三方供应商相关的问题。这个行动在下一个冲刺开始，需要 ScrumMaster 投入一些精力，并且可能需要几个冲刺才能解决。

在确定合适的行动时，需要记住一点：见解可能无法立即落实，需要在实际改进之前进一步探索。对此，合适的行动也许是在下一个冲刺调研并收集数据，以便更好地理解问题。

例如，得出的见解可能是“两个做过全面测试的组件分别都可以执行，但组成一个跨组件的自动化测试套件时却出了问题，真是让人想不通。”此时，因为 Scrum 团队成员不清楚什么地方出错，所以无法采取具体行动。但是，团队可以为某些成员建立一个行动（在下一个冲刺探索这个问题）并确定需要对此分配多少人力。

见解列表

前面说过，很多团队建立了见解列表（有时称为“改进列表”），在其中列出回顾活动中识别出来但不能立即处理的问题。这样做的想法是，到下一次冲刺回顾，在确定列表中的条目应当把时间集中在哪里时，参与者可以选择见解作为候选项，参照新见解排列优先顺序。当然，见解列表应当定期梳理，确保其中的内容仍然有价值。

有的团队则干脆清理掉下一个冲刺不打算处理的见解。他们认为如果某个见解确实很重要，在下一次回顾时会被再次识别出来。

回顾结束

一旦确定最终改进行动，参与者就可以结束回顾活动。很多团队在结束时都会根据参与者了解的内容，重述团队决定采取的行动。这个过程可以很简单，说明每个承诺的行动及由谁执行就可以了。

回顾结束时，也是向人们表达谢意的好时机，感谢他们的参与。对于其他参与者的贡献，每个参与者都应当说几句感谢的话。另外，一定要对百忙之中抽时间参与回顾的非 Scrum 团队成员表示感谢。

最后，一个很好的做法是，花几分钟问团队对回顾执行方式有什么改进建议。毕竟，回顾是 Scrum 框架的一部分，本身也该检视和调整。

贯彻执行

为了确保冲刺回顾中取得的成果不只停留于冲刺回顾，参会者应当把他们准备完成的行动进行到底。有些行动（例如每个人都准时参加每日会议）只需团队成员和 ScrumMaster 反复重申和强化。还有一些行动需要在下一个冲刺规划活动中进行。

采取改进行动最简单的方法往往是在引入新特性前，把每个行动所对应的任务填入冲刺列表。调整团队能够用于完成新特性的生产能力（减去这些改进任务需要的时间）。坦白说，不管什么方法，只要能够让团队在冲刺规划时好好承诺并有机会采取改进行动，就是好的。

有一种方式是无效的：为团队建立的“改进计划”与每个冲刺完成的工作不相干。它总是让改进计划沦为典型的、由特性驱动的冲刺规划的附属品。为了确保落实改进行动，不要把二者分开，一定要整合！

不需要团队成员花时间的行动可以放入 ScrumMaster 的障碍清单。准备安排给其他团队或其他组织的行动可以整个儿放入预计执行这个工作的人的任务列表中。ScrumMaster 一般还要跟进外部团体，确保这些行动能够落实。

冲刺回顾的问题

冲刺回顾不是没有问题的。在与很多使用 Scrum 的组织合作时，我注意到它有“十宗罪”（参见图 22.12）。

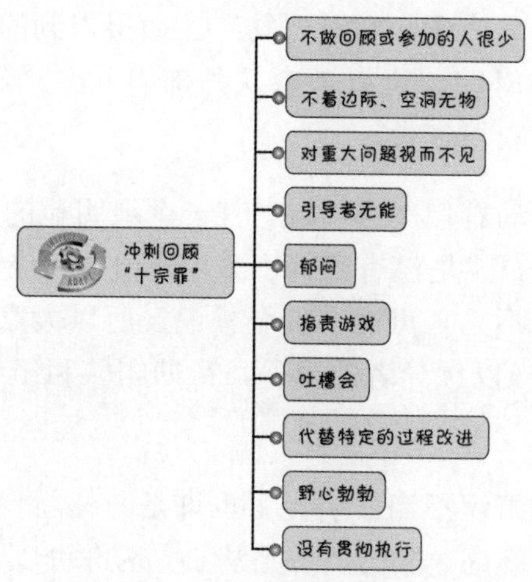

图 22.12　冲刺回顾存在的问题

一些团队根本不做冲刺回顾，或者即使做回顾，参加的人也很少。这两个问题的原因如同一辙。如果人们被分配到好几个团队中，日程安排的冲突会使他们无法参加回顾。这归咎于组织管理职能失调，需要由经理处理。也许团队成员觉得无聊或漠不关心，或他们并没有真正接受 Scrum。还有些人认为除了他们特定的工作，其他事情都不值得投入时间（例如，他们认为除了编码和测试，其他事情都是浪费时间）。这些问题常常来源于他们不了解 Scrum 及其关注的持续改进。还有一些时候情况刚好相反——团队成员认为他们把 Scrum 已经用到极致，从他们刚刚完成的冲刺中、从他们的队友中那里、从他们自己的成败中已经学不到更多东西。如果人们看不到回顾或参与回顾的价值，可以考虑把下一次回顾会议的部分或全部时间用来探讨这个问题。

有时，参与人数少是因为远程的参与者不方便加入电话或视频会议。如果远程参与者发现不方便参与回顾是因为会议时间不合适，可以改变或轮流调换时间，让大家都觉得方便。如果不方便是因为很难远程参与而造成的，可以重新考虑一下当前的电信基础设施，看看怎样才能让远程的人更好地参与。

有些回顾活动很忙，却实际没有取得任何可采取的行动步骤。我觉得这种回顾“不着边际，空洞无物”。如果得到的东西没有意义，我们就是在浪费时间。可以考虑从外部引入一个经验丰富的引导师，帮助参会者取得成效。

还有一些回顾活动看似非常有趣。有一个很明显的、对团队有重大影响的关键问题，就是没有人提出来。套用一句老话，参与者对房间里的大象视而不见。可能有安全顾虑，所以大家都不愿意讨论。ScrumMaster 应当以领导者的身份，帮助团队和组织着手消除安全顾虑。

有时是回顾活动组织不当。引导者也许是一位新任 ScrumMaster，她虽然已经殚精竭虑，但仍然力不从心。也许可以让外面的引导师做几次回顾活动。

有时，回顾活动让人感到很郁闷。也许是因为冲刺没有做好，使人们认为回顾活动是让他们重新回顾那个过程，从而更加重了沮丧。可以考虑在回顾开始时多花一点时间建立适当的氛围。另外，一个外部的引导师也许能更有效地帮助人们把注意力集中在积极的改进措施上。

在很多情况下，回顾活动让人郁闷是因为人们开始互相指责和推诿。一旦出现这种情况时，引导师必须制止这种行为，以免愈演愈烈。

还有一些时候，回顾活动可能退变为吐槽会。也许有些人认为趁此机会抱怨（或者至少根据他们的感觉抱怨）是有疗效的。他们没有改进的愿望，只想吐槽。考虑邀请可能带来实质性变化的人参加回顾活动。然后与他们面对面对话，而不是背着他们抱怨。

另一种糟糕的情况是，参与者认为回顾会是用来改进过程的，因而会弱化执行冲刺时特有的过程改进。回顾活动是一个很好的时机，团队能够趁此机会反思过去一段时间内的工作并讨论如何改进，但它从来无意于取代特定的过程改进。ScrumMaster 在冲刺期间应当积极主动地推进有益的特定过程改进。

有时，我们只是心余力而力不足。新组建的团队积极进取，想让事情变得更好，但往往野心过大，设置的过程改进目标过于“高大上”。在团队无法达成宏伟的目标时，这样做只会让人徒增伤。ScrumMaster 应当保持警觉，提醒参与者他们有多少产能可以用于改进工作，帮助他们收敛一下雄心壮志，脚踏实地进行小步改进。

在各种问题中，最大的一个问题是不跟进，不对回顾活动中识别的改进措施采取实际行动。如果不打算落实，就不要浪费时间做回顾。ScrumMaster 以领导者的身份帮助团队持续改进。如果没有落实，ScrumMaster 需要积极与团队一起找出根源并帮助团队成员扫除障碍。

第 22 章

结语

冲刺回顾供团队反思 Scrum 使用情况并提出改进措施。回顾是 Scrum 团队成员共同进行的协作活动（在需要的时候还包括非 Scrum 成员）。在完成回顾准备工作后，回顾活动的基本活动流程包括营造氛围，通过数据建立共同背景，让大家达成共识，得出改进见解，确定改进措施，最后结束回顾。在回顾结束时，让参与者跟进并落实改进措施，使团队在下一个冲刺中更高效。这是相当重要的。还要留意阻碍回顾活动取得成效的问题和阻碍快速落实改进措施的问题，这也非常重要。

第 23 章 前进之路

在本书前 22 章中，我介绍了 Scrum 框架，阐述了我所认为的 Scrum 精髓。现在的你，应当已经理解如何使用 Scrum 交付创新解决方案，也充分理解 Scrum 为什么要规定特定的角色、实践、工件和规则。入门之后，修行得靠个人了。在本章中，我要讨论一个中心思想：实施 Scrum 没有任何放之四海皆准的终极目标，只能走具有自己特色的敏捷之路。本章最后描述最佳实践的作用，并说明如何以 Scrum 迭代和增量来探索未知前程。

Scrum，有完？没完！

每个组织都有一个希望实现的愿景。使用 Scrum 可以帮助组织管理实现愿景过程中需要完成的工作。但是，精通 Scrum 并因此变得更加敏捷并不是我们的终极目标，它只是一种可以帮助我们实现业务目标的更有效、更经济的方式。我们如何知道 Scrum 已经完成了呢？

事实上，Scrum 采用或转型工作没有“完成”的定义。CMMI（SEI 2010）的目标是达到 5 级成熟度，但敏捷没有类似的成熟度模型。要想为 Scrum 实施制定一个“完成”的定义，其实就已经假设一旦达到那个状态，就无法变得更好。这显然与事实不符；Scrum 本身就是一种持续改进形式，它的使用始终都要与复杂、动态的软件开发世界保持一致。

更糟糕的是，如果试图为软件行业定义这样的终极状态，就会进一步假设终极目标适合每一个组织，即使它们所处的环境各不相同，开发的产品也千差万别。

“我终于实现了敏捷”这样的说法没有意义。Mike Cohn 总结得非常好：“你不是变敏捷了，而是变得更敏捷了”（Cohn 2010）。敏捷或 Scrum 没有任何终极状态。变得更精通 Scrum 或更敏捷是一个持续的、永无止境的过程，追求的是日益精进。

修行靠个人

没有人能告诉你 Scrum 的终点在哪里，同样，也没有人能带你走一条预设的、绝对保证成功的道路。相反，必须根据具体组织特有的目标、文化和复杂多变的环境，学习、检视并调整眼前的路。想走别人的路并运用人家的学习成果，俨然是敏捷捷径。但是，没有哪两个组织（甚至同一个组织中都没有哪两个团队）是相同的。走别人的路说不定恰恰会让你走错路。

学习过程不可避免。快速完成自己的认知循环，根据得到的经验认知来检视和调整。当然，这并不是说对前人走过的敏捷之路置之不理。我们可以看看他们做了什么，想想他们为什么能够取得成功，但最终你得找到属于自己的敏捷之道。

分享最佳实践

如果我们不准备走别人的路，怎样看待最佳实践呢？正如不能走别人的路一样，没有任何一套最佳实践适用于所有组织。

有人要求我介绍其他组织在敏捷转型过程中采用的“最佳实践”，这时，我往往会给出一些例子，同时还补充说明其他组织的具体处境，以便让提问的人评估这些实践是否适合他们的组织。即使是在同一个组织中推广，也要留意最佳实践的通用性。很多组织都试图描述成功的 Scrum 团队具体是怎么做的，写下来，然后从制度上形成最佳实践。这种做法可能有害无益，因为这些都是各个团队自己的做法，不一定适用于其他团队。

你可能注意到，我有几次用“方式（方法）“这个词时，实际上讲的是最佳实践。我简单说一下两者的差别。在本书中，术语“实践”代表的是 Scrum 的核心或精髓。方式是 Scrum 实践特定的实现。而人们在问我最佳实践的时候，我认为他们指的是最佳方式。

虽然两个不同的团队或组织有自己独特的实现方式，但每个团队都应当坚守同样的 Scrum 实践。例如，他们的 Scrum 团队都应当由产品负责人、ScrumMaster 和开发团队组成。他们都应当有冲刺规划、每日例会、冲刺评审和冲刺回顾。不过，我认为在实施这些实践时，每个团队（或组织）都应该有自己独特的方式。我来举例说明一下。

每日例会是 Scrum 的核心实践。如果不举行每日例会，就说明并没有采用 Scrum。在每日例会中，每位成员介绍最新情况并了解其他团队成员的信息，让每个人都能了解工作的整体情况。但在每日例会开始后，应该由谁首先发言呢？Scrum 并没有做出规定。每个团队都有自己的方式。

例如，我在和加拿大温哥华的一个团队一起工作时，了解到一个确定会上由谁先发言的有趣方式。在这个团队中，在每次每日例会开始时，ScrumMaster 都把一个玩具驼鹿抛到空中。谁先抓住驼鹿谁就先发言，等他讲完后，从他左边开始，团队其他成员依次发言。这个简单的、有点傻但很有趣的方法很适合温哥华团队。

后来发现，温哥华团队在中国还有一个兄弟团队，后者是在温哥华团队成立几个月后组建的。中国团队的一位成员问温哥华团队，在每日例会上确定由谁先发言有没有什么“政策或最佳实践”。温哥华团队告诉他在每次每日例会上“抛驼鹿”来决定谁先发言。显然，抛驼鹿在翻译成中文后是一个完全不同的意思！温哥华团队用得很好的方式在中国团队根本行不通。中国团队有自己的方式，而且效果也不错。

Scrum 规定了必须严格遵循的核心实践。不过，至于哪些方式（或哪些实践）最适合，应当由每个团队自己来定。因此，方式对于每个团队来说都是独特的，只有在对其他团队所处的环境有意义时才能而且应当使用。

使用 Scrum 探明未来之路

不论是刚开始使用 Scrum 还是已经在用 Scrum 开发产品，都可以使用 Scrum 原则帮助指引前进之路。Mike Cohn 在《Scrum 敏捷软件开发》（Cohn 2009）一书中非常详细地讨论了这个方法，关于这个话题的详细论述，建议你好好读一读这本非常优秀的书。

我用一个例子来说明这种方式的本质。我在 2007 年受聘为一个大型跨国组织提供 Scrum 培训和指导。该组织在纽约有 100 名 IT 成员，在印度孟买有 400 名 IT 成员。在任何一个时刻，该 IT 组织都有 45 个开发工作在同时进行。

该组织认为每个新采用 Scrum 的团队都应当有一名教练帮助他们实施 Scrum。刚开始时，教练的力量有限，做不到让整个 IT 组织一次性转向 Scrum。所以，在这种情况下，该组织采取常见的做法，把重点先放在少量的试点工作上。他们的目标是，在通过内部教练在职培训和壮大组织中的 Scrum 教练力量后，再让其他团队逐步转向 Scrum。

这些试点工作既有简单的系统维护工作，也有规模更大的新产品开发工作。试点项目各不相同，每个 Scrum 团队都实施自己特色的 Scrum 框架，他们使用的方式与团队成员的构成和需要完成的工作保持一致。他们使用维基同时发布各个团队所采用的方式，帮助整个组织学习和分享。

采用 Scrum 几个月之后，是时候把 Scrum 从团队级推广到组织级了。当时，我们组建了一个工作软件小组，也就是 Cohn 所说的企业转型社区（Enterprise Transition Community，ETC）（Cohn 2009）。该小组的经理和管理人员维护着一个和改进工作相关列表，执行的是 3 周的冲刺。列表中的条目代表组织级的变革方案（例如“更新薪酬模型，使其更关注团队”）或严重阻碍一个或多个 Scrum 团队工作进展的问题（“提升服务器稳定性，让团队能够完成测试”）。

以冲刺为周期完成这个改进项列表，使得该组织在 Scrum 成功之路以迭代、增量的方式取得进步。对于使用 Scrum 的组织来说，没有预设的终极状态。如果想一开始就建立一个终极状态，就好比为一个全新的、前所未有的、没有一个人能够真正了解的产品创建一整套完美的需求，纯粹是浪费时间。

工作软件小组没有那样做，而是听取 Scrum 团队和利益干系人的意见，从组织架构逐步改进，进一步向敏捷价值观看齐。通过持续学习、检视和调整，该组织找到了一条合适的、与组织整体业务目标一致的前进之路。

现在，这种 ETC 类型的模式很常见。很多组织都认识到，以 Scrum 的方式来采用 Scrum 是以迭代、增量方式变得更敏捷的合理方法。

整装待发！

我觉得有些想法和说辞很可笑。人们是因为觉得事先不可能正确定位产品需求才寄希望于在开发过程中使用 Scrum，但马上又接着说因为还没有完全搞清楚 Scrum，所以还不准备开始用！这种想法与 Scrum 的基本原则真是背道而驰。

在使用 Scrum 时，不要担心事先是否能做够一次性到位。没有人做得到！想一次性到位迫使你绞尽脑汁凭空去猜，付出的代价是失去重要的学习机会，只有真正使用 Scrum 并看到成果，才能获得这种认知。根据我的经验，大多数团队在前几个冲刺都不会做得很好。这没有关系。我只希望每个 Scrum 团队在下一个冲刺都能比前一个冲刺做得好。所以，不要拖，开始行动吧。不管现在认为自己对 Scrum 的使用了解多少，都想一想，在开始使用 Scrum 并完成下一个冲刺之后，才能真正获得更多认识！

另外，也不要指望 Scrum 过程不会出现问题。我敢保证，到某个时候，肯定会出现阻碍 Scrum 顺利实施执行的障碍。在这些障碍真正造成影响之前，Scrum 会暴露出阻止组织充分发挥其潜能的种种功能失调和浪费。不过，Scrum 不会告诉组织如何解决问题。因为解铃还须系铃人，这种苦差事只能靠组织中的人来处理。

维持现状是一股强大的力量。对大多数人而言，忽略 Scrum 或改变 Scrum 往往比改变组织长期沿用的过程、规则或行为更容易。而且，如果组织文化完全不欢迎任何员工指出其组织功能失调，那么勇于揭露组织隐藏问题和浪费的人就会越来越少，最后甚至集体失语。为了抵制这种倾向，要坚定、耐心，在组织变革中充当中坚力量。要明白这种抵触很正常。给他们讲讲 Scrum 的基本原则和你的想法，帮助他们走出困境。不要与他们对立，而是和他们一起扫除障碍，让团队、开发工作和组织从 Scrum 实施中取得最大收益。

我希望这本书提供的 Scrum 精髓知识能够照亮您的前程。衷心祝愿您的 Scrum 之旅取得圆满成功。

后记

"接收测试"引发的思维转变

徐毅，敏捷顾问、敏捷测试专家

我不知道读者看到"接收测试"和"接收测试驱动开发"这样的词汇会不会觉得好奇："接收是什么意思？是不是就是验收测试？跟 UAT（用户验收测试）又有什么区别呢？"

其实不瞒你说，就算是在本书编译校团队中，关于 AT（Acceptance Test）应该怎么译，也是有分歧的。最终大家确定下来，采用"接收测试"这个译法，是以附小文为记，说一说为什么要较真儿，为什么要追根溯源谈谈"接收测试"。

之所以这样做，当然是因为这个词很重要，尤其是对于敏捷思维的转变。简单来说，敏捷的 AT 跟传统的 UAT 根本就是形似神不似，其内涵和具体用法有着极大的区别。Gojko Adzic 在 *Bridging the Communication Gap* 一书中明确表达他的观点："它们根本就是软件项目的两个极端。"Janet Gregory 和 Lisa Cripin 在《敏捷软件测试》中也认为它特别捉弄人，因为它让一些人认为它就是 UAT。在敏捷的语境下，它通常被用于指代面向业务的测试，但该术语同时也包括第四象限面向技术的测试，例如客户对系统性能或安全的要求。

首先我们来看一下这些词汇本身的含义和历史，看看它们是如何诞生的。

传统的 UAT 概念已存在多年，并无很多争议，它是在软件项目中客户签收交付物并认可其已完成阶段所执行的一类测试，关注重点在于该解决方案能够解决用户的问题，而非系统本身有无故障、是否满足需求文档中的要求。

然而，在敏捷方法中经常提到的 AT 则迥然相异。首先，它并不是在最后阶段才执行，而是在开发过程中执行，侧重于验证所开发的功能或故事满足要求。它并不是一种或一类测试，而更像是一个逻辑概念，像一个框，代表多种不同类型的测试。

AT 与 FIT 大有渊源，最初用来描述一个故事在功能层面的测试，以区分于单元测试。这在很多文献中都可以看到，而且至今也还有很多敏捷实践者仍然把 AT 当作是故事测试（Story Test）的同义词，不过 Janet 和 Lisa 则认为 AT 同样可以用于描述验证远高于故事层级的行为，而不仅仅只是适用于故事。Gojko 则认为这个词本身并不好，他自己更偏好“可执行规格说明书”的说法，因为这才是它的本质，它本来就是用于开发的规格说明书，只是用了可以直接执行来检查代码的形式而已。

说了这么多，其实也只是想证明一点：从词汇诞生的历史来看，敏捷的 AT 和传统的 UAT 确实不一样。但探究多个概念的含义到底有何区别，不能够只关注单词本身，还需要考虑词汇所代表实践在特定场景下的实际运用方式等因素。

在敏捷开发中，如果说存在着一个完美的情况，那就是开发团队经过一个短迭代的开发之后，可以拿出一个可交付或潜在可发布的产品增量，也就意味着团队需要完成可交付或潜在可发布标准中的所有测试，代码级别的测试就是单元测试，而更高级别的各种测试则统一用 AT。

之所以这样做，也是因为在敏捷开发中，进入高级别测试环节时，我们所拿到的或者所面对的并不是一个“完整的”系统，而是“部分”、“少量”特性，甚至只是故事（有人认为故事包含多个特性，也有人认为是一个特性被分成好多个测试，总之不是所有人都认为故事就是特性），如果我们要按照传统方式把所有测试阶段、测试层级、测试类型都逐一进行规划，那么测试管理的成本就太高了。顺应敏捷开发的特点，一切都从一个简约明确的需求出发，那么团队采取的方式就是在计划时明确定义需求的边界和验证的标准。如果需求是实现一个新特性，那么测试就大多是功能型的测试；如果需求是要改进系统的响应速度，那么测试主要就是性能测试；如果需求是增加对某款新型浏览器的支持，那么测试很可能就涵盖功能测试和兼容性测试等类型。然而，不管是哪种类型的测试，都是用来判断某个具体需求或故事是否已经完成的标准并称为 AT。以此方式，也可以简化团队在计划时的工作，团队只需要问“这个特性要做到什么样子才算完成呢？”至于这些要求如何细化为具体的 AT，则交由团队来完成。

然后，待到迭代结束，既然测试的标准是以可交付或潜在可发布来制定的，也就意味着只要这些测试通过，我们就可以满怀信心把它交付出去。但这些测试也只是给我们自己信心而已，它与传统 UAT 代表的客户或用户验收通过的含义相距甚远。

再退一步说，其实真正能够做到研发团队交出来的就是一个可交付或潜在可发布的东西，往往还需要交给某个专门做更高级别或更接近尾声的测试的部门，例如系统测试、性能测试、全联网测试等。这也意味着在研发团队完成开发和测试之后，还有一些其他类型或阶段的测试工作需要继续，半成品的系统还没有达到可以交付的水平，当然也远没有到可以执行 UAT 的状态或时间点。然而，我们仍然选择用 AT 来指代研发团队开发过程中完成的所有测试，是用来判断团队产物是否可以进入下一个环节的标准。

再看，UAT 所服务的主体是用户或客户，从某个角度来看，团队和客户是甲方乙方，"验收"这个词也体现了甲方验收乙方交付物的概念。然而，在敏捷中，AT 意味着团队完成了开发测试过程之后，向某个角色或某些角色声明工作已完成的标准。而且 AT 所服务的主体通常都是产品负责人或内部干系人，也都归属于乙方的范畴，且不说敏捷方法强调开发人员和业务人员的紧密合作，敏捷宣言同样也明确提到"客户合作高于合同谈判"，因此，为 AT 这个术语选择中文词汇当然也要体现这种合作的态度和倾向。

而且，正如《敏捷软件测试》提到的测试象限图所描述的那样，并不是从传统到敏捷之后，UAT 就被 AT 所取代，而是呈现出一种并存的态势。

如果我们认为在敏捷下仍然存在 UAT，而且也翻译为"用户验收测试"，敏捷的 AT 应该翻译成什么呢？不管是从敏捷测试理念还是从翻译的角度来看，我们又怎么可能接受在开发过程中有"验收测试"而后再执行"用户验收测试"呢？从两个概念在敏捷方法中所发挥的作用来看，AT 是支撑团队和支撑开发过程的，而 UAT 则是支撑用户或客户，出现在开发过程之后。

从前面一些测试领域专家的意见来看，UAT 可以视为从 AT 中挑选出来的一组具有特定意图和目的的测试子集；而且 UAT 侧重于验收，有已通过检验、可以付款的意思，而 AT 侧重于引导团队与干系人之间的沟通，指引开发过程沿着正确的方向前进。

AT 到底是什么意思？怎样翻译才更传神？作为敏捷圈内少有的测试出身的敏捷教练，我还真是很在意，并与敏捷测试领域的众多大师级人物交流过，在国内测试圈内也跟很多同行争执过，我无法接受它被这个术语的翻译成“验收”。我认为实际情况是人们普遍把传统的 UAT 简称为“验收测试”，如果我们在翻译敏捷相关作品时，也将敏捷中的“Acceptance Test”翻译或称为“验收测试”，从受众的角度来看，几乎不可能意识到它其实不同于他们一直理解的“验收测试”（也即传统的 UAT）以及它在敏捷中的不同用法。从传播知识的角度，这是我不愿意看到的结果。

老实说，“接收”的译法或许在测试圈内也不一定有共识，但我自认为对敏捷测试的理解还是很到位的，我们不能够因为“觉得跟传统 UAT 差不多”就沿用旧的词汇，敏捷测试跟传统测试是根本不同的两种主张，要想激发大众形成这样的意识，就更不能够用“旧瓶装新酒”的方式。如果这本书出版之后，“接收”这个译法能够激发读者对它进行思考、怀疑和挑战，将是一件非常值得庆幸的事。如果更多读者和从业者一起群策群力找到比“接收”更好的译法，那么从改变测试世界、引导正确认识敏捷测试理念的角度来看，我们决定在本书中将“Acceptance Test”译为“接收”也算是起到了抛砖引玉的效果。

所幸到最后，“接收”的译法得到了大家的理解和认可，同时也都觉得这段故事不应该被埋没，理当让更多读者看出我们字斟句酌的认真态度。出于这样的考虑，我们团队决定，用这篇后记来记录我们在翻译过程中的纠结和争论，晒出我们最终选定“接收”这个译法的种种考量。

亲爱的读者朋友，如果你对“Acceptance Test”这个词的翻译也有想法，不管是怀疑、挑战、支持、建议欢迎你与我联系，我非常愿意交流这个话题！

词汇表

概述

本词汇表所有词条按照字母顺序排列。词条可以是单词，如 Scrum；词组，如接收标准；缩略语，如测试驱动开发（TDD）。如果一个术语有两个以上的定义，则采用编号的方式给出。

下面的交叉引用方式用来表示词汇表中一个术语和其他术语之间的关系：

- 参见：可供参考的首选术语，或另外一个术语，其定义适用于当前讨论的术语。
- 另请参阅：可供参考的一个相关术语。
- 与……同义：可供参考的同义词，或具有几乎一致意义的术语。
- 与……相对：可供参考的一个意义大致相反的术语。

定义

A

acceptance criteria　接收标准。（1）产品负责人从业务或干系人角度定义的外部质量特征。接收标准定义期望的行为并用 GF 判定 PBI 是否开发完成。（2）为了让用户、客户或其他权威机构认可，组件或系统必须满足的退出标准。

acceptance test　接收测试。（1）验证是否满足接收标准的测试过程。（2）一种测试，定义每个 PBI 必须交付的业务价值。接收测试可以验证功能需求或非功能需求，如性能或稳定性。这种测试用来帮助指导开发过程（Crispin and Gregory 2009）。（3）针对用户需要、需求和业务流程的正式测试过程，执行此过程以确定系统是否满足接收标准，并且使用户、客户或其他授权实体能够决定是否接受此系统（IEEE 610）。

词汇表

acceptance-test-driven development 接收测试驱动开发（ATTD）。一种技术，在开发过程开始之前，参与者使用实例讨论接收标准，然后将其分解成一组具体的接收测试。与“实例化需求”同义。

accuracy 精确度。估计值接近实际值的程度——对真实值估量的接近性。例如，如果产品在 2015 年 10 月份的任何一天出货，“产品会于 2015 年 10 月份正式出货”的估计是精确的。与“准确度”相对。

activity 活动。（1）一种 Scrum 实践，包括采取行动或执行一个过程，例如，冲刺规划活动、每日 Scrum 活动、冲刺评审活动和冲刺回顾活动。（2）通常来说，指的是 Scrum 团队成员执行的工作，如写代码、执行测试、进行评估等。另请参阅“实践”。

adaption 调整（适应）。经验式过程控制的三大支柱之一；调整（适应）是一种反馈，用来对正在开发的产品或者产品开发过程进行调整。另请参阅“经验式过程控制”、“检验”和“透明度”。

agile 敏捷。（1）宣言中表示的一组特定的价值观和原则（Beck et al. 2001）。（2）泛指，用于指代一组相关的增量式迭代开发方法。Scrum 是一种敏捷开发方法。另请参阅“极限编程”、“看板”和 Scrum。

all-at-once product development 并行产品开发，也称“一起上”，“蜂拥式”。在一个迭代中见机行事，有事就做，无论什么类型的工作（如分析、设计、编码、集成和测试）。

all-before-any 大批量分阶段整体推进。顺序开发过程的一个特征，指的是在一个过程中上一步的工作产品以批量的形式 100%地转移到下一步。另请参阅“批量式”。

anticipatory process 参见“计划驱动过程”。

approach 方式（方法）。实现实践或活动的特定途径。例如，Scrum 规定有冲刺回顾活动。团队选择如何执行冲刺回顾就是团队的方法，不同的团队可以有不同的方式（方法）。另请参阅“活动”和“实践”。

artifact 工件。在产品开发过程中产生的实际附属物。产品列表、冲刺列表和潜在可交付产品增量都是 Scrum 的工件。另请参阅“实践”。

assumption 假设。即使没有经过证实的认知确定是否正确，却猜测或相信某件事情是正确的、真实的或确定的。与“经验认知”相对。

ATDD 参见“接收测试驱动开发”。

词汇表

B

batch size 批量大小。未来某个步骤要处理的一组条目的基数。另请参阅 WIP。

Boy Scout rule 童子军规则。（1）离开露营地时，总是做到比发现时更干净。如果地上脏乱，不管是谁弄脏的，都把它清理干净。（2）每次在一块代码区工作，离开时总是要把代码整理得比你进入时更干净，而不是弄得更乱。另请参阅“技术债”。

burndown chart 燃尽图。一种曲线图，在横轴上显示时间，在纵轴上显示随时间变化的剩余工作量（单位用小时或 PBI）。随着时间流逝，剩余的工作量越来越少，图表上的一般趋势是燃烧下降到零。通过计算趋势线，可以在燃尽图上显示对应的产出，从而了解工作什么时候可能完成。与“燃耗图”相对。

burnup chart 燃耗图。一种曲线图，用来显示逼近目标的工作进度，纵轴上标有目标值。随着时间推移，工作逐渐完成（横轴），进度线逐步上升（燃耗）接近于目标线。在燃耗图上，我们可以通过计算趋势线显示对应的产出，从而了解工作什么时候能够完成。与“燃尽图”相对。

cadence 节奏。规则的、可预测的节律或心跳。具有一致持续时间的冲刺，为每一次开发工作建立节奏感。参见“同步”。

capacity 生产能力（产能）。（1）执行有用任务的可用资源数量。（2）用于帮助设立 WIP 限制的概念，确保我们只用可用的生产能力开始工作直到完成工作。另请参阅 WIP。

ceremony 仪式。在明确定义的场合举行仪式性或象征性的活动。有些人把 Scrum 的核心活动冲刺规划、每日站会、冲刺评审会议和冲刺回顾会议称为仪式。另请参阅“活动”和“繁文缛节”。

chaotic domain 混乱域。（1）需要快速响应的一种情况。我们深陷危机，需要立即采取行动，以防止损失扩大化并至少需要重新建立一定的秩序。（2）Cynefin 框架中域的一种。另请参阅 Cynefin。与“繁杂域”、“复杂域”、“无序域”和“简单域”相对。

chickens 鸡。某些 Scrum 团队使用的比喻，表示人参与 Scrum 团队目标，但并不是以贡献的方式，而是一定程度的参与（不承担责任）。经常用于指代 Scrum 团队之外的人。这个比喻来源于一只鸡和一头猪的老笑话：“在一个火腿加蛋的早餐中，鸡是参与了，但是猪做贡献了”。和“猪”

相对。

chief product owner　首席产品负责人。在大规模产品开发中，产品负责人团队中的总产品负责人。另请参阅“产品负责人”。

commitment　承诺。把自己和行动过程绑定在一起的行为。Scrum 鼓励承诺。承诺意味着无论顺利还是受阻，每个团队成员都专注于达成团队的共同目标。与“预测”相对。

complex adaptive system　复杂自适应系统。这一类系统有许多以各种方式彼此交互的实体，它们的交互行为受一些简单的、局部的规则支配，这些规则只作用于一个持续反馈的环境。

complex domain　复杂域。（1）事情常常难以预料的一种情况。即使有正确答案，我们也只能在事后知道。（2）Cynefin 框架中的一种。另请参阅“Cynefin 框架”。与“混乱域”、“繁杂域”、“无序域”及“简单域”相对。

component team　组件团队。专注创建组件的团队，这些组件从属于客户想要购买的更大型的产品。组件团队创建软件资产或组件，其他团队可以重用并组装成有价值的客户方案。与“特性团队”相对。

conditions of satisfaction　满意条件。为了能让产品负责人对 PBI 完成情况满意所满足的条件。满意条件是用来澄清期望行为的接收标准。另请参阅“接收标准”。

confidence threshold　信心门槛（临界值）。（1）构想（产品级规划）的完成的定义。（2）为了能有足够的信心来决定是否投资继续进一步开发，这是决策者需要的信息。

continuous delivery　持续交付。参见“持续部署”。

continuous deployment　持续部署。在每个新特性完成构建、集成和测试之后，立刻部署给用户。与“持续交付”和“持续集成”同义。

continuous integration　持续集成。一种技术实践，即一个或多个团队的成员根据实际情况频繁地集成他们的工作。另请参阅“集成”和“技术实践”。

cost of delay　延期成本。与拖延工作或延误里程碑的到达相关联的财务成本。延期成本强调“时间确实有财务成本”的概念，而且为了能做到经济合理的权衡，了解这个成本非常重要。

cross-functional team　跨职能团队。一个由具有所有职能性技能（如用户界面设计师、开发者、测试人员）以及完成工作所需要的多专长成员所组成的团队。

customer uncertainty　客户不确定性。关于产品的客户是谁的不确定性。另请参阅“不确定性”。与“结局不确定性”和“方法不确定性”相对。

Cynefin　一种意义建构框架，帮助我们理解某些情况，在相应情况下，我们必须行使职责并决定这种情况相适应的方法（Snowden and Boone 2007）。

D

daily scrum　每日例会。开发团队每天执行的一个同步、检验与适应的计划活动。每日例会属于 Scrum 框架中的核心实践，时间长度限制在 15 分钟以内。与“每日站会”同义。另请参阅“检视与调整”。

daily stand-up　每日站会。执行每日例会的通用方法，要求参与者在整个活动中站立。站立能使此活动保持简短，确保不超过时间限制。参见“每日例会”。

DEEP　缩略语，由 Roman Pichler 和 Mike Cohn 发明，表示一组用于评估产品列表质量的标准。具体标准是，产品列表应该是详略得当的（Detailed appropriately）、涌现的（Emergent）、经过评估的（Estimated），并且是按照优先级排序的（Prioritized）。另请参阅“产品列表”。

defined process　规程。具有明确定义的一组步骤的过程。假如有相同的输入，既定义过程每次都会产生相同的输出（在确定的变化范围之内）。与“经验过程控制”相对。

definition of done　完成的定义。（1）在冲刺结束时，团队宣布他们的工作成果能够变成“潜在可交付”之前，团队期望成功完成工作的检查列表。最小的完成的定义应该是能产生产品功能的一个完整切片，它应该是经过设计的、已经构建的、集成过的、测试过的并且提供了良好的文档，最终会交付经验证的客户价值。（2）此术语有时被用来描述应用与所有 PBI 的接收标准。与“就绪的定义”相对。

definition of ready　就绪的定义。一个包含条件的检查列表，在冲刺规划过程中，认为一个产品列表已经就绪可以放入一个冲刺之前，这个检查列表中的条件必须满足。

development team　开发团队。自组织的跨职能团队，团队成员共同负责所有必要的工作，这些工作产生可以运行的、经过验证的软件资产。开发团队是组成 Scrum 团队的三种角色之一。

disorder domain　失序域。（1）一种危险的状态，在这种状态下我们无法了解或弄清自己的处境。我们的目标是离开这个域。（2）Cynefin 框架中的一种。另请参阅 Cynefin。与“混乱域”、“繁杂域”、“复杂域”和“简单域”相对。

done　完成。参见“完成的定义”。

dot voting　数点投票法。一种投票技术，允许参与者在一组条目中给他们的偏好投票，方法是通过在他们认为优先级较高的条目上放上有颜色的点。最终得到点最多的条目优先级高于那些点少的条目。这种技术通常用在冲刺回顾活动中。另请参阅“冲刺回顾”。

E

economic filter　经济过滤器。为了确定是否继续对建议产品投资，组织所使用的决策标准，用于评估产品的经济效果。与“策略过滤器”相对。

emergence　涌现。（1）个体、局部的行为聚合成全局的行为，并与其来源分离。（2）复杂自适应系统的一个属性。（3）应用在软件开发领域时，我们认识到事先确定特性、设计或计划的正确集合是不可能的。相反，随着时间的推移，当我们了解到的信息越来越多，重要的信息会就从前期工作获得的经验中涌现出来。另请参阅“复杂自适应系统”。

emergent opportunity　新涌现的机会。前期不了解的一个机会，或者当时认为完全不可能发生，从而不具备投资价值。

emotions seismograph　情感曲线。在冲刺执行过程中，团队成员情绪向上或向下的图形化表示。这种技术经常用在冲刺回顾活动中。另请参阅“冲刺回顾”。

empirical process control　经验式过程控制。使用检视、调整和透明原则的一种工作风格。与“规程”相对。

end uncertainty　结局不确定性。关于将要构建什么（产品）的不确定性。另请参阅“不确定性”。与“客户不确定性”和“方法不确定性”相对。

envisioning　构想。一种活动，即理解潜在产品的精髓，并为该产品的创建产生一个粗略的计划。构想始于创建愿景，然后是粗略的产品列表和产品路线图。与“产品规划”同义。另请参阅“产品路线图”。

epic 史诗（故事）。一种大粒度的用户故事，可能包含几个月或更多的工作量，可以跨越整个发布或者多个发布。史诗故事对于大的需求作为占位符是很有用的。在时间合适的时候，史诗故事可以被逐渐地提炼成为一组小粒度的用户故事。另请参阅“特性”、“逐渐细化”、“主题”和“用户故事”。

essential Scrum Scrum 精髓。Scrum 框架的价值观、原则与实践，结合 Scrum 框架实践应用的规则和证实的方法。另请参阅“方法”、“实践”、“规则”和“Scrum 框架”。

estimation 估算。对于价值、数目、数量或事物程度的粗估计算。在 Scrum 中，我们估算组合列表条目、PBI 和冲刺列表任务的规模或大小。另请参阅“预测”。

event timeline 事件时间表。对于发生在一段时间之内有意义的事件，按时间顺序、可视化的一种描述。在冲刺回顾中经常用到的一种技术。另请参阅“冲刺回顾”。

exploitation 利用。基于目前我们掌握信息的确定性做出一个决定。与“探索”相对。

exploration 探索。通过执行一些活动例如构建原型、创建概念验证、进行研究或者做实验来获取知识的行为。

external stakeholders 外部干系人。通常是正在开发产品的组织之外的干系人，例如，客户、合作伙伴或监管单位。另请参阅“干系人”。与“内部干系人”相对。

Extreme Programming 极限编程（XP）。与 Scrum 互补的一种敏捷开发方法。极限编程指明了在冲刺执行过程中，开发团队用来管理任务级别工作的重要技术实践。另请参阅“敏捷”。

F

fail fast 快速失败。一种先做尝试，尽快得到反馈，然后快速检验与适应的策略。通常，由于高层次不确定性的存在，开始做一个产品、了解我们的决定是否正确并不昂贵，如果决定是错误的，那么在花更多钱之前就赶紧停止。另请参阅“快速反馈”，“检视与调整”和“转型”。

fast feedback 快速反馈。一种原则，宣称今天反馈远比明天反馈更有价值，因为今天的反馈可以在一个问题变得更严重之前纠正它，并且快速反馈能够更早地消除不够经济的路径。另请参阅“快速失败”。

feature 特性。（1）对客户或用户有用的业务功能切片。（2）有时用来表示中型的用户故事，可以分成多组小的用户故事，这些用户故事共同交付一个特性的价值。另请参阅“主题”和“用户故事”。

fixed-date release 固定日期发布。必须在未来确定的一天交付的版本。版本的范围和成本都是灵活可变的。与“固定范围版本”相对。

fixed-scope release 固定范围版本。必须有明确特性集合的版本。特性集交付的日期和（或）成本是灵活的。与“固定日期版本”相对。

flow 工作流。（1）在开发过程中以流畅而稳定的工作步伐，确保产生良好的经济价值。（2）用经济合理的方式避免闲置工作。（3）对应于大批量、大版本和大事件。

forecast 预测。（1）在没有产生实际结果之前，做出声明、预言或估算。（2）2011 年“Scrum 指南”中的术语，指的是在冲刺计划中开发团队产生的东西。另请参阅“估算”。与“承诺”相对。

framework 框架。参见“Scrum 框架”。

G

grooming 梳理。参见“产品列表梳理”。

group 组。一群共用一个标签（组名）的人，但还没有组成一个团队，在团队里，每个成员已经知道如何一起工作并相互信任。与“团队”相对。

H

happened-upon technical debt 偶发技术债。一种技术债的状态分类，在正常的产品开发工作中，在暴露出来之前，开发团队并没有意识到它的存在。与“已知技术债”和“目标技术债”相对。

I

ideal day 理想天。估算 PBI 大小的一个单位，假设这个条目是唯一要完成的工作，并且没有任何打扰，同时完成这个条目所必需的资源都到位的情况下，这个条目需要多长时间完成。另请参阅“理想小时”。与“故事点”相对。

ideal hour 理想小时。估算以冲刺列表任务表示的设计、构建、集成和测试类工作大小的一个单位，常常又叫工时、人时。另请参阅“理想天”。

idle work 闲置工作。在某个队列中停留、没有人主动从事的工作。与“闲置人员”相对。

idle workers 闲置人员。有余力做更多的工作，但是没有被100%利用起来的人员。与“闲置工作”相对。

impediment 障碍。做事情过程中遇到的阻碍或妨碍。常用来形容阻碍团队或组织有效执行 Scrum 的一些问题或障碍物。

implementable story 可实现故事。可以在一个冲刺中容纳的用户故事。与“冲刺内故事”同义。

incremental development 增量式开发。（1）依照“先构建一些、再构建全部”的原则进行开发的方式。（2）一种规划策略，产品的每一部分在不同的时间段开发然后交付给用户，目的是根据外部反馈进行适应。另请参阅“迭代式增量过程”和“迭代式开发”。

incremental funding 增量式投资。投资产品开发中的一部分而不是全部。通过增量式投资，我们只投资前面一小部分开发工作，在我们从中学习到关键的、经过证实的认知之后，再重新审视投资决策。另请参阅“信心门槛”和“经验认知”。

information radiator 信息雷达。一种视觉方法，以简单、自解释的格式向路过的人呈现最新的、足够详细而且重要的信息。

innovation accounting 创新核算。一种衡量或核算系统，使用可行的度量标准来评估我们学得有多快，以此作为形成具有商业价值结果进程的关键度量指标（Ries 2011）。

innovation waste 创新浪费。失去了产生创新性解决方案的机会。通常发生在 PBI 已经提供预定方案的时候。

in-process product 流程中的品。正在开发过程中的、已经上线的或者正在销售的产品。另请参阅“组合规划”。

insight backlog 见解列表。按优先级排序的列表，列表的每一项是前期产生但还没有实施的见解或过程改进想法。见解列表在冲刺回顾活动中产生并使用。另请参阅“冲刺回顾”。

inspect and adapt 检视和调整。（1）Scrum 中的通用阶段，指的是经验式过程控制中的检验与适应的原则。（2）检验一个产品或过程并根据学习到的东西进行适应的原则。（3）学习过程中的关键部分。另请参阅“调整（适应）”、“经验式过程控制”、“检视”和“认知循环”。

inspection　检视。经验式过程控制的三大支柱之一，包含对于收到反馈的周到的检查和处理，这些反馈是来自于对过程或产品做出的适应性决定。另请参阅“调整（适应）”、“经验式过程控制”和“透明性”。

integration　集成。产品部分或整体的不同组件或资产合并在一起，组成一个完整的、更大范围的工作成果，以便可以作为一个整体验证其功能正确性。另请参阅“持续集成”。

internal stakeholder　内部干系人。正在开发产品的组织内部的干系人，例如，高级管理者、经理或内部用户。另请参阅“干系人”。与“外部干系人”相对。

inventory　积压的工作事项。参见 WIP。

INVEST　Bill Wake 发明的缩略语，用来表示一组评估用户故事质量的标准。具体的标准是：独立的（Independent）、可协商的（Negotiable）、有价值的（Valuable）、可以估算的（Estimable）、短小的（Small）和可测试的（Testable）。另请参阅“用户故事”。

iteration　迭代。完备的开发周期，专注于执行所有必要的工作以产生有价值的产出。另请参阅“并行开发”和“冲刺”。

iterative and incremental process　迭代增量式开发过程。结合迭代式开发和增量式开发的一种开发风格。另请参阅“增量式开发”和“迭代式开发”。

iterative development　迭代式开发。有计划的重做策略，在这种策略中采用多条路径执行工作，最终收敛为一个好的解决方案。另请参阅“增量式开发”、“迭代”和“迭代增量式开发过程”。

J

just in time　及时（JIT）。过程的一个特征，指工作流中的资产或活动只有在需要时才可用或出现。

K

Kanban　看板。叠加在已有过程的一种敏捷方法，提倡可视化系统中工作的流动过程，限制 WIP 的数量并测量和优化工作流。另请参阅“敏捷”和 WIP。

known technical debt 已知技术债。一种技术债的状态分类，开发团队已经知晓该债务，并且为将来考虑已经做了可视化。与“偶发技术债”和“目标技术债”相对。另请参阅“技术债”。

L

last responsible moment 最后责任时刻（LRM）。一种策略，先不做不成熟的决定，而是延迟承诺，不轻易做出重要的、不可逆的决定，直到不做决定的成本大于做决定的成本之后才做出决定。

learning loop 认知循环。专注于增强学习的一个反馈环。通常遵循以下几步：做出假设（或设定目标），构建一些东西（执行一些活动），获得构建结果的反馈，然后使用反馈检验相对于假设完成的情况。

lifecycle profits 生命周期利润。（1）产品在整个生命周期内的盈利能力。（2）对于产品组合规划来说，指的是整个产品组合的盈利能力而不是单个产品。

LRM 参见“最后责任时刻”。

M

means uncertainty 方法不确定性。产品如何构建的不确定性。另请参阅“不确定性”。与“客户不确定性”和“结局不确定性”相对。

minimum marketable features 最小适销特性集（MMFs）。与一个特性相关的最小功能集合，交付时客户必须能认可其价值（适销）。与“最小可发布特性集”相对。

minimum releasable features 最小可发布特性集（MRFs)。（1）一个发布必须包含的特性的最小集合，使此版本能够发布——对于最终客户足够有用，这样客户才能愿意付款。（2）由一组最小适销的特性组成的特性集。与“必须有的特性集（MVP）同义。另请参阅“最小适销特性集”。

minimum viable product(MVP) 最小可行产品（MVP）。只包含能够部署的特性、没有其他特性的产品。

MMFs 参见“最小适销特性集”。

MRFs 参见“最小可发布特性集”。

MVP 参见“最小可行产品”。

Musketeer attitude　火枪手态度。（1）人人为我，我为人人。（2）团队成员的一种态度，即大家同舟共济，以团队为整体论成败。

must-have features　必须有的特性集。为了有下一个版本，必须包含在其中的特性集。与“最小可发布特性集”同义。与“最好有的特性集”和“不会有的特性集”相对。

N

naive technical debt　低级技术债。技术债的一种，由相关人员的不负责行为或不成熟的实践产生。与“策略性技术债”和“不可避免的技术债”相对。另请参阅“技术债”。

nice-to-have features　最好有的特性集。为下一个版本开发的特性，但如果没有足够的资源完成可以不包含在下个版本中。与“必须有的特性集”和“不会有的特性集”相对。

nonfunctional requirement　非功能性需求。（1）与功能无关的需求，但是与以下属性有关，例如可靠性、有效性、可用性、可维护性以及可移植性，PBI 必须包含这些属性，以完全满足干系人的需求。（2）每个非功能性需求都可以包含在完成的定义里。参见“完成的定义”。

P

PBI　参见 PBI。

persona　人物角色。（1）真实用户的综合原型，用来帮助指导和决策产品特性、导航、交互以及视觉设计。（2）特殊用户角色的典型代表的虚构人物。参见“用户故事”。

pigs　猪。Scrum 团队使用的比喻，代表全身心投入 Scrum 团队目标的人（为结果负责）。一般把 Scrum 团队成员比作猪。参见“Scrum 团队”。与“鸡”相对。

pivot　转型（调头）。（1）改变方向但是要基于我们已经学会的东西。（2）一种有组织、有条理的过程纠错，用以测试一个关于产品、策略和增长引擎的新的基础性假设（Ries 2011）。

plan-driven process　计划驱动式过程。一种开发风格，试图计划并预期用户可能在最终产品中想要的所有特性，并且确定构建那些特性的最佳方案。工作计划的制定基于具体工作阶段的执行顺序。与“预期式过程”、“预言式过程”、“规定式过程”、“顺序式过程”、“传统开发过程”和

“瀑布过程”同义。

Planning Poker　计划扑克。基于达成共识的、估算 PBI 相对大小的技术。

point inflation　点数膨胀。将产品列表大小估算膨胀（变大）的不适当的行为，尝试为了与设想的愚蠢衡量标准（例如为了达到目标速率）保持一致或进行优化。

portfolio backlog　组合列表。包含产品、项目群、项目或概要史诗故事的列表。参见“组合规划”。

portfolio planning　组合规划。确定开发哪些产品（或项目），以什么顺序开发，需要花多长时间的活动。有时也称“组合管理”。

potentially shippable product increment　潜在可交付产品增量。在一个冲刺结束时，完成的结果让人有足够的信心，并代表了高质量的工作，意味着对于最终客户来说是潜在可交付的。潜在可交付并不是说这些成果真的可以直接交付给客户。交付是商业决策；潜在可交付是一种信心状态。

practice　实践。支持或实现原则的方法。例如，显示进度的原则可以用冲刺评审的 Scrum 实践来支持。参见“活动”、“工件”、“角色”和“规则”。另请参阅“原则”和“价值”。

precision　精确度。估算到底有多精确。例如，说产品会在 2015 年 10 月 7 日交付，比说产品会在 2015 年 10 月交付更精确。与“准确度”相对。

predictive process　预测式过程。参见“计划驱动式过程”。

prescriptive process　规定式过程。参见“计划驱动式过程”。

principle　原则。作为我们如何完成产品开发的基础，原则是基本的事实或信念。一个 Scrum 原则的例子是频繁展示进度。参见“实践”和“价值”。

principle of least astonishment　最小惊讶原则。开发产品时，尽量不要让周围的人感到惊讶。

product　产品。（1）产品开发工作的结果。（2）由大量有形或无形属性组成的满足消费者的货物或服务，一般用金钱或其他价值单位进行交换。（3）和组织内可能开展的项目相比，产品通常是存在时间更长、更加稳定的工件。参见“产品开发工作”。与“项目”相对。

product backlog　产品列表。经过优先级排序的、需要完成的 PBI 列表。参见 PBI。

product backlog grooming　产品列表梳理。写好并细化 PBI、估算然后排定优先顺序的活动。

product backlog item (PBI)　产品列表条目。（1）产品负责人认为有价值的条目，例如特性、缺陷或者（偶尔）技术工作。（2）产品列表中的一条。参见“产品列表”。

product development effort　产品开发工作。创建或完善产品及服务的整体工作。与“项目”相对。

product owner　产品负责人。有授权的产品领导力中心。Scrum 团队的三种角色之一；Scrum 团队中干系人的唯一代言人。产品负责人定义做什么，按什么顺序做。参见“Scrum 团队”。

product owner proxy　产品负责人代表。产品负责人指定的一个人，在某些特定情况下代表产品负责人。参见“产品负责人”。

product planning　产品规划。参见“构想”。

product roadmap　产品路线图。描述产品如何随时间推移构建并交付渐进特性，同时包含驱动每个版本的重要因素。在开发多版本产品时有用。参见“构想”。

product vision　产品愿景。简短说明期望通过开发和部署一个产品达到的未来状态。精心构思后形成的愿景应该表述简单并能为实现它的人提供方向。参见“构想”。

progressive refinement　逐渐细化。使用刚好及时的方式，把大的、粗略的 PBI 分解成一组小的、更详细的条目。

project　项目。（1）为创造独特的产品、服务或成果而进行的临时性工作（PMI 2008）。（2）完成目标所需要的努力。和产品的生命相比，项目持续期更短。在一个产品的完整生命周期里通常要执行好几个项目。与“产品”相对。

project chartering　项目章程制定。为了在足够细化的程度上定义项目，从而能够进行投资决策需要的一系列前期工作。与“项目启动”和“项目立项”同义。

project inception　项目启动。参见“项目章程”。

project initiation　项目立项。参见“项目章程”。

Q

queue　队列。条目的存放地（库存），这些条目等待流入下一个环节。参见“库存”和 WIP。

R

refactoring　重构。通过改进、简化内部结构（设计）而不改变外部行为的方法，重新结构化一段已有代码体的技术。重构是管理技术债的一种主要技术。参见“技术债”和“技术实践”。

relative size measure　相对大小度量。描述条目整体大小的方法，不考虑绝对值，而只考虑条目相对于其他条目的相对大小。例如，大小为 2 的条目是大小为 4 的条目的一半，但是我们并不知道大小为 2 或 4 的条目的绝对大小是多少。参见“理想天”和“故事点”。

release　版本。(1) 打包在一起从而向客户或用户提供一致交付的特性组合。(2)推广使用或部署的产品的一个版本。发布表明业务价值交付的节奏，并且应该和既定的业务周期保持一致。

release goal　版本目标。版本目标和期望产出的清晰表述。版本目标的建立需要考虑多个因素，包括目标客户、概要架构问题以及重要的市场活动。另请参阅“版本”。

release plan　版本计划。（1）版本规划的结果。对于固定日期版本，版本计划要指定在将来固定日期的特性范围。对于固定范围版本，版本计划则需要指定冲刺和成本的范围。（2）一种计划，使用尽可能准确的方式上沟通版本什么时候可用、包含哪些特性以及成本是多少。另请参阅“固定日期版本”和“固定范围版本”。

release planning　版本规划。长期规划，回答类似问题：“我们何时完成？”或“今年年底前我能得到哪些特性？”或“需要花费多少”版本规划必须在范围、日程和预算的限制下平衡客户价值和整体质量。另请参阅“版本计划”。

release train　版本火车。通过规定基于相同节奏的跨团队同步，把多个团队的愿景、规划和相互依赖整合在一起。版本火车着眼于大规模产品的快速、灵活的工作流。另请参阅 scrum of scrums.

retrospective　回顾。参见“冲刺回顾”。

risk　风险。（1）事件伴随着不良后果的可能性。风险通过两个方面衡量：

发生的可能性和结果的严重性。（2）对于活动有负面结果的任何不确定性。参见“不确定性”。

role 角色。一人或多人履行的一组责任。三种 Scrum 角色分别是产品负责人、ScrumMaster 和开发团队。另请参阅“实践”和“原则”。

rule 规则。特定情境下的一种通用实践或可靠的一般性行事方法。在实际的情境中，可能需要采取不同的行事方法，这时就可能打破规则。Scrum 框架包含很多规则。另请参阅“Scrum 精髓”和“Scrum 框架”。

S

Scrum 从橄榄球运动中借鉴的术语。（1）轻量级敏捷框架，用来管理复杂的产品和服务开发。（2）开发产品和管理工作的迭代式增量方法。另请参阅“敏捷”和“Scrum 框架”。

Scrum framework Scrum 框架。组成 Scrum 开发基础的一组价值观、原则、实践和规则。另请参阅 Scrum。

ScrumMaster Scrum 团队的教练、引导师、“清道夫”和服务型领导。ScrumMaster 是 Scrum 团队的三种角色之一。ScrumMaster 提供过程领导力并帮助 Scrum 团队及组织的其他人发展高效能、组织相关的 Scrum 方法。另请参阅“Scrum 团队”和“服务型领导”。

Scrummerfall 参见 WaterScrum。

scrum of scrums (SoS) 协调多个 Scrum 团队工作的方法，每个 Scrum 团队中有一个或多个成员聚在一起，讨论和解决团队之间的依赖问题。参见“版本列车”。

Scrum team Scrum 团队。由产品负责人、ScrumMaster 和开发团队组成的团队，这个团队共同为 Scrum 开发工作。另请参阅“开发团队”、“产品负责人”和 ScrumMaster。

self-organization 自组织。（1）复杂自适应系统自底向上浮现的一个属性，这个属性声明系统的组织是随着时间推移对其周边环境的一种响应。（2）开发团队随着时间的推移自我组织的一个属性，并不借助外部强加的传统的自顶向下、命令控制式的管理方式。（3）反省管理哲学，在这种哲学中，运营决策尽可能地委派给最了解决策能带来哪些后果的人。另请参阅“复杂自适应系统”和“涌现”。

sequential process 顺序式过程。参见“计划驱动式过程”。

servant leader　服务型领导。（1）通过优先关注同事和被服务人员的需要来为组织取得成果的人。（2）基于倾听、移情、治愈、认识、说服、概念化、远见、管理、承诺和社区建设的一种哲学和领导力实践。另请参阅 ScrumMaster。

silent grouping　静默分组法。一种不说话分组讨论相关事宜的辅助技术，只通过个人放置和移动条目（通常是卡片或便笺）在参与者之间进行沟通和协调。冲刺回顾活动中经常用到的一种技术。参见“冲刺回顾”。

simple domain　简单域。（1）在处理简单问题时，原因和结果是显而易见的。通常来说，正确的答案明显且无可争辩。（2）Cynefin 框架中的领域之一。参见 Cynefin。与“混乱域”、“复杂域”、“繁杂域”和“失序域”相对。

single-piece flow　单件流。每次生产一个条目的形态，作为一个独立单元流（拉动）过整个开发过程。

solution　解决方案。开发工作产生的产品或服务。

SoS　参见 scrum of scrums。

specification by example　实例化需求。参见“接收测试驱动开发”。

冲刺　持续时间较短、基于时间盒的迭代。通常时间盒的长度为一周到一个月，在此期间 Scrum 团队集中生产潜在可交付的产品增量，以满足 Scrum 团队一致同意的完成的定义。另请参阅“完成的定义”、“迭代”和“潜在可交付产品增量”。

sprintable story　冲刺内故事。参见“可实现故事”。

sprint backlog　冲刺列表。冲刺规划会议的产物，在冲刺执行阶段持续更新，帮助自组织团队计划和管理针对冲刺目标的工作交付。（2）放入一个冲刺的 PBI 列表以及实施计划——通常用任务的形式表示，用理想小时数进行估算。另请参阅“理想小时”、“冲刺规划”和“任务”。

sprint demo　冲刺演示。冲刺评审会议的一个活动，团队演示完成的 PBI，目标是促进 Scrum 团队和其他冲刺评审参与者之间深入的讨论。（2）经常用作冲刺评审同义词的一个术语。另请参阅“冲刺评审”。

sprint goal　冲刺目标。产品负责人希望在冲刺期间达成目标的概括总结。通常通过一组专门的 PBI 来详细表示。

sprint planning　冲刺规划。Scrum 团队聚集在一起对冲刺目标达成一致意见的会议，在此会议上要确定在即将到来的冲刺中交付哪些 PBI。在冲刺规划活动中，会产生一个冲刺列表，团队借此获得交付承诺 PBI 的信心。另请参阅“冲刺列表”和“冲刺目标”。

sprint retrospective　冲刺回顾。每个冲刺结束时执行的检视和调整的活动。冲刺回顾是 Scrum 团队一个持续改进的机会，在这个过程中，团队可以重新审查过程（执行 Scrum 的方法）看看有什么可以改进的地方。另请参阅“检视和调整”和“冲刺回顾”。

sprint review　冲刺评审。发生在冲刺执行结束后的一项检视和调整活动，在这项活动中，Scrum 团队给所有感兴趣的人展示冲刺期间完成的内容。在冲刺评审中，产品开发过程中做出贡献的人都有机会检查到现在为止构建了什么，以及接下来要构建什么。另请参阅“检视和调整”和“冲刺演示”。

stakeholder　干系人。可以影响组织行动或被组织行动所影响的人、小组或组织。另请参阅“外部干系人”和“内部干系人”。

stakeholder value　干系人价值。解决方案交付给干系人的价值。有时和客户价值交换使用。另请“参阅干系人”。

story　故事。参见“用户故事”。

story mapping　故事构图。（1）以用户为中心的视角产生一组用户故事的技术。每个高层次的用户活动分解成一个工作流，而这个工作流可以进一步分解成一组细化的任务。（2）传统的一维产品列表的二维表示。另请参阅“产品列表”和“用户故事”。

story point　故事点。PBI 相对大小的衡量单位，需要考虑复杂性和物理大小等因素。一般使用规划扑克来决定大小。另请参阅“理想天”、“规划扑克”和“相对大小度量”。

strategic filter　战略过滤器。组织用来评估提议产品是否满足进一步考虑的战略标准的决策标准。与“经济过滤器”相对。

strategic technical debt　策略性技术债。技术债的一种，这种债务可以作为一种工具，用来帮助组织从经济效益上更好地量化和权衡一些时效性强的重要决策。有时为了策略原因承担技术债是明智之举。与“低级技术债”和“不可避免的技术债”相对。另请参阅“技术债”。

sustainable pace　可持续的步调。团队保持恰当的工作节奏，因此在较长的一段时间内能够产生良好的业务价值流，而不至于精疲力尽。

swarming　蜂拥式。一种工作方式，即有足够余力和合适技能的团队成员共同做（蜂拥而上）一个已经开始的条目直到完成，然后才开始做新的条目。另请参阅“T 型技能”。

synchronization　同步。使多个事件同时发生。通常用来确保多个 Scrum 团队在一起工作，通过同时开始和结束冲刺保持协调。另请参阅“节奏”。

T

tacit knowledge　隐性知识。不成文和不言而喻的知识（包括洞察、直觉和预感），这种知识很难用正规语言表述清楚，但也并不是不可能。有时也称作“诀窍”（know-how）。

targeted technical debt　目标技术债。技术债的一种状态类别，表示开发团队已经了解这种债务，并且着手解决。与“偶发技术债”和“已知技术债”相对。另请参阅“技术债”。

task　任务。开发团队为了完成一个 PBI 而完成的技术工作。大多数的任务比较小，通常是几个小时或一天左右的工作。

task board　任务板。在冲刺执行期间用来沟通进度和任务级别工作流的信息板。另请参阅“信息板”和“任务”。

TDD。参见“测试驱动开发”。

team　团队。一个由跨职能、多样化并互相协作的人组成的小组，他们为了共同的目的和目标在一起工作。团队成员之间彼此信任，一起工作达成目标，共同为成果负责。与“小组”相对。

technical debt　技术债。（1）描述债务的一个术语，当选择一个短期来看是权宜之计的设计或构建方法，从长期来看却增加了复杂性和成本的时候，软件组织就引入了技术债。（2）一个比喻，可以促进业务人员和技术人员关于实现工件不足的沟通。另请参阅“低级技术债”、“策略性技术债”和“不可避免的技术债”。

technical practices　技术实践。在冲刺执行期间，为了正确完成工作使用的专门的实践或技术，这些工作是交付特性所必须的，而这些特性包含可控的技术债并符合 Scrum 团队关于完成的定义。

technical stories　技术故事。“用户”故事（PBI）的一种，交付的价值最终用户看不到，但会交付将来用户价值需要的重要的架构或基础。另请参阅“用户故事”。

technique　技术。一种既定义过程，用来执行一个活动的部分或全部，或支撑一种方法。另请参阅“活动”和“方式（方法）”。

test-driven development　测试驱动开发（TDD）。（1）一种先写失败的自动化测试然后再写功能代码的演进式开发方法。一旦写的代码通过了测试，就继续重复这个循环，包括重构既有代码以确保功能之间的设计具有良好的耦合性。测试驱动开发的目标是说明，而不是验证——在代码写出来之前完整思考设计，创建一直工作良好的整洁代码。（2）测试先行式开发的一个例子。另请参阅“重构”、“技术实践”和“测试先行式开发”。

test-first development　测试先行式开发。一种技术实践，即在开发之前先写测试。测试驱动开发就是一个例子。另请参阅“技术实践”和“测试驱动开发”。

theme　主题。一组相关的用户故事。主题提供了一种便利的方式表明一组故事有相同之处，例如都在相同的功能领域内。另请参阅“史诗故事”和“用户故事”。

timebox　时间盒。固定长度的一段时间，用来执行活动。在 Scrum 中，冲刺是在时间盒内（限制时间）的迭代，在这个迭代中，团队以可持续的开发速度完成一组选定的、限制 WIP 数量的工作。另请参阅“冲刺”和“时间盒”。

timeboxing　时间盒技术。用来帮助安排工作执行和管理范围的时间管理技术。另请参阅“时间盒”。

traditional development process　传统开发过程。参见“计划驱动式过程”。

transparency　透明度。经验式过程控制的三个支柱之一；检视和调整需要的无偏见信息可以公开。另请参阅“适应”、“经验式过程控制”和“检视”。

T-shaped skills　T 型技能。一个比喻说法，用来描述某人在某个领域（如用户体验设计）有很深入的垂直方向的技能，同时对其他相关领域（如测试和文档）的相关技能也有所了解。具备 T 型技能的团队成员能更好地执行蜂拥行为。另请参阅“蜂拥式”。

U

unavoidable technical debt　不可避免型技术债。技术债的一种形式，在团队正常构建产品的过程中出现，通常是不可预计并且不能预防的。与“低级技术债”和“策略性技术债”相对。另请参阅“技术债”。

uncertainty　不确定性。不知道或不确定的事情。通常与风险同义，但实际上其含义更广，因为不确定性既包括风险（负面结果），也包括机会（正面机会）。另请参阅“风险”。

unknown unknowns　未知的未知。指我们不知道自己还不知道的事。

unnecessary formality　繁文缛节。（1）有成本但产生的价值很少或没有价值的仪式（浪费的一种形式）。（2）为了过程而过程。另请参阅“仪式”和“浪费”。

user role　用户角色。（1）一类产品用户的名字。（2）用户故事的关键元素之一，定义用户故事交付价值的接受者。另请参阅“用户故事”。

user story　用户故事。一种方便的格式，用来表达多种类型 PBI 期望的商业价值。制作用户故事，要让业务人员和技术人员都能理解。用户故事结构简单，通常用户故事为对话提供了很好的占位符。另外，用户故事可以在不同的粒度层面上写，使其有利于逐步细化。另请参阅“史诗故事”、“逐步细化”、“主题”和“用户角色”。

user-story-writing workshop　用户故事写作研讨会。一个持续几个小时到几天的研讨会，在工作坊里，来自不同团队的参与者一起预期商业价值进行头脑风暴，并为产品或服务的愿景建立用户故事占位符。另请参阅“用户故事”。

V

validated learning　经验认知。Ries 于 2011 年提出的一个术语，用来描述当通过一个或多个客户验证测试确认或推翻了重要的假设后取得的进展。与“假设”相对。

values　价值。（1）我们拥有的珍贵的东西。（2）团队成员之间共享的一致同意的运营基础。Scrum 的核心价值包括诚实、开放、勇气、尊重、专注、信任、激励和协作。

variability　可变性。一组表示不同产出的数据的传播或散布。在制造业中，可变性都是浪费。在产品开发中，有些可变性对创新解决方案来说是必要的。另请参阅“浪费”。

velocity　速率。单位时间内完成工作的速度。在 Scrum 中，速率通常用在这个冲刺里完成的 PBI 的大小估算的和来衡量。速率和 PBI 使用相同的单位——通常是故事点或理想天。速率衡量输出（交付物的大小），而不是成果（交付物的价值）。

W

waste　浪费。泛指任何消耗资源但对客户产品或服务不产生附加价值的活动。

waterfall　瀑布。一个术语，指一种开发过程的图形描述，工作的相继阶段就像瀑布一样稳定流动并落下。

waterfall process　瀑布式过程。参见“计划驱动式过程”。

Waterscrum　在 Scrum 框架内的瀑布式开发。一个例子是执行分析冲刺，然后是设计冲刺，然后是编码冲刺，最后是测试冲刺。与 Scrummerfall 同义。

weighted shortest job first (WSJF)　加权最短工作优先法。延期成本和持续期对于不同的条目来说都不一样的情况下，安排工作的一种经济最优算法。另请参阅“延期成本”。

WIP　参见 WIP。

won't-have features　不会有的特性。特别声明在接下来的版本中不会包含的特性集合。 与“必须有的特性”和“最好有的特性”相对。

work in process　WIP（积压的工作）。进入开发过程但并没有完成，对客户或用户来说也不可用的工作。指产品或服务的所有当前在做的或在排队等待做的资产或工作成果。

WSJF　参见“加权最短工作优先法”。

X

XP　参见“极限编程”。

参考文献

Adkins, Lyssa. 2010. *Coaching Agile Teams: A Companion for ScrumMasters, Agile Coaches, and Project Managers in Transition.* Addison-Wesley Professional.

Anderson, David J. 2010. *Kanban.* Blue Hole Press.

Appelo, Jurgen. 2011. *Management 3.0: Leading Agile Developers, Developing Agile Leaders.* Addison-Wesley Professional.

Beck, Kent, Mike Beedle, Arie van Bennekum, Alistair Cockburn, Ward Cunningham, Martin Fowler, James Grenning, Jim Highsmith, Andrew Hunt, Ron Jeffries, Jon Kern, Brian Marick, Robert C. Martin, Steve Mellor, Ken Schwaber, Jeff Sutherland, and Dave Thomas. 2001. *Manifesto for Agile Software Development.* www.agilemanifesto.org/.

Beck, Kent, and Cynthia Andres. 2004. *Extreme Programming Explained*, 2nd ed. Addison-Wesley Professional.

Boehm, Barry W. 1981. *Software Engineering Economics.* Prentice Hall.

Brooks, Frederick P. 1995. *The Mythical Man-Month: Essays on Software Engineering*, 2nd ed. Addison-Wesley Professional. (Originally published in 1975.)

Cohn, Mike. 2004. *User Stories Applied: For Agile Software Development.* Addison-Wesley Professional.

———. 2006. *Agile Estimating and Planning.* Addison-Wesley Professional.

———. 2009. *Succeeding with Agile.* Addison-Wesley Professional.

———. 2010. Agile 2010 keynote presentation.

Cook, Daniel. 2008. "The Laws of Productivity: 8 productivity experiments you don't need to repeat." Presentation found at http://www.lostgarden.com/2008/09/rules-of-productivity-presentation.html.

Crispin, Lisa, and Janet Gregory. 2009. *Agile Testing: A Practical Guide for Testers and Agile Teams.* Addison-Wesley Professional.

Cunningham, Ward. 1992. "The WyCash Portfolio Management System," OOPSLA 1992 experience report. OOPSLA '92, Object-Oriented Programming Systems, Languages and Applications, Vancouver, BC, Canada, October 18–22.

Denne, Mark, and Jane Cleland-Huang. 2003. *Software by Numbers: Low-Risk, High-Return Development.* Prentice Hall.

Derby, Esther, and Diana Larsen. 2006. *Agile Retrospectives: Making Good Teams Great.* Pragmatic Bookshelf.

Fowler, Martin. 2009. "Technical Debt Quadrant." Bliki entry found at http://martinfowler.com/bliki/TechnicalDebtQuadrant.html.

Fowler, Martin, Kent Beck, John Brant, William Opdyke, and Don Roberts. 1999. *Refactoring: Improving the Design of Existing Code.* Addison-Wesley Professional.

Goldberg, Adele, and Kenneth S. Rubin. 1995. *Succeeding with Objects: Decision Frameworks for Project Management.* Addison-Wesley Professional.

Grenning, James. 2002. "Planning Poker." www.objectmentor.com/resources/articles/PlanningPoker.zip.

Highsmith, Jim. 2009. *Agile Project Management: Creating Innovative Products,* 2nd ed. Addison-Wesley Professional.

Hohmann, Luke. 2003. *Beyond Software Architecture.* Addison-Wesley Professional.

IEEE. 1990. IEEE Std 610.12-1990 (revision and designation of IEEE Std 792-1983). IEEE Standards Board of the Institute of Electrical and Electronics Engineers, New York, September 28, 1990.

Jeffries, Ron. 2001. "Essential XP: Card, Conversation, Confirmation." http://xprogramming.com/articles/expcardconversationconfirmation/.

Katz, Ralph. 1982. "The Effects of Group Longevity on Project Communication and Performance." *Administrative Science Quarterly* 27: 81–104.

Kennedy, John Fitzgerald. 1961. Special Message to the Congress on Urgent National Needs, May 22.

Kerth, Norm. 2001. *Project Retrospectives: A Handbook for Team Reviews.* Dorset House.

Larman, Craig, and Bas Vodde. 2009. "Lean Primer." Downloadable from www.leanprimer.com/downloads/lean_primer.pdf.

Laufer, Alexander. 1996. *Simultaneous Management: Managing Projects in a Dynamic Environment.* American Management Association.

Leffingwell, Dean. 2011. *Agile Software Requirements: Lean Requirements Practices for Teams, Programs, and the Enterprise.* Addison-Wesley Professional.

McConnell, Steve. 2007. "Technical Debt." Blog entry found at http://blogs.construx.com/blogs/stevemcc/archive/2007/11/01/technical-debt-2.aspx.

Mar, Kane. 2006. "Technical Debt and the Death of Design: Part 1." Blog entry found at http://kanemar.com/2006/07/23/technical-debt-and-the-death-of-design-part-1/.

Martin, Robert C. 2008. *Clean Code: A Handbook of Agile Software Craftsmanship.* Prentice Hall.

Page, Scott. 2007. *The Difference: How the Power of Diversity Creates Better Groups, Firms, Schools, and Societies.* Princeton University Press.

Patton, Jeff. 2008. Example of incremental releasing. Personal communication.

———. 2009. "Telling Better User Stories: Mapping the Path to Success." *Better Software*, November/December, 24–29.

Pelrine, Joseph. 2011. "Is Software Development Complex." Guest blog entry found at http://cognitive-edge.com/blog/entry/4597/is-software-development-complex.

Pichler, Roman. 2010. *Agile Product Management with Scrum: Creating Products That Customers Love.* Addison-Wesley Professional.

PMI. 2008. *A Guide to the Project Management Body of Knowledge (PMBOK® Guide)*, 4th ed. Project Management Institute, Inc.

Poppendieck, Mary, and Tom Poppendieck. 2003. *Lean Software Development: An Agile Toolkit.* Addison-Wesley Professional.

Putnam, Doug. 1996. "Team Size Can Be the Key to a Successful Project." An article in QSM's Process Improvement Series. www.qsm.com/process_01.html.

Putnam, Lawrence H., and Ware Myers. 1998. "Familiar Metrics Management: Small Is Beautiful—Once Again." *IT Metrics Strategies* IV:8: 12–16. Cutter Information Corp.

Reinertsen, Donald G. 2009a. "Types of Processes." Guest blog entry found at www.netobjectives.com/blogs/Types-of-Processes.

———. 2009b. *The Principles of Product Development Flow: Second Generation Lean Product Development.* Celeritas Publishing.

Ries, Eric. 2011. *The Lean Startup: How Today's Entrepreneurs Use Continuous Innovation to Create Radically Successful Businesses.* Crown Business.

Schwaber, Ken. 1995. "Scrum Development Process." In *OOPSLA Business Object Design and Implementation Workshop*, ed. J. Sutherland et al. Springer.

———. 2004. *Agile Software Development with Scrum.* Microsoft Press.

Schwaber, Ken, and Mike Beedle. 2001. *Agile Software Development with Scrum.* Prentice Hall.

Schwaber, Ken, and Jeff Sutherland. 2011. "The Scrum Guide." Downloadable at www.scrum.org.

SEI. 2010. "CMMI for Development, Version 1.3." Software Engineering Institute, Carnegie Mellon University. Downloadable at www.sei.cmu.edu/library/abstracts/reports/10tr033.cfm.

———. 2011. Second International Workshop on Managing Technical Debt, May 23. Colocated with ICSE 2011, Waikiki, Honolulu, Hawaii. Downloadable at www.sei.cmu.edu/community/td2011/.

Smith, Preston G., and Donald G. Reinertsen. 1998. *Developing Products in Half the Time: New Rules, New Tools.* Van Nostrand Reinhold.

Snowden, David J., and Mary E. Boone. 2007. "A Leader's Framework for Decision Making." *Harvard Business Review*, November.

Staats, Bradley R. 2011. *Unpacking Team Familiarity: The Effects of Geographic Location and Hierarchical Role.* University of North Carolina at Chapel Hill.

Takeuchi, Hirotaka, and Ikujiro Nonaka. 1986. "The New New Product Development Game." *Harvard Business Review*, January, 137–146.

Tuckman, Bruce W. 1965. "Developmental Sequence in Small Groups." *Psychological Bulletin* 63: 384–399. The article was reprinted in *Group Facilitation: A Research and Applications Journal*, no. 3, Spring 2001.

VersionOne. 2011. "The State of Agile Development: Sixth Annual Survey." Posted as a downloadable PDF in the Library of White Papers on www.versionone.com.

Wake, William C. 2003. "INVEST in Good Stories, and SMART Tasks." www.xp123.com.

Wheelwright, Steven C., and Kim B. Clark. 1992. *Revolutionizing Product Development: Quantum Leaps in Speed, Efficiency, and Quality.* The Free Press.

Wiseman, John "Lofty." 2010. *SAS Survival Guide: For Any Climate, in Any Situation*, rev. ed. Collins Reference.

《Scrum 精髓》读后感

作者/吕芳

闻名《Scrum 精髓》已久，而真正让我拿起书来认真研读的，是一个偶然的机会。公司敏捷社群有一个读书小组，大家选择了这本书进行阅读，作为 Agile Coach，我被选为这个小组的协调人，负责跟大家一起展开深入的研讨、分享和交流。虽然我之前也读过不少 Scrum 方面的书，但坦白地讲，我觉得这本书对现阶段的自己最有用，最好。

《Scrum 精髓》是一本适合“每个人”阅读的敏捷转型指南。你会发现，无论你在敏捷转型中的角色是什么，无论你对 Scrum 与敏捷的理解和实践处于哪个阶段，都能从书中找到合适的并能指引自己走向下一步进阶的具体内容。作者开篇介绍了为什么要用 Scrum，并结合 Cynefin 框架分析了 Scrum 的适用性；接着介绍 Scrum 框架及各种概念，并深入浅出地分析了敏捷原则(这部分非常赞)；随后阐述角色和规划，这两部分已经超越 Scrum 本身，为真正的敏捷转型与敏捷落地提供了宝贵的参考；最后作者从实践的角度为我们展示了一个团队如何做一个完整的 Sprint。

如果是刚开始接触 Scrum 的实践者，那么基本概念、原则以及如何开展一个 Sprint 的活动可能会为你提供最大的帮助；如果是 PO，那么 Scrum 角色、规划这些内容一定不能错过；如果是 People Manager，那么角色方面的内容(比如组建团队以及每个角色在团队中的位置)也许会给你很多帮助和启发；如果是敏捷教练或组织中敏捷转型的推进者，那么整本书的每一部分都值得你花时间认真学习，细细琢磨。

《Scrum 精髓》是一本实操性很强、非常实用的敏捷实践指南。Scrum 的概念看起来很简单，但正是因为概念简单而导致团队从战术上轻视它，读过几篇文章就天真地认为自己掌握了 Scrum，完全可以撸起袖子上手就干，之后却因为猛然发现实施 Scrum 中暴露出来很多问题而“炸”了并由此否定 Scrum，认为它也许不适合自己当前这些个复杂的项目。

我自己在实践 Scrum 之初也遇到过这样的问题，后来担任 Agile Coach 之后看到很多团队也在经历这样的问题。在这种情况下，我强烈建议阅读

《Scrum 精髓》。《Scrum 精髓》深入解析了 Scrum/Agile 原则，之后对各种实践进行深入辨析和介绍，对实际操作具有很强的指导意义。理解了原理，就能在 Scrum 实践过程中对各种状况与问题做出正确的判断，最后找到合适的方案。同时，《Scrum 精髓》还对复杂项目、大型团队的 Scrum 实施给出了方向和指导。这与之前读过的一些 Scrum 入门书非常不同，后者引用的案例通常都是些简单的项目，读者很难把它们与实际工作中的复杂项目联系起来。对于复杂项目的指导，我要给《Scrum 精髓》手动点赞。

《Scrum 精髓》是一个很好的 Scrum/Agile 学习资源。作者采用可视化的展现方式，清晰梳理了各章的脉络；在介绍知识的同时，也引用了很多的案例，这些案例来源于作者的真实实践，深入浅出地为我们介绍了 Scrum 以及 Scrum 的实践。这本书的翻译也非常好，可读性很强，非常适合我们用作 Scrum 参考书。

在阅读《Scrum 精髓》的过程中，我确实感到自己对 Scrum 的理解又提升了一层，实践中遇到的一些困惑也从中找到了一些答案。随着经验的不断积累，我相信再次翻开这本书的时候，一定还会有不同的理解和感悟。

我在读书时为梳理框架做了一个视觉读书笔记，如下图所示。

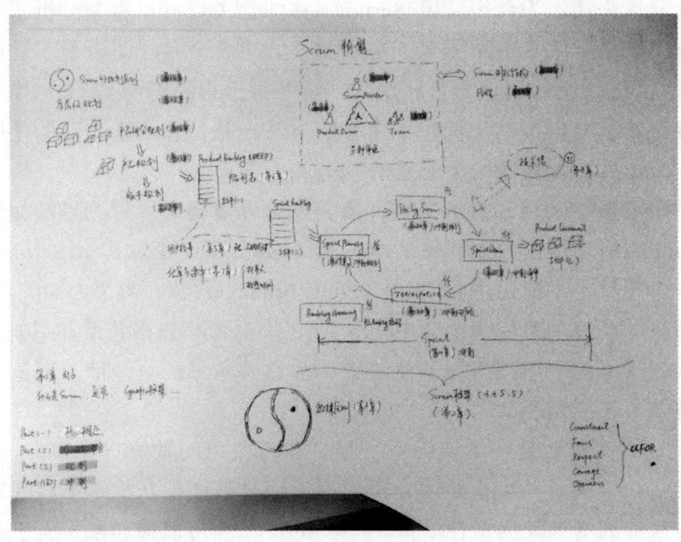

◎关于作者：吕芳，敏捷爱好者，先后担任过 C++开发工程师、项目经理、ScrumMaster 等多种角色，现任公司内部 Agile Coach。拥有的资格有 CSP，CSPO，CSM，ACP，PMP。喜欢挑战，乐于分享，可以通过 fanglv2008@163.com 沟通与联系我。

《Scrum 精髓》读书心得

作者/书山有伴

我喜欢读书，书是我最忠实的朋友。当我想找人聊天时，Ta 总是有时间陪伴我，随便聊多长时间。当我厌倦时，书从不打扰我，直到有一天我开始想 Ta。我喜欢读书，书是我最博学的老师。当我百思不得其解时，Ta 来给我点拨，引领着我，或许横跨整个太平洋，或许穿越回到上个世纪。写些读书心得，算作是对朋友的回赠，对老师的敬意。参加完 ShineScrum 组织的 CSM 课程后，我结识了《Scrum 精髓》，感谢为我推荐这本书的老师。

感想：Scrum 的项目管理策略是“好钢用在刀刃上”

在本书的一开头，作者 Ken Rubin 用他小儿子的诞生来比喻一个项目，指出一个成功项目应该具备的特点：准时、高质量、干系人满意。项目管理有几个基本维度：时间、范围、成本和质量。这些维度相互制约，要想达成一些要求，就必须对另一些要求做出妥协。

怎样平衡这些维度？项目管理策略需要回答这个问题。实践中，开发团队往往面对所有维度的要求都固定、无权妥协的困境。他们不得不通过暗中损失“质量”这个隐性维度，来换取在时间、范围、成本这些显性维度上达到要求。然而，质量问题早晚会浮出水面，影响到客户满意度，为维系与发展长期客户关系造成负面的影响。

Scrum 采用的是满足时间、成本和质量要求，灵活调节范围的策略。在时间方面，Scrum 的每个 Sprint 都要开发出潜在可发布的软件，满足正式发布截止时间的风险比传统开发方法小。在成本方面，软件开发的主要成本来自开发者的人力成本。Scrum 开发团队成员应当基本稳定。以团队为核心开展工作，这既是对人类社会性需求的满足，也是 Scrum 的核心精神，所以成本主要受时间的影响。时间不延迟，成本就不会超预算。在质量方面，通过制定和履行严格的完成的定义(DoD)，保证发布的特性具备应有的质量水平。在范围方面，Scrum 采用将产品待办项按照优先级排序的策略，在时间紧，人力有限的条件下，优先开发对用户最有价值的特性。

俗话说得好，好钢用在刀刃上。Scrum 用有限的时间和成本做最有价值的事，让客户满意。这符合 20-80 定律，是价值驱动代替计划驱动的原则在实践层面上的体现。

感想：怎样评价 Scrum 使用成功与否

作者 Ken Rubin 在 Genomica 担任 VP 期间，先后采用瀑布开发方法和 Scrum 开发方法开发一款创新型产品。基于这款产品开发的实际情况，他用一张表格来对比瀑布和 Scrum 的使用效果。值得注意的是，他对比了三个指标：工作量、速度和客户满意度。工作量指人*月数；速度指单位时间开发出的有价值的特性个数；客户满意度指与客户形成长期合作关系。

度量	瀑布	Scrum
工作量(effort)	10 倍	1 倍
速率	1 倍	7 倍
客户满意度	差	非常好

为什么选取这样三个指标？它们具有怎样的普遍意义呢？

第一是工作量。为什么比较工作量而不比较开发成本呢？软件开发的成本主要来自开发者的工资，外加其他费用，如出差、加班、团队建设。工资是保密信息，并且不同地区差距较大，不容易获得准确数据，不方便拿来比较。而用工作量(人*月)就简单的多。人*月数与开发成本具有很强的正向相关性，人*月数大，开发成本必然高，降低成本也主要通过降低人*月数来达到目标。所以通过比较人*月数的方法来比较开发成本，是简单有效的好方法。

第二是速率。为什么比较速率而不分别比较范围和时间呢？开发范围大小不同的项目，比较时间没有意义。开发时间长短不同的项目，比较开发范围也没有意义。通过用特性个数除以时间计算速率，得到单位时间内开发的特性个数，两个项目、两种开发方法才具备可比性。注意，这里用作分子的特性个数指的是“有价值”的特性个数。在变更为常态的革新型产品的开发过程中，Scrum 频繁获取客户反馈，围绕客户价值排列新特性的优先级，优先实现它们。瀑布开发方法根据计划阶段确定的需求进行开发，到项目结束时，当初确定的部分需求失去了它的价值。这就导致采用 Scrum 方法开发出的“有价值”的特性个数就比采用瀑布方法开发出的多。其一，单位时间开发的新特性多，未必代表做得好，这里速率强调有价值的特性。其二，开发同样有价值的新特性，用更短的时间，越早交付越好。

第三是客户满意度。评估软件质量，可以考虑客户满意度、缺陷数据、可维护性(圈复杂度)等多个度量。其中最重要的、也比较容易获得的度量是客户满意度。怎样度量客户满意度呢？像银行柜台那样安装一个用户反馈终端，邀请客户点“非常满意/满意/不满意”的按钮吗？或者像教育咨询机构的客服那样打电话给客户，邀请评分吗？你一定遇到过这样的现象：有的客户很友好，按了“非常满意”或打了 10 分，但就是说什么也不会再继续购买你的产品或服务了；有的客户很挑剔，提出各种抱怨，但还是会继续购买你的产品或服务。于是，我们感到客户反馈不客观，无法准确度量。Ken Rubin 在这个问题上给出一个睿智的答案：用“维系和发展与客户之间的业务关系”来度量客户满意度。

感想：什么时候适合用 Scrum？什么时候不适合？

Scrum 并非银弹。按照 Cynefin 框架，Scrum 最适合应用在复杂(complex)场景中，用于开发创新型产品和特性。Scrum 需要客户的配合，客户需要能够接受在 Sprint 期间不轻易改变已经处于进行中的工作项。客户需要参加 Sprint 评审会，并对展示的产品特性给出反馈意见。如果你的客户习惯于强势沟通，并且朝令夕改，总是有更重要的事打断你目前正在进行的工作，不能接受有计划、有节奏的长期合作，那么你感觉你是否经常处于中断驱动(interrupt-driven)的工作场景中呢？如果真是这样，看板方法比 Scrum 对您更有帮助。

感想：怎样用看板？

Scrum 不太适合中断驱动型工作。在中断驱动的环境里，最好用看板方法取而代之。具体而言，看板提倡以下原则：

- 把 WIP 穿过系统的过程可视化
- 限制 WIP 在每个步骤里的数量，确保不超负荷
- 度量和优化穿过系统的工作流，以持续改进

读到这里，我想起两个违背第二条原则的案例。

案例一，某产品集成阶段出现大量缺陷，管理层施加压力，要求当天指派的缺陷当天解决。开发团队每人每天解上百个 bug，每人每月加班超过 100 小时。然后出现什么问题呢？有些缺陷其实没有解决，但是已经是午夜零点，开发者直接在缺陷管理系统上把缺陷状态改成解决，第二天这个缺陷再被测试者拒绝，并遭到 On Shore 团队投诉。

案例二，某产品由于软件架构不合理，导致一个模块与其他模块高耦合在一起。当其他模块开发时，这个模块的开发团队就为解 bug 疲于奔命。后来实在解不完了，干脆慢慢解。所谓虱子多了不咬，债多了不愁。过了几个月，对这个产品的软件架构进行重新调整，才算是解决了这个问题。

所以在使用看板时，确保不做超过自己能力的工作是一条重要的原则。

超出了自己能力的最大限度，就会导致工作质量急剧下降，或者工作效率急剧下降。如果的确有那么多工作需要完成，首先应该秉承按照优先级排序的原则，用有限的时间和资源，优先做最有价值的工作。然后再运用第一条和第三条原则，可视化问题，从根本上解决问题。比如案例二提到的软件架构调整。

读到第 8 章“技术债”的时候，一个这样的故事浮现在我的面前。

关于如期完工

故事背景：几年前，S 公司总有一些项目不能如期完工，David 的项目也是其一。那年，新总经理上任，在公司级别的项目管理会议上，David 向总经理解释了不能如期完工的原因。当着项目经理的面，总经理明确提出：“项目不能如期完工，任何解释都不接受。”散会了，David 翻了个白眼，边走边嘟囔：“连解释都不让解释了，UX 不断变更的问题，依赖的组件不稳定的问题，这些又不是我能控制的……”

几天后的一个早上，David 的部门经理笑呵呵地走到 David 身旁，指着 David 电脑屏幕上刚打开的电子邮件箱说：“公司颁布了项目奖金评比制度，规定不能如期完工，奖金全部扣光。怎么样？加油啊！”David 吃了一惊，仔细看看奖金数额，想起了新婚的妻子，要还的房贷……

固定的时间和范围，对不齐进度的组件团队，没有自动化的测试

S 公司是典型的由组件团队组成的组织，UX 团队、负责不同组件的若干开发团队、测试团队，在产品经理的协调下协作完成项目。David 与产品经理保持着密切的联系，月月有计划，周周有报告。眼看进入量产季，David 月初就给项目经理发邮件询问若干事项。产品经理很快回信了。

> David，你好！
>
> 来信问到的问题答复如下：
>
> 1. 软件版本发布截止日期：2016-10-30。请严格遵守，不能延迟
> 2. 本次版本需要的 8 个 UX 文档，UX 团队说月初提供其中的 6 个，其余 2 个月中才有。
> 3. 你项目应用程序所依赖的中间件，其负责团队月中能够提供更新好的版本。
> 4. 我们要在 2016-10-30 前完成代码集成，准时启动系统测试。
>
> Allen　2016-10-02

David 看后，找来各个模块的开发者进行商讨，然后给产品经理又写一封邮件：

> Allen，你好！
>
> 感谢分享信息，我们会尽力如期发布。但对在月中才发布的UX文档，我们担心时间太紧，来不及用代码实现。这两个应用都需要2周才能写好代码，还需要1周开发者自己测试以确保发布质量。能否请您帮助说明并请UX部门早一点提供UX文档呢？
>
> David　2016-10-02

第二天，产品经理回信：

> David，你好！
>
> 发布范围不可缩小。
>
> UX团队我已经催过，但他们说他们正忙于一个优先级更高的项目。
>
> 中间件团队查看了你提出的变更邀请，他们说这样变更会导致大量代码修改，影响平台稳定，建议你们在应用层克服困难，实现这个特性。
>
> Allen　2016-10-16

2016-10-23，David 收到了第 7 个模块的 UX 文档.

2016-10-29，David 终于收到了第 8 个模块的 UX 文档。

David 和第 8 个模块的开发者集体奋战一个通宵，终于在 2016-10-30 早上提交了代码。

David 轻声问开发者小 M：“自己测了吗？感觉质量怎么样？”

小 M 揉着布满血丝的眼睛，哑着嗓子说：“测试？我从昨天下午忙到现在，连口水都没喝。”

欠下的债，是要还的：加班加点加油干

每个版本测试团队都测出大量 bug。David 的团队除了要按期完成新特性的开发，还要修改上次发布中存在的 bug。除了加班，David 实在没有其他的法子。于是，他们工作日晚上加班，周末加班，每月团队人均加班 100 小时。11 月、12 月很快过去，到元旦放假，David 想：“不管怎样，先喘口气儿吧。”2017 年的第一天，David 早上稍微睡了个懒觉，正准备吃中饭，突然手机响了起来。

“David，测试团队报了 400 个 bug，要求今天解完。”电话那头是部门经理的声音，“CH 总也在，他对这个项目非常关注。”

David 心里一抖：“好，我马上来。”

部门经理说：“量产很关键，大家辛苦，但工作要做完，不要着急回家。”

于是 David 大年三十晚上加班，干到 9 点，春节从初一到初七天天加班。春节期间没有外卖，David 就在自己的座位后面堆满饼干和泡面充饥。

一边开发新特性，一边修 bug，夜以继日，加班加点的日子一旦开始就好像掉进一个坑，越挣扎陷得越深，怎么也看不到希望。

欠下的债，是要还的：客户投诉

该来的躲也躲不开，客户投诉了，说团队负责的产品响应客户变更需求的速度慢，质量问题多，表示很失望，不愿意继续合作。

欠下的债，是要还的：领导批评

David 满腹委屈，写了项目的回顾报告，分析 bug 产生的原因，加班的工作量，列举大量的数据，如实反映困难所在，却不敢有一句抱怨。部门经理、产品经理应邀参加项目回顾会议。

产品经理听完报告，严肃地说："你这个报告是什么态度？！你的意思是说，从头到尾，你只是个受害者，对不对？UX 文档的问题，依赖组件的问题，都是别人的问题，对不对？你没有问题吗？你应该深刻反省你自己的问题！"

David 惊讶得目瞪口呆，而后低头不语。

部门经理接着说："每个部门都要讲业绩，每个团队都要为提升业绩做出自己的贡献。你说说，你们团队这一年来有什么贡献？"

"我们能活到现在就是贡献！" David 一声怒吼，脸色发白，嘴唇颤抖。

欠下的债，是要还的：员工辞职

David 团队成员陆续辞职了，在项目管理系统中，这个项目的成员名单 80%被标记为红色(已离职)。David 的妻子两次流产，人们说，说因为 David 太辛苦了。David 请了 6 个月病假，在家休养，期间妻子第三次怀孕。后来，David 也辞职了，同事们看到他晒在朋友圈里的幸福照片：抱着新生儿和妻子在一起。

未完待续……(大家也可以移步喜马拉雅收听。搜索"敏捷开发系列讲座"，主播"书山有伴"有不定期更新。)

◎**关于作者：** 书山有伴，供职于世界 500 强中国软件研发中心，从事敏捷教练工作。喜欢读书，喜欢以书会友，简书昵称：书山有伴，http://www.jianshu.com/u/138477402400，期待与大家交流和分享。

《Scrum 精髓》读后感

我对敏捷原则的领悟

作者/**周亮**

我们为什么要用 Scrum，我们是否应该采用 Scrum，这个问题可能是很多人的普遍问题。

选择 Scrum 作为软件开发方式，很多组织其实是被动接受的，采用 Scrum 的决定可能是一些领导或者管理层的决定，团队也许接触过一些 Scrum 的培训，了解一些 Scrum 方面的基础框架，但很多时候也都只是被动适应，甚至本能地与目前的传统开发方式进行比较并提出质疑。我试图以对比描述的方式，把两种开发方式的理念进行对比，从而更好地理解 Scrum 原则，更好地理解 Scrum。而不是把 Scrum 完全凌驾于其他软件开发方式之上，孰优孰劣地去看待，而是站在软件开发各个生命周期及各种问题场景上全面看待 Scrum。

一些被动选择 Scrum 的团队可能会忽视这个问题“我们为什么要用 Scrum？是否应该采用 Scrum？”这样的后果体现在一些具体 Scrum 实践活动中他们会质疑 Scrum，甚至因为执行不力而迁怒于 Scrum。

要回答这个问题，不妨理解一下 Scrum 实际用于解决什么类型的问题？自我认识一下目前团队主要面对的是什么范围的问题，书中提到采用 Cynefin 框架，这个框架很有意义， 可以帮助我们更好地理解我们工作的环境并确定适合这种环境的方法。 这个框架定义并比较了 5 种不同域的特征： 简单(Simple)、复杂(Complex)、混乱(Chaotic)、繁杂(Complicated)以及无序(Disorder)，指的是不知道自己处于哪个域。我将使用 Cynefin 框架讨论 Scrum 非常适合以及不太适合的情况。

软件开发和支持活动的很多方面都不可能只是与某一个 Cynefin 域相吻合。软件开发工作的内容很丰富，各方面有所重叠，各个活动可能属于不同域[Pelrine 2011]。因此，虽然大多数软件开发工作属于复杂域或繁杂域，但如果冒失地说软件开发活动是一个复杂域，未免太幼稚。如果我们定义的软件开发活动包含从创新的新产品开发、现有软件产品的维护到运营与支持等各种工作，情况就更是这样了。

复杂

探测、感觉、响应

- 通过探索了解问题，然后检视，然后调整
- 需要创造性的创新的方法
- 为试用活动创建容忍失败的环境，以发现模式
- 增进交互 / 交流
- 浮现域
- 事后可以知道
- 不可预测的成分大于可预测的成分

繁杂

感觉、分析、响应

- 评估情况，调研几种备选方案，根据良好实践做出响应
- 通过专家获得深刻理解
- 通过度量数据获得控制权
- 良好实践域
- 多个正确答案
- 原因和结果是可以发现的，但不是很明显
- 可预测的成分大于不可预测的成分

无序

混乱

行动、感觉、响应

- 立即采取行动，然后检视，看情况是否稳定，然后调整并尽量把环境迁到复杂域中
- 需要做出很多决定，没有时间思考
- 立即采取行动，重新建立秩序
- 立即采取行动，重新建立秩序
- 寻找是可行的、而不是正确的答案
- 新颖域
- 没有人知道
- 没有清晰的因果

简单

感觉、分类、响应

- 评估实际情况，将情况分类，根据已经确定的实践提出响应措施
- 最佳实践域
- 稳定域(不太可能变更)
- 显而易见的“原因—结果”关系
- 存在正确的答案
- 根据事实进行管理

作者还提到从软件整个生命周期里面去审视软件开发，产品新开发阶段处在复杂域，慢慢地，产品框架逐渐成熟，团队也逐渐成熟，一些人成长为专家，软件开发的不确定性慢慢减少，可预测性逐渐增加，问题域开始过度到繁杂域，直到软件产品进入维护阶段时，不再有大规模开发，问题变得有章可循，这时候还可能进入简单域。

目前团队主要经历的软件周期是从新产品开发到大规模开发，重点关注复杂域及繁杂域问题的特点。

复杂域

在处理复杂问题时，事情不可预测的成分大于可预测的成分。如果存在正确答案的话，我们也只能事后知道。这是涌现域。我们需要在研究之后才能认识问题，然后根据我们的认知来检视与调整。在复杂域中工作时，需要采取创造性的、创新的方法。常规、轻而易举的解决方案是不适用的。 我们需要为试验活动建立一个容忍失败的环境，以便发现重要的信息。在这个环境中，大量的互动与交流是必不可少的。创新的新产品开发活动属于这个类别，通过创新的新特性改进已有产品也属于这个类别。

Scrum 特别适合应用于复杂域。在这个环境中，探索(研究)、感知(检视)和响应(调整)的能力非常重要。

个人觉得互联网领域的软件开发场景，尤其是创新性、颠覆性的新理念，希望快速占领市场的互联网产品更适合用 Scrum。

繁杂域

繁杂问题是专家控制的良好实践域。可能存在多个正确答案，但是需要专家诊断并找出这些答案。Scrum 当然能够处理这些问题，但可能不是最优的解决方案。例如，一项性能优化工作需要调整参数来找出系统的最佳整体性能，这个工作最好能找到专家，让他们评估情况，调研几种备选方案，根据良好实践做出响应。很多日常软件维护(处理一系列的产品支持或缺陷问题)都属于这一类。虽然很多类似于六西格玛等策略性的量化方法也适用于简单域，但这些方法最适合用于繁杂域。

最后，我有几点思考与大家一起分享。

- 对比我们目前从事的软件产品开发,我们目前从事的是电信基站设备大型软件开发，网络中 PHY，MAC 协议栈的软件开发有些是根据通信协议标准进行开发，这些通信标准本身是固定的，涉及到一些具体的算法实现，也是有一些通信仿真结果作为参考。虽然整个通信系统很庞大，但是这些问题可预测性，确定性比例应该是大于一些不确定性。因此我理解我们的电信软件开发应该属于繁杂域范畴。当然，电信领域也有一些创新性，颠覆性活动，但是这些活动更倾向于预研性质，这种活动应该属于复杂域。所以总体上而言，我们目前商用电信软件产品开发所属范畴，繁杂域范畴居多。
- 这也能理解我们在产品开发过程中，其实也并行着六西格玛的一些项目管理理念。Scrum 与六西格玛并不冲突，如果所属问题需要，可以去互相吸收各自长处。说到这里，也许可以通过六西格玛的一些很好工具应用到 Scrum 具体活动中,进一步丰富发展 Scrum 也未尝不可。
- 回到这个问题，当我们去想为什么要采用 Scrum 的时候，不妨先审视下我们目前的**软件开发**处于哪个生命周期，初始探索阶段，还是成熟阶段，然后用 Cynefin 框架分析下我们目前要解决的问题属于哪个域的范畴，搞清楚是复杂域还是繁杂域还是其他。
- 当产品处于前期探索阶段，同时所面对的问题又是处于复杂域时，那大胆听取 Scrum 的建议，大胆开始采用吧。你会体会到 Scrum 所带来的新的活力。

- 如果我们的产品周期处于成熟阶段，同时我们大部分问题处于繁杂域时，Scrum 也还可以的，如果我们也能秉承 Scrum 开放包容的精神去吸收传统成熟开发模式(比如六西格玛)一些优秀策略，取长补短，也许会让 Scrum 如虎添翼。

◎关于作者：周亮，上海诺基亚贝尔内部全职 Scrum Master，CSM。目前辅导两个团队进行 LeSS 敏捷转型。8 年大规模电信软件产品开发，四年 ScrumMaster 经验。在 LeSS 转型辅导中，常常运用系统思考方式来沟通、分析和解决复杂问题。

《Scrum 精髓》读后感

需求与用户故事

作者/王帆(产品经理)

有关 Scrum 的书之前读过几本，感觉《Scrum 精髓》是其中最好的啦！对我来说，从厚度和目录来看算是个头(“身高和肚腩”)最大的。谢谢译者，也感谢 Bob 领导了这次有深度的读书活动。

因为是软件工程出身，所以我对 Scrum 很早就有所认识和尝试。选择第 5 章“需求与用户故事”，则是出于产品经理的工作习惯。第 5 章从 93 页开始到 115 页，共 23 页，属于第 I 部分“核心概念”。Rubin 一开篇就从与传统顺序开发方式的对比来引出为什么 Scrum 采用“用户故事”来表示需求或 PBI。然后，全章聚焦于回答以“用户故事”为中心的以下三个如何：

1. 如何以“用户故事”的方式来为需求创建 PBI(Product Backlog Item)占位符；
2. 如何以 INVEST 标准评价用户故事的优劣势；
3. 如何收集用户故事，重点探讨了用户故事协作研讨会和故事地图。

下面就来聊聊我的收获。

何为用户故事

这里我尽量抽取 Rubin 原文中的描述：

及时邀约事故车主来修车	满意条件
作为一名留修专员，	*白天：APP 消息提醒*
我希望能及时得到事故车的客户信息，	*夜间：APP 消息提醒、短信提醒*
从而能及时邀约事故车主来修车	*打开消息查看重要信息（见详细文档）*

用户故事是可用于陈述业务价值的一种简便格式，适合各种 PBI 特别是特性。它结构很简单，为会话提供了一个理想的占位符。此外，可以编写颗粒度不同且易于逐步细化的用户故事。比较直观认识用户故事的方法是 3C：

卡片(Card)、会话(Conversation)、确认(Confirm)。其中“会话”通常都不是一次性事件，而是持续的深度交谈。

以上是摘自书中对用户故事的定义。Rubin 同时也说了，并不是只有用户故事这一种方式来做 PBI，也有不方便的时候。确实是这样的，实践 UML 时用的就是用例(Use Case)。它们之间的异同网上还是有不少讨论的，其中一个牛人还写了篇文章“Why I still use use cases”，他就是 Alistair Cockburn——《敏捷软件开发》和《编写有效用例》两本书的作者:-)。

概念和方法

因为不想把读后感写成拆书，所以这里只摘录重要的知识点，希望对未读过原文的朋友有所帮助。

读这些内容的时候，我不由自主地联想到自己已知的一些概念和方法，稍作整理之后我决定把它们也写入读后感中。另外，跟“听过很多道理为什么还是过不好这一生”一样，Rubin 讲的这些做是方法和原则背后的“道”是啥？我也想从心态层面说说自己的感想，因为在实际工作中我们总会遇到交错的或教科书所没有提及的问题，面对混乱和压力，容不得我们去回忆书本上的东西。上“道”儿，用适合的心态面对这一切会更好。

方法一：金字塔原理

巴巴拉·明托的金字塔原理是一项层次性、结构化的思考、沟通技术，可以用于结构化的写作过程(百度百科)。呵呵，其实 Rubin 写这本书和我写此读后感也都在用这个技术，做需求分析和细化的过程也是如此。

第 5 章中有两点最能体现金字塔原理：

- INVEST 原则的 Independent 原则，独立；
- 收集方法之一的“故事地图”。

其实这两点合到一起有点 MECE(Mutually Exclusive Collectively Exhaustive)的意思。当然，故事地图不一定要穷尽，更重要的价值在于“把主题沿着时间线展开，将工作流中通常较为早发生的主题置于较晚发生的主题的左侧。……有了工作流作为上下文，我们可以进一步确定自己是否遗漏与工作流有关的重要故事。……用户故事地图结合了已用户为中心的设计和故事分解这两大概念。好的用户故事地图从用户的视角展示活动流，并为理解单个故事及其与整个故事价值之间的故事系提供了背景信息。”

有关独立性，我在从事软件设计和需求分析的工作中就已经非常注意，学习 OOD 里的“对象”和 UML 里的“用例”都是非常有帮助的。在很多时候，做到独立性并不容易，常常是个相对概念，站在不同的层面和角度会有所不同。按照书里的说法应该尽量避免故事间的相互依赖。但如何才能做到呢？这里可以参考的方法之一就是金字塔原理:-)。

在书中第 102 页“详细程度”小节中，有一个分三层的图 5.5“用户故事的抽象层级结构”，表达的意思与 UML 的“结构化用例”里的“包含”“泛化”“扩展”有些相似，也能被金字塔原理所解释。Rubin 将三个抽象层级的故事分别称为史诗、主题、Sprint 故事，Jeff Patton 的“用户故事地图”里则称之为活动、任务、子任务。

方法二：短期聚焦

我的记性不太好，因此我会使用 TODO LIST 来记录我要做的事情，感觉就像是 PBI 占位符，这样我就可以专注于“临期”的任务，而不用惦记着后面的事情。这个占位符对于其他相关人也非常重要，我们老板总是担心他提到的需求在“漫长”的产品开发过程中被漏掉，因而希望产品设计阶段统统都弄上，有了 PBI 给他看，自然也就能安抚他那颗焦灼的心了。当我们用用户故事创建了 PBI 占位符，就可以选择优先级较高 PBI 开始细化：

- 有了“短期”的时间约束，能使将要完成的 PBI 限定在一定的数量范围内，如果任务不够小到能在短期内完成，除了风险之外也会缺乏节奏感，应该进一步分解——这里其实就在遵循 INVEST 原则的 Small；
- 聚焦，对于产品负责人来说，除了自己外，还要分别展开面向不同角色的沟通来将问题和目标变得清晰、细致，以创建出符合 INVEST 的用户故事。当我们把足够的精力专注在小的、少的 PBI 上时，就容易做到 INVEST 的 Valuable、Estimable、Testable——通过有深度的对话、确认。

方法三：价值驱动

似乎没啥好说的，这个大家都知道，但在实践中确实有些困惑。INVEST 规则中的 Value，在第 5 章的原文“有价值”结尾处有这样一段话：有价值标准的关键在于，列表中所有故事都必须是由产品负责人以客户与用户代言人的身份认可它们的价值(也即值得为之投入)。不是所有的故事都是独立的，也不是所有的故事都是完全可协商的，但它们必须都是有价值的。(看到这里，好想鼓掌^_^。)

这部分解释了我一直有些疑问的话题，有关技术方面的任务是否应该放入 PBI？我的理解是，首先，需要让产品负责人理解并认同，再者，这个技术任务的失败是否会破坏客户价值。所以，书中提到的“迁移到新版 Oracle”就可以放入产品列表，而“自动构建”则不能。

当然，更常见的纠结很可能在于“产品负责人”这个角色不固定。一是本身就权责不清晰，比如项目经理和产品经理同处一室且老板还远程操控时；二是某些事情似乎跨在了 Title 是“产品经理”的权限、能力范围边界时。也许还有其他情况。这时候我想就靠人品和沟通能力了。总的来说，有人的地方就有江湖(浆糊):-)。

方法四：积极协商

OMG，这个简直是能让一切成为可能的法宝。第 5 章几乎从头到尾都在谈“协商”。“概述”里说“Scrum 中，需求细节是在开发期间持续不断的对话中商讨出来的，而且是等到团队开始构建功能的时候，及时、刚好地细化这些需求为团队提供支持”。因为“事实上，在开发创新产品时，拼工时拼勤奋也无法事先搞定完整的需求或设计。总有些需求和设计只在产品开发进行中才会逐渐明现；前期工作再全面，工作量再大，都无法避免这种情况”，我再补充一下，大多数时候我们都没有那么多时间去做全面的设计，而不到产品投入使用，客户也发现不了与自己想法、感受不一样的东西。

Robin 在书里特意强调，需求创建的是 PBI 占位符，代表客户期待的一个业务价值，最开始的大块业务价值细节很少，是必须要通过和客户协商来搞清楚的，而在细化拆解后，依然需要和开发协商工作量、难度等。因此好的用户故事里有个标准是 Negotiable(可协商)，“可协商，有助于当事人避免在使用详尽的前期需求文档时常见的彼此推诿、相互指责的心态”。凭良心说，这实在是太重要了！这实在是太重要了！这实在是太重要了！常常遇到的情况是：客户想要的和需要的不一致，产品设计没写清楚的，开发就跟着自己的感觉做，如果大家在“可协商”这一点上有共识，就能减少与期待不一致或浪费开发时间的问题。

总而言之，需求是协商的参考依据，或者说是“用于引导大家对特性达成共识”的工具，在 Scrum 里便是写成用户故事，这也就是“对话”是用户故事要素的原因之一。

方法五：明确目标

我在这里想说的明确目标大概包含下面两个意思：

- 用户故事要素之一是确认；
- INVEST 标准里的：Valuable、Evaluable、Testable。

明确目标是我们经常挂在嘴边的话，但在实际做产品的时候，也许是因为忙、因为信任或者因为侥幸，我们会或多或少忽略目标的明确性。准备就绪的好的用户故事应当是经过多次协商，确认了价值、范围、时间和检查项的 PBI。我的感觉，目标不明确很多时候可能有下面几个原因：

- 目标不单纯，比如考核到底是针对工作完成度，还是工作效果；

- 程度未量化，比如按贡献给客户分级，贡献多少，衡量标准是什么；
- 范围没界定，比如书中举的例子，支持哪些图片格式。

也许还有别的吧，暂时我就想到这些。有点像个立体空间的圆锥体，分别代表方向、周长、高度。有关如何评估，如何做到可评估、可测试，书中其他章节有介绍。

心态层面

联想到的概念和方法说了一堆，但工作经验告诉我实施起来并不容易，有心栽花花不开，这样的事并不少见。在阅读第 5 章的时候，Rubin 的话常常让我想起自己经常提醒自己的事情。

- 接纳变化

  虽然我们常常说“这个世界唯一不变的就是变化”，可是变化真的降临到自己身上的时候，并非总能泰然面对，不接纳就会有抵触，一旦产生情绪就很难好好协商。无论是客户的想法、开发团队反馈的问题，还是市场环境的变化，都是一种“跟我想的不一样”的状态，而接纳变化其实就是不以自我为中心的心态，即使跟“我”想的不一样也没有关系。只有从心态上“接纳变化”，用户故事的可协商性以及对话要素才会变得有意义。
- 慢慢来最快

  记得上 CSPO 的时候同桌的一个哥们儿说，我们常常是老板先拍个不靠谱的 DEADLINE，然后再做需求分析、产品设计、软件设计、开发、测试，哪里有什么可以商量的时间。其实这种情况不光老板，我们自己对自己也常常如此。后来发现，要么达不到预期的质量，要么不得不延期才能满足预期的任务量。慢慢来最快，指的是逐步细化和专注于当前 Sprint 故事。
- 谦虚和好奇心

  想当然和自以为是，可能是做产品最要不得的两种状态，在我看来，基本上就是失去了和产品相关人、团队甚至自省的机会。虽然我们常常说沟通需求时需要一些谈话技巧，可内心的谦虚和好奇是使用这些技巧的前提，否则就算是提问，往往也是反问。也恰恰是谦虚与好奇，我们才能坐下来去倾听客户改变想法的原因以及开发为什么希望多问出一些细节。不耐烦的神态和表情是很难掩饰的。
- 善意正直

  善意和正直是信任三大要素中的两个(另一个是能力)。这是在前段时间参加一次有关信任的引导沙龙时学到的。善意，代表你真正关心对方的利益；正直，代表你会遵守自己和共同的承诺。说得通俗点，善意和正直有点像我们平时所说的负责任的工作态度和没有坏心眼。甲方和乙方、产品负责人和开发团队之间因为站位不同，一定存在意见不同、思维方式不同的情况，彼此信任才是持续深度协商的基础，善意和正直可以装，但很难长期装下去。保持善意与正直，与其他要素并不冲突。

结语

虽然感觉有些只言片语无从说起，但写到这里也说得差不多了。单从第5章来看，Rubin 这本书确实写得很好，有关用户故事的创建、评价、收集，不仅讲述了方法，更用大量文字说明了原因，从头到尾感觉到坦诚和用心，让我再一次体会了 Scrum 的五个价值观：承诺、专注、开放、尊重、勇气。看清楚，承诺排在第一！！！

◎**关于作者**：王帆，目前在一家车企咨询公司带领产品管理工作，从 2010 年开始尝试 Scrum，之后在产品开发中多次实践。平时大部分时间是 2B 或 2C 产品经理(工作狂)，偶尔在“在行”上做职业咨询(专业范)，业余 Airbnb 房东(爱交流)。

《Scrum 精髓》读后感

Scrum Master

作者/姚文法

Scrum Master 这一章说得很到位，先从书的角度来阐述我对 Scrum Master 的学习和理解。

首先，提到 Scrum Master 的下面几个特征。

1. 见多识广：这里包括 Scrum Master 的流程熟悉和理解，以及专业业务领域掌握。
2. 善于提问：有技巧的提问，不要直接回答问题，需要有深入的反问。
3. 有耐心：不要提供答案，而需要留时间，给 team 发现问题的答案。
4. 有协作精神：帮组 team 成员高度合作，并且和 PO，直线领导，team 成员协调合作。
5. 保护团队：是一个牧羊犬，保护 team 免收狼群袭击。
6. 公开透明：在所有形式的沟通中都是公开透明的，对 team 没有秘密的议程。这点，做到很重要。

其次，说到日常的工作内容。在 Sprint 之间，几乎有一半的时间，用于扫清障碍，20%的时间用于沟通，25%~35%时间用于指导团队和协助产品负责人，5%的时间用于团队活动，Sprint 开始和结束，主要是 Scrum 的活动占主要的部分。

最后一点说到履行职责。首先思考两个问题：Scrum Master 谁来做最好？Scrum Master 是全职工作么？这两个可以放在一起看，有意愿去做，并且角色不限于 team Leader 或者技术专家，是否全职还是兼职，Scrum Master 不需要全职投入情况下，还是考虑兼职比较合适。team 对 Scrum Master 依赖少的时候，就考虑主要做组织设计和变革方面的工作。

第二个思考是 Scrum Master 是否可以兼任其他角色？如果精力允许，最好是担任几个 team 的 Scrum Master。这里就可以引申到 Less(Large Scale Scrum)的组织方式，Less 中，推荐一个 Scrum Master，担任 1-3 team 的全职

Scrum Master，在 team 新组建时候，先担任一个 team 的 Scrum Master，team 逐渐成熟，可以担任 3 个 team 的 Scrum Master。

Scrum Master 的职业发展路径

通常，做过一段时间 Scrum Master 之后，可以向几个方面拓展，第一是企业教练的角色，帮助组织设计和工程实践的提升。这就需要 Scrum Master，平时多提升教练技能，包括参加培训或者学习工程实践，带入 team 进行实践，不断锻炼这方面的能力；可以向 PO 的角色发展，在协助产品负责人解决问题时候，学习产品负责人的思维，有机会可以朝这方面发展；再则就是，向直线经理方向发展，提升 team 的整体能力，搞定组织设计，对部门负责的角度勤加思考，这个方向也可以进一步努力。

Scrum Master 经常遇到的问题

这里从另外一个角度阐述 Scrum Master 经常遇到的问题。

Sprint 结束，经常出现 Item 没有 Done

一个 Sprint 结束，Item 没有做到 Done，这样的情况很多。为什么会出现诸多没有 done 的 Item 呢？原因很多，比如 Team 对外依赖多、Item 承诺过多或者中途有新的更重要的 Item 加进来，等等。Sprint 结束，就会出现有 Item 没有 Done 的情况。个别 Sprint 出现这样的情况倒不是很可怕，可怕的是经常这样。

1. 对于承诺过多，需要和 PO 协调。承诺多了也做不完，还不如把 Item 留在 Product backlog 里面，其他组先做完，可以接手做这个优先级高的 Item。
2. 如果依赖太多，比如依赖其他接口，需要考虑让对方先做个假接口出来，或者 Team 自己做个接口，即使对方做不完，也可以做到 done。
3. 中途加入新的 Item，有时是其他领导带来的。这个很常见，Scrum team 的成员来自 1 个以上直连领导，领导有自己的诉求，经常会直接交代某个同事完成某件事，所以一个 Sprint 总是有些外部 Task 转过来，很让人尴尬。是和这个领导先交涉，还是先和同事聊聊 task 大小，看看是否能做？虽说 Scrum Master 的职责是免除外部干扰，但领导交代的事情会纳入考评，你做呢？还是做呢？这涉及流程问题，领导要做事情，为什么不先去找 PO 呢？有新的 Task/Item 一定要和 PO 事先协商。Team 的 Item 只能来自 PO，Team 做不了主。具体怎么做呢？其一，明确 team 的边界，team 负责什么，不负责什么。遗留未 done 的事情，team 来做还是其他人做？如果出现新的 task，是从遗留事项中识别出来的，还是全新的？其二，领导要与 PO 一起明确 team 的边界，team 协调不了这样的事情，需要 Scrum Master 找 PO 一起与直线领导明确。到底哪些事情可以插到 Sprint 之间，哪些不可以。大家的理解不要有偏差。其三，也是最重要的一点，需要各方明确领导的工作职责。项目的事情需要 PO 来安排，team 能力提升是领导个人的 KPI。

4. 如果一直不能 Done，PO 就要对 Team 问责。首先明确具体原因，其次，看看到底剩下哪些没有 Done，将其重新放回 Product Backlog，在回顾的时候，一起讨论下个迭代怎么有效避免类似的情况。

Team 依赖 Scrum Master

Scrum Master 很多都是兼职的，一般由传统意义的 Technical Leader 或者技术专家担任，他们以前就是 team 的灵魂，角色很难转变。即使全职 Scrum Master，也会遇到 team 依赖的问题，Scrum Master 总是 team 的协调者，有问题就得协调。新任 Scrum Master 一般都从解决 Team 的障碍开始，长期以往，会被 team 认为是协调者。出了问题，team 会认为是你没有协调好，或者之前出问题隐患的时候没有及时提醒 team。

Scrum Master 不知道如何安排每日工作

开发 team 或者 PO 很容易从 Backlog 中找到自己的位置，PO 负责交付正确的产品，Team 负责正确的交付产品。Scrum Master 呢，流程上看是帮助 team 消除障碍，协助提升 team 的 Item 交付能力，指导 team 的技巧，指导组织设计等。但落实到到日常每一天，有哪些具体的工作内容呢？有时，可能被领导拉去招聘，有时自学一些材料，有时学习一些工程实践，又有时和 team 一起 pair work，这非常难，team 会问为什么需要 pair work。

关于 Scrum Master，期待与大家进一步交流。

◎**关于作者**：姚文法，任职于诺基亚上海贝尔杭州研发中心，有 4 年的 Scrum 实战经验，最近一年参与诺基亚杭州 LeSS 实践试点，期间从事全职 Scrum Master 工作(CSM)。除了工作实践 Scrum 敏捷，还会进行组织内 Scrum 相关培训和外部校企平台 Scrum 捐课授课。

我读《Scrum 精髓》

故事点怎么估

作者/鐘冠智(Kerwin)

能够读到这么有趣的内容，我感到非常开心。

以前对敏捷的认知仅限于从网上看过一些资料，然后在团队中实际使用。我们遇到过很多问题，例如，花大量时间尝试估出更精准的故事点或工时。但真正执行的时候，发现与实际估值有很大的差异，尝试用故事点或服装尺寸估的时候，又不知道怎样估才最适合团队。毕竟，如果给领导看的不够精确，就会对后面的进度跟踪造成一定的困难，所以我们还是用工时来估，往往也估不准，造成一部分工程师有很强的挫败感，每次都得费尽唇舌去解释。长此以往，逐步演变成一个相互挑战的过程，大家的工作都受到了牵连，工作气氛受到影响。

《Scrum 精髓》提到三个层级的估算：产品组合列表、产品列表、Sprint 列表任务，分别对应于 T 恤 Size、故事点/理想天数、理想小时/工时。书中也讲到它们的应用时机分别为产品组合规划、产品疏理、Sprint 规划。

何时估，估什么？这方面的内容对我帮助很大。因为估不准的缘故，书中建议用相对大小来估，辅之以投影机和两面墙的距离，让我们清楚感受到即使同处一间教室，估值也会有相当大的差异，更何况还涉及 UI、测试、开发、布署等。运用相对大小来估，可以使团队有一个较好的解释空间，因为大家擅长估相对大小，不是绝对大小，这对我有很大的提醒作用，团队也不会在估的过程中因为距离实际情况太远而有太大的挫败感。

此外，规划扑克的分享可以使用斐波纳契数列或基于 2 的幂，用装箱的方式估。这个过程相当有趣，还可以让大家用自己擅长的方法估。另外，估不等同于承诺，最后团队成员要进行激烈的讨论直到尘埃落定。这对我也有启发，以往都是估了就相当于承诺了，所以气氛通常都有些紧张。这点启发可以帮助我借助于精准度和工作量的对比来帮助自己改变思维方式。

《Scrum 精髓》里面的一些图表也对我有帮助，比如随时间变化的团队速率。透过这个趋势分析，可以看到团队趋于平稳和持续改进的过程，看到持续突破的过程，在这个时候引入新的工具并加强训练，有望突破瓶颈，更好地保持团队的默契和气氛。我自己也是做工具咨询的，不管是从 ERP、PLM、JIRA，都深刻体会到工具就是工具，有一定程度的帮助，但如果缺乏文化和团队作为支撑，最后肯定会以失败收场，变成应付领导的差事。另外，这样的图表让我看到加班对效率的影响。加班虽然会在一定程度上提升短期速率，但后期恢复过程会带来更大的损失。这一点很像我们熬夜后补眠，元气大伤后，补偿的代价往往更高。从这一点上，我更深刻地理解了敏捷团队为什么总是提醒不要加班，每天都要满血、尽全力 Sprint，这些都是有理论支撑的，know why 相当重要啊~~~，知其然也知其所以然，这些都是很好的学习。

速度的误用，这个概念也相当重要，估出来的大小要脱离奖励制度或 KPI，洞察到人类行为因为这些而酿成日后技术债积重难返的可能，人人都想讨好领导和满足指标，所以很可能会忽略精髓，只是完成表面的指标性任务。这的确值得留意，有必要引起注意。

又及，这次阅读《Scrum 精髓》，我个人最大的收获莫过于理论的补充和提升。以前学习了很多 know how，知道故事点，知道 Sprint，知道站会，知道扑克牌，但通过这次阅读估算这一章，看到作者尝试用很多方法和例证甚至有游戏的范例作为补充，我深刻认识到还有很多需要学习的东西，需要知道 know why 才能真正实践和清楚地传递相关内容，而不只是停留于我们会用很多方法。进一步探究方法论的内涵，才能清楚传递出内心的感受和看见。

特别是“估算”这部分内容，过去我真的没看过那个图表，虽然不知道是从哪里做出来的实验，但我认为它结合了很多行为管理学和心理学的理论基础，是一个相当好的依据，让我第一次知道不鼓励加班的内涵。虽然在互联网企业不加班不容易，但我相信这正说明了敏捷教练有存在的必要，需要有人真正理解和实践，可以对内部文化转型和远见的分享提供最好的帮助，对说服领导和排除困难都有相当的意义和价值，特别是针对模糊的估计、实践和计算，这些都可以让我们有个简单的概念去估实际可能完成的时间。

最后再和大家分享我的几点思考。

1. 洞察估故事点的“初心”。在实际估的时候怎样让团队透彻理解估的所有内涵，书中的图表做了一个非常好的解释，但可能还需要借助于更多论据来成功改变团队的思维方式。
2. 巧用扑克牌。扑克牌讨论的时候，如果产生激烈的冲突，双方各执己见，此时应该怎样收敛，尤其是对方以资深架构工程师的身份倚老卖老的时候？实际工作并不像他说的那样复杂，他不过是希望多估一些以免进度太紧而已。如何有智慧地搞定这样的情况，这也是值得大家探讨的。

3. 开源工具。工具和培训的推动可以提升实际落地的可能性和流程固化，虽然我本身是Jira培训师，但也深感Jira敏捷工具的不足和限制，希望和大家多谈讨各种工具的实践性，特别是开源工具，这样的议题也是相当有趣的。

◎关于作者：鐘冠智(Kerwin)，台湾政治大学信息管理系硕士，9年顾问服务及分析经验，对信息系统审计、ERP、PLM、DevOps系统导入有丰富的经验，在多家上市公司成功实施过系统导入与持续过程改进。

《Scrum 精髓》读后感

回顾会议

作者/**巩敏杰**

回顾会议最考验敏捷教练的基本功。开好回顾会议并不简单，多多少少会遇到下面几个问题：

- 回顾会怎么开，才能创建出群策群力的氛围？
- 计划 1 小时的回顾会议经常 2 个小时才能完成？
- 如何破解有人滔滔不绝，有人沉默不语，甚至有的人就是不想来？
- 如何引导团队做出高效决策，而不是乱成一团、无法收敛？
- 领导要参加回顾会议，该如何安排？
- 会议确定改进为啥总完不成？
- 同样的错误，为啥一犯再犯？

在读过《Scrum 精髓》及相关主题的几本书之后，我总结了回顾会议不可不知的“十个大坑”和不容忽视的“七个关键”。

开好回顾会议不可不知的十个大坑

一、不做回顾，或参加的人很少

二、不着边际，空洞无物

三、对重大问题视而不见

四、没有贯彻执行

五、雄心勃勃

六、没啥可回顾的，发现不了问题

七、变成指责游戏、吐槽大会

八、郁闷

九、会议时间控制不当

十、引导者能力不足

开好回顾会议不可忽视的七个关键

关键一，会前做好准备

关键二，明确会议总体原则、目的、关注点

关键三，建立安全感

关键四，多鼓励大家发言

关键五，让团队自己做主

关键六，把握节奏，感受氛围，留意会议“异味”

关键七，做好最后总结。

(鉴于篇幅，这里只提供了一个概要。更多细节，期待与大家进一步交流。)

◎关于作者：巩敏杰，资深过程改善顾问/CSPO/管理 3.0 认证/ CIPMT 国际职业培训师，敏捷、精益思想倡导者与践行者，敏捷社区志愿者。拥有 10+年的软件开发、项目管理、过程改进、敏捷实践经验，专注于深耕精益创业与产品创新、敏捷组织转型、研发效率提升及客户价值交付。

《Scrum 精髓》与我所认识的 Ken

作者/王军

作为国际 Scrum 认证培训师，我在世界各地授课的过程中，经常有学员让我推荐书，如果只推荐一本，非《Scrum 精髓》莫属。

我与 Ken Rubin 在 2016 年 4 月奥兰多的 Scrum 全球大会相识，当时他提及 6 月有个客户请他去上海做 Scrum 培训，希望有个中文助教，我欣然答应做志愿者。不知道是不是巧合，从那一刻起，我的教学风格和对 Scrum 的理解开始有质的改变。我知道 Ken 写过一本 Scrum 方面的书，于是找来大致翻了一遍。

培训的第一天，一迈进教室，我就傻眼了。场地很小，活动的座椅拥挤在一起，没有分组用的圆桌。但是，我发现 Ken 很镇静，跟啥事儿没发生似的。这要换上是有些人，一看场地不理想，可能做不到如此淡定。这件事对我影响很大：遇事要沉着，尽最大努力去做好，不要太拘泥于环境和外因，这样才不至于限制自己的空间。上海的六月很热，但 Ken 仍然衣着很正规，四天的课程，面对学员的提问，Ken 总是耐心解答。课程采用的是模块化设计，一直在向前推进。我慢慢领悟到《Scrum 精髓》的精华如何在这几天的工作坊中体现得淋漓尽致。

1. 敏捷与传统开发方法的对比，通常是 PMP 学员和项目经理首先提出的问题。Ken 用自己的语言和鲜活的例子把敏捷的核心原则解释得很透彻。本书的经典语句“聚焦于闲着没人干的事儿，而不是闲着没事儿干的人”(Focus on idle work not idle worker)是在 提醒管理者从关注个体转移到关注重要的事情，不要简单地“让人忙个不停”(keep people busy)。另外，对于“延期成本”(cost of delay)这个经常被忽略的话题，Ken 给出了更好的解读。这些在第 3 章有详细的举例。
2. Ken 在描述传统的固定报价合同或固定范围和日期的项目之弊端时，引入了技术债务的概念，如何重视质量，又引入 DoD(Definition of Done)的概念。债务会把公司拖入泥潭，所以书中第 8 章针对如何管理和“还债”的问题进行了论述。

3. 在对 Scrum 的阐述中，Ken 融入了自己的观点。虽然 Scrum 是一个管理工作的框架，但不一定只适用于软件开发。2017 年版的 Scrum 指南也把 Scrum 的应用范围扩张到其他领域，Scrum 已经广泛应用于开发软件、硬件、嵌入式软件、交互功能的网络、自动驾驶汽车、学校、政府、市场、管理组织运营和我们其他日常生活中。Ken 不推荐 Sprint 0 的概念。他认为，承诺是 PO 与开发团队双向的，PO 在 Sprint 中间不要改变优先级和 Sprint 的目标。他认为，初期估算随着项目的推进和知识的增加可以重估。第 2 章及后面多个章节都对此展开了讨论。
4. 如何做 Scrum 敏捷计划，引入了极限滑雪的经典例子，运动员如何在山顶上规划路线“这是一个处于进行时态的规划，根据一个个转弯来计划，而不是一次性规划到位”(it is a planning, turn by turn plan , not a perfect plan once)，如此生动的类比，与传统项目管理的甘特图形成鲜明的对比。一个产品或项目的需求要排优先级，产品的规划是一个持续渐进的过程。你会发现任何组织要做的事情总是永远大于它的容量(Capacity)。Ken 把敏捷规划的原理衍伸到多个项目或项目组合，多个项目也要排优先级，第 16 章介绍了 11 种可以综合使用的策略。第 14 章和第 17 章有产品规划的相关内容。
5. 谈到产品待办列表时，Ken 介绍了一个新的概念 DoR (Definition of Ready)，以确保 PO 做好自己份内的工作。开发团队会协助 PO 一起梳理需求，这部分内容在第 6 章。
6. 角色方面，除了 Scrum 的三个角色，Ken 还花了不少笔墨讨论管理者在敏捷环境下赋予新的职责，项目经理和职能经理如何转型，第 13 章对此给出了有价值的建议。
7. Ken 的写作风格与 Mike Cohn 有类似之处，这也难怪，他们一起工作过，私交也好。敏捷需求以用户故事来呈现，好的用户故事满足 INVEST 的原则，Ken 对 INVEST 注入了新的视角，他发出这样的提醒：不要用速率来做绩效考评。可以说，本书第 5 章和 7 章是对 Mike 的大作《用户故事与敏捷方法》和《估算和规划》的延伸阅读。

此书有太多不一样的东西值得研读，在此不一一列举了，相信你也会有不一样的发现。

我个人倾向于中英文对比阅读，原文英文用词也简单易懂，很快会把你带进入绝妙的 Scrum 世界。本书各章自成体系，你可以挑着或跳着看。不同的时间和心境阅读，有不同的体会和心得。

我认为，多次阅读同一本书是一个好的习惯，这本书非常合适。作为讲师，总是在路上，在飞机上，在候机厅，在酒店，这本书成为我忠实的旅伴。我要感谢她，带给我快乐，增加我的智慧，促进我思索；感谢 Ken，他是 Scrum 大师，对我的影响很大：他在书中和课堂上提供的案例可以激发思考和讨论；自信的授课风格，课堂上“即兴发挥”；他语言幽默，思维缜密。这些让我领悟到每一次教学，每一次课堂，都要认真交付，每一次交付都是一场演出，一种全新的体验。

祝你在敏捷的旅途上有此书为伴，相信你也会有不一样的收获，记下来，与社区一起分享。

◎关于作者：王军(Jim Wang)，Scrum 联盟认证培训师(CST)，ShineScrum 创始人。